핵심예상문제풀이
전기철도구조물공학
필기 및 필답형 실기

김양수, 심규식 공저

머리말

우리나라의 전기철도는 1899년 서대문~동대문간에 DC 600[V] 노면전차를 운행한 것이 시초이며, 1973년 청량리~제천간 152[km] 산업선 전철화, 1974년 경인선, 경부선 등 수도권 전철이 교류 25[kV] 방식으로 건설되어 전기철도는 국토의 균형발전과 수송능력 증강, 친환경 에너지 이용 효율 확대, 대기오염 확산 저감과 중장거리 대용량 수송에 적합하고, 안전성(安全性)과 신속성(迅速性), 편의성(便宜性), 정시성(定時性) 등 대중교통 수단으로서의 수송 역할을 다하고 있다.

특히, 2004년에는 서울~동대구간 KTX 고속열차 운행과 2009년 동대구~부산간 KTX 고속열차 운행으로 서울~부산간 최고영업속도 330[km/h]로 세계에서 5번째로 고속철도를 운행하는 국가로 발전하게 되었고 그 이후 2013년 차세대 고속열차 HEMU 430X 고속열차와 전차선로, 신호시스템을 개발하여 호남선 일부 구간에서 421.3[km/h] 시운전에 성공하였으며 최근에는 동력분산방식의 고속열차를 개발하여 시운전 중에 있다.

2022년 1월 1일 현재 우리나라의 전철화율은 78.2[%]로써 2004년 KTX 개통 이후 급격하게 증가되었고 2030년에는 85[%] 이상 상회할 수 있을 것으로 전망된다.

본서는 1999년 전기철도분야의 국가기술자격 종목이 신설되면서 출간되어 현재까지 23년이란 세월이 흐르는 동안 현실성과 시대성에서 맞지 않는 내용들이 많이 있어 이를 추가 수정·보완하여 전기철도(산업)기사 국가기술자격시험을 준비하는 수험생의 이정표가 되고자 아래와 같이 구성하였다.

❶ 본 핵심예상문제풀이 수험서는 1장~9장까지 각 장별로 다룰 중점학습목표를 제시하고, 핵심적인 내용들을 요약하여 정리하였다.
❷ 전기철도구조물과 관련된 용어의 정의와, 표준심볼 등을 수록하여 전기철도구조물공학을 학습하는데 도움을 줄 수 있도록 구성하였다.
❸ 본서는 과거의 수험서와 달리 핵심적으로 출제가 예상되는 문제, 개념을 확인하여 공식(정의)를 적용하는 문제들을 충실하고 풍부하게 수록하고, 해설과 풀이를 통하여 쉽게 이해할 수 있도록 구성하였다.
❹ 본문의 내용에서 이해를 하지 못했다면 핵심예상문제(필기 및 필답형 실기)에서 이해할 수 있도록 하였다.

❺ 본서의 요점과 핵심예상문제는 필기와 필답형 실기시험을 한 번에 합격하는 것을 목표로 난이도를 감안하여 구성하였다.
❻ 각 장별로 출제 예상 빈도와 중요도를 분석하고, 문제의 중요성을 감안하여 별(★)의 개수를 1~5개까지 표기하여 합격의 지름길로 갈 수 있도록 하였다.
❼ 본서는 시대성과 현실성에 맞게 새로이 추가된 내용(내진설계, 용접, 용융아연도금 등)들도 핵심예상문제(필기, 필답형 실기)에 포함하여 본 수험서에 수록하였다.

또한 마지막 부분 부록에는 전철설비 표준기호(symbol)에서도 출제가 예상되어 최근 업그레이드된 자료를 추가하였다.

이번 기회에 알짜배기로 된 전기철도구조물공학 수험서를 발간하게 됨을 영광으로 생각하며, 수험생 여러분의 전기철도(산업)기사 국가기술자격 취득에 조금이나마 보탬이 되었으면 하는 바람이다.

앞으로 계속 전기철도구조물공학 수험서에 대한 내용의 수정 · 보완에 최선을 다할 것을 다짐하며 많은 이해와 조언 및 지도편달을 바라마지 않는다.

끝으로 본 수험서를 개편, 출간할 수 있도록 도움을 주신 분들과 동일출판사 임직원께 감사의 말씀을 전합니다.

독자 여러분의 합격을 기원합니다.

저자 씀

차 례

1장 전기철도구조물 일반 / 11

- 1. 전기철도구조물과 관련된 용어의 정의 ··· 11
- 2. 구조물의 종류 ··· 18
  - 2.1 구조물의 정의 ··· 18
  - 2.2 기본적인 조건 ··· 18
  - 2.3 구조물의 종류 ··· 18
- 3. 기상의 적용 ·· 20
  - 3.1 기온(氣溫) ··· 20
  - 3.2 바람 ··· 20
  - 3.3 눈(雪) ··· 24
- 4. 하중 ·· 24
  - 4.1 하중의 종류 ··· 24
  - 4.2 하중의 적용 ··· 25
  - 4.3 수평하중 ·· 26
  - 4.4 수직하중 ·· 28
- 5. 재료(材料) ·· 30
  - 5.1 구조용 강재 ··· 30
  - 5.2 강재의 단면형상과 표시방법 ··· 30
- ▶ 핵심예상문제 필기 ·· 32
- ▶ 핵심예상문제 필답형 실기 ·· 51

2장 힘과 구조물 / 61

- 1. 힘과 모멘트(Moment) ··· 61
  - 1.1 힘(Force) ·· 61
  - 1.2 힘의 표시방법과 힘의 3요소 ··· 63
  - 1.3 힘의 모멘트(Moment) ·· 63
  - 1.4 우력(偶力:Couple forces)과 우력모멘트 ··························· 64
- 2. 힘의 합성과 분해 ··· 65
  - 2.1 한 점에 작용하는 두 힘의 합성과 분해 ··························· 65
  - 2.2 한 점에 작용하는 여러 힘의 합성 및 분해 ······················· 67

  2.3 동일점에 작용하지 않는 여러 힘의 합성 및 분해 ·················· 69
  2.4 작용선이 평행한 힘의 합성 ····································· 72
 3. 힘의 평형(平衡) ·· 73
  3.1 힘의 평형조건 ··· 73
  3.2 여러 힘이 동일점에 작용할 경우의 힘의 평형 ······················ 73
  3.3 여러 힘이 동일점에 작용하지 않을 경우의 힘의 평형 ················ 74
  3.4 라미의 정리(Lami's theorem) ··································· 75
 4. 구조물(構造物) ··· 75
  4.1 구조물의 분류 ··· 75
  4.2 지점(支點) 및 절점(節點) ······································· 77
  4.3 구조의 안정, 불안정 및 정정, 부정정 ···························· 78
  4.4 구조물의 판별 ··· 79
 ▶ 핵심예상문제 필기 ·· 81
 ▶ 핵심예상문제 필답형 실기 ·· 102

3장   응력과 변형도 / 109

1. 응력(應力)과 응력도(應力度) ·· 109
2. 응력의 종류 ·· 110
 2.1 수직응력(법선응력) ··· 110
 2.2 전단응력(shearing stress) ·· 111
 2.3 휨응력(bending stress) ·· 111
 2.4 비틀림응력(torsional stress) ····································· 112
 2.5 온도응력(열응력:thermal stress) ································· 112
3. 응력 산정법 ·· 112
 3.1 수식해법 ··· 112
 3.2 도시방법(圖示方法) ·· 113
 3.3 하중, 전단력 및 휨모멘트와의 관계 ······························ 114
4. 변형과 변형률 ·· 116
 4.1 변형(deformation) ·· 116
5. 변형률의 종류 ·· 116
 5.1 선변형률 ··· 116
6. 탄성과 탄성계수 ·· 118

  6.1 영계수(종탄성계수：modulus of longitudinal elasticity) ·········· 119
  6.2 횡탄성계수(modulus of laternal elasticity) ··················· 119
  6.3 체적탄성계수(Volumetric Modulus) ··························· 119
  6.4 프와송비(Poisson's ratio) ···································· 120
 7. 인장시험 ··· 120
  7.1 응력-변형률 선도 ·· 120
 8. 허용응력과 단면설계 ·· 122
  8.1 허용응력과 안전율 ·· 122
  8.2 단면설계 ··· 123
 9. 응력도와 변형도 ·· 124
  9.1 수직응력도와 변형도 ·· 124
  9.2 전단응력도와 변형도 ·· 125
 ▶ 핵심예상문제 필기 ·· 127
 ▶ 핵심예상문제 필답형 실기 ·· 153

4장 부재단면의 성질 / 165

1. 단면1차모멘트와 도심 ·· 165
 1.1 단면1차모멘트 ·· 165
 1.2 좌표축의 평행이동 ·· 166
 1.3 좌표축의 회전 ·· 166
 1.4 도심(圖心：centroid) ··· 167
 1.5 도심의 이동 ·· 168
 1.6 파프스(Pappus)의 정리 ·· 169
2. 단면2차모멘트와 단면계수 ·· 169
 2.1 단면2차모멘트 ·· 169
 2.2 단면2차반지름 ·· 171
 2.3 단면계수(section modulus) ···································· 171
3. 단면2차극모멘트와 단면상승모멘트 ···································· 172
 3.1 단면2차극모멘트 ·· 172
 3.2 단면상승모멘트 ··· 172
4. 주축과 주단면2차모멘트 및 관성타원 ·································· 173
 4.1 좌표축의 회전 ·· 173

  4.2 주축과 주단면2차모멘트 ·· 174
  4.3 주단면2차반지름과 관성타원 ······································ 174
 ▶ 핵심예상문제 필기 ·· 176
 ▶ 핵심예상문제 필답형 실기 ·· 193

5장 전기철도구조물의 설비 / 203

1. 전주 구조물 ·· 203
 1.1 전철주(電鐵柱) ··· 203
 1.2 전철주기초 ··· 214
2. 철(강) 구조물 ·· 218
 2.1 빔(Beam) ·· 218
 2.2 가동브래킷 ··· 219
 2.3 완철(腕鐵) ·· 220
 2.4 하수강, 평행틀 ·· 221
3. 애자 및 전선류 ·· 222
 3.1 애자(碍子) ·· 222
 3.2 전선류 ·· 227
4. 안전 및 보호구조물 ··· 237
 4.1 지선(支線) ·· 237
 4.2 보호 구조물 ··· 241
 4.3 철재의 용융아연도금 ··· 241
 ▶ 핵심예상문제 필기 ·· 243
 ▶ 핵심예상문제 필답형 실기 ·· 287

6장 전기철도구조물의 설계 / 305

1. 구조물의 설계 절차 ··· 305
 1.1 구조물의 선정 ··· 305
 1.2 하중의 결정 ··· 306
 1.3 부재의 허용응력 검토 ·· 306
 1.4 부재치수의 결정 ·· 306

  1.5 시공상세도 및 부속도 도면화 ································· 306
2. 구조물을 설계할 때 고려사항 ································· **306**
  2.1 설계 방향 ································· 306
  2.2 안전성 ································· 307
  2.3 사용성 ································· 307
3. 단독주(전주)의 설계 ································· **307**
  3.1 단독주의 응력계산 ································· 309
4. 강(鋼) 구조물 ································· **313**
  4.1 조립철주 ································· 313
  4.2 H형강주의 강도계산 ································· 319
  4.3 강관주의 강도계산 ································· 320
  4.4 빔(Beam) ································· 324
5. 전주기초의 설계 ································· **333**
  5.1 전철주기초의 설계조건 ································· 333
  5.2 노반 강도의 결정 ································· 334
  5.3 전철주기초에 적용하는 토압 ································· 334
  5.4 전철주기초의 강도계산 ································· 336
  5.5 기둥형기초 ································· 337
  5.6 우물통형기초 ································· 342
  5.7 중력형블럭기초 ································· 344
  5.8 푸팅(Footing)기초 ································· 345
  5.9 앵커볼트기초 ································· 346
6. 지선(支線)의 설계 ································· **347**
  6.1 지선의 설계하중 ································· 347
  6.2 지선의 강도계산 ································· 349
  6.3 지선용 근가 ································· 356
  6.4 지선 취부용 볼트 ································· 358
  6.5 지선 설치용 볼트의 강도계산 ································· 359
7. 완철(腕鐵) ································· **361**
  7.1 일반용 완철 ································· 361
  7.2 전주대용물 ································· 362
  7.3 인류용 완철 ································· 366
8. 내진설계 ································· **368**
  8.1 개요 ································· 368

8.2 지진발생의 원리 ································ 368
　　8.3 지지물의 지진에 대한 구조해석 ············ 368
　9. 용접 ··· 369
　　9.1 용접의 사용범위 ································ 369
　　9.2 용접에 사용하는 강재 ························· 369
　　9.3 용접이음매의 형식 ······························ 371
　　9.4 용접의 허용응력도 ······························ 372
　　9.5 용접의 강도계산 ································ 372
　　9.6 강관의 용접 ····································· 372
　▶ 핵심예상문제 필기 ································· 374
　▶ 핵심예상문제 필답형 실기 ······················· 423

부록

　▶ 전기철도 표준기호(Symbol) ······················· 449

1장 전기철도구조물 일반

Electrical Rail Structural Engineering

중점학습내용

 1장 전기철도구조물 일반에서는 먼저 전기철도구조물공학에 처음 입문하는 독자(수험준비생)를 위해 전기철도구조물과 관련된 용어를 쉽게 설명하였으며, 전기철도구조물의 정의와 종류(7가지)에 대하여 간단하게 개념만 설명하고 자세한 내용은 5장 전기철도구조물의 설비에서 다루기로 하였다.
 전기철도구조물 설계 시 가장 기본적인 기상(기온, 바람, 눈)을 적용하는 데 있어 우리나라의 내륙, 해안, 터널의 최저, 표준, 최고온도와 지표면에서의 높이에 따라 달리 적용하는 최대풍속, 구조물에 가해지는 풍압(계산식 변경), 풍력계수와 돌풍계수(신규 내용) 등을 현실에 맞게 내용을 바꾸어 기술하고, 핵심예상문제(필기, 필답형 실기)를 통하여 상세한 해설과 문제 풀이로 이해할 수 있도록 하였다.
 마지막으로 전기철도구조물에 가해지는 하중의 종류와 적용, 그리고 전기철도구조물에 사용하는 재료(강재)의 종류와 형상에 대하여 전반적으로 시험에 출제가 예상되는 핵심예상문제(필기, 필답형 실기) 해설과 문제 풀이로 마무리하였다.

1. 전기철도구조물과 관련된 용어의 정의

(1) 가고
합성전차선의 지지점에서 조가선과 전차선과의 수직 중심간격

(2) 가공전차선
합성전차선과 이에 부속된 곡선당김장치, 건넘선장치, 장력조정장치, 구분장치, 급전분기장치, 균압장치, 흐름방지장치 등을 총괄한 것

(3) 강체전차선
전기차량의 집전장치에 접촉, 동작하여 이에 전기를 공급하는 강체레일 형태의 도체 바(bar)

(4) 강체전차선로
강체전차선 및 이를 지지하는 설비(지지금구, 연결금구, 리지드바, 롱이어, 애자, 브래킷 등)를 총괄한 것

(5) 건넘선장치
선로가 교차하는 분기장소에 있어서 각 선로에 전기차를 운전할 수 있도록 전차선을 교차시켜서 팬터그래프의 집전을 가능하게 하는 설비

(6) 건식게이지(Gauge)
전주중심과 궤도 중심과의 최소이격거리

(7) 건조물
사람이 거주하거나 근무하며 또는 빈번한 출입이 있고 사람이 모이는 건축물 등

(8) 건축한계
차량이 안전하게 운행될 수 있도록 궤도상에 설정한 일정한 공간

(9) 곡선당김장치
가동브래킷을 사용하지 않고 애자등으로 절연하여 합성전차선을 지지하는 장치

(10) 공사시방서
전문시방서를 기본으로 공사의 특수성·지역여건·공사방법 등을 고려하여 기본설계 및 실시설계 도면에 구체적으로 표시할 수 없는 내용과 공사수행을 위한 시공방법, 자재의 성능·규격 및 공법, 품질시험 및 검사, 안전관리계획 등에 관한 사항을 기술한 시공기준으로 당해공사의 계약문서

(11) 공사원가계산서
공사 시 노무비, 재료비, 경비 등 순공사비와 이윤 등을 계산하기 위해 작성하는 명세서

(12) 공해지역
[1]아황산가스 오염도가 기준치(0.05 ppm)를 넘는 곳으로서 공단이 공해발생 취약개소로 지정한 장소

(13) 구내
벽, 울타리, 도랑 등으로 구분된 지역 또는 시설관리자 및 그 관계자 이외의 사람이 자유로이 출입할 수 없거나 지형상 및 사회통념상 이에 따르는 장소

(14) 구분장치
정전구간을 한정하거나 교류전철화 구간의 M, T상의 이상 전원을 구분하기 위하여 설치하는 장치로서, 전차선로의 운영 및 유지보수를 위하여 전기적으로 구분하는 장

---
1) 환경정책기본법 시행령(2012.7.20) 별표 1 아황산가스(SO_2) 24시간평균치 0.05ppm 이하

치인 동상구분장치(에어섹션, 애자섹션), 변전소 급전인출구 및 급전구분소의 급전인출구, 교류와 직류를 구분하는 장치인 절연구분장치(Neutral Section), 전차선의 신축 때문에 전차선을 일정길이마다 인류하기 위해 설치한 기계적 구분장치인 에어조인트(Air Joint)로 나눔

(15) 궤간
양쪽 레일 안쪽 간의 거리 중 가장 짧은 거리, 레일의 윗면으로부터 14밀리미터 아래 지점을 기준

(16) 궤도
레일·침목 및 도상과 이들의 부속품으로 구성된 시설

(17) 급전구분소(Sectioning Post)
전철변전소간 전기를 구분 또는 연장급전을 하기 위하여 개폐장치, 단권변압기 등을 설치한 장소

(18) 급전선
합성전차선에 전기를 공급하는 전선[AT 급전방식에서 전차선에 직접 전기를 공급하는 전선(TF), 주변압기와 단권변압기 간을 연결하는 전선(AF)과 BT 급전방식에서 주변압기의 2차측 또는 BT에서 전차선에 직접 전기를 공급하는 전선(PF)]을 포함

(19) 급전선로
급전선 및 이를 지지 또는 보장하는 설비(전주, 완철, 문형완철, 애자, 관로 등)를 총괄한 것

(20) 기본설계
예비타당성조사, 타당성 조사 및 기본계획을 감안하여 시설물의 규모, 배치, 형태, 개량공사방법 및 기간, 개량 공사비 등에 관한 조사, 분석, 비교·검토를 거쳐 최적 안을 선정하고 이를 설계도서로 표현하여 제시하는 설계업무로서 각종사업의 인·허가를 위한 설계를 포함하며, 설계기준 및 조건 등 실시설계용역에 필요한 기술 자료를 작성하는 것

(21) 내진설계
지진 등의 물리적인 충격을 줄 수 있는 자연재해로부터 건물이나 구조물, 설비, 인명을 안전하게 보호할 수 있도록 하는 설계

(22) 단말보조급전구분소(Auto Transformer Post)
전차선로의 말단에 가공전차선의 전압강하 보상과 유도장해의 경감을 위하여 단권변압기(AT)를 설치한 장소

(23) 도상
레일 및 침목으로부터 전달되는 차량 하중을 노반에 넓게 분산시키고 침목을 일정한 위치에 고정시키는 기능을 하는 자갈 또는 콘크리트 등의 재료로 구성된 구조부분

(24) 병렬급전소(Parallel Post)
전압강하의 보상 및 유도장해 경감을 목적으로 전차선로의 상, 하선을 병렬로 연결하기 위하여 개폐장치를 설치한 장소(고속철도 구간에 설치)

(25) 보조급전구분소(Sub Sectioning Post)
선로의 작업, 고장, 장애 또는 사고시에 정전(단전)구간을 단축하기 위하여 급전계통의 분리에 필요한 개폐장치와 단권변압기 등을 설치한 장소

(26) 보호선(Protective Wire)
단권변압기방식에서 애자의 부측 또는 빔 등을 연접하여 귀선 레일에 접속하는 가공전선으로서 대지에 대하여 절연한 전선

(27) 본선
열차운행에 상용할 목적으로 설치한 선로

(28) 부급전선
통신유도장해 경감을 위하여 귀선레일과 병렬로 시설하여 운전용 전기를 변전소로 귀환하게 하는 전선

(29) 비절연보호선(Fault Protection Wire)
단권변압기방식의 지하구간 및 공용접지방식 구간에서 섬락보호를 위하여 철재, 지지물을 연접하여 귀선레일에 접속하는 가공전선으로서 대지에 대하여 절연하지 아니하는 전선

(30) 사람이 쉽게 접촉할 우려가 있는 장소
옥내에서는 바닥면 등에서 1.8[m] 이하, 옥외에서는 지표면 등에서 2[m] 이하 높이의 장소를 말하고, 기타 계단중간, 창 등으로부터 손을 내밀어 쉽게 닿는 범위

(31) 사람이 접촉할 우려가 있는 장소

옥내에서는 바닥면 등에서 저압의 경우는 1.8[m]를 초과하고 2.3[m] 이하(고압의 경우는 1.8[m]를 초과하고 2.5[m] 이하), 옥외에서는 지표면 등에서 2[m]를 초과하고 2.5[m] 이하 높이의 장소를 말하고, 기타 계단중간, 창 등으로부터 손을 내밀어 쉽게 닿는 범위

(32) 선로

차량을 운행하기 위한 궤도와 이를 받치는 노반 또는 인공구조물로 구성된 시설

(33) 설계도면

과업계획에 의해 제시된 목적물의 형상과 규격 등을 표현하기 위해 설계자에 의해 작성된 도면으로 물량산출 및 내역산출의 기초가 되며 시공자가 시공상세도면을 작성할 수 있도록 모든 지침이 표현된 도면을 말하며, 복잡한 부분을 쉽게 판독할 수 있도록 상세히 작성한 상세 설계도면과 구조계산이 필요한 가시설물의 도면을 포함

(34) 설계보고서

시설물의 규모, 배치, 형태, 공사방법과 기간, 공사비, 유지관리 등에 관한 세부 조사 및 분석, 비교·검토를 통한 최적안 선정 등 시공 및 유지관리에 필요한 내용을 작성한 설계도서

(35) 설계속도

해당 선로를 설계할 때 기준이 되는 상한속도

(36) 수량산출서

설계도면을 작성·완료한 후에 공종별로 재료의 수량을 산출한 내역서

(37) 시공기면

노반을 조성하는 기준이 되는 면

(38) 시공상세도

실시설계도서에 포함된 각종 상세도면 외에 시공자가 설계도서에 표시된 내용을 구체적으로 구현하기 위하여 어떤 수단과 방법 등으로 시공할 것인지의 검토결과를 도면으로 작성하는 것

(39) 실시설계

기본설계 결과를 토대로 시설물의 규모, 배치, 형태, 공사방법과 기간, 공사비, 유지관리 등에 관하여 세부조사 및 분석, 비교·검토를 통하여 최적안을 선정하여 시공 및

유지관리에 필요한 설계도서(도면, 시방서, 내역서, 계산서 등), 및 각종사업의 인·허가를 위한 설계도서를 작성하는 것

(40) 심플커티너리(Simple Catenary)
전차선로 타입의 하나로서, 단일 조가선과 단일 전차선만으로 전차선로를 가공 현수하는 구조를 갖는 가선형태를 말하며, 헤비심플커티너리(Heavy Simple Catenary)를 포함

(41) 역소
역, 조차장, 신호장, 각 사무소, 기타 이와 유사한 장소

(42) 염해지역
염수의 침입 및 해풍으로 해안지역의 식물, 전기시설물의 피해 우려가 있는 지역

(43) 우선내
옥 측에서 처마, 차양 또는 이와 유사한 것의 끝에서 연직선에 대해 건조물 방향으로 45° 선의 내측 부분

(44) 우선외
옥 측에서 우선 내 이외의 장소(비를 맞는 장소)

(45) 장대터널
연장 5[km] 이상의 터널

(46) 전문시방서
공사시방서 작성을 위한 가이드로서 모든 공종을 대상으로 하여 발주처가 작성한 종합적인 시공기준

(47) 전주
전선로에 사용하는 목주, 철주, 강관주, H형강주 및 콘크리트주

(48) 전차선
전기차량의 집전장치에 접촉, 동작하여 이에 전기를 공급하는 가공전선

(49) 전차선로
동력차에 전기에너지를 공급하기 위하여 선로를 따라 설치한 시설물로서 전선, 지지물 및 관련 부속설비를 총괄한 것

(50) 전철변전소(Sub Station)
전기차량 및 전기철도설비에 전력을 공급하기 위하여 구외로부터 전송된 전기를 구내에 시설한 변압기, 전동발전기, 회전변류기, 정류기 등 기타의 기계 기구에 의하여 변성(전압을 높이거나 낮추는 것)하는 장소로서 변성한 전기를 다시 구외로 전송하는 장소

(51) 전철전력설비
전기철도에서 수전선로, 변전설비, 스카다(SCADA), 전차선로, 배전선로, 건축전기설비와, 이에 부속되는 설비를 총괄한 것

(52) 전철전원설비
전기사업자로부터 수전할 수 있는 수전선로, 전철전력설비에 공급할 수 있도록 적합하게 변성할 수 있는 제반 변전설비

(53) 절연구간
절연체에 의해 접지부 및 충전부와 구분되는 개소

(54) 절연구분장치(Neutral Section)
전차선로에서 서로 다른 전기방식(교류/직류) 또는 다른 위상(교류/교류)을 가진 전기를 구분하는 구간에 설치하는 설비

(55) 정거장
여객 또는 화물의 취급을 위한 철도시설 등을 설치한 장소

(56) 조영물
건물, 광고탑 등 토지에 정착된 공작물중 건물기초 및 기둥 또는 벽이 있는 공작물

(57) 지지물
각종 전주 및 철탑, 전주대용물, 하수강 및 이의 부속장치

(58) 차량
선로를 운행할 목적으로 제작된 동력차·객차·화차 및 특수차

(59) 차량한계
철도차량의 안전을 확보하기 위하여 궤도 위에 정지된 상태에서 측정한 철도차량의 길이·너비 및 높이의 한계

(60) 측선
본선 외의 선로

(61) 캔트(Cant)

차량이 곡선구간을 원활하게 운행할 수 있도록 안쪽 레일을 기준으로 바깥쪽 레일을 높게 부설하는 것

2. 구조물의 종류

2.1 구조물의 정의

전기철도에서의 「구조물」은 변전설비와 전차선로설비를 구성하는 각종 전선과 그 부속물 등을 지지하는 설비

2.2 기본적인 조건

(1) 강도, 수명이 상호 보완될 수 있도록 내부식성이 우수
(2) 유효수명(내용년수)이 길어야 함.
(3) 열차의 진동에 따른 풀림 등이 없는 재질과 설비를 갖고 충분한 강도
(4) 전기운전설비로서 충분한 보안도와 신뢰도 확보
(5) 경제성, 시공의 편의성과 향후 유지보수성 용이

2.3 구조물의 종류

(1) 전철주
 1) 전철주는 가공전차선로를 지지 또는 인류하기 위한 설비
 2) 가동브래킷, 빔, 지선 등과 조합하여 사용
 3) 콘크리트전주, 철주(조립철주, H형강주, 강관주), 목주 등

　① 콘크리트전주
　　㉠ 콘크리트주는 사용할 목적에 따라서 1종과 2종으로 구분하며 1종은 송전, 배전, 통신, 신호용에, 2종은 전차선로에 사용
　　㉡ 1970년대 초 수도권과 산업선 전철화 건설시 가공전차선로에 사용한 전주는 철근에 인장을 걸어 원심력을 이용하여 제작된 철근콘크리트주(프리텐션 콘크리트전주)를 사용하였으나 현재는 사용하지 않고 있으며, 전차선로 사고·장애시 임시설비용 전철주로 사용

② 철주

철주는 전선의 수평장력이나 빔의 중량, 기타 풍압에 대하여 강도가 약한 개소, 선로와 선로의 사이가 협소하여 건축한계에 지장을 주는 개소, 교량난간 등에 건식하는 경우에는 조립철주나 H형강주, 강관주 등의 철주를 주로 사용

③ 목주

㉠ 목주는 부식 때문에 지지물의 강도가 저하되므로 다른 지지물에 비해 신뢰성이 낮고, 또한 화재에 대해 약함.

㉡ 현재는 전차선로 사고·장애시 빔 등의 구조물 버팀용(임시 가설비)으로 사용

(2) 전철주기초

1) 전철주를 대지에 고정시키기 위한 설비
2) 전철주기초의 종류는 근가기초, 쇄석기초, 콘크리트기초, 특수기초(앵커볼트 기초, 우물통기초, 푸팅기초, 중력형블럭기초, Z형기초, H형기초, 투입식기초, 항기초 등)

(3) 빔(beam)

1) 전철주와 조립하여 전차선과 급전선 등을 지지하기 위한 강 구조물
2) 빔의 종류는 고정식, 스팬선식의 2종류

(4) 가동브래킷

1) 브래키트를 선로방향에 대하여 90° 회전 가능한 구조로 설치하여 전차선과 조가선을 지지해 주는 역할
2) 가동브래킷은 역간의 단독주에 사용
3) 역구내에는 고정빔과 조합하여 사용

(5) 지선(支線)

1) 전차선, 급전선 등의 인장력 또는 수평장력이 작용하는 전주에 취부
2) 인장력 또는 수평장력에 의하여 전주가 경사 또는 구부러지지 않도록 하기 위한 설비
3) 지선의 종류에는 단지선, V지선, 2단지선, 수평지선, 궁형지선

(6) 완철(腕鐵)

전주 또는 고정빔 등에 취부하여 급전선, 부급전선, 보호선 등을 지지 또는 인류하기 위한 구조물

(7) 하수강(下垂鋼)

전주의 건식이 곤란한 개소에서 고정빔이나 터널의 천정에서 아래로 가동브래킷, 곡선당김장치 등을 지지하기 위한 지지물

(8) 평행틀

전차선 평행개소(over lap) 등에서 1본의 전주에 2개(고속철도는 3개도 있음)의 가동브래킷을 지지하기 위한 구조물

3. 기상의 적용

3.1 기온(氣溫)

(1) 전선의 이도($D = \dfrac{WS^2}{8T}$ 또는 $D = \dfrac{AWS^2}{8T}$)를 크게 하면

1) 장력(T)은 감소
2) 전선의 인장하중에 대한 안전율(A) 증가
3) 지지물이 높아지므로 경제적 손실 발생
4) 바람에 의한 수평진동으로 선간단락·지락사고 등 발생 우려

(2) 전선의 장력(T)을 크게 하면

1) 전선의 인장하중에 대한 안전율(A) 감소
2) 기온의 저하, 빙설의 부착 등 장력의 증가로 단선 위험

(3) 우리나라의 표준온도 및 최고·최저온도

구분	최저온도[℃]	표준온도[℃]	최고온도[℃]
내륙	−25	10	40
해안	−20	15	40
터널	−5	15	30

〈참고자료〉 KR CODE 2012(국가철도공단) KR E-01030

3.2 바람

(1) 최대풍속

1) 구조물의 강도계산에 적용

2) 최대풍속의 값을 크게 하여 설계하면 구조물은 안전하지만 필연적으로 건설비 증가

3) 최대풍속의 결정방법

   그 풍속이 발생한 빈도와 그 풍속에 견디는 응력, 구조물의 건설비 및 구조물이 파괴된 경우 운전에 미치는 영향과 복구비 등을 고려하여 결정

4) 풍속조건은 그 지역의 최근 40년간의 최대풍속(10분 평균값)의 기록 중에서 1번째 ~3번째 순위에 있는 풍속의 평균값을 기준으로 하거나, 아래 표의 값에 따른다. 터널은 최대풍속을 40[m/s]로 적용

5) 최대풍속의 적용

지표면으로부터 높이	일반지구[m/s]	해안지구[m/s]
10[m] 이하	35	40
20[m] 이하	40	45
30[m] 초과	45	50

〈참고자료〉 KR CODE 2012(국가철도공단) KR E-01030

(2) 운전 가능한 최대풍속

바람의 영향에 의한 기울기 등을 고려 안전하게 집전될 수 있도록 하는 풍속

(3) 설계에 적용하는 풍속

1) 일반개소(일반평지 및 이것에 준하는 지형)

   고온계절(4월부터 11월까지)을 적용 최대풍속은 40[m/s], 전차선의 기울기는 순간풍속 30[m/s] 적용

2) 특수개소(3[m] 이상의 제방, 교량 위, 산, 계곡 등)은 최대풍속을 50[m/s], 전차선의 기울기는 순간풍속 35[m/s] 적용

(4) 순간풍속과 평균속도

1) 풍속

   공기 흐름의 속도

2) 평균풍속

   관측시각 전 10분 간의 바람의 정도를 시간(600초)으로 나눈값

3) 최대풍속

   평균풍속 중에서 제일 큰 것

4) 순간풍속

   관측시각에 있어서 순간값, 5초간 평균풍속으로 하여 50년 재현 풍속(風速)값의

1.35배(순간풍속 추정값 = 풍속 추정값 ×1.35[m/s])를 적용

5) 최대순간풍속

순간풍속 중에서 제일 큰 값(구조물의 파괴가 발생하는 풍속)

(5) 지형과 풍속

1) 지표면 부근의 높이와 풍속의 관계

$$V_h = V_0 \left(\frac{h}{h_0}\right)^{\frac{1}{n}}$$

여기서, V_h : 지상높이 h 의 풍속[m/s]

V_0 : 기준풍속(기준높이 h_0의 풍속)[m/s]

n : 지물의 상황이나 기층의 안정도에 관계된 값

2) 전차선의 높이 부근의 풍속

평지보다 1.2 ~1.5배 풍속

3) 방풍림이 폭 30[m]의 경우

풍속은 60~80[%]로 감소

4) 방풍림이 폭 60[m]의 경우

풍속은 50[%]까지 감소

(6) 바람의 호흡

1) 개요

풍속은 평상시 일정하지 않고 언제나 변동하는 풍속의 변동

2) 원인

지표면에 산·골짜기·삼림·건물 등이 있어 불규칙하기 때문에 바람이 이런 곳을 지나갈 때에 무수히 많은 크고 작은 소용돌이가 예상되고, 태양 빛을 받았을 경우에 불규칙한 대류가 발생

(7) 풍속과 풍압

1) 구조물에 가해지는 풍압(P)

$$P = \frac{1}{2}\rho C(GV_d)^2$$

여기서, P : 풍압[N]
ρ : 공기밀도
G : 돌풍계수
C : 풍력계수(공기저항계수)
V_d : 설계속도

2) 4각형 또는 3각형 단면골조의 풍력계수 C_x

4각형 또는 3각형 단면골조의 풍력계수 C_x는 골조풍압계수의 기본값을 K, 세장률을 F, 풍압배수를 M이라 하면

$$C_x = K \cdot F \cdot M$$

① 사각형 또는 삼각형 단면골조의 풍력계수는 다음과 같은 충실률에 따라 계산
② 골조풍력계수의 기본값

$$충실률(\Psi) = \frac{수직\ 투영면적}{수직윤곽내\ 전면적(외곽면적)}$$

충실률(Ψ)	$\Psi \leq 0.2$	$0.2 < \Psi \leq 0.3$	$0.3 < \Psi \leq 0.9$	$0.9 < \Psi \leq 1.0$
기본값(K)	2.0	1.9	1.7	2.0

③ 세장률(F)

세장률(F)	$0 < F \leq 0.3$	$0.5 < F \leq 0.9$	$0.9 < F \leq 1.0$
$H/a < 5$	0.9	0.8	0.6
$H/a \geq 5$	1.0	0.9	0.8

☞ F가 없는 것은 직선보정

3) 설계풍속은 기본풍속에 고도 및 노출환경에 따른 영향을 고려하여 다음 식을 이용하여 산정

$$V_d = K_z V$$

여기서, V는 기본풍속이며, K_z는 다음 식을 이용하여 계산

$$K_z = 1.925 \left(\frac{Z}{Z_G}\right)^\alpha, \quad Z \geq Z_b$$

$$K_z = 1.925 \left(\frac{Z_b}{Z_G}\right)^\alpha, \quad Z < Z_b$$

4) 돌풍계수는 풍속의 증가에 따라 돌풍률이 감소하는 경향으로 기본풍속별 돌풍률은 아래 표를 참조하여 산정

기본풍속(V,[m/s])	돌풍률(G)
20 이하	1.40
20~30	1.60~0.01[V]
30~40	1.45~0.005[V]
40 이상	1.25

3.3 눈(雪)

(1) 전선 및 지지물에 걸리는 눈의 하중

하 중	대 상 물
착설에 의한 하중	전선류
착빙에 의한 하중	전선류
관설에 의한 하중	빔, 브래킷, 완철류
적설에 의한 하중	철주, 지선, 지주
사면적설의 이동에 의한 하중	전주, 지선, 지주
제설차에 의한 눈의 횡압력	전주, 지선, 지주

4. 하중

4.1 하중의 종류

(1) 전기철도 구조물에 가해지는 하중

풍압하중, 눈(雪)하중, 곡선로 등의 횡장력, 작업원이나 기계기구의 중량, 단선시의 충격하중, 전선과 지지물 자체의 자중

(2) 강도계산에 필요한 하중

1) 수평하중 : 풍압하중과 곡선개소 등의 수평장력

2) 수직하중 : 전선과 지지물 자체의 자중

4.2 하중의 적용

(1) 풍압하중의 적용

1) 고온계(갑종풍압) 및 저온계(을 또는 병종풍압)에 대해 계산을 하여 조건이 나쁜 쪽(지지물에 제일 큰 응력을 발생시키는 경우)으로 설계

2) 전기철도 구조물의 강도계산에 적용하는 하중

   일반지구와 적설지구로 나누어서 적용

3) 일반지구

   갑종, 을종 또는 병종 중에서 최대값을 적용

4) 적설지구

   갑종, 을종, 병종과 적설시 하중을 비교해서 응력이 최대가 되는 하중을 설계하중으로 적용

(2) 선로에 평행방향의 하중

1) 구조물(특히 빔)에 지지되는 전선 가닥수가 많으면 일반적인 설계에서는 선로에 평행한 방향의 하중은 무시

2) 가선된 전선의 가닥수가 작은 선로에서는 바람에 대해서 저항력이 작고 지선으로서의 효과도 작으므로 선로에 대하여 평행방향의 하중을 적용(표준가닥수는 빔의 전체 길이를 4로 나눈값)

3) 빔의 선로 평행방향에 대한 하중은 양측 전주가 절반씩 부담한다고 할 때 전체길이의 1/3 이내에 전선이 편중되어 지지되고 있는 경우에는 선로에 평행방향의 하중을 고려해서 계산

(3) 적설지구의 적설 침항력

1) 적설지구의 지선 및 지주는 인류지선(또는 지주)의 경우 인류되는 전선의 장력을 고려하고 수평지선(또는 지주)의 경우에는 전선의 수평장력과 풍압하중 외에 적설 침항력을 고려해서 계산

2) 지선 또는 지주가 경사면에 있는 경우에는 경사면 적설의 이동에 의한 작용력을 추가하여 계산

(4) 기타

단선 충격하중 1000~2000[N/조]과 작업원 중량 60[kg/인]의 하중을 고려

4.3 수평하중

(1) 풍압하중

1) 풍압하중의 종류

① 갑종풍압하중

가을까지의 계절에 있어서 풍속 40[m/s]의 바람이 있는 것으로 가정한 경우에 발생하는 하중

풍압하중별 적용온도

하중종별	온 도
갑종풍압하중	표준온도
을종풍압하중	−5[℃]
병종풍압하중	최저온도

② 을종풍압하중

저온계(겨울부터 봄까지의 계절)에 있어서 가선된 전선에 빙설(두께 6[mm], 비중 0.9)이 부착한 상태로 갑종풍압하중 1/2의 풍압(풍속 28[m/s])에 의해 생기는 하중

③ 병종풍압하중

갑종풍압하중의 1/2의 풍압(풍속 28[m/s])에 의해 발생하는 하중으로 인가(人家)가 많이 밀집된 장소(일반적으로 풍속은 감소) 및 저온계에 있어서 강풍이 없이 빙설이 많지 않은 지방을 대상

2) 풍압하중의 적용

① 복재가 전·후면으로 겹쳐진 경우 : 약 $2,200[N/m^2]$
② 복재가 전·후면으로 겹쳐지지 않은 경우 : 약 $2,400[N/m^2]$
③ 강관의 경우 : 균일한 풍압

(2) 수평장력

1) 곡선로의 수평장력

$$P = \frac{S \cdot T}{R}[N]$$

여기서, P : 수평장력[N]

S : 경간[m]

T : 전선의 장력[N]

R : 곡선 반지름[m]

곡선로의 수평장력(P)은 경간과 전선의 장력에 비례하고 곡선 반지름에 반비례

2) 곡선 인류개소의 수평장력

$$P_1 = \frac{ST}{R}[N] \quad \text{또는} \quad P_1 = \frac{(S_1 + S_2)T}{2R}[N]$$

$$P_2 = \frac{(d \pm g)T}{S}[N] \quad \text{또는} \quad P_2 = \frac{(d \pm g)T}{S_2}[N]$$

> $+$: 인류가 전선보다 내측으로 된 경우
> $-$: 인류가 전선보다 외측으로 된 경우

여기서, P : 합성 수평장력[N]

P_1 : AB간의 곡선에 따른 수평장력[N]

P_2 : BC간의 인류에 따른 수평장력[N]

T : 전선의 장력[N]

g : 궤도중심에서 인류주의 중심까지의 거리[m]

d : 전차선의 기울기[m]

S : 경간[m]

S_1 : AB간의 경간[m]

S_2 : BC간의 경간[m]

R : 곡선의 반경[m]

3) 직선로의 지그재그 편위에 따른 수평장력

$$P = 2T\sin\theta = 2T\frac{2d}{\sqrt{S^2 + (2d)^2}}[N]$$

여기서, P : 수평장력[N]

S : 경간[m]

T : 전선의 장력[N]

d : 전차선의 기울어짐[m]

4.4 수직하중

(1) 눈에 의한 하중

1) 착설(着雪)에 의한 하중

① 착설

눈이 와서 전선이나 구조물 등에 쌓이는 현상

풍속이 3[m/s] 이하이고 기온이 0~1.5[℃]일 때에 많이 발생

② 전선류의 착설에 의한 수직하중의 증가는 약 20[N/m²]

③ 착설에 의한 하중을 취하는 경우 풍압하중은 전선에만 약 6[N/m²], 풍속 3[m/s]로 하고, 기온은 0[℃]

2) 착빙(着氷)에 의한 하중

① 착빙

눈 속의 작은 물방울이 바람 때문에 전선 등의 물체에 날려서 얼어 붙은 현상

② 기온이 빙점 아래로 내려갈 때에 일어나고 동계 계절풍을 직접받는 산악지대에서 발생

③ 착빙의 양(量)

눈 속에 포함한 물방울의 양, 전선에 가해지는 풍속(風速), 물방울의 크기, 전선의 굵기 등에 따라 결정되며 바람의 세기가 강한 장소에 다량으로 부착

④ 전선의 단위 수직 착빙하중 W_i [kg/m]

$$\therefore W_i = W + W_0 = 1.696(d+6) \times 10^{-2} + W_0 [\text{kg/m}]$$

여기서, W_0 : 전선의 단위중량[kg/m]

3) 관설(冠雪)에 의한 하중

① 관설

지지물의 상부, 완철 부분 및 애자장치 등과 같이 지면에서 떨어져 있는 물체에 눈이 쌓이는 것

② 관설에 의한 하중 W (V트러스빔 및 4각빔 제외)

$$W = \frac{m \cdot b^2 \cdot f}{10} [\text{kg/m}]$$

여기서, m : 눈(雪)의 비중
　　　　b : 눈이 쌓이는 바닥 폭(幅)
　　　　f : 관설계수

③ V트러스빔 및 4각빔의 관설에 의한 하중 W

$$W = \frac{0.3 \times b \cdot H \cdot F}{10} \text{ [kg/m]}$$

여기서, H : 관설의 높이
　　　　F : 관설의 점유율
　　　　0.3 : 비중

④ 적설에 의한 침강력(沈降力)

눈 속에 매설될 우려가 있는 철주의 사재 경우

사재의 단면계수를 Z_a, 사재의 길이를 a[m], 사재의 설치 간격을 b[m]라 할 때 아래 식을 만족하는 부재를 사용

$$\frac{Z_a}{a^2 \cdot b} > 2 \times 10^{-6}$$

지선 또는 지주가 눈 속에 매설될 우려가 있는 경우의 침강력 F_a

㉠ 적설 3[m] 미만의 경우 (단위 길이당)

$$F_a = 1600(H_{amax})^2 \cdot \cos^2\theta \text{ [N/m]}$$

㉡ 적설 3[m] 이상의 경우(전체하중)

$$F_a = 2300(H_{amax})^2 \frac{\cos^2\theta}{\sin\theta} \text{ [N/m]}$$

여기서, H_{amax} : 최대 적설깊이[m]

⑤ 경사면 적설의 이동에 따른 작용력

㉠ 경사면 10[m] 이상에서 눈사태가 발생할 우려가 많음
㉡ 경사각도 30° 이상인 경사면의 도중 또는 끝에 있는 전주 · 지선 · 지주(버팀전주) 등에는 상시 50[kN], 이상시에는 최대 150[kN] 작용력이 걸림

5. 재료(材料)

5.1 구조용 강재

(1) 탄소강

탄소량만을 조절하고 합금원소를 넣지 않은 강(鋼)으로 보통강이라고 함.

1) 연강(軟鋼 : C의 함유량이 0.15~0.3 [%]) ⇒ 구조용 강재(鋼材)

2) 경강(硬鋼 : C의 함유량이 0.4~0.5 [%]) ⇒ 기계용 재료

(2) 합금강

탄소 외에 Mn, Si, Ni, Cr, Mo 등을 넣어 성질을 개선한 것으로 특수강이라고 함.

1) 고장력강(高張力鋼 : High strength steel)

용접을 할 때에 성능이 연강보다 높은 항복점(降伏點)을 가지도록 제조된 합금강(合金鋼)으로 인장강도 $50[kg/mm^2]$ 이상, 항복점 $30[kg/mm^2]$ 이상의 강도를 지니고 보통강에 비하여 용접성, 가공성 등이 우수

5.2 강재의 단면형상과 표시방법

(1) 일반형강

1) L형강(angle) : $L - A \times B \times t$

  등변과 부등변으로 구별

2) I형강(I-beam) : $I - H \times B \times t_1 \times t_2$

  단면형은 H형강과 비슷하나 플랜지(flange) 두께가 지지부와 선단부가 다르며, 플랜지 선단부가 곡면

3) ㄷ형강(channel) : $ㄷ - H \times B \times t_1 \times t_2$

  단면의 원심(圓心)과 전단 중심의 위치가 다를 경우 비틀림이 생기기 쉽다.

4) H형강(Wide flange shape) : $H - H \times B \times t_1 \times t_2$

  좌굴과 휨에 대하여 유리한 단면, 플랜지 두께가 일정하며 가공성 용이

(2) 강판(plate)

두께 6[mm]를 기준하여 후판(厚板 : 두꺼운 강판)과 박판(薄板 : 얇은 강판)으로 나눔

두께 t[mm]

P.L-t 라고 표시

(3) 평강(flat bar)

두께가 3[mm] 이상의 판으로 폭이 125[mm] 미만의 것을 평강, 125[mm] 이상의 것을 강판이라고 함

(4) 봉강

둥근강 : ϕ

이형강 : D

(5) 강관 및 각형강관

좌굴과 비틀림에 대하여 유리한 단면으로 폐쇄된 것은 부식에 대하여 강함.

(6) 경량형강

판 두께를 얇게 (1.6[mm], 2.3[mm], 3.2[mm])하여 단면 성능을 좋게 한 것이며 비교적 하중이 작은 구조물에 사용하면 경제적

1장 전기철도구조물 일반
핵심예상문제 필기

01 ★★★★ 전기철도 구조물에 대한 기본조건으로 고려하지 않아도 되는 것은?
① 내부식성이 우수할 것
② 유효수명(내용년수)이 길 것
③ 열차의 진동에도 변형이 없을 것
④ 전기적인 도전성이 좋을 것

해설 전기철도 구조물은 전기차 운행을 위한 설비이기 때문에 관련 설비에 대하여 강도, 수명이 상호 보완될 수 있도록 내부식성이 우수하고 유효수면(내용년수)이 길며 열차의 진동에 따른 풀림 등이 없는 재질과 설비를 갖고 강도에 견딜 수 있어야 한다.

02 ★★ 다음 중 전기철도 구조물에 해당되는 것은?
① 구분장치
② 가동브래킷
③ 곡선당김장치
④ 장력조정장치

해설 구분장치, 장력조정장치, 곡선당김장치는 전차선장치이다.

03 ★ 다음 중 전기철도 구조물이 아닌 것은?
① 전철주
② 전철주기초
③ 전차선
④ 하수강

해설 전기철도 구조물의 종류에는 전철주, 전철주기초, 빔, 가동브래킷, 지선, 하수강, 평행틀 등이 있다.

04 ★★★ 다음 중 철주를 사용하는 개소가 아닌 것은?
① 교량 난간에 건식하는 경우
② 터널내에 건식하는 경우
③ 건축한계에 지장을 주는 개소
④ 수평장력, 풍압에 대하여 강도가 약한 개소

해설 철주는 전선의 수평장력이나 빔의 중량, 기타 풍압에 대하여 강도가 약한 개소, 선로와 선로의 사이가 협소하여 건축한계에 지장을 주는 개소, 교량난간 등에 건식하는 경우에는 조립철주나 H형강주, 강관주 등의 철주를 주로 사용하고 있다.

정답 01. ④ 02. ② 03. ③ 04. ②

05 전철주와 조립하여 전차선과 급전선 등을 지지하기 위한 강 구조물은?

① 빔　　　　　② 하수강　　　　　③ 평행틀　　　　　④ 완철

해설　빔은 전철주와 조립하여 전차선과 급전선 등을 지지하기 위한 강 구조물이다.

06 가공 전차선로를 설계할 때 온도변화에 가장 많은 영향을 주는 것은?

① 궤도관계
② 차량(전기차) 운전관계
③ 공사 시행관계
④ 전선의 이도와 장력관계

해설　전차선로의 설계에 대하여 중요한 것 중 하나는 온도변화에 따른 전선의 이도(弛度)와 장력(張力)의 관계이다. $D=\dfrac{WS^2}{8T}$ 또는 $D=\dfrac{AWS^2}{8T}$ 으로 계산한다. (A : 안전율)

07 가공전차선로에서 급전선의 이도를 크게 하면?

① 전선의 인장하중에 대한 안전율이 증가한다.
② 경제적으로는 이익이 된다.
③ 진동 등에 의한 선간 단락사고를 방지할 수 있다.
④ 전선의 장력이 증가하여 안전율이 증가한다.

해설　$D=\dfrac{WS^2}{8T}$ 또는 $D=\dfrac{AWS^2}{8T}$ 으로 계산하기 때문에 이도(D)를 크게 하면 장력(T)이 감소하고, 전선의 인장하중에 대한 안전율(A)이 증가한다.

08 가공 전차선로에서 전선의 이도를 크게 하면 할수록 발생될 수 있는 현상으로 옳은 것은?

① 전선 자체의 탄력이 감소 될 우려가 있다.
② 수평진동에 의한 단락사고의 발생 우려가 있다.
③ 인장하중이 크게 되어 지지물이 한쪽으로 기울일 우려가 있다.
④ 전력손실이 크게 발생될 우려가 있다.

해설　전선의 이도를 크게 하면 수평진동에 의한 단락사고의 발생 우려가 있다.

09 우리나라의 전기철도구조물 설계시 내륙지역에 적용하는 표준온도는 몇 ℃인가?

① 10　　　　　② 20　　　　　③ 30　　　　　④ 40

해설　전기철도구조물 설계시 내륙지역에 적용하는 표준온도는 10℃이다.

정답　05. ①　06. ④　07. ①　08. ②　09. ①

10 우리나라의 전기철도구조물 설계시 내륙지역에 적용하는 최고온도는 몇 ℃인가?

① 10 ② 20 ③ 30 ④ 40

해설 전기철도구조물 설계시 내륙지역에 적용하는 최고온도는 40℃이다.

11 우리나라의 전기철도구조물 설계시 해안지역에 적용하는 최저온도는 몇 ℃인가?

① -5 ② -10 ③ -20 ④ -25

해설 전기철도구조물 설계시 해안지역에 적용하는 최저온도는 -20℃이다.

12 우리나라의 전기철도구조물 설계시 터널구간에 적용하는 최저온도는 몇 ℃인가?

① -5 ② -10 ③ -20 ④ -25

해설 전기철도구조물 설계시 터널구간에 적용하는 최저온도는 -5℃이다.

표준온도 및 최고·최저온도(우리나라)

구분	최저온도[℃]	표준온도[℃]	최고온도[℃]
내륙	-25	10	40
해안	-20	15	40
터널	-5	15	30

〈참고자료〉 KR CODE 2012(국가철도공단) KR E-01030

13 구조물의 강도계산에서 사용하는 각종 풍압하중에 대한 설명으로 맞지 않은 것은?

① 갑종풍압하중은 태풍에 의한 것이기 때문에 그 지구의 표준온도를 적용하고 을종 및 병종풍압하중을 적용할 때는 겨울철의 온도를 적용한다.
② 을종풍압하중은 비중 0.9의 빙설이 전선류의 주위에 6[mm]의 두께로 부착한 경우를 예상하여 이것에 갑종풍압하중의 2배의 풍압하중을 적용한다.
③ 병종풍압하중은 원래 시가지와 같이 풍속이 감속되기 쉬운 지구에 적용하는 것이므로 전차선로에 적용하는 경우는 겨울철의 계절풍으로 하여 적용한다.
④ 빙설이 부착되거나 갑종풍압하중의 1/2의 풍압하중이 가해진 정도의 바람이 부는 경우 기온은 그다지 저하하지 않으므로 이때의 기온은 지구에 관계없이 일률적으로 -5[℃]로 한다.

해설 을종풍압하중은 비중 0.9의 빙설이 전선류의 주위에 6[mm]의 두께로 부착한 경우를 예상하여 이것에 갑종풍압하중의 1/2배의 풍압하중을 적용한다.

정답 10. ④ 11. ③ 12. ① 13. ②

14. 전기철도 구조물을 설계할 때 갑종풍압하중에 대한 적용 온도는?

① 임계온도　　② 최저온도　　③ 최고온도　　④ 표준온도

해설　갑종풍압하중은 표준온도를 적용한다.

15. 을종풍압하중에 대한 설명으로 옳은 것은?

① 고온계 하중이라고도 하며, 1년중 바람이 가장 많이 부는 강풍일 경우를 기준하여 정하는 하중
② 전선 기타의 가섭선 주위에 두께 6[mm], 비중 0.9의 빙설이 부착된 상태에서 정하는 하중
③ 여름철의 우기를 기준하여 지층이 젖어 있을 때를 기준하여 정하는 하중
④ 저온계 하중으로 태풍을 기준하여 정하는 하중

해설　을종풍압하중은 비중 0.9의 빙설이 전선류의 주위에 6[mm]의 두께로 부착한 상태에서 정하는 하중이다.

16. 구조물의 강도계산에 적용하는 풍속은?

① 순간풍속　　② 평균풍속　　③ 최대풍속　　④ 최저풍속

해설　구조물의 강도계산시에는 최대풍속을 적용한다. 그리고 풍속조건은 그 지역의 최근 40년간의 최대풍속(10분 평균값)의 기록중에서 1번째 ~ 3번째 순위에 있는 풍속의 평균값을 기준으로 하거나, 다음 표의 값에 따른다. 터널은 최대풍속을 40[m/s]로 적용한다.

지표면으로부터 높이	일반지구[m/s]	해안지구[m/s]
10[m] 이하	35	40
20[m] 이하	40	45
30[m] 초과	45	50

17. 구조물의 강도계산시 지표면으로부터 높이가 10[m] 이하인 경우 일반지구에 적용하는 최대풍속[m/s]은?

① 30　　② 35　　③ 40　　④ 45

18. 구조물의 강도계산시 지표면으로부터 높이가 10[m] 이하인 경우 해안지구에 적용하는 최대풍속[m/s]은?

① 30　　② 35　　③ 40　　④ 45

정답　14. ④　15. ②　16. ③　17. ②　18. ③

19. ★ 구조물의 강도계산시 지표면으로부터 높이가 20[m] 이하인 경우 일반지구에 적용하는 최대풍속[m/s]은?
① 30　　② 35　　③ 40　　④ 45

20. ★ 구조물의 강도계산시 지표면으로부터 높이가 20[m] 이하인 경우 해안지구에 적용하는 최대풍속[m/s]은?
① 30　　② 35　　③ 40　　④ 45

21. ★ 구조물의 강도계산시 지표면으로부터 높이가 30[m] 초과하는 경우 일반지구에 적용하는 최대풍속[m/s]은?
① 30　　② 45　　③ 50　　④ 60

22. ★ 구조물의 강도계산시 지표면으로부터 높이가 30[m] 초과하는 경우 해안지구에 적용하는 최대풍속[m/s]은?
① 30　　② 40　　③ 50　　④ 60

23. ★ 구조물의 강도계산시 터널인 경우 적용하는 최대풍속[m/s]은?
① 30　　② 35　　③ 40　　④ 45

> 해설 구교재 P19 표 1.6 풍속의 구분에서 터널내 선로방향의 풍속은 30[m/s]로 되어 있으나 KR Code 2012에는 40[m/s]로 내용이 바뀜.

24. ★★ 강도계산에 사용되는 최대풍속의 채택 방법이 아닌 것은?
① 풍속이 발생한 빈도
② 풍속에 견디는 응력
③ 대기 난류의 소용돌이
④ 구조물의 건설비

> 해설 강도계산에 사용되는 최대풍속의 채택 방법은 풍속이 발생한 빈도, 풍속에 견디는 응력, 구조물의 건설비 및 구조물이 파괴된 경우 운전에 미치는 영향과 복구비 등을 고려하여 결정한다.

정답 19. ③　20. ④　21. ②　22. ③　23. ③　24. ③

25 ★★ 가공전차선의 기울기를 계산할 때 일반개소에 적용하는 순간풍속은 몇 [m/s]인가?

① 20   ② 30   ③ 40   ④ 50

해설 일반개소(일반평지)는 고온계절(4월부터 11월)를 적용하여 최대풍속을 40[m/s], 전차선의 기울기를 계산할 때는 순간풍속을 30[m/s]를 적용한다.

26 ★★★ 특수개소인 3[m] 이상 제방, 교량 위, 산, 계곡 등에서 구조물의 강도계산에 적용하는 최대풍속[m/s]은?

① 30   ② 40   ③ 50   ④ 60

해설 특수개소(3[m] 이상 제방, 교량 위, 산, 계곡 등 특히 지형적으로 바람이 모이는 지역)에는 최대풍속을 50[m/s] 적용한다.

27 ★★ 특수개소인 3[m] 이상 제방, 교량 위, 산, 계곡 등에서 전차선의 기울기에 적용하는 최대풍속[m/s]은?

① 30   ② 35   ③ 40   ④ 50

해설 특수개소(3[m] 이상 제방, 교량 위, 산, 계곡 등 특히 지형적으로 바람이 모이는 지역)에서 전차선의 기울기를 계산할 때에는 순간풍속을 35[m/s] 적용한다.

28 ★★★★ 일반적으로 구조물의 파괴로 이어질 수 있는 풍속은?

① 순간풍속   ② 평균풍속   ③ 최대순간풍속   ④ 최대풍속

해설 일반적으로 구조물의 파괴와 직접적인 영향을 미치는 것은 최대순간풍속으로 보통, 그때의 평균풍속의 1.2~1.5 배이므로 평균 1.35 배를 계상해주면 된다.

29 ★★ 순간풍속과 평균풍속에 대한 설명 중 틀린 것은?

① 평균풍속 중 가장 큰 것을 최대풍속이라 한다.
② 최대순간풍속은 평균풍속의 1.2배에서 1.5배이므로 평균 1.35배를 적용한다.
③ 기상청에서 최대풍속이라고 말하는 것은 순간풍속을 말한다.
④ 관측시각 전 10분간 바람의 정도를 시간(600초)으로 나눈값을 평균풍속이라 한다.

해설 평균풍속 중 가장 큰 것을 최대풍속이라 하고 기상통보에서 최대풍속이라고 하는 것은 평균풍속을 말한다.

정답 25. ② 26. ③ 27. ② 28. ③ 29. ③

30 태풍이 10분간 평균풍속 30[m/s]로 관측되었다. 순간풍속의 관측값이 없을 경우 이 태풍의 5초간 최대순간풍속[m/s]은 얼마로 추정하는가?

① 30.5 ② 36.2 ③ 40.5 ④ 45.5

해설 순간풍속은 5초간 평균풍속으로 하여 50년 재현 풍속(風速)값의 1.35배
(순간풍속 추정값 = 풍속 추정값 ×1.35[m/s])이므로 30[m/s] × 1.35 = 40.5[m/s]

31 태풍이 불어왔을 때 10분간 평균풍속이 25[m/s]로 관측되었다. 순간풍속의 관측값이 없었다면 이 태풍의 5초간 최대순간풍속[m/s]은 약 얼마의 바람이 불었다고 추정되는가?

① 13 ② 20 ③ 27 ④ 34

해설 순간풍속은 5초간 평균풍속으로 하여 50년 재현 풍속(風速)값의 1.35배
(순간풍속 추정값 = 풍속 추정값×1.35[m/s])이므로 25[m/s]×1.35 = 33.75 ≒ 34[m/s]

32 평균풍속의 정의를 맞게 설명한 것은?

① 관측시각 전 3분간의 바람의 정도를 시간(180초)으로 나눈 값
② 관측시각 전 5분간의 바람의 정도를 시간(300초)으로 나눈 값
③ 관측시각 전 7분간의 바람의 정도를 시간(420초)으로 나눈 값
④ 관측시각 전 10분간의 바람의 정도를 시간(600초)으로 나눈 값

해설 공기 흐름의 속도를 「풍속」이라 하고 풍속에는 「평균풍속」과 「순간풍속」이 있다. 관측시각 전 10분간의 바람의 정도를 시간(600초)으로 나눈값을 평균풍속 또는 단순히 풍속이라 하고 평균풍속 중에서 제일 큰 것을 최대풍속이라 한다.

33 지표면 부근의 높이와 풍속의 관계에서 지상높이 h의 풍속을 V_h[m/s] 나타내는 식은? (단, 기준높이 h_0의 풍속을 V_0[m/s], 지물의 상황이나 기층의 안정도에 관계된 값을 n이라 한다.)

① $V_h = V_0 \left(\dfrac{h_0}{h}\right)^n$ ② $V_h = V_0 \left(\dfrac{h_0}{h}\right)^{\frac{1}{n}}$

③ $V_h = V_0 \left(\dfrac{h}{h_0}\right)^n$ ④ $V_h = V_0 \left(\dfrac{h}{h_0}\right)^{\frac{1}{n}}$

해설 지상높이 h의 풍속 V_h는

$$V_h = V_0 \left(\dfrac{h}{h_0}\right)^{\frac{1}{n}}$$

정답 30. ③ 31. ④ 32. ④ 33. ④

34 전차선 높이 5.2[m]에 가해지는 풍속 V_h은 몇 [m/s] 정도인가? (단, 지표면의 풍속을 30[m/s], 지물의 상황이나 기층의 안정도에 관계된 값 n을 4라 한다.)

① 30 ② 45 ③ 60 ④ 75

해설 $V_h = V_0 \left(\dfrac{h}{h_0}\right)^{\frac{1}{n}}$ 에서 $V_h = 30\left(\dfrac{5.2}{1}\right)^{1/4} ≒ 45[\text{m/s}]$

35 바람의 호흡 원인이 아닌 것은?

① 지표면의 불규칙
② 불규칙한 대류 발생
③ 태풍에 의한 낙뢰
④ 대기의 난류 소용돌이

해설 풍속계의 측정결과를 보면 풍속은 평상시 일정하지 않고 언제나 변동하는 것을 알 수 있다. 이러한 풍속의 변동을 바람이 호흡을 한다고 말한다. 이 원인은 지표면에 산·골짜기·삼림·건물 등이 있어 불규칙하기 때문에 바람이 이런 것을 지나갈 때에 무수히 많은 크고 작은 소용돌이가 예상되고, 태양 빛을 받았을 경우에 불규칙한 대류가 발생하기 때문이다. 즉, 바람의 호흡」은 대기 난류의 소용돌이에 의하여 일어난다.

36 전기철도 구조물에 가해지는 풍압과 관련이 없는 것은?

① 바람을 받는 물체의 수직투영면적
② 풍력계수
③ 구조물의 종류
④ 공기밀도

37 전선 중에서 단도체인 경우 풍력계수는 얼마인가?

① 0 ② 1 ③ 1.5 ④ 2

해설 단도체인 경우 풍력계수는 1.5이다.

38 구조물에 가해지는 풍압(P)을 구하는 계산식은? (단, P : 풍압[N], ρ : 공기밀도, G : 돌풍계수, V_d : 설계풍속[m/s], C : 풍력계수 이다.)

① $P = \rho \cdot C \cdot G \cdot V_d$
② $P = \dfrac{1}{2}\rho C(GV_d)^2$
③ $P = \dfrac{\rho \cdot C \cdot G^2}{V_d^2}$
④ $P = \dfrac{\rho \cdot V_d^2 \cdot G}{C^2}$

정답 34. ② 35. ③ 36. ③ 37. ③ 38. ②

해설 구조물에 가해지는 풍압(P) $P = \dfrac{1}{2}\rho C(GV_d)^2$

39 설계풍속이 30[m/s]이고 공기밀도가 1.225[N/m²], 돌풍계수 1.60, 풍력계수 1.2일 때 콘크리트 전주에 가해지는 풍압[N]은 약 얼마인가?

① 1193 ② 1693 ③ 2193 ④ 4393

해설 P : 풍압[N], ρ : 공기밀도, G : 돌풍계수, C : 풍력계수(공기저항계수), V_d : 설계풍속
$$P = \dfrac{1}{2}\rho C(GV_d)^2 = \dfrac{1}{2}\times 1.225 \times 1.2 \times (1.6\times 30)^2 = 1693.44 ≒ 1693[\text{N}]$$

40 설계풍속이 30[m/s]이고 공기밀도가 1.225[N/m²], 돌풍계수 1.60, 바람을 받는 4각철 주의 전면에 가해지는 풍압은 몇 [N]인가? (단, 풍력계수는 1.53으로 한다.)

① 1159 ② 1729 ③ 2159 ④ 3659

해설 구조물에 가해지는 풍압 $P = \dfrac{1}{2}\rho C(GV_d)^2$ 에서
$$P = \dfrac{1}{2}\times 1.225 \times 1.53 \times (1.6\times 30)^2 ≒ 2159[\text{N}]$$

41 4각형 또는 3각형 단면골조의 풍력계수 C_x 는? (단, 골조풍압계수의 기본값을 K, 세장률을 F, 풍압배수를 M이라 한다.)

① $C_x = K \cdot F \cdot M$
② $C_x = K \cdot \dfrac{M}{F}$
③ $C_x = M \cdot \dfrac{K}{F}$
④ $C_x = K \cdot \dfrac{F}{M}$

해설 4각형 또는 3각형 단면골조의 풍력계수 C_x 는
$C_x = K \cdot F \cdot M$

42 4각형 또는 3각형 단면골조의 풍력계수 C_x 는? (단, 골조풍압계수의 기본값을 2, 세장률을 0.9, 풍압배수를 1.2라 한다.)

① 1.5 ② 2.16 ③ 3.67 ④ 4.83

해설 4각형 또는 3각형 단면골조의 풍력계수 C_x 는
$C_x = K \cdot F \cdot M = 2 \times 0.9 \times 1.2 = 2.16$

정답 39. ② 40. ③ 41. ① 42. ②

43 전기철도 구조물에 가해지는 하중이 아닌 것은?
① 풍압하중
② 곡선로의 횡장력
③ 작업원이나 기계기구의 중량
④ 열차운전부하에 의한 하중

해설 전기철도 구조물에 가해지는 하중에는 풍압하중, 눈하중, 곡선로의 횡장력, 작업원이나 기계기구의 중량, 단선시의 충격하중 등이 있다.

44 전기철도 구조물의 강도를 계산할 때, 풍압하중, 눈하중, 곡선로의 횡장력 등이 포함되는 하중은?
① 수평하중
② 수직하중
③ 특수하중
④ 고정하중

해설 풍압하중, 눈하중, 곡선로의 횡장력 등은 수평하중으로 강도를 계산한다.

45 수압과 같이 삼각형 또는 사다리꼴로 작용하는 하중은?
① 등변분포하중
② 모멘트하중
③ 간접하중
④ 경사하중

해설 등(변)분포하중은 수압과 같이 일정한 형태로 분포되어 가해지는 하중이다. 등분포하중(직사각형분포하중)은 직사각형의 도심에 집중하중으로 치환하고, 등변분포하중(삼각형분포하중)은 삼각형의 도심에 집중하중으로 치환한다.

46 전기철도 구조물의 강도를 계산할 때 전선, 애자, 구조물의 자체 무게가 적용되는 하중은?
① 수평하중
② 수직하중
③ 특수하중
④ 충격하중

해설 전선, 애자, 구조물의 자체 무게는 수직하중을 적용하여 강도를 계산한다.

47 기상조건의 변화에 따른 바람·부착빙설로 인하여 발생하는 동(動)하중이 아닌 것은?
① 미풍진동
② 갤로핑
③ 킹크
④ 슬릿점프

해설 기상조건의 변화에 따른 바람·부착빙설로 인하여 발생하는 동(動)하중에는 미풍진동, 갤로핑, 슬릿점프 등이 있다.

정답 43. ④ 44. ① 45. ① 46. ② 47. ③

48. 슬릿점프(Sleet Jump)현상에 대하여 올바르게 설명한 것은?

① 전선에 착빙이 되면 중량에 의해 전선이 아래로 처진다. 이 상태에서 기온이 상승하면 빙설이 탈락되면서 전선이 늘어나는 현상을 말한다.
② 전선에 착빙이 되면 중량에 의해 전선이 아래로 처진다. 이 상태에서 기온이 상승하면 빙설이 탈락되는 현상을 말한다.
③ 전선에 착빙이 되면 중량에 의해 전선이 아래로 처진다. 이 상태에서 기온이 상승하면 빙설이 탈락되면서 전선이 상·하 운동을 하는 현상을 말한다.
④ 전선에 착빙이 되면 중량에 의해 전선이 아래로 처진다. 이 상태에서 기온이 상승하면 빙설이 탈락되면서 전선이 수평운동을 하는 현상을 말한다.

해설 전선에 빙설이 부착하게 되면 중량에 의해 전선이 아래로 처진다. 이 상태에서 기온이 상승하게 되면 빙설이 탈락되면서 전선이 상·하 운동을 하는 현상을 슬릿점프(Sleet Jump)라 한다.

49. 갤로핑(Galloping) 현상에 대하여 올바르게 설명한 것은?

① 전선에 착빙이 되면 전선은 원통으로 되지 않으므로 가로방향의 바람에 의해 부양력이 발생하여 전선이 좌·우 운동을 하는 현상을 말한다.
② 전선에 착빙이 되면 중량에 의해 전선이 아래로 처진다. 이 상태에서 기온이 상승하면 빙설이 탈락되면서 전선이 상·하 운동을 하는 현상을 말한다.
③ 전선에 착빙이 되면 전선은 원통형으로 되며, 이때 전선의 중량에 의해 아래로 처진다. 이 상태에서 기온이 상승하면 빙설이 탈락되면서 전선이 늘어나는 현상을 말한다.
④ 전선에 착빙이 되면 중량에 의해 전선이 아래로 처진다. 이 상태에서 기온이 상승하면 빙설이 탈락되는 현상을 말한다.

해설 전선에 착빙이 되면 전선은 원통으로 되지 않으므로 가로방향의 바람에 의해 부양력이 발생하여 자려진동으로 전선이 좌·우 운동을 하는 현상을 갤로핑현상이라 한다.

50. 구조물(특히 빔)에 지지되는 전선 가닥수가 많은 경우 무시하는 하중은?

① 선로와 평행한 방향의 하중
② 선로의 곡선 방향의 하중
③ 선로와 직각 방향의 하중
④ 선로와 자중 방향의 하중

해설 구조물(특히 빔)에 지지되는 전선 가닥수가 많으면 선로에 평행한 방향의 하중은 무시하고 있다.

정답 48. ③ 49. ① 50. ①

51 빔의 강도계산에서 선로와 평행한 방향의 하중을 적용하지 않는 경우는?

① 전체 길이의 1/3이내에 전선이 편중되어 지지되고 있는 경우
② 전체 길이의 1/4이내에 전선이 편중되어 지지되고 있는 경우
③ 구조물(특히 빔)에 지지되는 전선의 가닥수가 작을 때
④ 구조물(특히 빔)에 지지되는 전선의 가닥수가 많을 때

해설 구조물(특히 빔)에 지지되는 전선 가닥수가 많으면 지지물에 대하여 지선의 역할을 하기 때문에 일반적인 설계에서는 선로와 평행한 방향의 하중은 무시하고 있다.

52 전기철도 구조물의 강도계산에 사용하는 수평하중의 설명으로 맞는 것은?

① 주로 풍압하중과 곡선개소 등의 수평장력이다.
② 주로 전선과 지지물 자체의 자중이다.
③ 전선에 걸리는 인장하중과 지지물 자체의 자중을 합한 것이다.
④ 주로 수평편심하중을 수평하중이라 하며, 풍압에 견디는 정도의 하중이다.

해설 수평하중은 주로 풍압하중과 곡선개소 등의 수평장력이다.

53 전기철도구조물 설계시 고온계 여름에서 가을에 걸친 계절에서 풍속 40[m/s]의 바람이 있다고 가정한 경우 발생하는 하중은?

① 갑종풍압하중   ② 을종풍압하중
③ 병종풍압하중   ④ 특종풍압하중

해설 고온계 하중(고온계 표준 풍압하중)이라고 말하며 여름철의 태풍을 기준하여 설계조건을 정하고 있다. 고온계(여름부터 가을까지의 계절)에 있어서 풍속 40[m/s]의 바람이 있는 것으로 가정한 경우에 발생하는 하중이다.

54 전기철도 구조물을 설계할 때 갑종풍압하중에 대한 적용온도는 일반적으로 어떤 온도를 적용하는가?

① 임계온도   ② 최저온도   ③ 최고온도   ④ 표준온도

해설 풍압하중별 적용 온도

하중 종별	온 도
갑종풍압하중	표준온도
을종풍압하중	-5℃
병종풍압하중	최저온도

정답 51. ④ 52. ① 53. ① 54. ④

55 저온계 하중이라고도 하며, 겨울철 계절풍을 기준으로 하여 설계조건을 정하고 있는 풍압하중은?
① 갑종풍압하중 ② 을종풍압하중
③ 병종풍압하중 ④ 특종풍압하중

56 전기철도 구조물의 강도계산에서 비중 0.9인 빙설이 전선류 주위에 6[mm]의 두께로 부착되고 외부 기온을 −0.5[℃]로 적용하는 풍압하중은?
① 갑종풍압하중 ② 을종풍압하중
③ 병종풍압하중 ④ 고온계풍압하중

해설 을종풍압하중은 저온계 하중(저온계 표준풍압하중)이라고 하며 겨울철의 계절풍을 기준으로 가선된 전선에 빙설(두께 6[mm], 비중 0.9)이 부착한 상태로 갑종풍압하중의 1/2의 풍압(풍속 28[m/s])에 의해 생기는 하중을 말한다.

57 저온계 하중인 을종풍압하중에서 가선된 전선에 부착된 빙설의 두께[mm]는?
① 3 ② 4 ③ 5 ④ 6

해설 을종풍압하중은 가선된 전선에 빙설이 두께 6[mm], 비중 0.9 부착한 상태를 말한다.

58 가공전차선로의 설계시 을종풍압하중에 적용되는 온도는?
① 표준온도 ② 최고온도 ③ −5℃ ④ 0℃

59 일반적으로 을종풍압하중은 각 전선에 부착되는 빙설의 양은 얼마가 된다고 보고 설계하는가?
① 가선된 각 전선 주위에 두께 12[mm], 비중 0.9
② 가선된 각 전선 주위에 두께 9[mm], 비중 0.9
③ 가선된 각 전선 주위에 두께 6[mm], 비중 0.9
④ 가선된 각 전선 주위에 두께 3[mm], 비중 0.9

60 구조물에 대한 강도계산을 할 때 병종풍압하중에 적용하는 온도는?
① 최고온도 ② 표준온도 ③ 평균온도 ④ 최저온도

정답 55. ② 56. ② 57. ④ 58. ③ 59. ③ 60. ④

61 가공 전차선로의 곡선로에서 전선의 장력에 따라 지지점에서 곡선 안쪽으로 발생되는 힘은?
① 인장력 ② 하중
③ 수직력 ④ 수평장력

해설 곡선로에서 전선의 장력에 따라 지지점에서 곡선 안쪽으로 발생되는 힘을 수평장력이라 한다.

62 ★★★★★
곡선로의 수평장력 P[N] 계산식은? (단, P : 수평장력[N], S : 경간[m], R : 곡선반지름[m], T : 전선의 장력[N]이다.)
① $P = \dfrac{ST}{R}$ ② $P = \dfrac{ST^2}{R}$ ③ $P = \dfrac{SR}{T}$ ④ $P = \dfrac{RT^2}{S}$

해설 곡선로의 수평장력은 $P = \dfrac{ST}{R}$ 이다.

63 ★★★★
전철주의 경간이 50[m], 선로의 곡선반지름이 500[m], 전선의 장력이 1,000[N]일 때 전선의 횡장력은 몇 [N]인가?
① 10 ② 25 ③ 100 ④ 250

해설 $P = \dfrac{ST}{R} = \dfrac{50 \times 1000}{500} = 100$[N]

64 ★★★★
전주의 경간이 40[m], 전선의 장력이 10000[N], 곡선 반지름이 500[m]일 때, 곡선로의 수평장력[N]은?
① 800 ② 900 ③ 1000 ④ 1100

해설 $P = \dfrac{ST}{R} = \dfrac{40 \times 10000}{500} = \dfrac{400000}{500} = 800$[N]

65 ★★★★
전주경간 50[m], 전선의 장력 9800[N], 곡선반지름 500[m]일 때 곡선로의 수평장력[N]은?
① 490 ② 980 ③ 1470 ④ 1960

해설 $P = \dfrac{ST}{R} = \dfrac{50 \times 9800}{500} = \dfrac{490000}{500} = 980$[N]

정답 61. ④ 62. ① 63. ③ 64. ① 65. ②

66 전차선로에서 전선의 장력을 900[N], 전주경간을 50[m], 선로의 곡선반경을 900[m]로 할 때의 횡장력은 몇 [N] 인가?

① 50　　　② 75　　　③ 80　　　④ 90

해설　$P = \dfrac{ST}{R} = \dfrac{50 \times 900}{900} = 50[N]$

67 전차선로에서 전선의 장력을 1250[N], 전주경간을 50[m], 선로의 곡선반경을 500[m]로 할 때의 횡장력은 몇 [N]인가?

① 50　　　② 75　　　③ 125　　　④ 150

해설　$P = \dfrac{ST}{R} = \dfrac{50 \times 1250}{500} = 125[N]$

68 직선 가공전차선로 구간의 선로에서 전차선을 지그재그 가선에 따른 수평장력 P를 옳게 나타낸 것은? (단, 수평장력 : P[N], 지지점 간격 : S[m], 전선장력 : T[N], 전선의 기울기 : d[m]이다.)

① $P = \dfrac{4Td}{S+2d}$　　② $P = \dfrac{2Td}{S+3d}$

③ $P = \dfrac{2Td}{S+2d}$　　④ $P = \dfrac{Td}{S+2d}$

해설　직선로의 지그재그 편위에 따른 수평장력

$P = 2T\sin\theta = 2T\dfrac{2d}{\sqrt{S^2+(2d)^2}} = \dfrac{4Td}{S+2d}$

69 직선로의 가공전차선로에서 전차선과 조가선의 장력을 각각 1000[N]로 하고 경간을 40[m]로 할 때, 조가선과 전차선의 수평장력[N]은? (단, 전차선의 편위는 100[mm]로 한다.)

① 10　　　② 20　　　③ 30　　　④ 40

해설　직선로의 지그재그 편위에 따른 수평장력

$P = 2T\sin\theta = 2T\dfrac{2d}{\sqrt{S^2+(2d)^2}}$

$P = 2 \times 1000 \dfrac{2 \times 0.1}{\sqrt{40^2+(2 \times 0.1)^2}} = 10[N]$

70 조가선과 전차선의 장력을 각각 10000[N], 경간을 50[m]로 할 때 직선로에서 지그재그 편위에 의한 조가선과 전차선의 수평장력[N]은 약 얼마인가? (단, 전차선의 편위는 200[mm]이다.)

① 120　　　　② 140　　　　③ 160　　　　④ 180

해설 직선로의 지그재그 편위에 따른 수평장력
$$P = 2T\sin\theta = 2T\frac{2d}{\sqrt{S^2+(2d)^2}}$$
$$P = 2 \times 10000 \frac{2 \times 0.2}{\sqrt{50^2+(2\times0.2)^2}} ≒ 160[N]$$

71 눈에 의한 수직하중에 해당하지 않는 것은?

① 관설에 의한 하중　　　　② 착빙에 의한 하중
③ 적설에 의한 하중　　　　④ 경사면 적설의 이동에 따른 작용력

해설 눈에 의한 수직하중은 착설에 의한 하중, 착빙에 의한 하중, 관설에 의한 하중, 적설에 의한 침강력, 경사면 적설의 이동에 따른 작용력이 있다.

72 가공 전선의 지름을 d[mm]라 하면 착빙에 의한 단위증가 중량 (W)[kg/m]은?

① $1.696(d+6) \times 10^{-2}$　　　　② $1.696(d \times 6) \times 10^{-2}$
③ $2.696(d+6) \times 10^{-2}$　　　　④ $2.696(d \times 6) \times 10^{-2}$

해설 전선의 지름을 d[mm]라 하면 착빙에 의한 단위증가 중량(W)는
$$W = \pi\left(\frac{(d+12)^2}{4} - \frac{d^2}{4}\right) \times 10^{-6} \times 0.9 \times 10^3$$
$$= \frac{0.9\pi}{4}\{(d+12)-d\}\{(d+12)+d\} \times 10^{-3}$$
$$= \frac{(0.9 \times 3.14)}{4} \times 12 \times 2(d+6) \times 10^{-3}$$
$$= 1.696(d+6) \times 10^{-2}$$

73 전기철도 구조물 중 빔과 완철(트러스빔 및 4각빔 제외)에서 눈의 비중 0.9, 눈이 쌓이는 바닥폭이 30[cm], 관설계수를 3이라고 하면 이 구조물의 관설에 의한 하중[kg/m]은?

① 0.0243　　　　② 0.243　　　　③ 24.3　　　　④ 243

해설 관설이 있는 빔과 완철(트러스빔 및 4각빔을 제외)에서 눈(雪)의 비중을 m, 눈이 쌓이는 바닥 폭(幅)을 b, 관설계수를 f라 하면 관설에 의한 하중(W)은 다음 식으로 구해진다.
$$W = \frac{mb^2f}{10} = \frac{0.9 \times 0.3^2 \times 3}{10} = 0.0243[kg/m]$$

정답　70. ③　71. ③　72. ①　73. ①

74 전기철도 구조물 중 V트러스빔 및 4각빔에서 관설의 높이가 40[cm], 관설의 점유물이 0.5, 눈이 쌓이는 바닥폭이 30[cm]이고, 눈의 비중이 0.3이라면 이 구조물의 관설에 의한 하중[kg/m]은?

① 0.0018 ② 0.18 ③ 18 ④ 180

> 해설 관설이 있는 V트러스빔 및 4각빔의 관설에 의한 하중(W)은 관설의 높이를 H, 눈이 쌓이는 바닥 폭(幅)을 b, 관설의 점유율을 F라 하면 다음 식으로 구할 수 있다.
> $$W = \frac{0.3\,b\,H\,F}{10} = \frac{0.3 \times 0.3 \times 0.4 \times 0.5}{10} = 0.0018\,[\text{kg/m}]$$

75 구조물의 하중을 계산할 때 경사면의 적설 이동에 대한 작용력을 고려하여야 하는 구조물에 해당되는 것은?

① 전선류 ② 문형빔 ③ 전철주 ④ 가동브래킷

> 해설 경사면의 적설 이동에 대한 작용력을 고려하여야 하는 구조물은 전철주, 지선 등 경사면 도중 또는 끝에 있는 구조물이다.

76 경사각도가 30° 이상인 경사면의 도중 또는 끝에 있는 전주, 지선, 지주 등에는 상시 몇 [kN] 정도의 작용력이 걸리는 것으로 보는가?

① 50 ② 100 ③ 150 ④ 200

77 다음 구조물에 사용하는 강재 중 일반형강에 속하지 않는 것은?

① ㄴ형강(Angle) ② I형강(I-Beam)
③ H형강(Wide flange shape) ④ O형강(O-Beam)

78 구조용 강재(鋼材)로 많이 사용되는 것은?

① 합금강 ② 경강(硬鋼) ③ 연강(軟鋼) ④ 특수강

> 해설 연강은 구조용 강재로 널리 이용되고 있다.

79 강구조물의 구조용 강재로 사용되고 있는 것은 단면 형상에 따라 분류하는데 그 분류에 속하지 않는 것은?

① 후강 ② 강판 ③ 평강 ④ 일반형강

정답 74. ① 75. ③ 76. ① 77. ④ 78. ③ 79. ①

80 다음은 강재의 단면형상에 대한 설명이다. 틀린 것은?
① ㄷ형강은 단면의 원심과 중심의 위치가 서로 다르고 비틀림이 없다.
② H형강은 좌굴과 휨에 대하여 유리한 단면으로 flange 두께가 일정하며 가공성도 용이하다.
③ I형강은 flange 두께가 지지부와 선단부가 다르며 flange 선단부가 곡면으로 되어 있다.
④ ㄴ형강은 등변과 부등변으로 구별된다.

해설 ㄷ형강은 단면의 원심과 중심의 위치가 서로 다를 경우 비틀림이 생기기 쉽다.

81 좌굴과 휨에 대하여 유리한 단면으로 플랜지 두께가 일정하며 가공성도 용이하여 전철주로 많이 사용되는 강재는?
① L 형강(angle)
② I 형강(I-beam)
③ ㄷ형강(channel)
④ H 형강(Wide flange shape)

해설 H 형강(Wide flange shape)은 좌굴과 휨에 대하여 유리한 단면으로 플랜지 두께가 일정하며 가공성도 용이하여 전철주로 많이 사용되는 강재이다.

82 다음중 평강(flat bar)을 맞게 설명한 것은?
① 두께가 3[mm] 이상의 판으로 폭이 80[mm] 미만의 것
② 두께가 3[mm] 이상의 판으로 폭이 125[mm] 미만의 것
③ 두께가 6[mm] 이상의 판으로 폭이 80[mm] 미만의 것
④ 두께가 6[mm] 이상의 판으로 폭이 125[mm] 미만의 것

해설 두께가 3[mm] 이상의 판으로 폭이 125[mm] 미만의 것을 평강이라 하고 125[mm] 이상의 것을 강판이라고 한다.

83 강판(plate)은 몇 [mm]의 두께를 기준하여 후판(厚板 : 두꺼운 강판)과 박판(薄板 : 얇은 강판)으로 나누는가?
① 3
② 6
③ 9
④ 12

해설 강판(plate)은 두께 6[mm]를 기준하여 후판(厚板 : 두꺼운 강판)과 박판(薄板 : 얇은 강판)으로 나눈다.

정답 80. ① 81. ④ 82. ② 83. ②

84 그림의 철골 명칭 중 틀린 것은?
① A : angle
② B : ㄷ 형강
③ C : I 형강
④ D : channel

 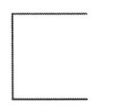 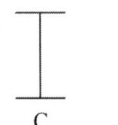

1장 전기철도구조물 일반
핵심예상문제 필답형 실기

01 ★★★ 전기철도 구조물이 갖추어야 할 기본조건을 3가지 이상 쓰시오.

[풀이] 1) 내부식성이 우수할 것
2) 유효수명(내용년수)이 길 것
3) 열차의 진동에도 풀림이 없을 것
4) 충분한 강도를 가질 것

02 ★ 전기철도 구조물의 종류에 대하여 아는데로 쓰시오.

[풀이] 전기철도 구조물의 종류에는 전철주, 전철주기초, 빔, 가동브래킷, 지선, 하수강, 평행틀 등이 있다.

03 ★★★ 철주를 사용하는 개소에 대하여 간단히 설명하시오.

[풀이] 철주는 전선의 수평장력이나 빔의 중량, 기타 풍압에 대하여 강도가 약한 개소, 선로와 선로의 사이가 협소하여 건축한계에 지장을 주는 개소, 교량난간 등에 건식하는 경우에는 조립철주나 H형강주, 강관주 등의 철주를 주로 사용하고 있다.

04 ★★ 전철주와 조립하여 전차선과 급전선 등을 지지하기 위한 강 구조물을 무엇이라고 하는가?

[풀이] 전철주와 조립하여 전차선과 급전선 등을 지지하기 위한 강 구조물은 빔이다.

05 ★★★ 가공전차선로에서 급전선의 이도를 크게 하면 어떠한 현상이 생기는가?

[풀이] $D = \dfrac{WS^2}{8T}$ 또는 $D = \dfrac{AWS^2}{8T}$ 으로 계산하기 때문에 이도(D)를 크게 하면 바람에 의한 수평진동과 빙설에 의한 갤로핑, 슬릿점프현상 등으로 선간단락, 지락사고가 발생할 수 있다.

06 ★★★ 가공전선의 온도상승시 이도, 장력, 안전율은 어떻게 되는지 간략하게 설명하시오.

[풀이] $D = \dfrac{WS^2}{8T}$ 또는 $D = \dfrac{AWS^2}{8T}$ 으로 계산하기 때문에 이도(D)를 크게 하면 장력(T)이 감소하고, 전선의 인장하중에 대한 안전율(A)이 증가한다.

07 우리나라의 전기철도구조물 설계시 내륙지역에 적용하는 표준온도는 몇 ℃인가?

풀이) 전기철도구조물 설계시 내륙지역에 적용하는 표준온도는 10 ℃이다.

08 우리나라의 전기철도구조물 설계시 내륙지역에 적용하는 최고온도는 몇 ℃인가?

풀이) 전기철도구조물 설계시 내륙지역에 적용하는 최고온도는 40℃이다.

09 우리나라의 전기철도구조물 설계시 해안지역에 적용하는 최저온도는 몇 ℃인가?

풀이) 전기철도구조물 설계시 해안지역에 적용하는 최저온도는 -20℃이다.

10 우리나라의 전기철도구조물 설계시 터널구간에 적용하는 최저온도는 몇 ℃인가?

풀이) 전기철도구조물 설계시 터널구간에 적용하는 최저온도는 -5℃ 이다.

표준온도 및 최고·최저온도(우리나라)

구분	최저온도[℃]	표준온도[℃]	최고온도[℃]
내륙	-25	10	40
해안	-20	15	40
터널	-5	15	30

〈참고자료〉 KR CODE 2012(국가철도공단) KR E-01030

11 전기철도구조물의 강도계산에 적용하는 풍속에 대하여 간단하게 답하시오.

풀이) 전기철도구조물의 강도계산시에는 최대풍속을 적용한다. 그리고 풍속조건은 그 지역의 최근 40년 간의 최대풍속(10분 평균값)의 기록중에서 1번째 ~ 3번째 순위에 있는 풍속의 평균값을 기준으로 하거나, 다음 표의 값에 따른다. 터널은 최대풍속을 40[m/s]로 적용한다.

지표면으로부터 높이	일반지구[m/s]	해안지구[m/s]
10[m] 이하	35	40
20[m] 이하	40	45
30[m] 초과	45	50

12 전기철도구조물의 강도계산 시 지표면으로부터 높이가 10[m] 이하인 일반지구에 적용하는 풍속[m/s]은?

풀이 전기철도구조물의 강도계산 시 지표면으로부터 높이가 10[m] 이하인 일반지구는 35[m/s]의 풍속을 적용한다.

13 전기철도구조물의 강도계산 시 지표면으로부터 높이가 10[m] 이하인 해안지구에 적용하는 풍속[m/s]은?

풀이 전기철도구조물의 강도계산 시 지표면으로부터 높이가 10[m] 이하인 해안지구는 40[m/s]의 풍속을 적용한다.

14 전기철도구조물의 강도계산 시 지표면으로부터 높이가 20[m] 이하인 일반지구에 적용하는 풍속[m/s]은?

풀이 전기철도구조물의 강도계산 시 지표면으로부터 높이가 20[m] 이하인 일반지구는 40[m/s]의 풍속을 적용한다.

15 전기철도구조물의 강도계산 시 지표면으로부터 높이가 20[m] 이하인 해안지구에 적용하는 풍속[m/s]은?

풀이 전기철도구조물의 강도계산 시 지표면으로부터 높이가 20[m] 이하인 해안지구는 45[m/s]의 풍속을 적용한다.

16 전기철도구조물의 강도계산 시 지표면으로부터 높이가 30[m]를 초과하는 일반지구에 적용하는 풍속[m/s]은?

풀이 전기철도구조물의 강도계산 시 지표면으로부터 높이가 30[m]를 초과하는 일반지구는 45[m/s]의 풍속을 적용한다.

17 전기철도구조물의 강도계산 시 지표면으로부터 높이가 30[m]를 초과하는 해안지구에 적용하는 풍속[m/s]은?

풀이 전기철도구조물의 강도계산 시 지표면으로부터 높이가 30[m]를 초과하는 해안지구는 50[m/s]의 풍속을 적용한다.

18 전기철도구조물의 강도계산 시 터널에서 적용하는 최대풍속[m/s]은?

풀이 전기철도구조물의 강도계산 시 터널에서는 40[m/s]의 최대풍속을 적용한다.

19 ★★ 특수개소인 3[m] 이상 제방, 교량 위, 산, 계곡 등에서 구조물의 강도계산에 적용하는 최대풍속[m/s]은 얼마인가?

풀이 특수개소인 3[m] 이상 제방, 교량 위, 산, 계곡 등 특히 지형적으로 바람이 모이는 지역)에는 50[m/s]의 최대풍속을 적용한다.

20 ★★ 특수개소인 3[m] 이상 제방, 교량 위, 산, 계곡 등에서 전차선의 기울기에 적용하는 순간풍속[m/s]은 얼마인가?

풀이 특수개소인 3[m] 이상 제방, 교량 위, 산, 계곡 등 특히 지형적으로 바람이 모이는 지역)에서 전차선의 기울기를 계산할 때에는 순간풍속 35[m/s]를 적용한다.

21 일반적으로 구조물의 파괴로 이어질 수 있는 풍속은 어떤 것인가?

풀이 일반적으로 구조물의 파괴와 직접적인 영향을 미치는 것은 최대순간풍속이다.

22 ★★★ 태풍이 10분간 평균풍속 35[m/s]로 관측되었다. 순간풍속의 관측값이 없을 경우 이 태풍의 5초간 최대 순간풍속[m/s]은 얼마로 추정하는가?

풀이 순간풍속은 5초간 평균풍속으로 하여 50년 재현 풍속(風速)값의 1.35 배
(순간풍속 추정값 = 풍속 추정값 ×1.35[m/s]) 이므로 35[m/s] × 1.35 ≒ 47.3[m/s]

23 ★★ 평균풍속에 대하여 간단히 설명하시오.

풀이 관측시각 전 10분간의 바람의 정도를 시간(600초)으로 나눈값을 평균풍속 또는 단순히 풍속이라 하고 평균풍속 중에서 제일 큰 것을 최대풍속이라 한다.

24 ★★★ 지표면 부근의 높이와 풍속의 관계에서 지상높이 h 의 풍속을 V_h[m/s]를 구하는 공식을 쓰시오.(단, 기준높이 h_0의 풍속을 V_0[m/s], 지물의 상황이나 기층의 안정도에 관계된 값 n 이라 한다.)

풀이 지상높이 h의 풍속을 V_h는
$$V_h = V_0 \left(\frac{h}{h_0}\right)^{\frac{1}{n}}$$

25 ★★★
전차선 높이 5.2[m]에 가해지는 풍속 V_h은 몇 [m/s] 정도인지 계산하시오. (단, 지표면의 풍속을 30[m/s], 지물의 상황이나 기층의 안정도에 관계된 값 n을 4라 한다.)

풀이 $V_h = V_0 \left(\frac{h}{h_0}\right)^{\frac{1}{n}}$에서 $V_h = 30\left(\frac{5.2}{1}\right)^{1/4} ≒ 45$[m/s]

26 ★★★
구조물에 가해지는 풍압(P)을 구하는 계산식을 쓰시오. (단, P : 풍압[N], ρ : 공기밀도, G : 돌풍계수, V_d : 설계풍속[m/s], C : 풍력계수 이다.)

풀이 $P = \frac{1}{2}\rho C(GV_d)^2$

27 ★★★
설계풍속이 30[m/s]인 철주에 가해지는 풍압[N]은 약 얼마인가? (단, 공기밀도 1.225[N/m²], 돌풍계수 1.4, 풍력계수는 1.3 이다.)

풀이 P : 풍압[N], ρ : 공기밀도, G : 돌풍계수, C : 풍력계수(공기저항계수), V_d : 설계풍속
$P = \frac{1}{2}\rho C(GV_d)^2 = \frac{1}{2} \times 1.225 \times 1.3(1.4 \times 30)^2 ≒ 1405$[N]

28 ★★
4각형 또는 3각형 단면골조의 풍력계수 C_x를 구하는 공식을 쓰시오. (단, 골조풍압계수의 기본값을 K, 세장률을 F, 풍압배수를 M이라 한다.)

풀이 4각형 또는 3각형 단면골조의 풍력계수 C_x는
$C_x = K \cdot F \cdot M$

29 ★★★
4각형 또는 3각형 단면골조의 풍력계수 C_x를 계산하시오.(단, 골조풍압계수의 기본값을 3, 세장률을 0.9, 풍압배수를 1.2라 한다.)

풀이 4각형 또는 3각형 단면골조의 풍력계수 C_x는
$C_x = K \cdot F \cdot M = 3 \times 0.9 \times 1.2 = 3.24$

30 전기철도구조물에 가해지는 하중에는 어떠한 것이 있는지 쓰시오.

> **풀이** 전기철도 구조물에 가해지는 하중에는 풍압하중, 눈하중, 곡선로의 횡장력, 작업원이나 기계기구의 중량, 단선시의 충격하중 등이 있다.

31 기상조건의 변화에 따른 바람·부착빙설로 인하여 발생하는 동(動)하중에는 어떤 것이 있는지 쓰시오.

> **풀이** 기상조건의 변화에 따른 바람·부착빙설로 인하여 발생하는 동(動)하중에는 미풍진동, 갤로핑, 슬릿점프 등이 있다.

32 기상조건의 변화에 따른 바람·빙설 부착으로 인하여 발생하는 갤로핑(Galloping) 현상에 대하여 간단하게 설명하시오.

> **풀이** 갤로핑 현상이란 전선에 빙설이 붙으면 전선은 원통형으로 되지 않으므로 가로 방향의 바람에 대해 부양력이 발생하여 자려진동(좌우운동)이 일어나는 현상을 말한다.

33 기상조건의 변화에 따른 바람·빙설 부착으로 인하여 발생하는 슬릿점프현상에 대하여 간단하게 설명하시오.

> **풀이** 전선에 빙설이 부착하면 전선은 그 중량에 의해 아래로 늘어진다. 기온이 상승하게 되면 부착한 빙설이 탈락하게 되어 이것에 의해서 전선은 상하운동을 하게 되는 현상을 슬릿점프(Sleet Jump)라 한다.

34 구조물에 가해지는 풍압하중의 종류를 쓰고 간단하게 설명하시오.

> **풀이**
> 1) 갑종풍압하중
>   여름철 고온계하중으로 가을까지의 계절에 있어서 풍속 40[m/s]의 바람이 있는 것으로 가정한 경우에 발생하는 하중
> 2) 을종풍압하중
>   저온계(겨울부터 봄까지의 계절)에 있어서 가선된 전선에 빙설(두께 6[mm], 비중 0.9)이 부착한 상태로 갑종풍압하중 1/2의 풍압(풍속 28[m/s])에 의해 생기는 하중
> 3) 병종풍압하중
>   갑종풍압하중의 1/2의 풍압(풍속 28[m/s])에 의해 발생하는 하중으로 인가(人家)가 많이 밀집된 장소(일반적으로 풍속은 감소) 및 저온계에 있어서 강풍이 없이 빙설이 많지 않은 지방을 대상

35 전기철도구조물을 설계할 때 갑종풍압하중에 적용하는 온도는?

　풀이　갑종풍압하중은 표준온도를 적용한다.

36 전기철도구조물을 설계할 때 을종풍압하중에 적용하는 온도는?

　풀이　을종풍압하중은 지역에 관계없이 일률적으로 −5[℃]를 적용한다.

37 전기철도구조물을 설계할 때 병종풍압하중에 적용하는 온도는?

　풀이　병종풍압하중은 최저온도를 적용한다.

38 가공 전차선로의 곡선로에서 전선의 장력에 따라 지지점에서 곡선 안쪽으로 발생되는 힘을 무엇이라 하는가?

　풀이　곡선로에서 전선의 장력에 따라 지지점에서 곡선 안쪽으로 발생되는 힘을 수평장력이라 한다.

39 곡선로에서 생기는 수평장력을 구하는 식을 쓰시오.

　풀이　경간 : S, 전선의 장력 : T, 곡선 반지름 : R
$$P = \frac{ST}{R}$$

40 전주경간 50[m], 전선의 장력 12000[N], 곡선반지름 1200[m]일 때 곡선로의 수평장력 [N]을 계산하시오.

　풀이　$P = \dfrac{ST}{R} = \dfrac{50 \times 12000}{1200} = \dfrac{600000}{1200} = 500[\mathrm{N}]$

41 전주경간 50[m], 전선의 장력 9800[N], 곡선반지름 500[m]일 때 곡선로의 수평장력 [N]을 계산하시오.

　풀이　$P = \dfrac{ST}{R} = \dfrac{50 \times 9800}{500} = \dfrac{490000}{500} = 980[\mathrm{N}]$

42 직선로의 가공전차선로 구간의 선로에서 전차선을 지그재그 가선함에 따른 수평장력 P를 구하는 공식을 쓰시오. (단, 수평장력 : P [N], 지지점 간격 : S [m], 전선장력 : T [N], 전선의 기울기 : d [m]이다.)

풀이 직선로의 지그재그 편위에 따른 수평장력
$$P = 2T\sin\theta = 2T\frac{2d}{\sqrt{S^2+(2d)^2}} = \frac{4Td}{S+2d}$$

43 직선로의 가공전차선로에서 전차선과 조가선의 장력을 각각 9800[N]로 하고 경간을 40[m]로 할 때, 조가선과 전차선의 수평장력[N]을 계산하시오. (단, 전차선의 편위는 100[mm]로 한다.)

풀이 직선로의 지그재그 편위에 따른 수평장력
$$P = 2T\sin\theta = 2T\frac{2d}{\sqrt{S^2+(2d)^2}}$$
$$P = 2 \times 9800 \frac{2 \times 0.1}{\sqrt{40^2+(2\times 0.1)^2}} = 98[N]$$

44 눈에 의한 수직하중의 종류에 대하여 3가지 이상 쓰시오.

풀이 눈에 의한 수직하중은
1) 관설에 의한 하중
2) 착빙에 의한 하중
3) 적설에 의한 침강력
4) 경사면 적설의 이동에 따른 작용력
5) 관설에 의한 하중

45 전기철도 구조물 중 빔과 완철(트러스빔 및 4각빔 제외)에서 눈의 비중 m, 눈이 쌓이는 바닥폭을 b, 관설계수를 f 이라고 하면 이 구조물의 관설에 의한 하중[kg/m]을 구하는 식을 쓰시오.

풀이 관설이 있는 빔과 완철(트러스빔 및 4각빔을 제외)에서 눈(雪)의 비중을 m, 눈이 쌓이는 바닥 폭(幅)을 b, 관설계수를 f라 하면 관설에 의한 하중(W)은 다음 식으로 구해진다.
$$W = \frac{m\,b^2 f}{10}\,[\text{kg/m}]$$

46 전기철도 구조물 중 빔과 완철(트러스빔 및 4각빔 제외)에서 눈의 비중 0.9, 눈이 쌓이는 바닥폭이 40[cm], 관설계수를 3 이라고 하면 이 구조물의 관설에 의한 하중[kg/m]을 계산하시오.

풀이 관설이 있는 빔과 완철(트러스빔 및 4각빔을 제외)에서 눈(雪)의 비중을 m, 눈이 쌓이는 바닥 폭(幅)을 b, 관설계수를 f라 하면 관설에 의한 하중(W)은 다음 식으로 구해진다.
$$W = \frac{mb^2f}{10} = \frac{0.9 \times 0.4^2 \times 3}{10} = 0.0432 \, [\text{kg/m}]$$

★★
47 전기철도 구조물 중 V트러스빔 및 4각빔에서 관설의 높이를 H, 관설의 점유율을 F, 눈이 쌓이는 바닥폭을 b이고, 눈의 비중을 m이라면 이 구조물의 관설에 의한 하중[kg/m]을 계산하는 공식을 쓰시오.

풀이 관설이 있는 V트러스빔 및 4각빔의 관설에 의한 하중(W)은 관설의 높이를 H, 눈이 쌓이는 바닥 폭(幅)을 b, 관설의 점유율을 F라 하면
$$W = \frac{0.3bHF}{10} \, [\text{kg/m}]$$

★★
48 전기철도 구조물 중 V트러스빔 및 4각빔에서 관설의 높이가 50[cm], 관설의 점유율이 0.5, 눈이 쌓이는 바닥폭이 30[cm]이고, 눈의 비중이 0.3이라면 이 구조물의 관설에 의한 하중[kg/m]을 계산하시오.

풀이 관설이 있는 V트러스빔 및 4각빔의 관설에 의한 하중(W)은 관설의 높이를 H, 눈이 쌓이는 바닥 폭(幅)을 b, 관설의 점유율을 F라 하면
$$W = \frac{0.3bHF}{10} = \frac{0.3 \times 0.3 \times 0.5 \times 0.5}{10} = 2.25 \times 10^{-3} \, [\text{kg/m}]$$

★★
49 전기철도구조물에 사용하는 강재의 단면형상 종류에는 어떠한 것이 있는지 쓰시오.

풀이 전기철도구조물에 사용하는 강재의 단면형상 종류에는 일반형강, 강판, 평강, 봉강, 강관, 각형강관, 경량형강 등이 있다.

★
50 전기철도구조물에 사용하는 일반형강 중 ㄷ형강의 특징에 대하여 쓰시오.

풀이 ㄷ형강은 단면의 원심과 전단 중심의 위치가 다를 경우 비틀림이 생기기 쉽다.

★
51 전기철도구조물에 사용하는 일반형강 중 H형강의 특징에 대하여 쓰시오.

풀이 H형강은 좌굴과 휨에 대하여 유리한 단면으로 플랜지 두께가 일정하며 가공성이 용이하다.

★★★
52 다음 괄호 안에 들어가는 숫자를 쓰시오.

> 평강(flat bar)은 두께가 (　) [mm] 이상의 판으로 폭이 (　) [mm] 미만의 것을 말한다.

풀이 두께가 <u>3[mm]</u> 이상의 판으로 폭이 <u>125[mm]</u> 미만의 것을 평강이라 하고, 125[mm] 이상의 것을 강판이라고 한다.

★
53 다음 괄호안에 들어가는 숫자를 쓰시오.

> 강판(plate)은 (　)[mm] 의 두께를 기준하여 후판(厚板 : 두꺼운 강판)과 박판(薄板 : 얇은 강판)으로 나눈다.

풀이 강판(plate)은 두께 <u>6[mm]</u>를 기준하여 후판(厚板 : 두꺼운 강판)과 박판(薄板 : 얇은 강판)으로 나눈다.

2장 힘과 구조물

중점학습내용

2장 힘과 구조물에서는 힘의 정의와 SI 단위계에서 사용하는 단위, 힘, 모멘트, 응력 단위의 변천 과정과 길이, 질량, 시간, 힘, 응력, 압력 등 각 단위계별로 단위비교표와 SI 단위계에서 사용하는 접두어의 명칭, 힘의 3요소와 표시 방법, 힘의 합성과 분해, 합력의 작용점을 구할 때 사용하는 바리니온(Varignon)의 정리에 이론적인 내용과 출제가 예상되는 문제 풀이로 구성하였다.

그리고 구조물에 힘(외력)이 작용하면 구조물은 변형(경사, 꺾임)되므로 힘의 평형조건, 라미의 정리(Lami's theorem)에 대하여 상세한 해설과 문제 풀이로 이해할 수 있도록 하였다.

마지막으로 1차원 구조물과 2차원 구조물의 개념과 종류, 지점(支點)과 절점(節點)의 의미, 구조물의 안정, 불안정 및 정정, 부정정, 부정정차수에 대하여 출제가 예상되는 핵심예상문제(필기, 필답형 실기) 풀이로 마무리하였다.

1. 힘과 모멘트(Moment)

1.1 힘(Force)

(1) 힘이란?

물체에 작용하여 정지하고 있는 물체를 움직이거나 움직이고 있는 물체의 방향이나 속도를 변화시키려고 하는 원인이 되는 것

$$F \propto ma$$

여기서, F : 힘
m : 물체의 질량
a : 가속도

(2) SI 단위계 힘의 단위 : 뉴톤(Newton : N), 다인(dyne)

① 1[N] : 1[kg]의 물체에 1[m/s²]의 가속도가 생기게 하는 힘

$1[N] = (1[kgm]) \times (1[m/s^2]) = 1[kgm \cdot m/s^2] = 10^5[dyne]$

② 1[dyne] : 1[g]의 물체에 1[cm/s²]의 가속도가 생기게 하는 힘

③ 1[kgm] : 1[kg]의 질량

(3) 힘, 모멘트, 응력의 단위 변천

구 분	힘	모멘트	응력
종래 사용해 온 단위	kg 또는 t	kg·m 또는 t·m	kg/cm²
종래 KS에서 주고 있었던 단위	kgf 또는 tf	kgf·m 또는 tf·m	kgf/cm²
1999년 이후 개정된 각 설계기준 및 표준시방서에서 주고 있는 단위	kgf 또는 tonf	kgf·m 또는 tonf·m	kgf/cm²
현행 KS, 현행 각 설계기준 및 표준시방서에서 주고 있는 단위	N 또는 kN	N·m 또는 kN·m	N/mm² 또는 MPa

[주] (1) 1 kN(kilo Newton) = 10³ N
    (2) SI계의 응력단위 N/mm²를 MPa(Mega Pascal)로 나타내기도 한다. 즉, 1 N/mm² = 1 MPa 이다.

(4) 각 단위계별 단위 비교

단위계 \ 양	길이	질량	시간	힘	응력	압력
SI계	m	kg	s	N	N/m² 또는 Pa	Pa
CGS계	cm	g	s	dyn	dyn/cm²	dyn/cm²
MKS계	m	kg	s	kgf	kgf/m²	kgf/m²
ft-lb계	ft	lb	s	lb	psi (lb/in²)	psi (lb/in²)

[주] (1) SI 단위계에서는 응력의 단위로 N/m² 또는 Pa(Pascal)을 주고 있다. 즉 1 N/m² = 1 Pa 이다.
      그러나 N/mm² 또는 MPa(Mega Pascal)가 주로 사용되고 있다. 즉 1 N/mm² = 1 MPa 이다.
    (2) ft-lb 단위계(US customary units)에서는 힘의 단위로 lb (pound)를 사용하고 있으며, 따라서 응력의 단위로 psi (lb per sq in, lb/in²)를 사용하고 있다.

(5) SI 단위계 접두어의 명칭

단위에 곱하는 배수	접두어의 명칭	기호	단위에 곱하는 배수	접두어의 명칭	기호
10¹²	테라(tera)	T	10⁻¹	데시(deci)	d
10⁹	기가(giga)	G	10⁻²	센티(centi)	c
10⁶	메가(mega)	M	10⁻³	밀리(milli)	m
10³	킬로(kilo)	k	10⁻⁶	마이크로(micro)	μ
10²	헥토(hecto)	h	10⁻⁹	나노(nano)	n
10	데카(deca)	da	10⁻¹²	피코(pico)	p

1. 힘과 모멘트(Moment) | 63

(6) 힘의 단위 환산표

N	dyn	kgf	lb
1	1×10^5	1.01972×10^{-1}	2.2481×10^{-1}
1×10^{-5}	1	1.01972×10^{-6}	2.2481×10^{-6}
9.80665	9.80665×10^5	1	2.20462
4.44822	4.44822×10^5	4.5359×10^{-1}	1

1.2 힘의 표시방법과 힘의 3요소

(1) 힘의 3요소

1) 크기(Magnitude of force) : 선분의 길이로 표시(l)
2) 방향(Direction force) : 선분의 기울기로 표시(θ)
3) 작용점(Point of apprication) : 좌표로 표시(x, y)

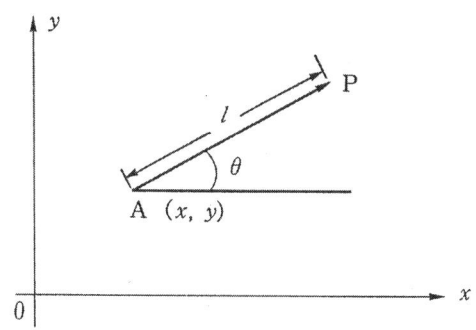

그림 2.1 힘의 3요소

1.3 힘의 모멘트(Moment)

(1) 힘의 모멘트

그림 2.2에서 기준으로 하는 점 O로부터 힘의 작용선까지의 수직거리와 힘의 크기를 곱한 것을 힘의 모멘트 또는 회전모멘트라 한다. 즉, 어떤 점을 중심으로 돌리려고 하는 힘

$$\text{모멘트 } M = \text{힘} \times \text{수직거리} = P \cdot l = 2\triangle \text{AOB}$$

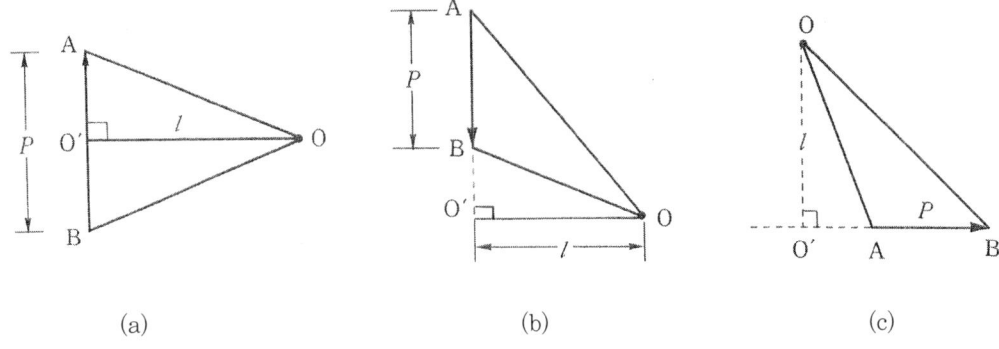

그림 2.2 힘의 모멘트

(2) 모멘트의 단위

힘과 거리의 곱으로서[kN·m], [N·m] 등으로 나타내고, 우회전, 즉 시계 방향이면 정(+)의 부호를 갖고 좌회전, 즉 반시계 방향이면 부(−)로 표기

N·m	kgf·m	ft·lb
1	0.10197	0.73756
9.80665	1	7.23305
1.35581	0.13825	1

(3) 바리니온(Varignon)의 정리

「여러 힘의 한 점에 대한 모멘트의 대수합은 그들 합력의 그 점에 대한 모멘트와 같다」
이 정리는 합력의 작용점을 구할 때 사용

1.4 우력(偶力 : Couple forces)과 우력모멘트

(1) 우력(偶力 : Couple forces)

크기가 같고 방향이 반대인 나란한 두 힘, 짝힘이라고도 함

(2) 우력 모멘트

우력 P 사이의 거리 l

힘 × 두 힘 사이의 거리 = Pl 을 우력 모멘트

$$M = Pl$$

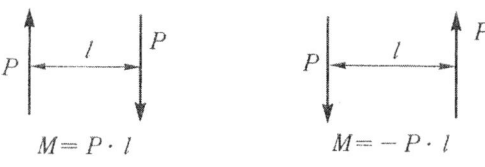

그림 2.3 우력 모멘트

(3) 우력 P의 임의의 점 O에 대한 모멘트의 대수합 M

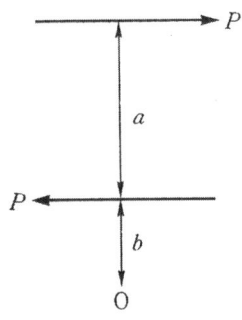

그림 2.4 모멘트의 대수합

$$M = P(a+b) - Pb = Pa$$

2. 힘의 합성과 분해

2.1 한 점에 작용하는 두 힘의 합성과 분해

(1) 도해적 방법

   1) 평행사변형에 의한 방법
   두 힘을 평행사변형으로 만들어 그 대각선을 그리게 되면 그 대각선이 합성된 힘을 구하는 방법

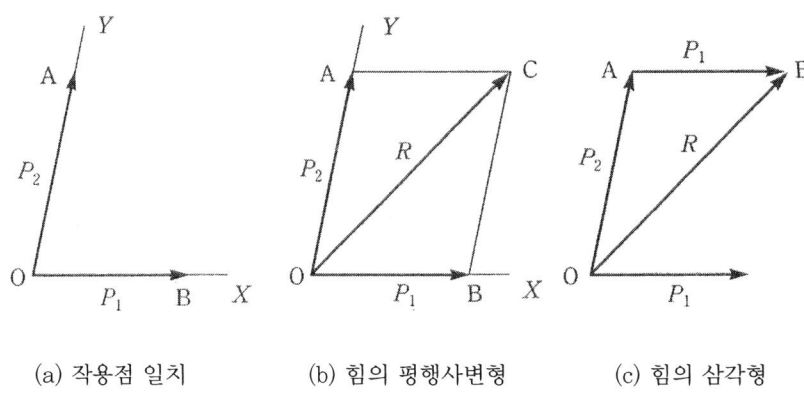

(a) 작용점 일치　　　(b) 힘의 평행사변형　　　(c) 힘의 삼각형

그림 2.5 한 점에 작용하는 두 힘의 합성

2) 삼각형에 의한 방법

하나의 힘의 방향을 나타내는 화살표에 다른 힘의 작용점을 평행하게 이동시켜 붙이고 한 힘의 작용점과 다른 힘의 방향을 나타내는 화살표를 이으면 이 이은 선분이 합성된 힘이 됨.

(2) 해석적 방법

1) 합력의 크기 R

$$R = \sqrt{P_1^2 + P_2^2 + 2P_1P_2\cos\alpha}$$

2) 합력의 방향

$$\tan\theta = \frac{\overline{CD}}{\overline{OD}} = \frac{P_2\sin\alpha}{P_1 + P_2\cos\alpha}$$

특수한 경우로 $\alpha = 90$라고 하면 합력 R은

$$R = \sqrt{P_1^2 + P_2^2}$$

$$\tan\theta = \frac{P_2}{P_1}$$

3) 합력 R의 분력 P_1, P_2

$$\frac{P_1}{\sin(\alpha-\theta)} = \frac{P_2}{\sin\theta} = \frac{R}{\sin(180°-\alpha)} = \frac{R}{\sin\alpha}$$

$$\therefore P_1 = \frac{\sin(\alpha-\theta)R}{\sin\alpha}, \quad P_2 = \frac{\sin\theta\, R}{\sin\alpha}$$

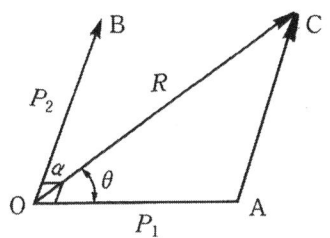

그림 2.6 두 힘의 분해

4) 도해법으로 분해

합성을 거꾸로 하면 분해가 된다. 즉, 그림 2.6에서 합력 R이 주어졌을 때 선분 OC의 양끝에서 주어진 방향으로 평행선을 그어 평행사변형 또는 힘의 삼각형을 만들어 표시되는 P_1과 P_2가 합력 R의 분력이 된다.

2.2 한 점에 작용하는 여러 힘의 합성 및 분해

(1) 도해적 방법

1) 시력도(示力圖, force polygon)

그림 2.7 (b)와 같이 O점을 출발하여 주어진 힘에 평행하게 P_1, P_2, P_3, P_4를 연결하고 마지막으로 P_4의 끝과 출발점 O를 연결하고 화살표를 붙이면 합력 R의 크기와 방향이 정해지는 방법

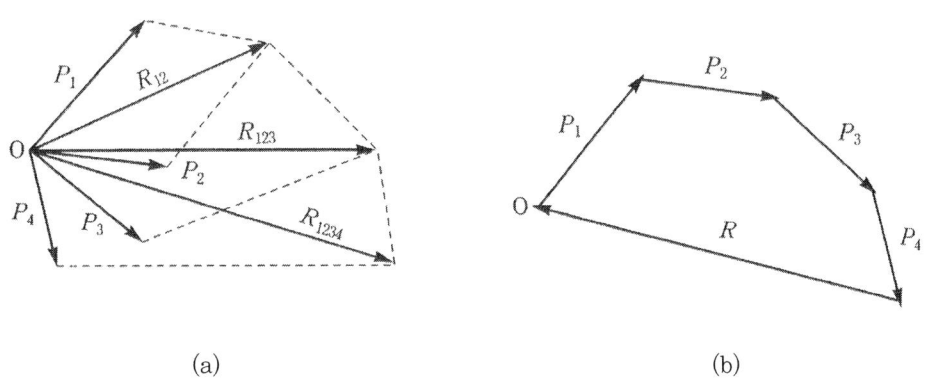

그림 2.7 힘의 다각형(시력도)

(2) 해석적 방법

1) 수평분력의 총합($\sum H = 0$)

$$\sum H = H_1 + H_2 + H_3 + H_4$$
$$= P_1\cos\theta_1 - P_2\cos\theta_2 - P_3\cos\theta_3 + P_4\cos\theta_4$$

2) 수직분력의 총합($\sum V = 0$)

$$\sum V = V_1 + V_2 + V_3 + V_4$$
$$= P_1\sin\theta_1 + P_2\sin\theta_2 - P_3\sin\theta_3 - P_4\sin\theta_4$$

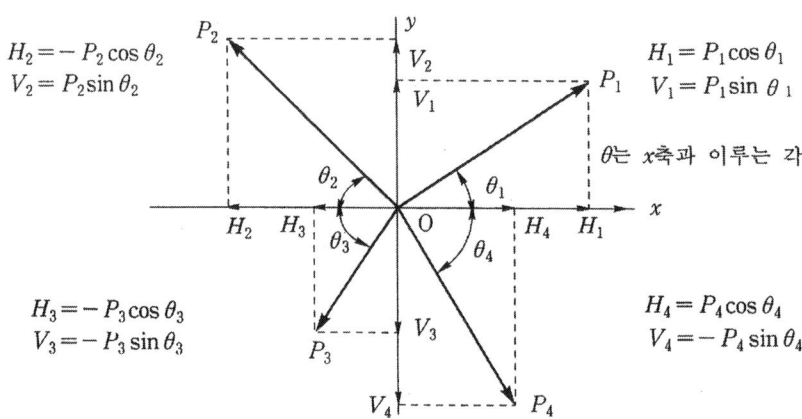

그림 2.8 4개의 힘을 수직분력과 수평분력으로 분해

3) 합력의 크기 R

$$R = \sqrt{(\sum H)^2 + (\sum V)^2}$$

4) 합력의 방향 $\tan\theta$

$$\tan\theta = \frac{\sum V}{\sum H}, \quad \theta = \tan^{-1}\frac{\sum V}{\sum H}$$

θ의 범위는

① $\sum H > 0$, $\sum V \geq 0$이면, $0° \leq \theta < 90°$ (1 상한)
② $\sum H \leq 0$, $\sum V > 0$이면, $90° \leq \theta < 180°$ (2 상한)
③ $\sum H < 0$, $\sum V \leq 0$이면, $180° \leq \theta < 270°$ (3 상한)
④ $\sum H \geq 0$, $\sum V < 0$이면, $270° \leq \theta < 360°$ (4 상한)

2.3 동일점에 작용하지 않는 여러 힘의 합성 및 분해

(1) 도해적 방법

1) 그림 2.9(b)와 같은 시력도에 의해서 합력의 방향과 크기를 구하고
2) 그림 2.9(a)와 같이 P_1, P_2 교점의 연장선 R_1과 P_3와의 교점의 연장선 R_2의 연장선과 P_4의 교점이 합력의 작용점이 되므로 그 합력은 두 힘의 교점을 통과하도록 그린다.
3) 두 힘이 거의 평행하여 교점을 구할 수 없을 경우에는 연력도(連力圖 : Funicular polygon)와 시력도를 사용하여 합력의 크기와 방향 및 작용선을 구한다.
4) 시력도에 의하여 구할 수 있는 것은 합력의 크기와 방향
5) 연력도로는 합력의 작용선을 구한다.

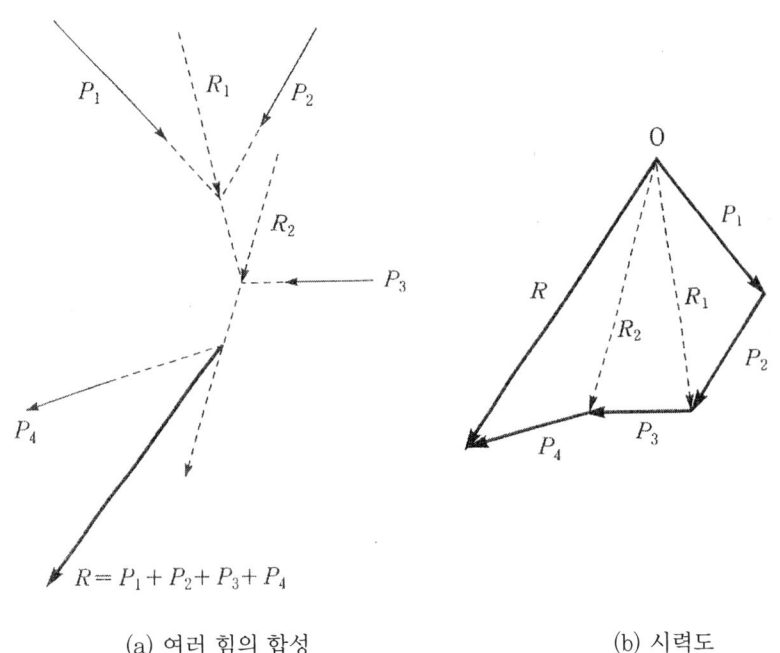

(a) 여러 힘의 합성   (b) 시력도

그림 2.9 도해에 의한 방법(시력도)

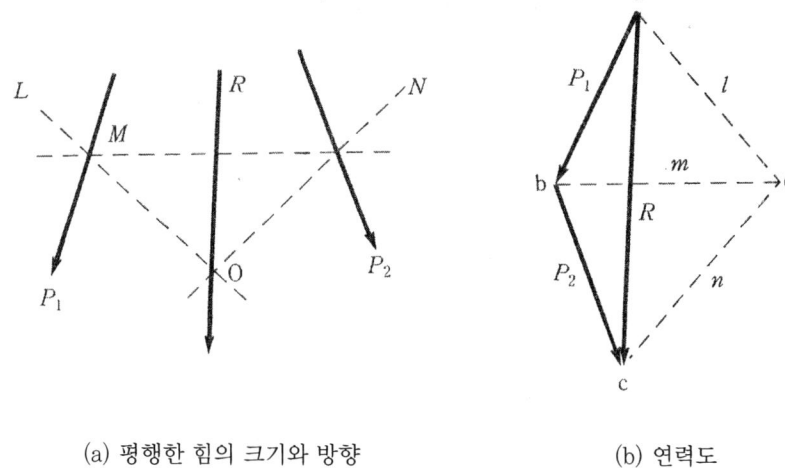

(a) 평행한 힘의 크기와 방향   (b) 연력도

그림 2.10 도해에 의한 방법(연력도)

(2) 수식에 의하여 힘의 합력과 방향을 구하는 방법

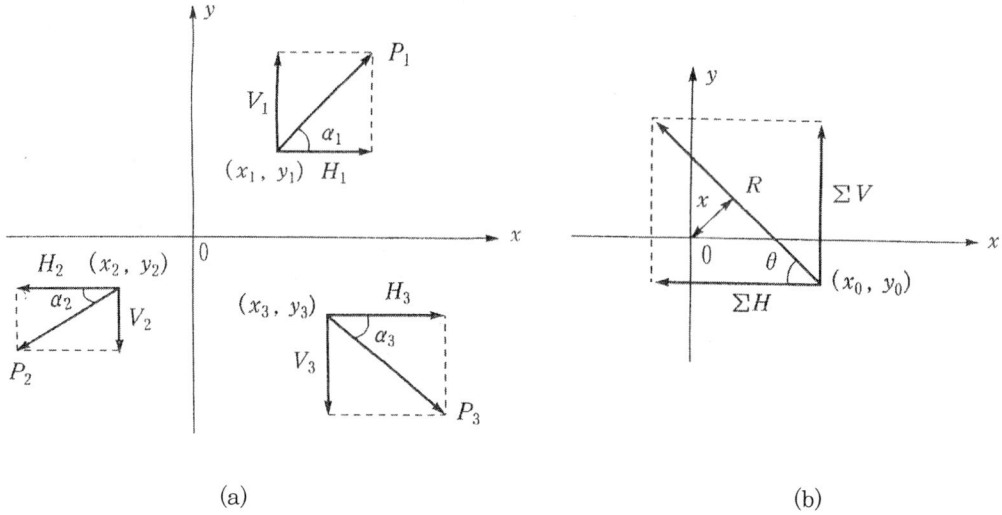

(a)   (b)

그림 2.11 수식에 의한 힘의 합력과 방향

$$\sum H = H_1 + H_2 + \cdots\cdots = \sum P\cos\alpha$$
$$\sum V = V_1 + V_2 + \cdots\cdots = \sum P\sin\alpha$$

1) 합력의 크기 R

$$R = \sqrt{(\sum H)^2 + (\sum V)^2}, \quad \tan\theta = \frac{\sum V}{\sum H}$$

2) 합력의 작용점 x_0, y_0

$$x_0 = \frac{V_1 x_1 + V_2 x_2 + \cdots}{V_1 + V_2 + \cdots} = \frac{\sum Vx}{\sum V}$$

$$y_0 = \frac{H_1 y_1 + H_2 y_2 + \cdots}{H_1 + H_2 + \cdots} = \frac{\sum Hy}{\sum H}$$

3) 합력 R의 작용선까지의 수직거리 x

$\sum M_0 = \sum V x_0 + \sum H y_0 = Rx$ 에서

$$x = \frac{\sum M_0}{R}$$

(3) 시력도와 연력도로서 합력을 구하는 방법

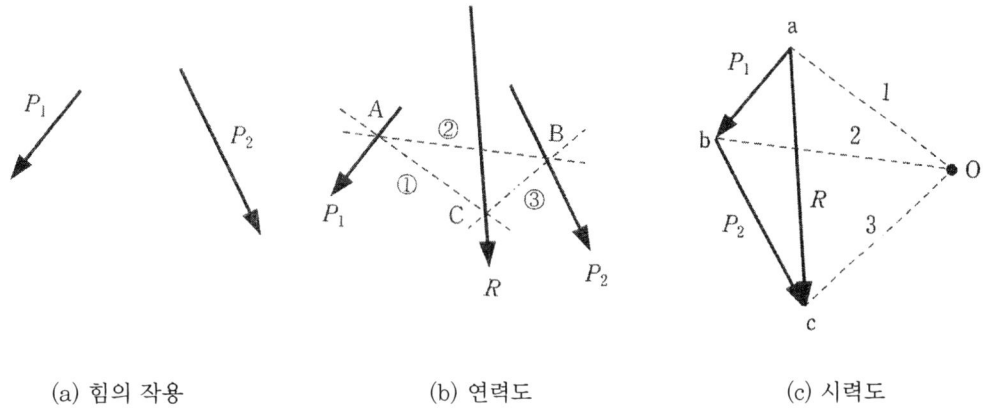

(a) 힘의 작용　　　　(b) 연력도　　　　(c) 시력도

그림 2.12 힘의 작용과 연력도, 시력도

1) 그림 2.12 (c)와 같이 시력도에서 합력 R의 크기와 방향을 구한다.
2) 그림 (c)에서 임의의 점 O (이것을 극점이라고 한다)를 잡고 극점 O와 a, b, c를 연결하는 극선(Ray of force polygon) $\overline{oa}$, $\overline{ob}$, $\overline{oc}$를 긋고 기호 1, 2, 3을 붙인다.
3) 그림 (b)에서 힘 P_1과 P_2 사이에 극선 2와 나란한 선 ②를 임의의 위치에 긋고 힘 P_1, P_2와 만나는 점 A, B를 표시한다.
4) A점을 통과하는 극선 1에 나란한 선 ①과 B점을 통과하는 극선 3에 나란한 선 ③을 그어 ①, ③선의 교점 C를 구한다.

5) 그림 (c)의 합력 R의 크기를 그림 (b)의 C점을 통과하는 위치에 R과 평행한 방향으로 이동시키면 이 R이 힘 P_1과 P_2의 합력이 된다.

2.4 작용선이 평행한 힘의 합성

(1) 작용선이 평행한 힘의 합력 R

$$R = P_1 + P_2 - P_3 = \Sigma H$$

(2) 합력 R의 작용점의 위치

그림 2.13에서 O점을 중심으로 합력 R의 작용점의 위치는

$$Rx = P_1 x_1 + P_2 x_2 - P_3 x_3$$

$$x = \frac{P_1 x_1 + P_2 x_2 - P_3 x_3}{R}$$

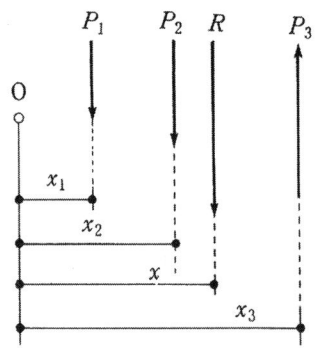

그림 2.13 작용선이 평행한 힘의 합성

1) O_1점에 모멘트의 중심을 잡을 경우

$$P_1 l = R \cdot x$$

$$x = \frac{P_1 \cdot l}{R}$$

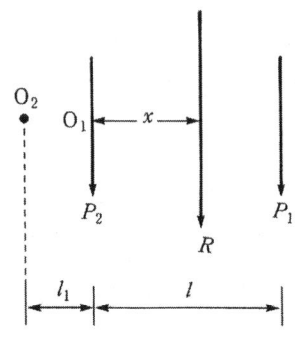

그림 2.14 평행한 두 힘의 합성

2) O_2점에 모멘트의 중심을 잡을 경우

$$P_1(l+l_1) + P_2 \cdot l_1 = R(x+l_1)$$
$$= R \cdot x + Rl_1 = R \cdot x + P_1 l_1 + P_2 l_1$$

$x = \dfrac{P_1 \cdot l}{R}$ 이 된다.

3. 힘의 평형(平衡)

2개 이상의 힘이 구속을 받지 않는 어떤 물체나 구조물에 작용하여 그 물체나 구조물이 움직이거나 회전하지 않고 정지상태로 그대로 있는 것을 힘은 평형상태를 이루고 있다고 하거나 평형(equilibrium)이라고 함.

3.1 힘의 평형조건

(1) 합력 R이 0이 되어야 한다. ($\sum P = 0$)
(2) 모멘트 M이 0이 되어야 한다. ($\sum M = 0$)

힘의 평형조건(靜止條件)	역학적 표현
상하(수직방향)로 움직이지 않는다.	$\sum V = 0$
좌우(수평방향)로 움직이지 않는다.	$\sum H = 0$
회전하지 않는다.	$\sum M = 0$

3.2 여러 힘이 동일점에 작용할 경우의 힘의 평형

(1) 도해적 방법

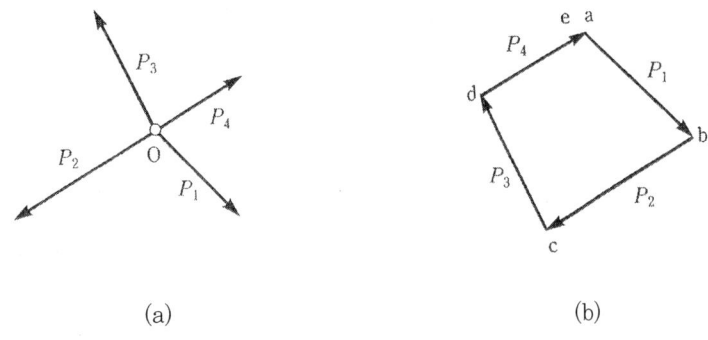

그림 2.15 동일점에 작용하는 여러 힘의 평형

그림 2.15 (a)와 같이 P_1, P_2, P_3, P_4가 1점 O에 작용할 때 이 힘들이 평형이 되기 위해서는 그 합력 R이 0이 되어야 하므로 그 힘의 다각형은 그림 2.15 (b)와 같이 폐합되어야 한다.

(2) 해석적 방법

$$\Sigma H = 0, \quad \Sigma V = 0$$

도해조건	수식
시력도가 폐합되어야 한다.	$\Sigma V = 0$ $\Sigma H = 0$

3.3 여러 힘이 동일점에 작용하지 않을 경우의 힘의 평형

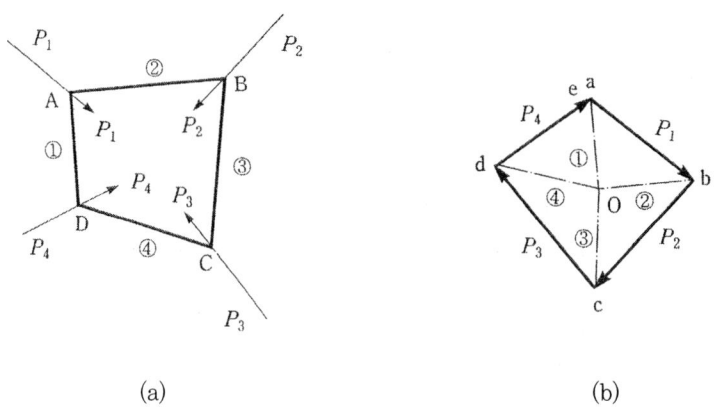

그림 2.16 동일점에 작용하지 않는 여러 힘의 평형

(1) 도해적 방법

그림 2.16(a)와 같이 4개의 힘 P_1, P_2, P_3, P_4가 있으며, 그림 2.16(b)와 같이 이들의 시력도가 폐합되고 또한 연력도도 폐합되어야만 평형을 이루게 된다.

(2) 해석적 방법

$$\Sigma H = 0, \quad \Sigma V = 0, \quad \Sigma M = 0$$

도해조건	수식
시력도가 폐합되어야 한다. 연력도가 폐합되어야 한다.	$\Sigma V = 0$ $\Sigma H = 0$ $\Sigma M = 0$

3.4 라미의 정리(Lami's theorem)

한 점에 작용하는 세 개의 힘이 서로 평형을 이루고 있다면 이 세 개의 힘은 동일한 평면상에 있고 일점에서 만난다. 이때 각각의 힘은 다른 두 힘의 사이각의 정현(sine)에 정비례한다는 것

$$\frac{P_1}{\sin(180°-\theta_1)} = \frac{P_2}{\sin(180°-\theta_2)} = \frac{P_3}{\sin(180°-\theta_3)}$$

$$\therefore \frac{P_1}{\sin\theta_1} = \frac{P_2}{\sin\theta_2} = \frac{P_3}{\sin\theta_3}$$

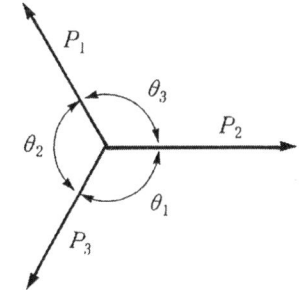
그림 2.17 평형하지 않는 세 힘

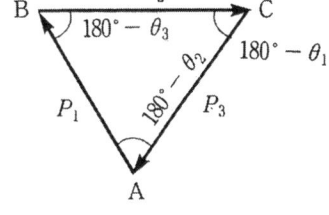
그림 2.18 폐합 삼각형

4. 구조물(構造物)

4.1 구조물의 분류

(1) 1차원 구조물

세 개의 축 중에서 한 축의 방향으로 길이가 긴 구조물

1) 봉구조(Bar Structure)
   ① 봉(rod) : 축방향으로 인장력이나 압축력을 받는 구조
   ② 기둥(column) : 축방향으로 압축력을 받는 구조
   ③ 샤프트(shaft) : 비틀림을 받는 구조
   ④ 보(beam) : 부재의 축에 수직인 하중, 즉 힘을 받는 구조

⑤ 인장보(tension beam) : 휨과 인장력을 받는 구조
⑥ 보-기둥(beam-column) : 휨과 압축력을 받는 구조
⑦ 곡선 보(curved beam) : 휨을 받는 곡선 구조
⑧ 아치(arch) : 곡선 보가 양단이 지지되어 주로 축방향 압축력을 받는 구조
⑨ 원통(ring) : 폐단면 곡선 구조

2) 뼈대 구조(Framed Structure)
① 트러스(truss) : 각 부재가 마찰이 없는 힌지로 연결되어 축방향력만 받는 구조
② 라멘(rahmen, rigid frame) : 각 부재가 강절로 연결된 구조

(2) 2차원 구조물
세 개의 축 중에서 두 축 방향의 길이가 다른 한 축에 비하여 긴 구조물

1) 패널(panel, 또는 샤이베 schiebe)
   평면에 수직방향으로 하중이 작용하는 구조물

2) 플레이트(plate 또는 슬래브 slab)
   평면에 하중이 작용하는 구조물

3) 쉘(shell, curved surface)
   곡선판 구조

(3) 선재로 구성된 구조물

1) 보(beam)
   단면에 비하여 길이가 긴 직선 부재를 지점에 연결하여 그 축선에 수직 방향으로 작용하는 외력을 지지할 수 있도록 만든 부재

2) 기둥(column)
   축방향으로 압축력을 받는 단일부재

3) 라멘(rahmen)
   보와 기둥, 즉 수평재와 수직재가 강절점(rigid joint)으로 접합한 구조

4) 트러스(truss)
   직선재를 삼각형으로 구성하고 절점은 마찰이 없는 회전절점으로 연결하여 만든 구조로 각 부재는 압축력과 인장력만을 받게 된다.

5) 아치(arch)
   부재축이 곡선(원호 또는 포물선)으로 되어 있는 구조물로 주로 축선을 따라 압축응

력이 일어나도록 설계된 것

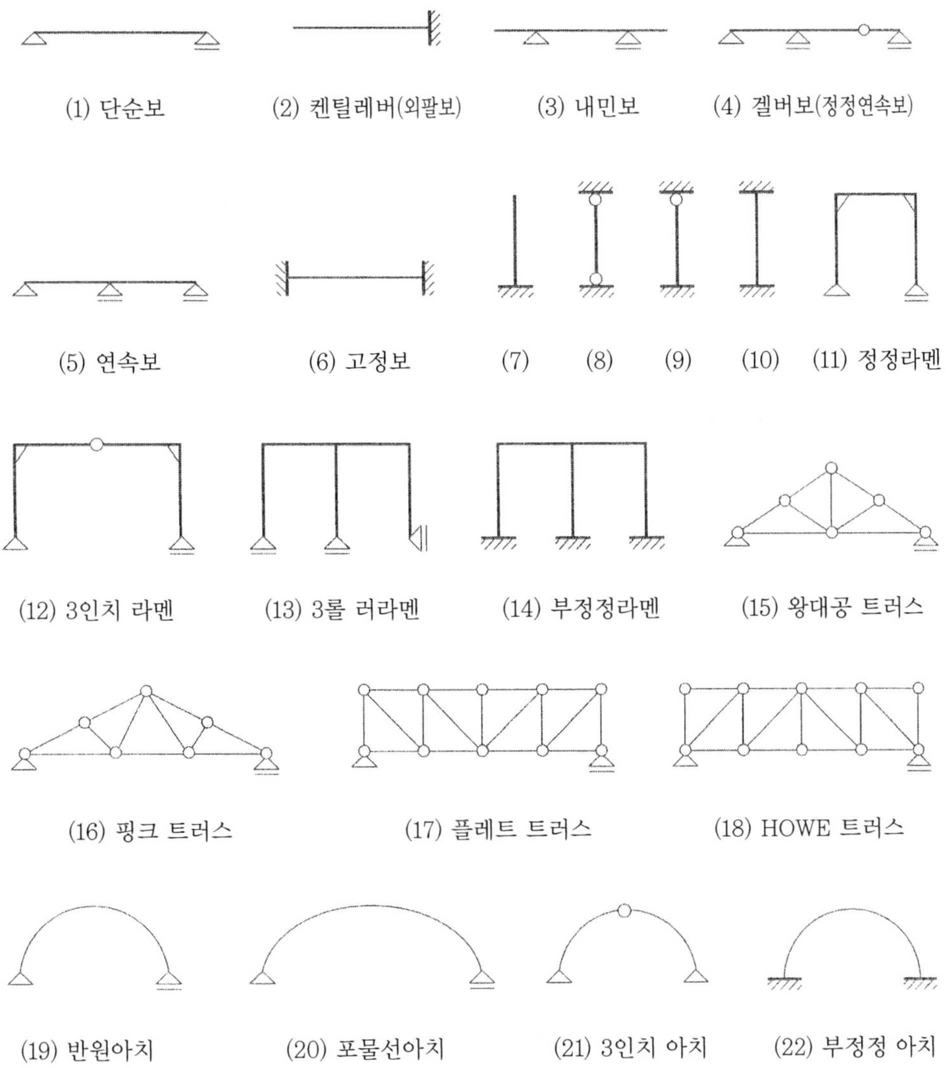

(1) 단순보　(2) 켄틸레버(외팔보)　(3) 내민보　(4) 겔버보(정정연속보)

(5) 연속보　(6) 고정보　(7)　(8)　(9)　(10)　(11) 정정라멘

(12) 3인치 라멘　(13) 3롤 러라멘　(14) 부정정라멘　(15) 왕대공 트러스

(16) 핑크 트러스　(17) 플레트 트러스　(18) HOWE 트러스

(19) 반원아치　(20) 포물선아치　(21) 3인치 아치　(22) 부정정 아치

그림 2.19 선재로 구성된 구조물

4.2 지점(支點) 및 절점(節點)

(1) 지점과 반력

1) **지점(support)** : 정지하고 있는 구조물 또는 부재를 받치는 점

지점에는 이동지점(moveable support) 또는 롤러지점(roller support), 힌지지

점(hinged support) 및 고정지점 등이 있다.

① 이동지점에서는 구조물이 이동, 회전을 할 수가 있기 때문에 반력은 수직한 방향으로 1개만 일어난다.

② 힌지지점에서는 구조물이 핀(pin)으로 연결되어 이동은 할 수 없고 회전만 가능하므로 반력은 수평반력과 수직반력의 2개가 일어난다.

③ 고정지점에서는 완전히 고정되어 이동도 회전도 할 수 없게 되어 있다. 반력은 수평반력, 수직반력 및 모멘트 반력 등 3 개의 반력이 일어난다.

2) 반력(reaction)

물체가 외력을 받았을 때 평형을 이루기 위해서 수동적으로 생기는 힘

(2) 절점(panel point)

구조물에 있어서 부재와 부재와의 접합점을 말하며 회전이 자유로운 힌지절점 또는 활절(滑節, hinged joint)과 부재가 강결(剛結, rigid joint)되어 절점에 모인 부재가 전혀 회전이 안 되는 고정절점이 있다.

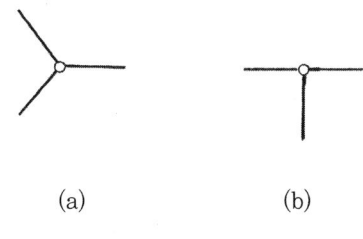

(a)　　　　　(b)

그림 2.20 절점

(3) 외력(外力)과 반력(反力)

물체가 외력을 받았을 때 평형을 이루기 위해서 수동적으로 생기는 힘을 반력이라 하고, 구조물을 지지하고 있는 지점에서 생긴 반력을 지점반력이라 한다.

4.3 구조의 안정, 불안정 및 정정, 부정정

(1) 안정과 불안정

1) 안정(stable)

외력이 작용했을 때 구조물이 항상 평형을 이루는 상태

① 외적 안정 : 외력이 작용했을 때 구조물의 위치가 변하지 않는 경우

② 내적 안정 : 외력이 작용했을 때 구조물의 형태가 변하지 않는 경우

2) 불안정(unstable)

평형을 이루지 못하는 상태
① 외적 불안정 : 외력이 작용했을 때 구조물의 위치가 변하는 경우
② 내적 불안정 : 외력이 작용했을 때 구조물의 형태가 변하는 경우

(2) 정정과 부정정

1) 정정

힘의 평형조건만으로 구조물의 모든 반력과 부재의 응력을 구할 수 있을 때
① 외적 정정 : 외적으로 안정인 구조물에서 힘의 평행조건으로 반력을 구할 수 있는 것
② 내적 정정 : 내적으로 안정된 구조물에서 구조물을 구성하고 있는 부재의 부재력을 힘의 평행조건으로 구할 수 있는 것

2) 부정정

힘의 평형조건만으로 구조물의 모든 반력과 부재의 응력을 구할 수 없을 때
① 외적 부정정 : 평행조건으로 반력을 구할 수 없는 것
② 내적 부정정 : 평행조건으로 부재력을 구할 수 없는 것

4.4 구조물의 판별

(1) 전체 부정정 차수

$$N = r + m + s - 2k$$

여기서, $N < 0$ 이면 불안정
$N = 0$ 이면 정정
$N > 0$ 이면 부정정

N : 부정정 차수
r : 반력수
m : 전부재수
s : 각 절점에서 한 부재에 강접합된 수
k : 전절점수(支點, 自由端 포함)

(2) 단층구조물의 외적 부정정 차수

$$N_e = r - 3 - h$$

h : 구조물 중에 들어 있는 힌지수

(3) 모든 구조물의 외적 부정정 차수

$$N_e = r - 3$$

$r - 3 > 0$ 이면 외적 부정정
$r - 3 = 0$ 이면 외적 정정
$r - 3 < 0$ 이면 외적 불안정

(4) 내적 부정정 차수

내적 부정정 차수는 내적, 외적을 합한 차수에서 외적 차수를 뺀다.

$$N_i = N - N_e$$
$$N_i = r + m + s - 2k - (r - 3) = 3 + m + s - 2k$$

(5) 트러스의 정정, 부정정 차수

$m < 2k - 3$ 이면 불안정
$m = 2k - 3$ 이면 정정
$m > 2k - 3$ 이면 내적 부정정

$$N_i = m - 2k + 3$$

(6) 라멘의 정정, 부정정 차수

$3m + r = 3k$ 이면 정정
$3m + r > 3k$ 이면 부정정 이므로

$$N = 3m + r - 3k$$

2장 힘과 구조물
핵심예상문제 필기

01 ★★
힘의 단위로 1[N]은 몇 dyne 인가?
① 100
② 1000
③ 10000
④ 100000

해설 $1[N] = 10^5[dyne]$

02 ★★
질량이 4.5[t]인 물체에 작용하는 중력은 몇 [N]인가?
① 44000
② 44050
③ 44100
④ 44150

해설 $4.5 \times 10^3 \times 9.8 = 44100[N]$

03 ★★★
다음은 힘에 대한 설명이다. 맞지 않는 것은?
① 움직이고 있는 물체의 운동하는 방향이나 속도를 바꾸는 원인이 되는 것이 힘이다.
② 힘을 표시하는 3요소는 크기, 방향, 작용선이다.
③ 어떤 점을 중심으로 하여 회전하려고 하는 힘을 모멘트라고 한다.
④ 우력의 합은 0이며, 그 크기는 우력 모멘트로 표시한다.

해설 힘을 표시하는 3요소는 크기, 방향, 작용점이다.

04 ★★
힘의 단위로 1(dyne)을 맞게 설명한 것은?
① 1[g]의 물체에 1[cm/s]의 가속도가 생기게 하는 힘
② 1[kg]의 물체에 1[cm/s]의 가속도가 생기게 하는 힘
③ 1[g]의 물체에 $1[cm/s^2]$의 가속도가 생기게 하는 힘
④ 1[kg]의 물체에 $1[cm/s^2]$의 가속도가 생기게 하는 힘

해설 1(dyne)은 1[g]의 물체에 $1[cm/s^2]$의 가속도가 생기게 하는 힘을 말한다.

정답 01. ④ 02. ③ 03. ② 04. ③

05 힘의 단위로 1[N]을 맞게 설명한 것은?

① 1[g]의 물체에 1[cm/s]의 가속도가 생기게 하는 힘
② 1[kg]의 물체에 1[m/s]의 가속도가 생기게 하는 힘
③ 1[g]의 물체에 1[cm/s^2]의 가속도가 생기게 하는 힘
④ 1[kg]의 물체에 1[m/s^2]의 가속도가 생기게 하는 힘

해설 1[N]은 1[kg]의 물체에 1[m/s^2]의 가속도가 생기게 하는 힘을 말한다.

06 질량이 2[t]인 물체에 작용하는 중력[kN]은?

① 9.8 ② 19.6
③ 24.5 ④ 29.6

해설 2000[kg] × 9.8 = 19600[N] = 19.6[kN]

07 질량이 3[t]인 물체에 작용하는 중력은 몇 [N]이 되는가?

① 19400 ② 23500
③ 29400 ④ 33000

해설 3000[kg] × 9.8 = 29400[N]

08 힘의 3요소로 맞는 것은?

① 면적, 방향, 작용선 ② 크기, 방향, 작용점
③ 부피, 방향, 작용점 ④ 밀도, 방향, 작용선

해설 힘의 3요소는 크기, 방향, 작용점을 가지는 벡터(vector)로 표시한다.

09 힘의 3요소가 아닌 것은?

① 방향 ② 시간
③ 크기 ④ 작용점

해설 힘의 3요소는 크기, 방향, 작용점이다.

정답 05. ④ 06. ② 07. ③ 08. ② 09. ②

10 힘의 3요소 중 힘의 표시방법에서 선분의 길이로 표시하는 것은?
① 힘의 크기
② 힘의 방향
③ 힘의 작용점
④ 힘의 이동점

해설 힘의 크기는 임의로 적당하게 축척된 선분의 길이(l)로 표시한다.

11 힘의 3요소 중 힘의 표시방법에서 화살표와 선분의 기울기로 표시하는 것은?
① 힘의 크기
② 힘의 방향
③ 힘의 작용점
④ 힘의 이동점

해설 힘의 방향은 화살표와 선분의 기울기(θ)로 표시한다.

12 힘의 3요소 중 힘의 작용점을 맞게 설명한 것은?
① 선분의 길이(l)로 표시한 것이다.
② 화살표와 선분의 기울기(θ)로 표시한 것이다.
③ 화살표의 끝 또는 시작점으로 선분 위의 한점(x, y)으로 표시한 것이다.
④ 힘의 작용선까지의 수직거리를 표시한 것이다.

해설 힘의 작용점은 화살표의 끝 또는 시작점으로 선분 위의 한점(x, y)으로 표시한 것이다.

13 힘이 어떤 강체에 작용할 때 이 힘을 그 작용선 위에 이동시켜도 그 효과는 같게 되는 것을 무엇이라고 하는가?
① 힘의 모멘트
② 힘의 작용점
③ 힘의 이동성
④ 힘의 회전반경

해설 힘이 어떤 강체에 작용할 때 이 힘을 그 작용선 위에 이동시켜도 그 효과는 같게 되는 성질을 힘의 이동성이라 한다.

14 힘의 기준점으로부터 힘의 작용선까지의 수직거리와 힘의 크기를 곱한 것은?
① 힘의 모멘트
② 힘의 작용점
③ 힘의 이동성
④ 힘의 회전반경

해설 힘의 기준점으로부터 힘의 작용선까지의 수직거리와 힘의 크기를 곱한 것을 힘의 모멘트 또는 회전모멘트라 한다.

정답 10. ① 11. ② 12. ③ 13. ③ 14. ①

15 ★★ 그림의 O점 둘레의 힘의 모멘트는 몇 [kN·m]인가?

① 0
② 1
③ 2
④ 3

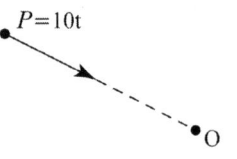

16 ★★ 그림의 A점에서 B점으로 작용하는 힘의 합력과 작용점은 어떻게 되는가?

① 45[kg], 하향 5.55[m]
② 5[kg], 상향 5.55[m]
③ 45[kg], 하향 4.44[m]
④ 5[kg], 하향 4.44[m]

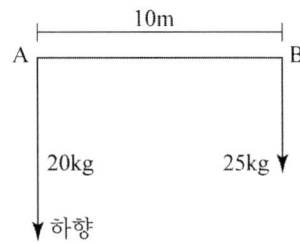

해설 바리니온의 정리를 이용하여 풀면
힘의 합력 $R = 20 + 25 = 45$
힘의 작용점은 $= 10 \times \dfrac{25}{20+25} = 5.55$

17 ★★★★★ "어떤 점에 대한 여러 힘의 한 점에 대한 모멘트의 대수합은 그들 합력의 그 점에 대한 모멘트와 같다" 라는 것은 다음중 어떠한 것인가?

① 훅크의 법칙 ② 프와송의 법칙
③ 라미의 정리 ④ 바리니온의 정리

해설 여러 힘의 한 점에 대한 모멘트의 대수합은 그들 합력의 그 점에 대한 모멘트와 같다고 한 이론은 바리니온의 정리이다.

18 ★★★ 합력의 작용점을 구할 때 사용하는 것은?

① 프와송의 법칙 ② 훅크의 법칙
③ 바리니온의 정리 ④ 라미의 정리

해설 합력의 작용점을 구할 때 사용하는 것은 바리니온의 정리이다.

정답 15. ① 16. ① 17. ④ 18. ③

19 ★★★
그림과 같이 3개의 힘이 작용할 때 이 세 힘에 대한 합력의 크기[t]를 구하시오.

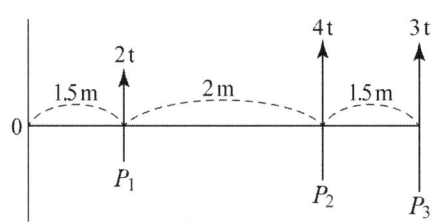

① 3 ② 6 ③ 9 ④ 12

해설 합력의 크기 $R = 2\,[t] + 4\,[t] + 3\,[t] = 9\,[t]$

20 ★★
우력(짝힘) 모멘트에 대한 설명으로 옳은 것은?
① 크기가 같고 방향이 같은 나란한 두 힘을 말한다.
② 크기가 같고 방향이 반대인 나란한 두 힘을 말한다.
③ 크기가 다르고 방향이 같은 나란한 두 힘을 말한다.
④ 크기가 다르고 방향이 반대인 나란한 두 힘을 말한다.

21 ★★★★★
크기가 같고 방향이 반대인 나란한 두 힘은?
① 우력 ② 비틀림
③ 반력 ④ 작용력

해설 크기가 같고 방향이 반대인 나란한 두 힘을 우력이라 하며 짝힘이라고 표현한다.

22 ★★★
길이가 2[m]인 평강의 양 끝에 평강과 30°의 각으로 80[N]의 우력(짝힘)이 작용한다면 우력모멘트[N·m]는?
① 40 ② 50
③ 80 ④ 90

해설 주어진 힘에 대하여 작용선까지의 수직거리 l_1을 구하면
$l_1 = 2\,[m] \times \sin 30° = 1\,[m]$
따라서 힘 F는 80[N] 이므로
$M = 80 \times 1 = 80\,[N \cdot m]$

23. ★★★ 그림과 같은 힘에 대하여 O점에 대한 모멘트[kg · cm]는?

① 2000
② 3000
③ 4000
④ 5000

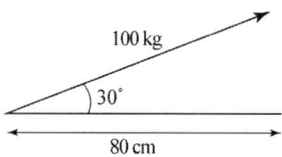

해설 그림과 같이 주어진 힘에 대하여 작용선까지의 수직거리 l_1을 구하면
$l_1 = 80[\text{cm}] \times \sin 30° = 40$
따라서 힘 F는 100[kg] 이므로
$M = 100 \times 40 = 4000[\text{kg} \cdot \text{cm}]$

24. ★★★ 그림과 같은 힘에 대하여 O점에 대한 모멘트[t · cm]는?

① 15
② 20
③ 25
④ 30

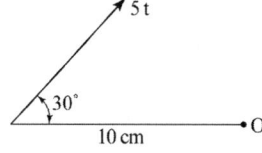

해설 주어진 힘에 대하여 작용선까지의 수직거리 l_1을 구하면
$l_1 = 10[\text{cm}] \times \sin 30° = 5$
따라서 힘 F는 5[t] 이므로
$M = 5 \times 5 = 25[\text{t} \cdot \text{cm}]$

25. ★ 힘을 합성한다는 것은?

① 여러 가지의 힘을 한 개의 힘으로 합하는 것을 말한다.
② 힘을 우력으로 표현하는 것이다.
③ 힘의 작용점을 일치시키는 것을 말한다.
④ 한 개의 힘을 두 개 이상의 힘으로 구하는 것을 말한다.

해설 많은 힘들을 하나의 힘으로 통합하는 것을 힘의 합성(合成)이라 한다.

26. ★★★ 두 힘의 합력은 약 몇 [t]인가?

① 12.2
② 13.2
③ 14.5
④ 15.5

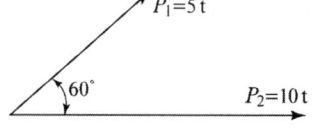

정답 23. ③ 24. ③ 25. ① 26. ②

해설 힘의 평행사변형 법칙에 의하여 합력을 구하면 합력 R은
$$R = \sqrt{P_1^2 + P_2^2 + 2P_1P_2\cos\alpha}$$
$$= \sqrt{5^2 + 10^2 + 2\times 5\times 10\times 0.5} = \sqrt{175} = 13.2\,[t]$$

★★★
27 그림과 같이 한 점에 작용하는 두 힘의 크기가 40[kg]과 50[kg]일 때 합력[kg]은?

① 45.83
② 56.53
③ 67.68
④ 78.86

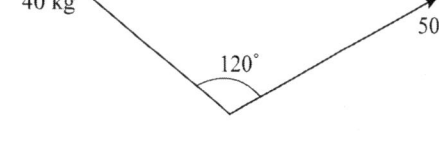

해설 $R = \sqrt{P_1^2 + P_2^2 + 2P_1P_2\cos\alpha}$
$= \sqrt{40^2 + 50^2 + [(2\times 40\times 50\times (-0.5)]} = \sqrt{2100} = 45.83$

★★★
28 그림과 같은 두 힘의 합력 R[t]은 약 얼마인가?

① 8.45
② 10.44
③ 11.60
④ 15.44

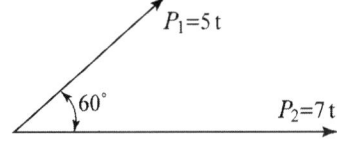

해설 $R = \sqrt{P_1^2 + P_2^2 + 2P_1P_2\cos\alpha}$
$= \sqrt{5^2 + 7^2 + (2\times 5\times 7\times 0.5)} = \sqrt{109} = 10.44$

★★★
29 $\alpha = 60°$, $P_1 = 30[N]$, $P_2 = 20[N]$일 때 힘의 합력[N]은 약 얼마인가?

① 43.6
② 49.2
③ 50
④ 56.2

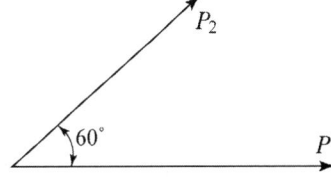

해설 $R = \sqrt{P_1^2 + P_2^2 + 2P_1P_2\cos\alpha}$
$= \sqrt{30^2 + 20^2 + (2\times 30\times 20\times 0.5)} = \sqrt{1900} = 43.58 ≒ 43.6$

정답 27. ① 28. ② 29. ①

30 한 점에서 바깥쪽으로 작용하는 두 힘 $P=10[t]$, $P=12[t]$이 45°의 각을 이루고 있을 때 그 합력[t]은 약 얼마인가?

① 20.3
② 24.2
③ 30.0
④ 32.4

해설 $R = \sqrt{P_1^2 + P_2^2 + 2P_1P_2\cos\alpha}$
$= \sqrt{10^2 + 12^2 + (2 \times 10 \times 12 \times \dfrac{1}{\sqrt{2}})} = \sqrt{413.7} ≒ 20.3$

31 그림에서 두 힘 P_1, P_2의 합력 R은 몇 [t]인가?

① 7.7
② 9.8
③ 11.6
④ 13.5

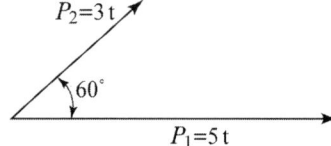

해설 $R = \sqrt{P_1^2 + P_2^2 + 2P_1P_2\cos\alpha}$
$= \sqrt{5^2 + 3^2 + (2 \times 5 \times 3 \times \dfrac{\sqrt{3}}{2})} = \sqrt{59.98} ≒ 7.7$

32 그림에서 두 힘 3[t]과 4[t]의 합력은 약 몇 [t]인가?

① 5
② 6
③ 7
④ 8

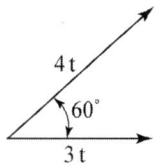

해설 $R = \sqrt{P_1^2 + P_2^2 + 2P_1P_2\cos\alpha}$
$= \sqrt{3^2 + 4^2 + (2 \times 3 \times 4 \times \dfrac{1}{2})} = \sqrt{37} ≒ 6$

33 그림과 같은 힘에 대하여 O점에 대한 모멘트 $M[t \cdot m]$는?

① -1.608
② 0.608
③ -0.784
④ 0.784

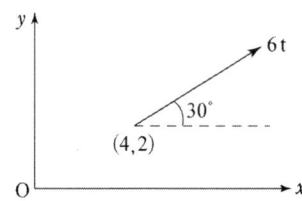

정답 30. ① 31. ① 32. ② 33. ①

해설 $M_O = 6\cos30° \times 2 - 6\sin30° \times 4$
$= 12\dfrac{\sqrt{3}}{2} - 24 \times \dfrac{1}{2} = -1.608[\text{t}\cdot\text{m}]$

34 ★★★ 동일점에 작용하지 않는 여러 힘의 합성 및 분해를 구하는 방법이 아닌 것은?

① 도해에 의한 방법
② 수식에 의하여 힘의 합력과 방향을 구하는 방법
③ 시력도와 연력도로 구하는 방법
④ 변위일치 및 휨모멘트로 구하는 방법

해설 동일점에 작용하지 않는 여러 힘의 합성 및 분해를 구하는 방법에는 도해에 의한 방법, 수식에 의하여 힘의 합력과 방향을 구하는 방법, 시력도와 연력도로 구하는 방법이 있다.

35 ★★★ 동일점에 작용하지 않는 힘을 합성 또는 분해하는 방법중 도해법에 해당하지 않는 것은?

① 삼각형법 ② 다각형법
③ 해석법   ④ 교차법

해설 동일점에 작용하지 않는 힘을 합성 또는 분해하는 방법중 도해법으로는 삼각형법, 다각형법, 교차법이 있다.

36 ★★★ 그림과 같이 평행한 3개의 힘 4[t], 5[t], 3[t]에 대한 분력 R_A와 R_B의 값은 몇 [t]인가?

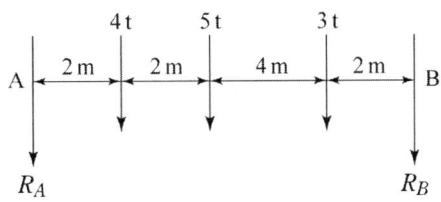

① $R_A = 6.8$, $R_B = 5.2$
② $R_A = 5.2$, $R_B = 6.8$
③ $R_A = 4.8$, $R_B = 6.2$
④ $R_A = 6.2$, $R_B = 4.8$

해설 바리니온의 정리를 이용하여
$R_A \times 10 = 4 \times 8 + 5 \times 6 + 3 \times 2$ $R_A = 6.8$
$R_B \times 10 = 4 \times 2 + 5 \times 4 + 3 \times 8$ $R_B = 5.2$

정답 34. ④ 35. ③ 36. ①

37. 구조물 설계시 고려하는 힘의 평형조건과 거리가 먼 것은? ★★★★★

① 수직방향으로 조금 움직인다.
② 수평방향으로 움직이지 않는다.
③ 상하로 움직이지 않는다.
④ 회전하지 않는다.

해설

힘의 평형조건	역학적 표기
상하(수직방향)로 움직이지 않는다.	ΣV = 0
좌우(수평방향)로 움직이지 않는다.	ΣH = 0
회전하지 않는다.	ΣM = 0

38. 물체가 회전하지 않아야 할 조건은? ★★

① 물체에 작용하는 양장력의 합이 0 이다.
② 힘의 모멘트 합이 0 이다.
③ 동일점에서 작용하는 힘이 0 이다.
④ 양단의 힘의 합이 0 이다.

39. 구조물 또는 물체에 여러 개의 힘이 작용하여 정지상태가 되는 힘의 평형에 대한 필요조건으로 옳지 않은 것은? ★★

① 모멘트의 대수합은 0이다.
② 수평분력의 대수합은 0이다.
③ 수직분력의 대수합은 0이다.
④ 모멘트의 대수합은 우력이 있는 경우에는 양수(+의 수)이다.

40. 어떤 물체가 평형상태에 있기 위한 조건은?(단, F_i는 힘이고, τ_i는 토크이다.) ★★★

① $\sum F_i = 0$, $\sum \tau_i = 0$
② $\sum F_i = 0$, $\sum \tau_i \neq 0$
③ $\sum F_i \neq 0$, $\sum \tau_i = 0$
④ $\sum F_i \neq 0$, $\sum \tau_i \neq 0$

정답 37. ① 38. ② 39. ④ 40. ①

41 두 개의 활차를 사용하여 물체를 매달 때 3개의 물체가 평형을 이루기 위한 θ값은? (단, 로프와 활차의 마찰은 무시한다.)

① 30°
② 45°
③ 60°
④ 120°

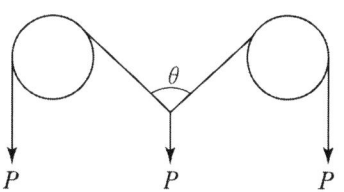

[해설] O점에서 힘의 평형을 생각하면 $\Sigma V = 0$에 의해서
$$2P\cos\frac{\theta}{2} = P, \quad \cos\frac{\theta}{2} = \frac{1}{2} = 0.5$$
$$\frac{\theta}{2} = 60° \qquad \therefore \theta = 120°$$

42 힘의 평형 조건식이 유지되기 위한 평형방정식에 해당되지 않는 것은?
(단, H는 수평력, V는 수직력, M은 모멘트, T는 장력이다.)

① $\Sigma H = 0$ ② $\Sigma V = 0$ ③ $\Sigma T = 0$ ④ $\Sigma M = 0$

[해설] $\Sigma H = 0$, $\Sigma V = 0$, $\Sigma M = 0$가 성립될 때 평형을 유지하게 되며, 이것을 힘의 평형방정식(equilibrium equation of forces)이라고 한다.
이것을 도해조건과 수식으로 간단하게 표현하면

도해조건	수식
시력도가 폐합되어야 한다. 연력도가 폐합되어야 한다.	$\Sigma V = 0$ $\Sigma H = 0$ $\Sigma M = 0$

43 힘의 평형조건에 대한 설명 중 틀린 것은? (단, ΣH는 수평분력의 합력, ΣV는 수직분력의 합력, ΣM은 모멘트의 대수합이다.)

① 동일점에 작용하지 않는 여러 개의 힘의 해석적 평형 조건은 $\Sigma H = 0$, $\Sigma V = 0$, $\Sigma M = 0$ 이다.
② 동일점에 작용하지 않는 여러 개의 힘의 도해적 평형조건은 시력도 및 연력도가 폐합되어야 한다.
③ 동일점에 작용하는 여러 개의 힘의 도해적 평형 조건은 연력도가 폐합되어야 한다.
④ 동일점에 작용하는 여러 개의 힘의 도해적 평형조건은 $\Sigma H = 0$, $\Sigma V = 0$ 이다.

44 한 점에 작용하는 3개의 힘이 서로 평형을 이루고 있다면 이 3개의 힘은 동일한 평면상에 있고 일점에서 만나는데, 이때 각각의 힘은 다른 두 힘의 사이각의 정현(sine)에 정비례한다는 이론은?

① 훅크의 법칙 ② 프와송의 법칙
③ 라미의 정리 ④ 바리니온의 정리

해설 라미의 정리는 한 점에 작용하는 3개의 힘이 서로 평형을 이루고 있다면 이 3개의 힘은 동일한 평면상에 있고 일점에서 만나는데, 이때 각각의 힘은 다른 두 힘의 사이각의 정현(sine)에 정비례한다.

45 그림과 같이 삼각형구조가 평형상태에 있을때 법선방향에 대한 힘의 크기 P는 약 몇 [kg]인가?

① 87 ② 100
③ 141 ④ 200

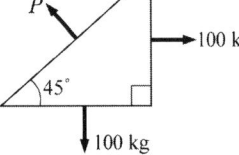

해설 $P_\theta = P_x \cos 45° + P_y \cos 45°$
$= 100 \times 0.707 + 100 \times 0.707 = 141.4 ≒ 141$

46 그림과 같이 균일 단면봉이 축하중을 받고 평형을 이룰때, $T = 2P$가 되려면 W는 얼마가 되어야 하는가?

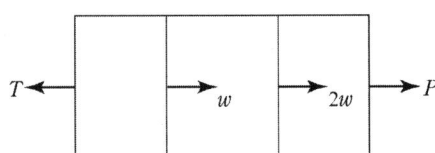

① P ② $\dfrac{P}{2}$ ③ $\dfrac{P}{3}$ ④ $2P$

47 그림과 같이 중량이 1,000[kg]되는 물체가 전선으로 지지되어 있을 때 AB 및 BC가 받는 장력[kg]은?

① AB : 866   BC : 500
② AB : 1,154 BC : 2,000
③ AB : 1,732 BC : 1,154
④ AB : 500   BC : 866

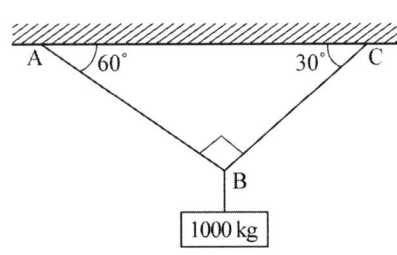

정답 44. ③ 45. ③ 46. ③ 47. ①

해설   줄과 로프 사이의 각도를 세 힘이 균형을 이루고 있는 상태로 변형하여 이것을 라미의 정리로 표현하면

$$\sum V = AB \sin 60° + BC \sin 30° - 1000 = 0$$

따라서

$$\frac{\sqrt{3}}{2} AB + \frac{1}{2} BC - 1000 = 0$$

$$\sqrt{3} AB + BC - 2000 = 0 \quad \cdots \text{①}$$

$$\sum H = -AB \cos 60° + BC \cos 30° = 0$$

$$-\frac{1}{2} AB + \frac{\sqrt{3}}{2} BC = 0$$

$$-AB + \sqrt{3} BC = 0 \quad \cdots \text{②}$$

①+②×√3   4BC - 2000 = 0

∴ BC = 500[kg] (인장)

BC = 250[kg]을 식 ②에 대입하면

∴ AB = √3 × 500 ≒ 866[kg] (인장)

48. ★ 구조물이란 봉과 판상을 조합시킨 것으로 구조물을 형성하는 이들 재료를 무엇이라 하는가?

① 부재(Member)   ② 보(Beam)
③ 스팬(Span)   ④ 트러스(Truss)

49. ★★★★ 다음 구조물 중 1차원 구조물이 아닌 것은?

① 기둥   ② 샤프트   ③ 셸   ④ 원통

해설   세 개의 축 중에서 한축의 방향으로 길이가 긴 구조물을 1차원 구조물이라고 하며, 봉구조와 뼈대구조가 있다.

① 봉구조(Bar Structure)
- 봉(rod) : 축방향으로 인장력이나 압축력을 받는 구조
- 기둥(column) : 축방향으로 압축력을 받는 구조
- 샤프트(shaft) : 비틀림을 받는 구조
- 보(beam) : 부재의 축에 수직인 하중, 즉 휨을 받는 구조
- 인장보(tension beam) : 휨과 인장력을 받는 구조
- 보-기둥(beam-column) : 휨과 압축력을 받는 구조
- 곡선 보(curved beam) : 휨을 받는 곡선 구조
- 아치(arch) : 곡선 보가 양단이 지지되어 주로 축방향 압축력을 받는 구조
- 원통(ring) : 폐단면 곡선 구조

② 뼈대 구조(Framed Structure)
- 트러스(truss) : 각 부재가 마찰이 없는 힌지로 연결되어 축방향력만 받는 구조
- 라멘(rahmen, rigid frame) : 각 부재가 강절로 연결된 구조

50. ★★★★ 다음 중 1차원 구조물 중 뼈대구조인 것은?

① 봉(rod)   ② 기둥(column)   ③ 보(beam)   ④ 트러스(truss)

정답   48. ①   49. ③   50. ④

해설 뼈대구조(Framed Structure)는 트러스(truss)와 라멘(rahmen, rigid frame) 이다.

51 ★★★ 전기철도 구조물 중 2차원 구조물에 해당되지 않는 것은?

① 라멘 ② 패널 ③ 플레이트 ④ 쉘

해설 세 개의 축 중에서 두 축 방향의 길이가 다른 한 축에 비하여 긴 구조를 2차원구조물이라 한다.
1) 패널(panel, 또는 샤이베 schiebe) : 평면에 수직방향으로 하중이 작용하는 구조물
2) 플레이트(plate 또는 슬래브 slab) : 평면에 하중이 작용하는 구조물
3) 쉘(shell, curved surface) : 곡선판 구조

52 ★★★★★ 다음 구조물 중 2차원 구조물로 맞는 것은?

① 패널(panel) ② 트러스(truss)
③ 라멘(rahmen) ④ 봉(rod)

해설 2차원 구조물은 패널(panel), 플레이트(plate), 쉘(shell) 이다.

53 ★★ 다음 중 2차원 구조물에 해당되는 것은?

① 봉(rod) ② 인장보(tension beam)
③ 플레이트(plate) ④ 곡선 보(curved beam)

해설 2차원 구조물은 패널(panel), 플레이트(plate), 쉘(shell) 이다.

54 ★★ 2차원 구조물로 평면에 수직방향으로 하중이 작용하는 구조물은?

① 샤프트(shaft) ② 라멘(rahmen)
③ 패널(panel) ④ 쉘

해설 평면에 수직방향으로 하중이 작용하는 2차원 구조물은 패널(panel)이다.

55 ★★ 각 부재가 마찰이 없는 힌지로 연결되어 축방향력만 받는 부재는?

① 봉(rod) ② 기둥(column)
③ 보(beam) ④ 트러스(truss)

해설 각 부재가 마찰이 없는 힌지로 연결되어 축방향력만 받는 구조는 트러스(truss) 이다.

정답 51. ① 52. ① 53. ③ 54. ③ 55. ④

56 정정(靜定)보의 일단은 고정, 다른 쪽 끝은 자유단인 보(Beam)는?

① 단순보 ② 내민보 ③ 겔버보 ④ 캔틸레버보

57 단순보에 모멘트 하중이 작용할 때의 설명으로 틀린 것은?

① 양 지점의 반력의 크기는 모멘트의 작용위치에 관계가 없다.
② 전단력도의 면적 대수합은 휨모멘트도의 대수합과 같다.
③ 모멘트 하중이 작용하는 위치에서 좌우측의 휨모멘트는 값이 다르다.
④ 전단력을 계산하는데 모멘트 하중은 제외된다.

해설 모멘트 하중이 작용하지 않을 때는 ②는 성립한다. 그러나 모멘트 하중은 직접 전단력과 관계가 없으므로 ②는 성립하지 않는다.

58 그림의 보 종류로 맞는 것은?

① 단순보 ② 겔버보 ③ 내민보 ④ 고정보

해설 구조재는 폭, 춤, 길이가 있다. 보와 기둥은 그의 길이에 비하여 단면의 폭과 춤이 작으므로 이것을 길이방향의 선으로 추상(抽象)하여 일반적으로 구조재의 중심선, 즉 선재로 표현하게 된다. 주로 선재로 구성된 구조물은 보, 기둥, 라멘, 트러스, 아치 등이 있다.

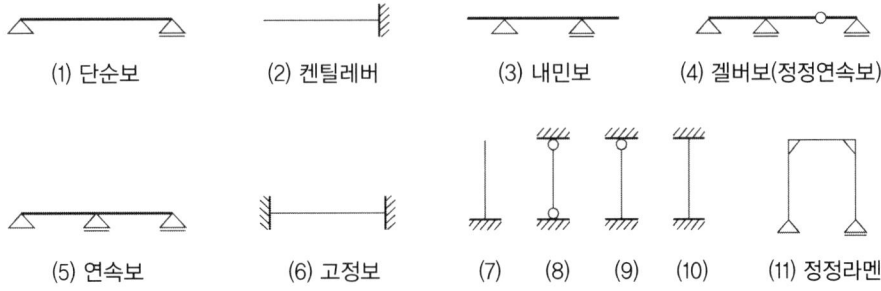

(1) 단순보   (2) 켄틸레버   (3) 내민보   (4) 겔버보(정정연속보)

(5) 연속보   (6) 고정보   (7)   (8)   (9)   (10)   (11) 정정라멘

59 다음 그림과 같은 트러스(truss)는?

① 왕대공 트러스
② 플레트 트러스
③ HOWE 트러스
④ 핑크 트러스

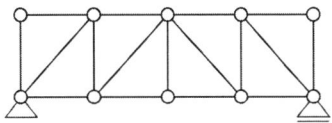

정답 56. ④ 57. ② 58. ① 59. ③

해설
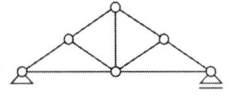
왕대공 트러스

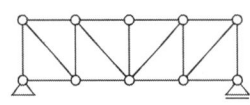
플레트 트러스

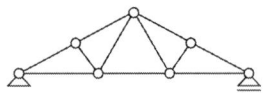
핑크 트러스

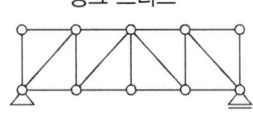
HOWE 트러스

60 다음 그림과 같은 트러스(truss)는?
① 왕대공 트러스
② 플레트 트러스
③ HOWE 트러스
④ 핑크 트러스

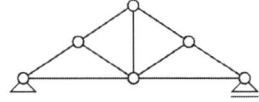

61 전기철도의 구조물에 대한 다음 설명 중 틀린 것은?
① 정지하고 있는 구조물 또는 부재를 받치는 점을 지점(support)이라 한다.
② 부재와 부재와의 접합점을 강결(rigid point)이라 한다.
③ 구조물을 지지하고 있는 지점에서 생긴 반력을 지점반력이라 한다.
④ 부재의 부재력을 구할 수 있을 때를 내적 정정이라 한다.

해설 부재와 부재와의 접합점은 절점이라 한다.

62 지점(支點)에 대한 설명으로 옳은 것은?
① 고정지점은 이동은 할 수 없으나 회전은 가능하다.
② 지점에는 이동지점, 고정지점 및 모멘트지점이 있다.
③ 이동지점에서 반력은 수직한 방향으로 1개만 일어난다.
④ 회전하고 있는 구조물 또는 부재를 받치는 점을 지점이라 한다.

해설 ① 고정지점에서는 완전히 고정되어 이동도 회전도 할 수 없게 되어 있다. 반력은 수평반력, 수직반력 및 모멘트반력 등 3개의 반력이 일어난다.
② 지점에는 이동지점, 고정지점 및 힌지지점이 있다.
③ 이동지점에서는 구조물이 이동, 회전을 할 수가 있기 때문에 반력은 수직한 방향으로 1개만 일어난다.
④ 정지하고 있는 구조물 또는 부재를 받치는 점을 지점(support)이라고 한다.

정답 60. ① 61. ② 62. ③

63 정지하고 있는 구조물 또는 부재를 받치는 점을 지점이라 하는데 다음 중 지점의 종류가 아닌 것은?

① 회전지점　② 이동지점　③ 원형지점　④ 고정지점

64 구조물에서 수직반력만 일어나는 지점은?

① 힌지지점　② 이동지점　③ 평형지점　④ 고정지점

65 구조물이 핀으로 연결되어 이동은 할 수 없고 회전만 가능한 것으로 반력은 수평반력과 수직반력 2개가 일어나는 지점은?

① 이동지점
② 힌지지점
③ 고정지점
④ 평형지점

해설　힌지지점에서는 구조물이 핀(pin)으로 연결되어 이동은 할 수 없고 회전만 가능하다. 따라서 반력은 수평반력과 수직반력의 2개가 일어난다.

66 구조물이 핀(pin)으로 연결되어 이동은 할 수 없고 회전만 가능한 힌지지점의 반력수는?

① 1개　② 2개　③ 3개　④ 4개

해설　힌지지점은 수평반력과 수직반력의 2개가 일어난다.

67 정지하고 있는 구조물을 받치는 고정지점의 반력수는?

① 1개　② 2개　③ 3개　④ 4개

해설　고정지점에서는 완전히 고정되어 이동도 회전도 할 수 없게 되어 있다. 반력은 수평반력, 수직반력 및 모멘트반력 등 3개의 반력이 일어난다.

68 수평반력, 수직반력, 모멘트반력 등 3개의 반력이 발생하는 지점은?

① 이동지점
② 회전지점
③ 힌지지점
④ 고정지점

해설　고정지점에서는 수평반력, 수직반력 및 모멘트반력 등 3개의 반력이 일어난다.

정답　63. ③　64. ②　65. ②　66. ②　67. ③　68. ④

69 고정지점과 이동지점의 지점반력수로 맞는 것은?
① 고정지점 : 3개, 이동지점 : 2개
② 고정지점 : 2개, 이동지점 : 3개
③ 고정지점 : 3개, 이동지점 : 1개
④ 고정지점 : 1개, 이동지점 : 3개

70 안정한 구조물에 쓰이는 것으로 힘의 평형조건만으로 구조물의 모든 반력과 부재의 응력을 구할 수 있을 때 이를 무엇이라 하는가?
① 변형　　② 불안정　　③ 정정　　④ 부재

해설　정정은 힘의 평형조건만으로 구조물의 모든 반력과 부재의 응력을 구할 수 있을 때를 말한다.

71 구조물에 있어서 부재와 부재와의 접합점을 무엇이라 하는가?
① 지점　　② 힌지　　③ 활점　　④ 절점

72 구조물의 절점(Joint)에 대한 설명으로 맞는 것은?
① 구조물의 부재와 기반이 연결된 곳
② 구조물의 부재와 부재가 연결된 곳
③ 구조물에 외력이 작용했을 때 위치가 변하는 곳
④ 구조물에 외력을 받았을 때 이동이나 회전이 구속되는 곳

해설　구조물에 있어서 부재와 부재와의 접합점(연결점)을 절점(panel point) 또는 격점이라고 한다.

73 전기철도 구조물에 외력이 작용했을 때 형태가 변하지 않는 경우, 이 구조물은 어떤 상태로 보는가?
① 내적 안정　　② 내적 불안정　　③ 외적 안정　　④ 외적 불안정

해설　외력이 작용했을 때 형태가 변하지 않는 경우 내적 안정이라고 한다.

74 2차원 평면 구조계에서 외력이 작용했을 때 구조물의 위치가 변하지 않는 외적 안정조건은?
① 외력이 작용했을 때 구조물의 형태가 변하는 경우
② 지점의 반력수가 1이상으로 힘의 평형조건을 만족할 때
③ 지점의 반력수가 3이상으로 힘의 평형조건을 만족할 때
④ 외력이 작용했을 때 구조물의 형태가 변하지 않는 경우

정답　69. ③　70. ③　71. ④　72. ②　73. ①　74. ③

해설 외적 안정은 외력이 작용했을 때 구조물의 위치가 변하지 않는 경우, 즉 지점의 반력수가 3 이상으로 힘의 평형조건을 만족할 때로
① 상하로 이동하지 않는다. ……… $\sum V = 0$
② 좌우로 이동하지 않는다. ……… $\sum H = 0$
③ 어떤 방향으로도 회전하지 않는다. ……… $\sum M = 0$

75 ★★★★★
다음 중 구조물의 안정 판별 시 외적으로 안정인 경우에 대한 설명으로 맞는 것은?

① 외력이 작용할 때 구조물의 위치가 변하는 경우
② 외력이 작용할 때 구조물의 형태가 변하는 경우
③ 외력이 작용할 때 구조물의 위치가 변하지 않은 경우
④ 외력이 작용할 때 구조물의 형태가 변하지 않은 경우

해설 외적 안정은 외력이 작용했을 때 구조물의 위치가 변하지 않는 경우를 말한다.

76 ★★★
다음 그림과 같은 구조물에서 부정정차수가 가장 높은 것은?

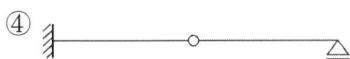

해설 간편식을 쓰면
① $r=4$ 이므로 $n=4-3-0=1$ 1차 부정정
② $r=7$ 이므로 $n=7-3-0=4$ 4차 부정정
③ $r=5$ 이므로 $n=5-3-0=2$ 2차 부정정
④ $r=4$ 이므로 $n=4-3-1=0$ 정정 구조물

77 ★★★★
다음 그림과 같은 구조물에서 부정정차수가 가장 높은 것은?

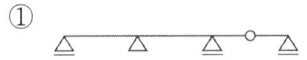

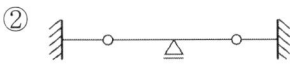

해설
① $r=5$, $h=1$ ∴ $n=r-3-h=5-3-1=1$차 부정정
② $r=7$, $h=2$ ∴ $n=r-3-h=7-3-2=2$차 부정정
③ $r=4$, $h=0$ ∴ $n=r-3-h=4-3-0=1$차 부정정
④ $r=6$, $h=3$ ∴ $n=r-3-h=6-3-3=0$ (정정)

정답 75. ③ 76. ② 77. ②

78 ★★★ 다음 그림과 같은 라멘의 부정정차수는?

① 9차
② 12차
③ 15차
④ 18차

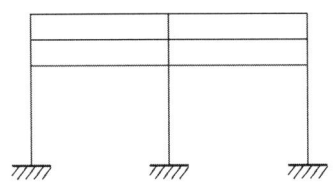

해설 전체 부정정 차수
$N = r + m + s - 2k = 9 + 15 + 18 - 2 \times 12 = 18차$

79 ★★★★★ 다음 그림과 같은 라멘구조물의 부정정차수는?
(단, 중앙의 절점은 힌지이다.)

① 1차 부정정
② 2차 부정정
③ 3차 부정정
④ 4차 부정정

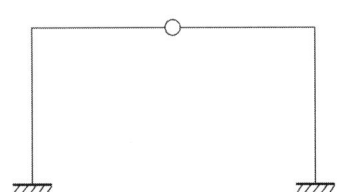

해설 전체 부정정 차수
$N = r + m + s - 2k = 6 + 4 + 2 - 2 \times 5 = 2차$

80 ★★★★ 다음 그림과 같은 라멘구조물의 부정정차수는?

① 8차
② 9차
③ 10차
④ 11차

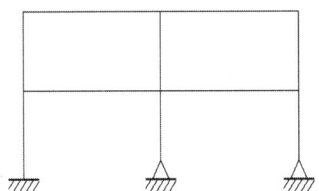

81 ★★★★ 다음 그림과 같은 라멘 구조물의 부정정 차수는?

① 8차
② 12차
③ 16차
④ 20차

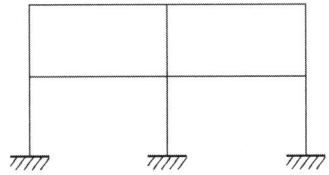

82. ★★★
구조물 판별에서 트러스의 부정정 차수가 $m > 2k - 3$이면? (단, m : 부재수, k : 절점수)

① 불안정 ② 정정
③ 내적 부정정 ④ 외적 부정정

해설 트러스의 정정, 부정정차수는
① $m < 2k - 3$ 이면 불안정
② $m = 2k - 3$ 이면 정정
③ $m > 2k - 3$ 이면 내적 부정정

83. ★★
구조물 판별에서 라멘의 부정정 차수가 $3m + r = 3k$이면? (단, m : 부재수, k : 절점수)

① 불안정 ② 정정
③ 내적 부정정 ④ 외적 부정정

해설 라멘의 정정, 부정정차수는
① $3m + r = 3k$ 이면 정정
② $3m + r > 3k$ 이면 부정정

정답 82. ③ 83. ②

2장 힘과 구조물
핵심예상문제 필답형 실기

01 ★★★ 힘의 단위인 1 [N]의 개념에 대하여 설명하시오.

　풀이) 1[N]은 1[kg]의 물체에 1[m/sec²]의 가속도가 생기게 하는 힘을 말한다.

02 ★★★ 질량이 5[t]인 물체에 작용하는 중력은 몇 [N]이 되는가?

　풀이) 5000[kg]×9.8 = 49000[N]

03 ★★★★★ 힘의 3요소를 간단하게 쓰시오.

　풀이) 힘의 3요소는 크기, 방향, 작용점을 가지는 벡터(vector)로 표시한다.

04 ★★★ 힘의 3요소 중 힘의 크기를 표시하는 방법에 대하여 간단하게 쓰시오.

　풀이) 힘의 크기(Magnitude of force)는 임의로 적당하게 축척된 선분의 길이(l)로 표시한다.

05 ★★★ 힘의 3요소 중 힘의 방향을 표시하는 방법에 대하여 간단하게 쓰시오.

　풀이) 힘의 방향(Direction force)은 화살표와 선분의 기울기(θ)로 표시한다.

06 ★★ 힘의 3요소 중 힘의 작용점을 표시하는 방법에 대하여 간단하게 쓰시오.

　풀이) 힘의 작용점(Point of apprication)은 화살표의 끝 또는 시작점으로 선분 위의 한 점(x, y)으로 표시한다.

07 ★★ 힘의 이동성 법칙에 대하여 간단하게 쓰시오.

　풀이) 힘이 어떤 강체(剛體 : rigid body)에 작용할 때 이 힘을 그 작용선 위의 임의점에 옮겨도 그 영향이 변하지 않는 것을 힘의 이동성(移動性)법칙 또는 힘의 작용선의 법칙이라 한다.

08 힘의 모멘트에 대하여 간단하게 쓰시오.

풀이 기준으로 하는 점 O으로부터 힘의 작용선까지의 수직거리와 힘의 크기를 곱한 것을 힘의 모멘트 또는 회전모멘트라 한다. 즉, 어떤 점을 중심으로 돌리려고 하는 힘을 힘의 모멘트라 하고
모멘트 $M =$ 힘 × 수직거리 $= P \cdot l$

09 그림과 같은 힘에 대하여 O점에 대한 모멘트[kg · m]는?

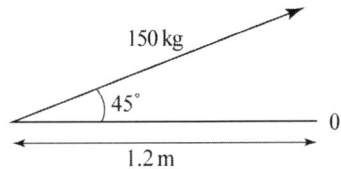

풀이 그림과 같이 주어진 힘에 대하여 작용선까지의 수직거리 l_1을 구하면
$$l_1 = 1.2[\text{m}] \times \sin 45° = 1.2 \times 0.707 = 0.8484$$
따라서 힘 F는 150[kg] 이므로
$$M = 150 \times 0.8484 ≒ 127 [\text{kg} \cdot \text{m}]$$

10 바리니온의 정리에 대하여 간단하게 쓰시오.

풀이 여러 힘의 한 점에 대한 모멘트의 대수합은 그들 합력의 그 점에 대한 모멘트와 같다고 한 이론이 바리니온의 정리이다.

11 우력(짝힘)에 대하여 간단하게 쓰시오.

풀이 크기가 같고 방향이 반대인 나란한 두 힘을 우력이라 하며 짝힘이라고 표현한다.

12 길이가 2[m]인 평강의 양 끝에 평강과 30°의 각으로 80[N]의 우력(짝힘)이 작용한다면 우력모멘트[N · m]는?

풀이 주어진 힘에 대하여 작용선까지의 수직거리 l_1을 구하면
$$l_1 = 2[\text{m}] \times \sin 30° = 1[\text{m}]$$
따라서 힘 F는 80[N] 이므로
$$M = 80 \times 1 = 80[\text{N} \cdot \text{m}]$$

13 길이가 3[m]인 평강의 양 끝에 평강과 45°의 각으로 100[N]의 우력(짝힘)이 작용한다면 우력모멘트[N·m]를 구하시오.

풀이 주어진 힘에 대하여 작용선까지의 수직거리 l_1을 구하면
$l_1 = 3[\text{m}] \times \sin 45° = 3 \times 0.707 = 2.12\,[\text{m}]$
따라서 힘 F는 100[N]이므로
$M = 100 \times 2.212 = 221.2\,[\text{N} \cdot \text{m}]$

14 아래 그림과 같은 힘에 대하여 O점에 대한 모멘트[t·cm]는?

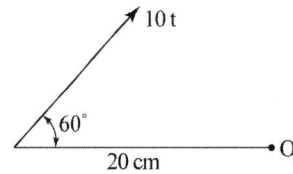

풀이 주어진 힘에 대하여 작용선까지의 수직거리 l_1을 구하면
$l_1 = 20[\text{cm}] \times \sin 60° = 17.32$
따라서 힘 F는 10[t]이므로
$M = 17.32 \times 10 = 173.2\,[\text{t} \cdot \text{cm}]$

15 두 힘(P_1, P_2)의 합력을 구하는 식을 적으시오.

풀이 $R = \sqrt{P_1^2 + P_2^2 + 2P_1 P_2 \cos\alpha}$

16 $P_1 = 3[\text{t}]$, $P_2 = 4[\text{t}]$, $\alpha = 30°$일 때 힘의 합력[t]은 약 얼마인가?

풀이 $R = \sqrt{P_1^2 + P_2^2 + 2P_1 P_2 \cos\alpha} = \sqrt{3^2 + 4^2 + (2 \times 3 \times 4 \times 0.866)} = \sqrt{45.784} ≒ 6.77$

17 아래 그림과 같은 힘에 대하여 O점에 대한 모멘트 $M[\text{t} \cdot \text{m}]$는?

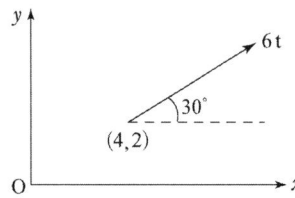

풀이 $M_O = 6\cos 30° \times 2 - 6\sin 30° \times 4$

$= 12\dfrac{\sqrt{3}}{2} - 24 \times \dfrac{1}{2} = -1.608[\text{t} \cdot \text{m}]$

★★★★★
18 구조물 설계시 고려하는 힘의 평형조건에 대하여 설명하시오.

풀이

힘의 평형조건	역학적 표기
상하(수직방향)로 움직이지 않는다.	ΣV = 0
좌우(수평방향)로 움직이지 않는다.	ΣH = 0
회전하지 않는다.	ΣM = 0

★★★
19 힘의 평형방정식에 대하여 수식을 쓰고 간단하게 설명하시오.

풀이 $\Sigma H = 0$, $\Sigma V = 0$, $\Sigma M = 0$가 성립될 때 평형을 유지하게 되며, 이것을 힘의 평형방정식(equilibrium equation of forces)이라고 한다.
이것을 도해조건과 수식으로 간단하게 표현하면

도해조건	수식
시력도가 폐합되어야 한다. 연력도가 폐합되어야 한다.	ΣV = 0 ΣH = 0 ΣM = 0

★★★★★
20 라미의 정리에 대하여 간단하게 쓰시오.

풀이 라미의 정리는 한 점에 작용하는 3개의 힘이 서로 평형을 이루고 있다면 이 3개의 힘은 동일한 평면 상에 있고 일점에서 만나는데, 이때 각각의 힘은 다른 두 힘의 사이각의 정현(sine)에 정비례한다.

★★
21 1차원 구조물의 개념에 대하여 설명하시오.

풀이 세 개의 축 중에서 한축의 방향으로 길이가 긴 구조물을 1차원 구조물이라고 하며, 봉구조와 뼈대구조가 있다.

★★★★
22 1차원 구조물 중 봉구조의 종류 5가지 이상을 설명하시오.

풀이 1) 봉(rod) : 축방향으로 인장력이나 압축력을 받는 구조
2) 기둥(column) : 축방향으로 압축력을 받는 구조
3) 샤프트(shaft) : 비틀림을 받는 구조

4) 보(beam) : 부재의 축에 수직인 하중, 즉 휨을 받는 구조
5) 인장보(tension beam) : 휨과 인장력을 받는 구조
6) 보-기둥(beam-column) : 휨과 압축력을 받는 구조
7) 곡선 보(curved beam) : 휨을 받는 곡선 구조
8) 아치(arch) : 곡선 보가 양단이 지지되어 주로 축방향 압축력을 받는 구조
9) 원통(ring) : 폐단면 곡선 구조

23 1차원 구조물 중 축방향으로 인장력을 받는 봉구조는 어떠한 것이 있는지 쓰시오.

풀이 1) 봉(rod)
2) 인장보(tension beam)

24 1차원 구조물 중 축방향으로 압축력을 받는 봉구조는 어떠한 것이 있는지 쓰시오.

풀이 1) 봉(rod)
2) 기둥(column)
3) 보-기둥(beam-column)
4) 아치(arch)

25 1차원 구조물 중 뼈대구조의 종류 2가지를 쓰고 설명하시오.

풀이 1) 트러스(truss) : 각 부재가 마찰이 없는 힌지로 연결되어 축방향력만 받는 구조
2) 라멘(rahmen, rigid frame) : 각 부재가 강절로 연결된 구조

26 2차원 구조물의 개념에 대하여 설명하시오.

풀이 세 개의 축 중에서 두 축 방향의 길이가 다른 한 축에 비하여 긴 구조를 2차원 구조물이라 한다.

27 지점(支點)에 대하여 간단하게 설명하시오.

풀이 정지하고 있는 구조물 또는 부재를 받치는 점을 지점(support)이라고 한다.

28 지점의 종류 3가지를 쓰시오.

풀이 1) 이동지점
2) 힌지지점
3) 고정지점

29 이동지점에 대하여 간단히 설명하시오. ★★★

풀이 구조물이 이동, 회전을 할 수가 있기 때문에 반력은 수직한 방향으로 1개 일어난다.

30 힌지지점에 대하여 간단히 설명하시오. ★★★

풀이 구조물이 핀(pin)으로 연결되어 이동은 할 수 없고 회전만 가능하다. 따라서 반력은 수평반력과 수직반력의 2개가 일어난다.

31 고정지점에 대하여 간단히 설명하시오. ★★★★★

풀이 완전히 고정되어 이동도 회전도 할 수 없게 되어 있다. 반력은 수평반력, 수직반력 및 모멘트 반력 등 3개의 반력이 일어난다.

32 구조물의 절점(Joint)에 대하여 간단하게 설명하시오. ★★★

풀이 구조물에 있어서 부재와 부재와의 접합점(연결점)을 절점(panel point) 또는 격점이라고 한다.

33 구조물의 외적 안정 조건에 대하여 간단하게 설명하시오. ★★

풀이 외력이 작용했을 때 구조물의 위치가 변하지 않는 경우, 즉 지점의 반력수가 3 이상으로 힘의 평형조건을 만족할 때를 구조물의 외적 안정 조건이라 한다.
- 상하로 이동하지 않는다. ········ $\sum V = 0$
- 좌우로 이동하지 않는다. ········ $\sum H = 0$
- 어떤 방향으로도 회전하지 않는다. ········ $\sum M = 0$

34 구조물이 내적 정정 조건에 대하여 간단하게 설명하시오. ★★

풀이 힘의 조건만으로 반력과 단면력을 구할 수 있는 경우, 즉 내적으로 안정한 구조물에서 그 지점반력을 힘의 평형조건뿐만 아니라 골조 각부의 변형조건을 가하여 구할 수 있는 것이다.

35 구조물이 외적 부정정 조건에 대하여 간단하게 설명하시오. ★★

풀이 힘의 조건만으로 반력을 구할 수 없는 경우, 즉 외적으로 안정한 구조물에서 그 지점반력을 힘의 평형조건뿐만 아니라 골조 각부의 변형조건을 가하여 구할 수 있는 것이다.

36 다음 라멘구조물의 부정정차수를 구하시오. (단, 중앙의 절점은 힌지이다.)

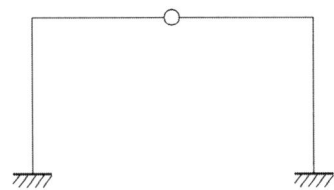

풀이 전체 부정정 차수
$N = r + m + s - 2k = 6 + 4 + 2 - 2 \times 5 = 2$차 부정정

37 그림과 같은 라멘의 부정정차수를 구하시오.

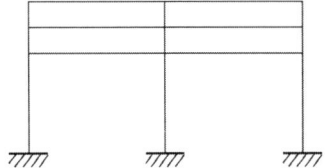

풀이 전체 부정정 차수는
$N = r + m + s - 2k = 9 + 15 + 18 - 2 \times 12 = 18$차 부정정

38 다음 라멘구조물의 부정정차수를 구하시오.

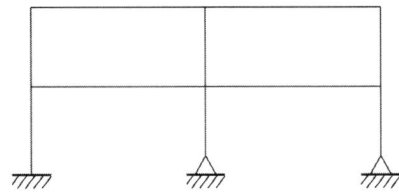

풀이 $N = r + m + s - 2k = 7 + 10 + 11 - 2 \times 9 = 10$차 부정정

3장 응력과 변형도

중점학습내용

3장 응력과 변형도에서는 응력과 응력도의 정의, 부재 내부에 생기는 외응력의 종류(전단력, 휨모멘트, 축방향력), 수직응력(인장응력, 압축응력)의 외력을 구하는 방법과 전단응력, 휨응력, 비틀림응력, 온도응력의 정의와 이를 구할 수 있는 수식 해법과 도시 방법을 이용하여 응력산정법을 이해하고 응력을 계산할 수 있는 문제 풀이로 구성하였다.

그리고 변형과 변형률의 정의, 변형률의 종류(선변형률, 전단변형률, 체적변형률)와 변형률을 구하는 식과 후크의 법칙(Hooke's law), 프와송의 비(Poisson's ratio), 프와송의 수에 대하여 이론적인 문제와 계산 문제를 수록하였다.

마지막으로 어떤 재료를 인장시험할 때 응력과 변형도의 그림(선도)을 보고 비례한도, 탄성한도, 상항복점, 하항복점, 극한응력에 대하여 중점적인 핵심 정리와 핵심예상문제(필기, 필답형 실기)로 마무리하였다.

1. 응력(應力)과 응력도(應力度)

응력(stress)은 물체에 외력이 작용하면 물체는 평행상태를 유지하기 위하여 물체 내부에서 외력의 크기와 같고 방향이 반대인 저항력이 생긴다. 이 저항력을 내력(internal force) 또는 응력(stress)이라고 한다. 단면 전체에 대한 응력을 전응력, 단위면적에 작용하는 응력을 단위응력 또는 응력도라고 한다.

$$\sigma = \frac{P}{A}$$

2. 응력의 종류

2.1 수직응력(법선응력)

1) 부재 축방향에 수직인 단면에 생기는 응력을 수직응력 또는 법선응력

2) 봉, 트러스, 중심축 하중을 받는 단독주에 적용

① 인장응력(tensile stress)

부재가 축방향으로 늘어나게 하려는 힘을 받을 때 부재내부에서 생기는 응력

$$\sigma_t = \frac{P}{A}$$

② 압축응력(compressive stress)

부재가 줄어들게 하려는 힘을 받을 때 부재 내부에서 생기는 응력을 압축응력(compressive stress)이라 하고, 이때의 외력을 압축력

$$\sigma_c = \frac{P}{A}$$

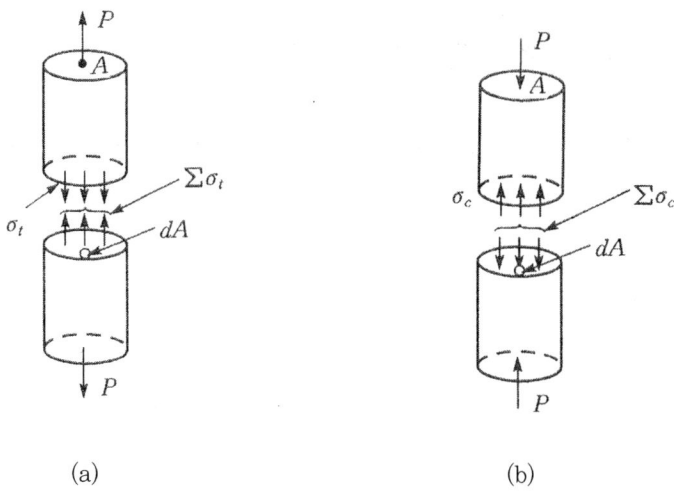

그림 3.1 인장응력(a)과 압축응력(b)

2.2 전단응력(shearing stress)

부재축의 직각방향의 전단력에 의해서 생기는 응력

1) 전단력(shearing force)

   부재에 외력 P가 작용하면, 부재는 축과 수직인 방향으로 잘릴려고 하는 힘

2) 전단응력(shearing stress)

   전단력(shearing force)에 저항하기 위한 부재의 응력

   전단응력을 τ, 단면적을 A, 전단력을 Q라 하면

   $$\tau = \frac{Q}{A}$$

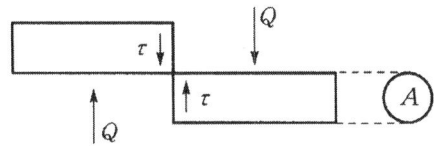

그림 3.2 전단응력

2.3 휨응력(bending stress)

1) 부재에 연직방향의 하중이 작용하면 부재에는 휨모멘트에 의하여 부재의 중심 축에서 상부에는 부재가 줄어들려는 압축력을 받게 되고, 하부에는 늘어나려는 인장력을 받게 된다.

2) 부재의 내부에는 이러한 힘에 저항하는 응력이 생김

   $$\sigma = \frac{M}{I} y$$

여기서, M : 휨모멘트

　　　　I : 단면2차모멘트

　　　　y : 중립축에서의 거리

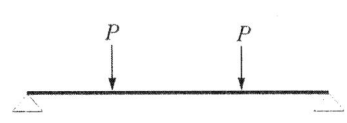 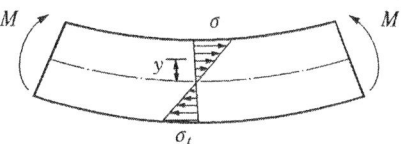

그림 3.3 휨응력

2.4 비틀림응력(torsional stress)

1) 직선봉의 양단에 크기가 같고 방향이 반대인 우력 모멘트가 작용하면 이 부재는 비틀어지게 된다.
2) 이 비틀림에 저항하여 생기는 응력을 비틀림응력이라 하며 이것은 전단응력과 같은 성질을 가지고 있다.

$$\tau = \frac{T \cdot r}{J} \rightarrow \frac{T \cdot r}{I_p} \text{ (원형단면일 때)}$$

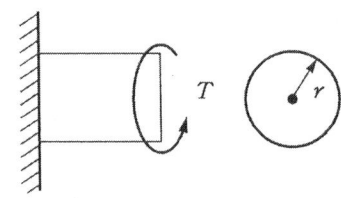

그림 3.4 비틀림응력

2.5 온도응력(열응력 : thermal stress)

1) 정정구조물 ⇒ 온도변화에 응력을 발생시키지는 않음
2) 부정정 구조물 ⇒ 온도변화에 부재 내에 열응력이라고 불리우는 응력 발생

$$\delta = \alpha L \Delta T$$

여기서, α : 선팽창계수
 L : 길이
 ΔT : 상승온도

3. 응력 산정법

3.1 수식해법

(1) 전단력

1) 어떤 단면의 좌측에 걸리는 부재축에 수직인 힘의 대수적인 총합과 우측에 걸리는

부재축에 수직인 힘의 총합은 크기는 같고 방향은 반대

2) 어느 쪽이든 구하기 쉬운쪽(보통은 왼쪽)에 작용하는 모든 외력(하중과 반력)을 부재축과 수직인 방향으로 분해한 분력의 합계로 크기를 구함.

3) 구한 크기는 단면의 왼쪽에서 구했다면 외력 중 상향의 힘은 정(+), 하향의 힘은 부(−)로 정하여 계산

(2) 휨모멘트

1) 어떤 단면에 대하여 좌측에 걸리는 힘의 모멘트의 대수적인 총합과 우측에 걸리는 힘의 모멘트의 대수적 총합의 크기는 같고 방향은 반대

2) 어느 쪽이든 구하기 쉬운쪽(보통은 왼쪽)에 작용하는 모든 외력의 그 단면에 대한 모멘트의 대수합으로 크기를 구함.

3) 구한 크기를 단면의 왼쪽에서 구했다면 우회전 모멘트는 정(+), 좌회전 모멘트는 부(−)로 정하여 계산

(3) 축방향력

1) 어떤 단면의 축방향력의 크기는 어느 한쪽에 작용하는 모든 외력(하중, 반력)을 그 축방향으로 분해한 분력의 합계로 구함.

2) 축방향력의 부호는 단면의 왼쪽, 오른쪽에 관계없이 부재가 인장력을 받을 때는 정(+), 부재가 압축력을 받을 때는 부(−)로 정하여 계산

3.2 도시방법(圖示方法)

(1) 전단력선도(S.F.D : Shearing Force Diagram)

전단력도의 (+)는 횡축의 상측에 도시하고, (−)는 횡축의 하측에 도시

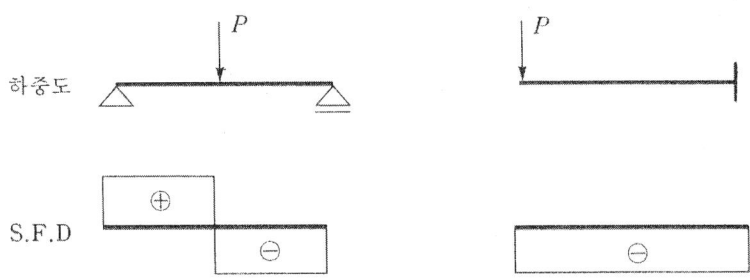

그림 3.5 전단력선도(S.F.D)

(2) 휨모멘트 선도(B.M.D : Bending Moment Diagram)

휨모멘트도의 (+)는 횡축의 하측에, (-)는 횡축의 상측에 도시

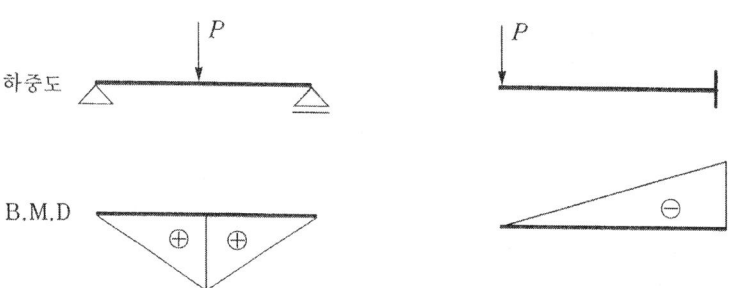

그림 3.6 휨모멘트 선도(B.M.D)

(3) 축방향력 선도(A.F.D : Axial Force Diagram)

축방향력도의 (+)는 횡축의 하측에, (-)는 횡축의 상측에 도시

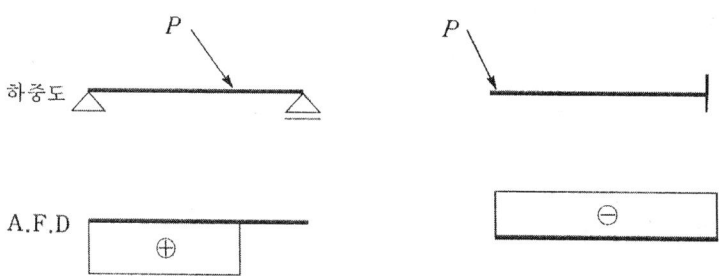

그림 3.7 축방향력 선도(A.F.D)

3.3 하중, 전단력 및 휨모멘트와의 관계

(1) 하중(W)과 전단력(Q) 및 휨모멘트(M)의 관계

$$\frac{dM}{dx} = Q \qquad \frac{dQ}{dx} = -W$$

$$Q = -\int W\,dx \qquad M = \int Q\,dx$$

(2) $\dfrac{dM}{dx}$는 휨모멘트의 기울기로서 M도와 Q도 사이에는

M이 3차곡선일 때 Q가 2차곡선

M이 2차곡선일 때 Q는 직선

M이 직선일 때 Q는 일정값

M이 일정값일 때 Q는 0

(3) $\dfrac{dM}{dx}=0$일 때 M의 값이 최대 또는 최소가 되는 것으로 $Q=0$일 때 M의 값이 최대 또는 최소

(4) $\dfrac{dM}{dx}=Q$일 때 $M=\displaystyle\int Q\,dx$도 성립되어 어느 단면의 M의 크기는 그 단면까지 Q도의 면적을 합계한 것

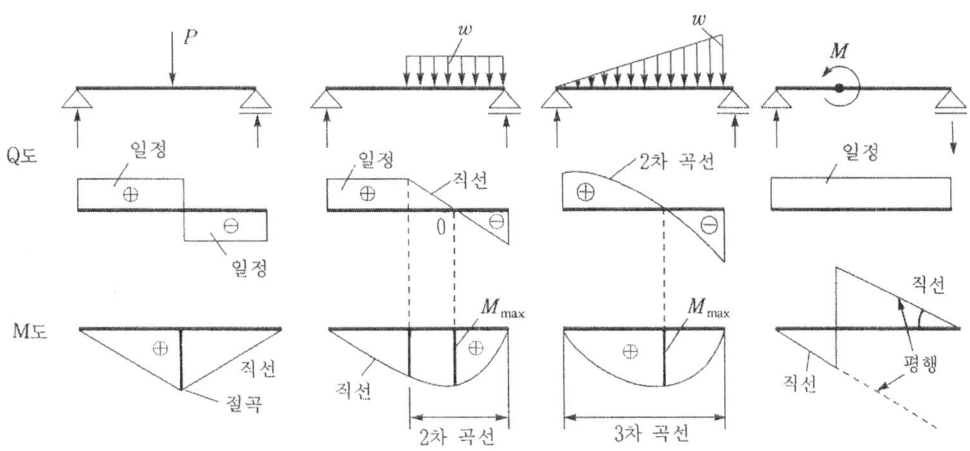

그림 3.8 전단력도와 휨모멘트도

(5) 하중과 Q도와 M도간의 관계

번호	하중상태	전단력도	휨모멘트도
1	하중이 작용하지 않는 부분	부재축에 평행한 일정값	경사진 직선변화
2	등분포하중이 작용하는 부분	경사진 직선변화	2차곡선
3	등변분포하중이 작용하는 구간	2차곡선	3차곡선
4	집중하중이 작용하는 점	계단형으로 변화	좌우로 절곡
5	모멘트 하중이 작용하는 점	변화하지 않음	계단형으로 변화

4. 변형과 변형률

4.1 변형(deformation)

물체가 외력을 받아 물체의 형상과 치수가 변화하는 것

(1) 변형률(변형도) : 변형된 양과 변형 전의 양과의 비(ϵ)

$$\epsilon_l = \frac{\Delta l}{l} \quad \text{또는} \quad \epsilon_d = \frac{\Delta d}{d}$$

여기서, Δl : 변형량

5. 변형률의 종류

5.1 선변형률

축방향으로 인장 또는 압축을 받을 때 생기는 변형률

(1) 세로변형률(縱變形率)

축방향의 힘을 받고 있는 봉(棒)의 전신장량(全伸張量)을 δ라고 하면 단위길이 마다의 신장량, 즉 변형률 ϵ 은

$$\epsilon = \frac{\delta}{l}$$

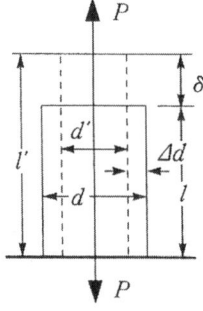

그림 3.10 선변형률

(2) 가로변형률(橫變形率)

축방향에 힘 P가 작용하여 원래의 지름 d가 d'로 되어 Δd 만큼 변화하였다고 하면 변형량 Δd와 원래의 d와의 비

$$\epsilon' = \frac{d' - d}{d} = \frac{\Delta d}{d}$$

(3) 전단변형률(剪斷變形率)

전단변형량 $\Delta \lambda$의 원래길이 l에 대한 비, 즉 단위길이에 대하여 발생한 미끄러짐율 (라디안으로 표기)

$$\gamma = \frac{\Delta \lambda}{l} = \tan\phi = \phi \ [\text{rad}]$$

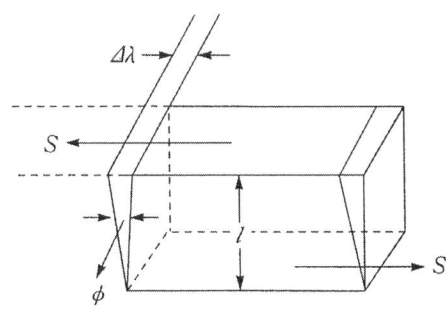

그림 3.11 전단변형률

(4) 체적변형률(體積變形率)

체적의 변형량 ΔV의 원래의 체적 V에 대한 비

$$\epsilon_V = \frac{\Delta V}{V}$$

이 식을 다른 식으로 변형해 보면

$$\epsilon_V = \frac{\Delta V}{V} = \frac{V' - V}{V} = \frac{(l \pm \delta)^3 - l^3}{l^3}$$

$$(l \pm \delta)^3 = l^3 \pm 3l^2\delta + 3l\delta^2 \pm \delta^3$$

δ^2, δ^3은 미소량으로 무시하면

$$\epsilon_V = \pm \frac{3l^2\delta}{l^3} = \pm 3\frac{\delta}{l} = \pm 3\epsilon$$

즉, 체적변형률은 세로변형률의 약 3배가 된다.

(5) 온도변형률(溫度變形率)

선팽창계수를 α 라 하면, 온도변형률 ϵ 은

$$\epsilon = \frac{\Delta l}{l} = \frac{l\alpha(t_2 - t_1)}{l} = \alpha(t_2 - t_1)$$

6. 탄성과 탄성계수

(1) 훅의 법칙(Hook's law)

탄성한도 내에서 신장량 δ는 인장력 P와 봉의 길이 l에 비례하고 단면적 A에 반비례한다는 법칙

$$\delta \propto \frac{Pl}{A} \quad \text{또는} \quad \delta = \frac{1}{E}\frac{Pl}{A} = \frac{Pl}{AE}$$

여기서, E : 탄성계수(modulus of elasticity)

(2) 응력도 = 탄성계수 × 변형도

(3) 탄성계수 = $\dfrac{\text{응력도}}{\text{변형도}}$

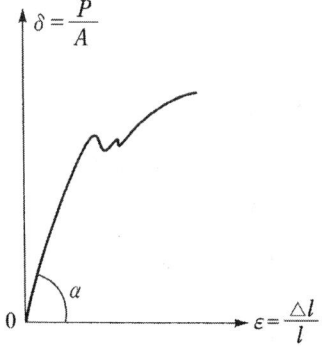

그림 3.12 응력과 변형도

6.1 영계수(종탄성계수 : modulus of longitudinal elasticity)

(1) 영계수(종탄성계수)

수직응력 σ와 종변형률 ϵ이 Hooke의 법칙에 따라서 비례관계를 성립시키는 비례상수

$$E = \frac{\sigma}{\epsilon}$$

이것을 변형률의 관계식과 대응시키면,

$$E = \frac{Nl}{\Delta l A}$$

(2) 영계수의 단위

$[\text{kg/cm}^2], [\text{t/cm}^2]$

6.2 횡탄성계수(modulus of laternal elasticity)

(1) 탄성한도 내에서는 전단응력 τ와 전단변형률 γ와의 비가 일정하게 되는 상수를 횡탄성계수 또는 전단탄성계수라고 한다.

$$G = \frac{\tau}{\gamma} = \frac{P/A}{\Delta \lambda / l} = \frac{Pl}{A \Delta \lambda} \quad \text{또는} \quad \tau = Gr$$

(2) 횡탄성계수 G는 종탄성계수 E의 약 2/5 정도

6.3 체적탄성계수(Volumetric Modulus)

(1) 수직응력 σ와 체적변형률 ϵ_V와의 비는 동일 재료에 대하여 일정한 것을 체적탄성계수라 한다.

$$\begin{cases} \sigma = K\epsilon_V = K\dfrac{\Delta V}{V} \\ K = \dfrac{\sigma}{\epsilon_V} \end{cases}$$

6.4 프와송비(Poisson's ratio)

(1) 탄성한도 내에서 부재의 축방향으로 인장 또는 압축력에 의하여 생기는 횡변형률 ϵ'와 종변형률 ϵ 과의 비

$$\nu = \frac{1}{m} = \frac{\epsilon'}{\epsilon} = \frac{\frac{\Delta d}{d}}{\frac{\Delta l}{l}} = \frac{\Delta d \cdot l}{\Delta l \cdot d}$$

여기서, m : 프와송 수

금속 재료의 m은 $\frac{1}{3} \sim \frac{1}{4}$, 콘크리트는 $6 \sim 12$, 코르크는 0

표 3.2 프와송비와 프와송수

재 료	m	$1/m$	재 료	m	$1/m$
유 리	4.1	0.244	동	3.0	0.333
주 철	3.7	0.270	셀룰로이드	2.5	0.400
연 철	3.6	0.278	납	2.32	0.430
연 강	3.3	0.303	고무	2.00	0.500
황 동	3.0	0.333			

7. 인장시험

7.1 응력-변형률 선도

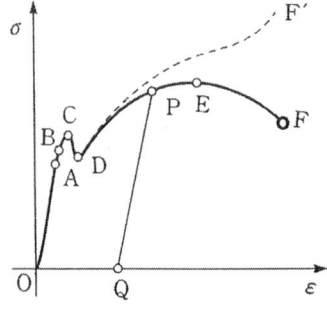

그림 3.13 인장시험(응력과 변형도)

(1) A : 비례한도

(2) B : 탄성한도

(3) C ~ D : 재료의 항복(yielding)

응력이 탄성한도를 넘어 훨씬 빨리 증가하여 점 C에 도달하면 인장력을 더 이상 증가시키지 않아도 상당량의 신장이 생기기 시작

C점을 상항복점, D점을 하항복점

(4) E점 : 극한응력(ultimate stress)

그림 3.14 네킹(necking)현상

아래의 표는 각종재료의 비례한도, 항복점, 극한강도를 나타낸 것으로 주철, 아연, 가죽, 고무 및 석재 등은 훅의 법칙이 성립되지 않으므로 다음과 같은 지수법칙으로 응력과 변형률과의 관계를 표시

$$\epsilon = K\sigma^n$$

비례한도, 항복점, 극한강도   단위 :[kg/cm²]

재 료	σ_p	σ_y	σ_b
주 철	없음	없음	1200~2400
주 강	2000~	2100~	3500~7000
연 강	1800~2300	2000~3000	3700~4500
경 강	2800~3200	3000~	4000~5800

8. 허용응력과 단면설계

8.1 허용응력과 안전율

(1) 허용응력(Allowable stress)

1) 재료에 생기는 응력을 탄성한계 이내에 충분히 작은 값을 취하여 안전상 허용되는 최대의 응력
2) 기호는 σ_a로 표시, 응력의 종류에 따라 달리 표기
   ① 허용인장응력 : f_t
   ② 허용압축응력 : f_c
   ③ 허용전단응력 : f_s 또는 ν_c
   ④ 허용휨응력 : f_b
   ⑤ 허용지압응력 : f_l

(2) 재료의 허용응력 결정 요소

1) 하중 및 응력의 종류와 성질
2) 재료의 신뢰도
3) 부재의 형상
4) 부재의 사용상태
5) 온도, 마멸의 정도, 부식 등의 영향
6) 공작방법과 그 정밀도 등

(3) 안전율

$$S = \frac{\text{극한강도}\,(\sigma_y)}{\text{허용응력}\,(\sigma_a)}$$

(4) 사용응력(σ_a)

$$\sigma_a = \frac{\sigma_y}{n_1} \quad \text{또는} \quad \sigma_a = \frac{\sigma_u}{n_2}$$

σ_y 및 σ_u는 각각 항복점 및 극한응력, n_1 및 n_2는 안전율

안전율

재 료	정하중	동하중		충격하중
		반복하중	교번하중	
주철, 취약한 금속	4	6	10	15
연강, 단강	3	5	8	12
주 강	3	5	8	15
동, 연금속	5	6	9	15
목 재	7	10	15	20
석 재	20	30	–	–

※ 하중의 크기 : 정하중 〈 반복하중 〈 교번하중 〈 충격하중

8.2 단면설계

(1) 부재에 일어나는 인장응력도 σ_t

$$\sigma_t = \frac{N}{A_e} \leqq f_t \, [\text{kg/cm}^2]$$

N : 부재에 일어나는 인장력[kg]

A_e : 부재의 유효단면적[cm^2]

f_t : 허용인장응력도[kg/cm^2]

(2) 부재에 일어나는 최대전단응력도 $\nu_{\max}$

$$\nu_{\max} = \frac{Q}{A} \leqq \nu_c \, [\text{kg/cm}^2]$$

Q : 부재에 일어나는 전단력[kg]

A : 부재의 단면적[cm^2]

ν_c : 허용전단응력도[kg/cm^2]

9. 응력도와 변형도

9.1 수직응력도와 변형도

(1) 수직응력도

1) 인장응력도 σ_t

$$\sigma_t = \frac{P}{A}[\text{kg/cm}^2]$$

2) 압축응력도 σ_c

$$\sigma_c = -\frac{P}{A}[\text{kg/cm}^2]$$

P : 인장력 또는 압축력[kg]
A : 단면적[cm^2]

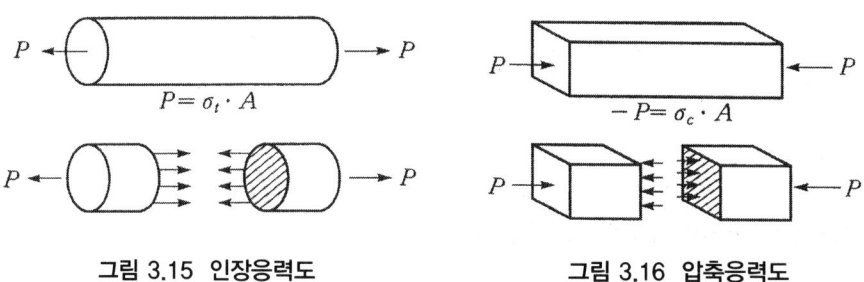

그림 3.15 인장응력도 그림 3.16 압축응력도

(2) 변형도

물체는 외력을 받게 되면 형상과 치수에 조금이라도 변화가 일어나게 되는데, 이러한 변화를 변형(deformation)이라 하고 변형의 양과 변형 전의 양과의 비

$$\text{세로변형도} \quad \epsilon = \frac{\Delta l}{l}$$

원래의 변화하지 않은 길이를 l, 변형된 길이를 Δl

$$\text{가로변형도} \quad \beta = \frac{\Delta d}{d}$$

원래의 변화하지 않은 폭을 d, 변형된 폭을 Δd

9.2 전단응력도와 변형도

(1) 전단응력도

가깝게 근접하여 접근하고 있는 2개의 단면에 따라서 크기가 같고 방향이 반대인 2개의 힘 Q가 작용하여 물체가 직접적으로 전단되려고 할 때, 단면에 따라 평행으로 생기는 응력

$$\text{전단응력도 } \tau = \frac{Q}{A} [\text{kg/cm}^2]$$

Q : 전단력[kg]
A : 전단되려고 하는 단면적[cm^2]

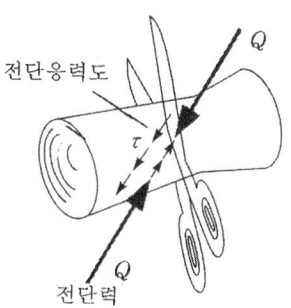

그림 3.17 전단응력도

(2) 전단변형도

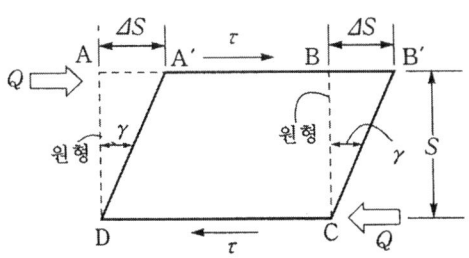

그림 3.18 전단변형도

그림 3.18과 같은 미소단면에 전단력 Q에 의하여 상·하 양면에 전단응력도 τ가 작용하게 되면 장방형 ABCD는 변형하게 되어 A'B'CD가 되고 원형일 때 직각이었던 ∠ADC는 변화하게 되어 ∠A'DC가 되는데 이 각의 변화량 ADA'를 γ로 표시

$$\tan\gamma = \frac{AA'}{AD} = \frac{\Delta S}{S}$$

γ는 미소변화로 $\tan\gamma = \gamma$로 보면

$$\gamma = \frac{AA'}{AD} = \frac{\Delta S}{S}$$

3장 응력과 변형도

핵심예상문제 필기

01 ★★★★ 전기철도 구조물에 외력이 작용하면 구조물은 평형상태를 유지하기 위하여 구조물 내부에서 외력의 크기와 같고 방향이 반대인 저항력이 생기는데 이것을 무엇이라 하는가?
① 우력 ② 응력 ③ 모멘트 ④ 힘

해설 구조물에 외력이 작용하면 구조물 내부에서 외력의 크기와 같고 방향이 반대인 저항력을 응력이라 한다.

02 ★★ 구조물에 외력이 작용할 때 부재 내부에 저항력으로 응력이 발생하여 외력과 평형상태를 유지하게 되며, 구조물은 일정한 형태를 유지하게 된다. 이 부재 내부의 저항력을 외응력 또는 간단하게 응력이라 하는데 구조물별로 적용하는 응력이 아닌 것은?
① 보에서는 단면력 ② 라멘에서는 부재력
③ 트러스에서는 부재력 ④ 아치에서는 평형력

해설 아치 구조는 부재축이 곡선(원호 또는 포물선)으로 되어 있는 구조물로 주로 축선을 따라 압축력이 일어난다.

03 ★★ 트러스에서는 전단력이나 모멘트가 생기지 않는다는 가정 때문에 축방향력만 생긴다. 이 축방향력을 트러스에서는 무엇이라 하는가?
① 외응력 ② 부재력
③ 휨모멘트 ④ 비틀림모멘트

04 ★★★ P는 인장력이고 A가 단면적일 때, 응력(σ)은?
① $\sigma = \dfrac{A}{P}$ ② $\sigma = \sqrt{\dfrac{P}{A}}$
③ $\sigma = \dfrac{P}{A}$ ④ $\sigma = \sqrt{\dfrac{A}{P}}$

해설 $P = \int \sigma_t \cdot dA = \sigma_t \int dA = \sigma_t \cdot A$
따라서 인장응력은
$\sigma_t = \dfrac{P}{A}$

정답 01. ② 02. ④ 03. ② 04. ③

05 다음 중 외응력이 아닌 것은?
① 휨모멘트 ② 전단력
③ 열응력 ④ 축방향력

해설 외응력에는 전단력, 휨모멘트, 축방향력 등이 있다.

06 구조물의 부재 내부에 발생하는 저항력이 아닌 것은?
① 축방향력 ② 전단력
③ 휨모멘트 ④ 반력

해설 구조물의 부재 내부에 발생하는 저항력은 축방향력, 전단력, 휨모멘트이다.

07 부재를 그 부재의 축과 수직인 방향으로 자르려고 하는 힘은?
① 외력 ② 반력
③ 전단력 ④ 모멘트

해설 부재를 그 부재의 축과 수직인 방향으로 자르려고 하는 힘을 전단력이라 하고, 전단력에 저항하기 위한 부재의 응력을 전단응력이라 한다.

08 트러스에서 전단력이나 모멘트가 생기지 않는다고 가정할 때, 트러스에서 발생하는 부재력은?
① 외응력 ② 축방향력
③ 휨모멘트 ④ 비틀림모멘트

해설 트러스에서 발생하는 부재력은 각 부재가 마찰이 없는 힌지로 연결되어 축방향력만 받는 구조이다.

09 인장응력(σ_t)을 구하는 공식은? (단, P : 인장력, A : 단면적 이다.)
① $\sigma_t = P \times A$ ② $\sigma_t = \dfrac{P}{A}$
③ $\sigma_t = \dfrac{A}{P}$ ④ $\sigma_t = \sqrt{PA}$

해설 인장응력은 $\sigma_t = \dfrac{P}{A}$

정답 05. ③ 06. ④ 07. ③ 08. ② 09. ②

10 정육각형틀의 각 절점에 그림과 같이 하중 P가 작용할 때, 각 부재에 생기는 인장응력의 크기는?

① P ② $2P$
③ $\dfrac{2}{P}$ ④ $\dfrac{P}{\sqrt{2}}$

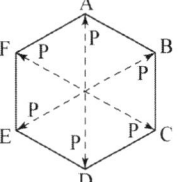

해설 $\Sigma V = 0$ 에서
$P - 2T\cos 60° = 0$
$\therefore T = \dfrac{P}{2}\cos 60° = P$

11 다음 중 응력의 종류가 아닌 것은?

① 수직응력 ② 수평응력
③ 전단응력 ④ 비틀림응력

해설 응력의 종류는 수직응력, 전단응력, 휨응력, 비틀림응력, 온도응력이다.

12 외부의 힘 및 휨모멘트를 받는 철주 주재의 계산은 단일재의 계산에 준하는데 주재 압축응력도를 구하는 식에 해당되는 것은?(단, P는 주재의 축방향 압축력[N], A는 주재의 한쪽 유효 단면적[cm²]이다.)

① $\delta_c = \dfrac{P}{2A}$ ② $\delta_c = \dfrac{A}{P}$ ③ $\delta_c = \dfrac{P}{A}$ ④ $\delta_c = \dfrac{A}{2P}$

13 철근콘크리트 보에서 철근과 콘크리트가 받는 응력은 각각 어느 것인가?

① 철근은 압축력, 콘크리트는 압축력
② 철근은 인장력, 콘크리트는 압축력
③ 철근은 인장력, 콘크리트는 인장력
④ 철근은 압축력, 콘크리트는 인장력

14 지름 4[cm]의 환봉이 5000[kg]의 인장하중을 받을 때의 응력은 약 몇 [kg/cm²]인가?

① 198 ② 398 ③ 795 ④ 1591

해설 $\sigma = \dfrac{P}{A}$ 에서 $\sigma = \dfrac{5000}{\dfrac{(\pi \times 4^2)}{4}} = 398[\text{kg/cm}^2]$

정답 10. ① 11. ② 12. ③ 13. ② 14. ②

15 ★★★
지름 2[cm]의 환봉이 1200[kg]의 인장하중을 받을 때의 응력은 약 몇 [kg/cm²]인가?

① 189 ② 382
③ 975 ④ 1951

해설 $\sigma = \dfrac{P}{A}$ 에서 $\sigma = \dfrac{1200}{\dfrac{(\pi \times 2^2)}{4}} = 382[\text{kg/cm}^2]$

16 ★★★
한 변의 길이가 d인 정사각형 단면을 가진 부재가 점 A에서 하중 12[t]을 받고 있을 때 필요한 정사각형 최소 단면의 한 변의 길이 d 는 몇 [cm]인가?(단, 부재의 허용인장응력은 1200[kg/cm²]이고 저항은 무시한다.)

① 2.55 ② 3.16
③ 3.51 ④ 4.12

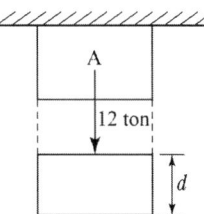

해설 $\sigma = \dfrac{P}{A}$ 에서 $A = \dfrac{P}{\sigma} = \dfrac{12 \times 10^3}{1200} = 10$
정사각형의 단면적 $A = d^2$, $d = \sqrt{10} = 3.16$

17 ★★★
지름이 d 인 원형단면 부재가 50[kN]의 인장하중을 받고 있다. 부재의 허용인장응력이 120[MPa]일 때, 이 부재의 최소 단면은 약 몇 [mm]인가?

① 12 ② 23 ③ 46 ④ 73

해설 $\sigma = \dfrac{P}{A} = \dfrac{P}{\pi d^2/4} = \dfrac{4P}{\pi d^2}$

$\therefore d = \sqrt{\dfrac{4P}{\pi \sigma}} = \sqrt{\dfrac{4 \times 50 \times 10^3}{\pi \times 120 \times 10^6}} = 0.023[\text{m}] = 23[\text{mm}]$

18 ★★★★
인장력 3800[kg]을 받는 원형강의 단면은 약 몇 [cm]인가? (단, 원형강 강재의 허용인장응력은 1900[kg/cm²]이다.)

① 1.6 ② 1.9 ③ 2.0 ④ 3.2

해설 $1900 = \dfrac{3800}{\dfrac{(\pi \times d^2)}{4}}$ $1900 = \dfrac{15200}{(\pi \times d^2)}$

$d = \sqrt{2.54} \fallingdotseq 1.6[\text{cm}]$

정답 15. ② 16. ② 17. ② 18. ①

19 ★★★
부재의 단면적이 40[cm²]이고 길이가 2.4[m]인 강봉에 18[t]의 인장력이 작용할 경우 강봉의 늘어난 길이[mm]는? (단, 봉강의 영계수 E 는 2400[t/cm²]이고 부재의 자중은 무시한다.)

① 0.45　　　② 0.5　　　③ 0.55　　　④ 0.6

해설 영계수 $E = \dfrac{Nl}{\Delta l\, A}$ 에서

$$\Delta l = \dfrac{Nl}{EA} = \dfrac{18[\text{t}] \times 240[\text{cm}]}{2400[\text{t/cm}^2] \times 40[\text{cm}^2]} = 0.45[\text{mm}]$$

20 ★★★
지름 40[mm], 길이 2[m] 봉강에 18[t]의 인장력이 작용하여 6[mm]가 늘어났다면 이 때의 인장응력은 약 몇 [kg/cm²]인가?

① 358　　　② 698　　　③ 1433　　　④ 2864

해설 힘의 단위는[kg]으로, 길이의 단위는[cm]로 환산하여 계산한다.

$\sigma_t = \dfrac{P}{A}$ 에서 $\sigma_t = \dfrac{18000}{\dfrac{(\pi \times 4^2)}{4}} = 1433.12\,[\text{kg/cm}^2]$

21 ★★★
지름 3[cm], 길이 2[m]의 봉강에 25[t] 인장력이 작용하여 15[mm]가 늘어났다면, 인장응력은 약[kg/cm²]인가?

① 884　　　　　　② 2528
③ 3538　　　　　　④ 4538

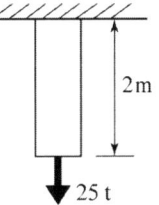

해설 $\sigma_t = \dfrac{P}{A}$ 에서 $\sigma_t = \dfrac{25000}{\dfrac{(\pi \times 3^2)}{4}} = 3538[\text{kg/cm}^2]$

22 ★★★
지름 3[cm], 길이 2[m]의 봉강에 18[t] 인장력이 작용하여 9[mm]가 늘어났다면, 인장응력은 약[kg/cm²]인가?

① 1273　　　② 2547　　　③ 6000　　　④ 7643

해설 $\sigma_t = \dfrac{P}{A}$ 에서 $\sigma_t = \dfrac{18000}{\dfrac{(\pi \times 3^2)}{4}} = 2547[\text{kg/cm}^2]$

23 ★★★
전철용 전주의 단면이 20[cm]×20[cm]이고, 이 전주에 40[t]의 압축력이 작용할 때, 이 전주의 압축응력[kg/cm²]은?

① 50　　　② 80　　　③ 100　　　④ 500

정답 19. ①　20. ③　21. ③　22. ②　23. ③

해설 $\sigma_c = \dfrac{P}{A}$ 에서 $\sigma_c = \dfrac{40000}{(20 \times 20)} = 100 [\text{kg/cm}^2]$

24 ★★ 전철용 전주가 단면이 20[cm]×25[cm]이고, 이 전주에 40[t]의 압축력이 작용할 때, 이 전주의 압축응력[kg/cm²]?

① 50　　　　② 80　　　　③ 100　　　　④ 500

해설 $\sigma_c = \dfrac{P}{A}$ 에서 $\sigma_c = \dfrac{40000}{(20 \times 25)} = 80 [\text{kg/cm}^2]$

25 ★★ 바깥지름이 200[mm], 두께가 5[mm]인 원형 강관주가 있다. 이 강관주에 수직하중 100[kN]이 작용할 때 강관주에 발생하는 압축응력[MPa]은?

① 16.3　　　② 17.6　　　③ 32.6　　　④ 35.3

해설 $A = \dfrac{\pi D^2}{4} - \dfrac{\pi d^2}{4} = \dfrac{\pi}{4}(D^2 - d^2) = \dfrac{\pi}{4}(200^2 - 190^2) = 3061.5$

$\sigma_c = \dfrac{P}{A}$ 에서 $\sigma_c = \dfrac{100 \times 10^3}{3061.5} = 32.66 [\text{N/mm}^2] = 32.66 [\text{Mpa}]$

26 ★★★ 지름 8[cm]의 환봉에 4000[kg]의 압축하중이 작용하고 있다 이때 압축응력은 약 얼마[kg/cm²]인가?

① 79.6　　　② 82.7　　　③ 85.9　　　④ 89.6

해설 $\sigma_c = \dfrac{P}{A}$ 에서 $\sigma_c = \dfrac{4000}{\dfrac{(\pi \times 8^2)}{4}} = 79.6 [\text{kg/cm}^2]$

27 ★★ 반지름 r인 원형단면에 전단력 Q가 작용할 때 최대전단응력 $\tau_{\max}$의 값은?

① $\dfrac{3}{4} \cdot \dfrac{Q}{\pi r^2}$　　　　　② $\dfrac{4}{3} \cdot \dfrac{Q}{\pi r^2}$

③ $\dfrac{2}{3} \cdot \dfrac{Q}{\pi r^2}$　　　　　④ $\dfrac{3}{2} \cdot \dfrac{Q}{\pi r^2}$

해설 원형단면의 단면적 $A = \pi r^2$이고 최대전단응력 $\tau_{\max}$는

① 원형단면 : $\tau_{\max} = \dfrac{4}{3}\tau = \dfrac{4}{3} \cdot \dfrac{Q}{A} = \dfrac{4}{3} \cdot \dfrac{Q}{\pi r^2}$

② 사각형단면 : $\tau_{\max} = \dfrac{3}{2}\tau = \dfrac{3}{2} \cdot \dfrac{Q}{A} = \dfrac{3}{2} \cdot \dfrac{Q}{bh}$

정답 24. ②　25. ③　26. ①　27. ②

28 휨모멘트는 다음중 어느 것에 비례하는가?

① 단면적　　　　　　② 단면1차모멘트
③ 단면폭　　　　　　④ 단면2차모멘트

해설　M : 휨모멘트, I : 단면2차모멘트, y : 중립축에서의 거리
$$\sigma = \frac{M}{I}y \qquad M = \frac{\sigma I}{y}$$

29 보(Beam)의 응력에서 전단응력의 특성이 아닌 것은?

① 전단응력은 일반적으로 중립축에서 최대이다.
② 휨모멘트는 0이다.
③ 상, 하단에서는 0이다.
④ 전단응력도는 곡선변화를 한다.

해설　전단응력의 특성
① 최대 전단응력은 중심부 ($\tau_{max} = \frac{4}{3}\tau$)
② 상·하단 $\tau = 0$
③ 전단응력은 곡선 변화
④ 전단력과 휨모멘트는 동시 존재

30 다음 전단응력에 대한 설명중 맞는 것은?

① 전단응력은 전단력의 크기에 비례한다.
② 전단응력과 전단력은 항상 같다.
③ 구형 단면에서는 모서리부분의 전단응력이 가장 크다.
④ 전단응력은 직선변화를 한다.

해설　전단응력 $\tau = \frac{Q}{A}$로 전단력의 크기에 비례한다.
전단응력은 곡선변화를 하며, 구형 또는 원형단면에서는 중심부가 가장 크다.

31 다음 중 전단응력에 대한 설명이 옳은 것은?

① 부재축의 직각방향의 전단력에 의해서 생기는 응력
② 부재가 인장력을 받을 때 생기는 응력
③ 부재가 회전모멘트를 받을 때의 응력
④ 부재가 압축력을 받을 때 생기는 응력

정답　28. ④　29. ②　30. ①　31. ①

32. 휨 응력의 크기에 대한 설명 중 맞는 것은?

① 중립 면에서 거리에 비례한다.
② 부재의 상단에서는 최대이고, 하단에서는 최소가 된다.
③ 응력도는 휨 응력과 밀접한 관계로 곡선변화를 한다.
④ 중립 면에서 최대가 된다.

해설 휨응력은 $\sigma = \dfrac{M}{I} y$ 에서 $\dfrac{M}{I}$ 가 일정하므로 $\sigma \propto y$ 한다.

33. 부재를 절단하려고 하는 응력으로서 보, 기둥, 벽 등에서 일어나는 응력은?

① 축방향력
② 절단력
③ 휨모멘트
④ 비틀림모멘트

34. 어떤 봉(rod)이 온도변화에 의하여 신장 할 경우의 신장량(δ) 계산식으로 맞는 것은? (단, α : 선팽창계수, L : 길이, $\triangle T$: 상승온도)

① $\delta = \dfrac{\alpha L}{\triangle T}$
② $\delta = \alpha L \triangle T$
③ $\delta = \dfrac{\alpha \triangle T}{L}$
④ $\delta = \dfrac{L \triangle T}{\alpha}$

해설 자유봉에서는 봉 전체에 균일한 온도변화는 그 봉을 어느 정도 늘어나게 할 것이다. 이것을 수식으로 표현하면
$\varepsilon = \dfrac{\Delta L(\delta)}{L} = \alpha \Delta T$ ∴ $\delta = \alpha L \Delta T$

35. 길이가 12[m]인 구조물에 온도가 15℃에서 50℃로 상승했을 때, 온도에 의한 구조물의 신축량[mm]은? (단, 강재의 선팽창계수는 1.0×10^{-5} 이다.)

① 0.36
② 4.2
③ 6.3
④ 7.4

해설 자유봉에서는 봉 전체에 균일한 온도변화는 그 봉을 어느 정도 늘어나게 된다.
이것을 수식으로 표현하면,
$\delta = \alpha L \Delta T$
$\delta = 1.0 \times 10^{-5} \times 12 \times 10^2 \times (50 - 15) = 4.2 [mm]$

정답 32. ① 33. ④ 34. ② 35. ②

36 길이가 10[m]인 구조물에 온도가 10℃에서 50℃로 상승했을 때 온도에 의한 구조물의 신축량[mm]은? (단, 강재의 선팽창계수는 1.0×10^{-5} 이다.)

① 0.04   ② 0.4
③ 4   ④ 3

해설 $\delta = \alpha L \Delta T$
$\delta = 1.0 \times 10^{-5} \times 10 \times 10^2 \times (50-10) = 4[\text{mm}]$

37 전차선은 온도와 장력의 변화에 따라서 이동하지만 온도에 따른 이동만 고려할 때 다음 조건에 의한 이동량 Δl 은 몇 [mm]인가? (단, 전차선의 평창계수 : 1.7×10^{-5}, 최고온도 : 40℃, 표준온도 : 10℃, 전차선의 장력 조정길이 : 700[m]이다)

① 337   ② 345
③ 357   ④ 365

해설 $\delta = \alpha L \Delta T$
$\delta = 1.7 \times 10^{-5} \times 700 \times 10^2 \times (40-10) = 357[\text{mm}]$

38 길이 10[m]인 양단 고정보에서 온도가 40℃만큼 상승하였을 때, 이 보에 생기는 응력 [kg/cm²]은? (단, 탄성계수 $E = 2.1 \times 10^6$ [kg/cm²], 선팽창계수 $\alpha = 1 \times 10^{-5}$ 이다.)

① 420   ② 630
③ 750   ④ 840

해설 양단 고정보(부정정 봉)의 경우 봉이 늘어날 수 없으므로 온도가 상승하면 봉 속에 압축력 R이 발생한다.
$\delta = \dfrac{R}{A} = E \alpha \Delta T$
$\delta = 2.1 \times 10^6 \times 1.0 \times 10^{-5} \times 40 = 840[\text{kg/cm}^2]$

39 어떤 부재의 응력을 산정하는데 있어 수식해법으로 구할 수 없는 것은?

① 휨모멘트   ② 축방향력
③ 하중   ④ 전단력

해설 어떤 부재의 응력을 산정하는데 있어 수식해법으로 구할 수 있는 것은 전단력, 휨모멘트, 축방향력이다.

136 | 3장 응력과 변형도

40 ★★★ 그림과 같은 단순보에 하중이 작용할 때 전단력도의 형상은?

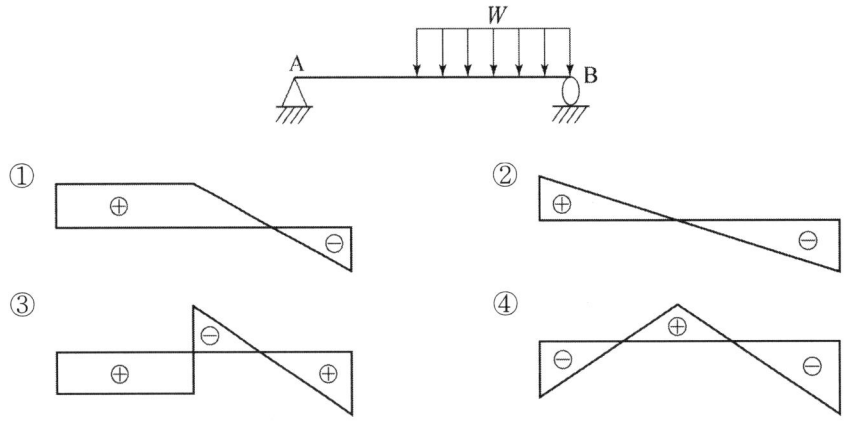

해설 전단력도의 (+)는 횡축의 위측에, (−)는 아래측에 도시한다.

41 ★★★ 그림과 같은 부정정보에서 A점으로부터 전단력이 0이 되는 지점 x 값은?

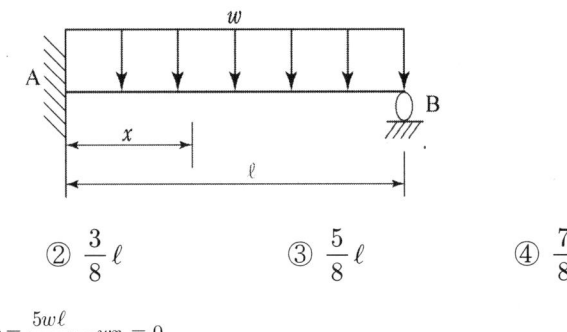

① $\dfrac{1}{8}\ell$ ② $\dfrac{3}{8}\ell$ ③ $\dfrac{5}{8}\ell$ ④ $\dfrac{7}{8}\ell$

해설 $S_x = R_A - wx = \dfrac{5w\ell}{8} - wx = 0$

∴ $x = \dfrac{5}{8}\ell$

42 ★★ 그림과 같은 보의 단부 A점에서의 휨모멘트는?

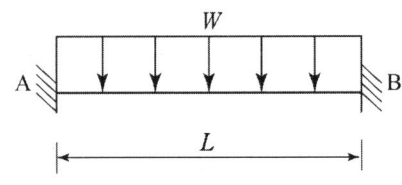

① $\dfrac{WL^2}{6}$ ② $\dfrac{WL^2}{12}$ ③ $\dfrac{WL^2}{24}$ ④ $\dfrac{WL^2}{48}$

정답 40. ① 41. ③ 42. ②

43 그림과 같은 양단 고정보의 하중점 C에서의 휨모멘트(M_C)는?

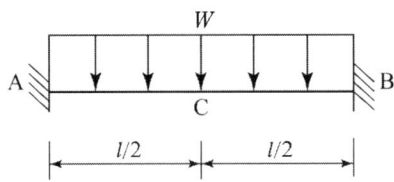

① $\dfrac{Wl^2}{6}$ ② $\dfrac{Wl^2}{12}$ ③ $\dfrac{Wl^2}{24}$ ④ $\dfrac{Wl^2}{48}$

해설 $M_{AB} = -\dfrac{Wl^2}{12}$, $M_{BA} = \dfrac{Wl^2}{12}$ 이므로 정정보로 계산

$R_A = \dfrac{Wl^2}{2}$

∴ $M_C = \dfrac{Wl}{2} \times \dfrac{l}{2} - \dfrac{Wl^2}{12} - \dfrac{Wl}{2} \times \dfrac{l}{4} = \dfrac{Wl^2}{24}$

44 그림과 같은 단순보의 C 점에서 모멘트[t·m]는?

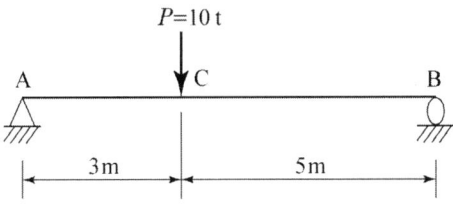

① 3.75   ② 6.25   ③ 18.75   ④ 31.25

해설   단순보 모멘트 반력 R_A, R_B는 거리에 반비례한다.

따라서 $R_A = 10 \times \dfrac{5}{8} = 6.25$, $R_B = 10 \times \dfrac{3}{8} = 3.75$

C점 모멘트 $M_c = R_A \cdot a = 6.25 \times 3 = 18.75 \,[\text{t·m}]$

45 그림과 같은 단순보에서 A 점의 지점 반력[t·m]은?

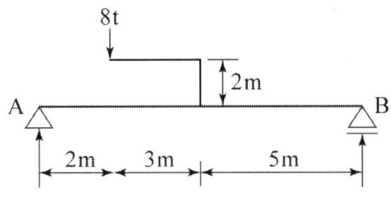

① 2.4   ② 3.4   ③ 4   ④ 6.4

정답   43. ③   44. ③   45. ④

해설 $\Sigma M_B = 0$, $R_A \times 10 - 8 \times 8 = 0$
$R_A \times 10 = 64$ ∴ $R_A = 6.4$

46 ★★★ 휨모멘트와 전단력의 관계에 대한 설명 중 옳은 것은?
① 전단력이 최대인 단면에서 휨모멘트도 최대이다.
② 전단력이 0이 되는 단면에서 최대휨모멘트가 생긴다.
③ 전단력이 0이 되는 단면에서 휨모멘트도 0이다.
④ 전단력이 최대인 단면에서 휨모멘트는 최소이다.

해설 $\dfrac{dM}{dx}=0$일 때 M의 값이 최대 또는 최소가 되는 것으로 $Q=0$일 때 M의 값이 최대 또는 최소의 값이 된다.

47 ★★★ 지름 20[mm], 길이 2[m] 봉강에 18[t]의 인장력이 작용하여 9[mm]가 늘어났다면 이 때의 세로변형률(ϵ)는 얼마인가?
① 0.0035 ② 0.0045
③ 0.0050 ④ 0.0055

해설 세로변형률 (ϵ)은
$\epsilon = \dfrac{\Delta l}{l} = \dfrac{0.9}{200} = 0.0045$

48 ★★★ 다음 중 전단변형률의 단위는?
① kg ② rad
③ N   ④ kg · cm

해설 전단변형률의 단위는 무명수이며, 라디안(rad)으로 표시한다.

49 ★★ 길이가 10[m]인 강재구조물에 온도가 10[℃]에서 50[℃]로 상승했을 때, 온도에 의한 구조물의 신축량[mm]은? (단, 강재의 선팽창계수는 1.0×10^{-5} 이다.)
① 0.04 ② 0.4 ③ 4 ④ 40

해설 온도에 의한 구조물의 신축량은
$\alpha \ell \Delta T = \alpha \ell (t_2 - t_1) = 1.0 \times 10^{-5} \times 10 \times 10^3 \times (50-10) = 4 [\text{mm}]$

정답 46. ② 47. ② 48. ② 49. ③

50 길이 10[m]인 강재에 온도가 10[℃]에서 50[℃]로 변할 때, 온도에 의한 변형률은?
(단, 강재의 탄성계수는 200[GPa], 선팽창계수 $\alpha = 1.0 \times 10^{-5}$ 이다.)

① 0.0002 ② 0.0003
③ 0.0004 ④ 0.0005

해설 $\epsilon = \dfrac{\Delta \ell}{\ell} = \dfrac{\ell \alpha (t_2 - t_1)}{\ell} = \alpha (t_2 - t_1) = 1 \times 10^{-5} \times (50 - 10) = 0.0004$

51 길이가 12[m]인 전주에 온도가 15[℃]에서 50[℃]로 상승했을 때, 온도에 의한 구조물의 신축량[mm]은? (단, 강재의 선팽창계수는 1.0×10^{-5} 이다.)

① 0.36 ② 4.2 ③ 6.3 ④ 7.4

해설 온도에 의한 구조물의 신축량은
$\alpha L \Delta T = \alpha L (t_2 - t_1) = 1.0 \times 10^{-5} \times 12 \times 10^3 \times (50 - 15) = 4.2 [mm]$

52 지름 8[cm]의 환봉에 4000[kg]의 압축하중이 작용하고 있다. 이때 압축응력은 약 얼마 [kg/cm²]인가?

① 79.6 ② 82.7 ③ 85.9 ④ 89.6

해설 $\sigma = \dfrac{P}{A}$에서 $\sigma = \dfrac{4000}{\dfrac{(\pi \times 8^2)}{4}} = 79.6 [kg/cm^2]$

53 지름 10[mm], 길이 15[m]의 강철봉에 무게 800[kg]의 물체를 매어 달았을 때 강철봉이 늘어난 길이는 약 몇 [cm]인가? (단, $E_s = 2.1 \times 10^6 [kg/cm^2]$이다.)

① 0.43
② 0.53
③ 0.73
④ 0.93

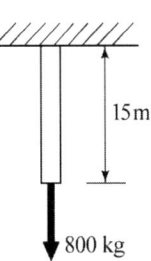

해설 $\sigma = \dfrac{P}{A}$에서 $\sigma = \dfrac{800}{\dfrac{(\pi \times 1^2)}{4}} = 1019$

$\sigma = \dfrac{P}{A} = E \cdot \epsilon = E \dfrac{\Delta l}{l}$

$\Delta l = \dfrac{1019 \times l}{E} = \dfrac{1019 \times 1500}{2.1 \times 10^6} = 0.7278 ≒ 0.73$

정답 50. ③ 51. ② 52. ① 53. ③

54. 지름 10[mm], 길이 20[m]의 강철봉에 무게 1000[kg]의 물체를 매달았을 때 강철봉이 늘어난 길이는 약 몇 [cm]인가? (단, 종탄성계수는 2.1×10^6[kg/cm²]이다.)

① 0.53
② 0.93
③ 1.21
④ 1.51

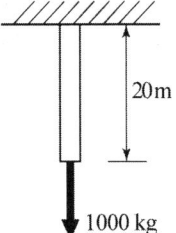

해설 $\sigma = \dfrac{P}{A}$ 에서 $\sigma = \dfrac{1000}{\dfrac{(\pi \times 1^2)}{4}} = 1273.88$

$\sigma = \dfrac{P}{A} = E \cdot \epsilon = E \dfrac{\Delta l}{l}$

$\Delta l = \dfrac{1017 \times l}{E} = \dfrac{1273.88 \times 2000}{2.1 \times 10^6} \fallingdotseq 1.21$

55. 구조용 강재에서 힘을 가하면 변형하고 힘을 제거하면 원형대로 복귀하는 성질을 무엇이라 하는가?

① 항복
② 복귀
③ 소성
④ 탄성

56. 탄성한도 내에서 구조물의 일반적인 성질에 대한 설명으로 옳은 것은?

① 구부러짐과 변형은 비례한다.
② 모멘트와 변형은 비례한다.
③ 응력과 변형은 비례한다.
④ 응력과 변형은 서로 같다.

해설 훅크의 법칙에서 응력(δ)과 변형률(ϵ)은 비례한다.

57. 탄성한도 내에서 응력과 변형률이 비례한다는 것은?

① 훅크의 법칙
② 바리니온의 정리
③ 라미의 정리
④ 오일러의 정리

해설 응력(δ)과 변형률(ϵ)이 비례한다는 것은 훅크의 법칙이다.

정답 54. ③ 55. ④ 56. ③ 57. ①

58. 다음 중 훅크(Hook's)의 법칙으로 맞는 것은?

① 탄성한도내에서 응력은 변형률에 반비례한다.
② 탄성한도내에서 응력은 변형률에 비례한다.
③ 탄성한도내에서 세장비와 응력은 반비례한다.
④ 세장비와 응력은 비례한다.

해설 훅크의 법칙 $\left(E=\dfrac{\sigma}{\epsilon}\right)$은 $\sigma = E\epsilon$으로 표시되며 이 식에서 응력은 변형률에 비례함을 알 수 있다.

59. 강봉에 60[kg]의 하중을 작용시켰더니 강봉이 0.5[cm] 늘어났다면 강봉에 축적된 탄성에너지의 값[kg · cm]은 얼마인가?

① 10   ② 15   ③ 20   ④ 25

해설 $U = \dfrac{1}{2}PS = \dfrac{1}{2} \times 60 \times 0.5 = 15$

60. 탄성한도 내에서 인장하중을 받는 봉에 발생하는 응력이 2배가 되면 단위체적 속에 저장되는 탄성에너지는 몇 배가 되는가?

① $\dfrac{1}{2}$ ② 2   ③ $\dfrac{1}{4}$ ④ 4

61. 지름이 2[cm]인 환강봉을 상온보다 10[℃] 상승시켜 양단을 벽에 고정시켰을 때 봉의 단면에서 벽에 영향을 주는 힘은 약 몇 [kg]인가? (단, 탄성계수 $E = 2.1 \times 10^6$[kg/cm²], 선팽창계수 $= 1.0 \times 10^{-5}$ 이다.)

① 596.4   ② 5964   ③ 659.4   ④ 6594

해설 $\sigma = E\alpha(t_2 - t_1) = 2.1 \times 10^6 \times 0.00001 \times 10 = 210$[kg/cm²]
$P = \sigma A = 210 \times \dfrac{\pi \times 2^2}{4} = 659.4$ [kg]

62. 길이가 4[m]인 강봉에 하중을 가해서 변형률이 0.0004가 되었다면 신장량[mm]은?

① 1.6   ② 2.6   ③ 3.6   ④ 4.6

해설 $\epsilon = \dfrac{\delta}{l}$에서 $\epsilon = \dfrac{\delta}{400} = 0.0004$
∴ $0.0004 \times 400 = 0.16$[cm] $= 1.6$[mm]

정답 58. ② 59. ② 60. ④ 61. ③ 62. ①

63 탄성계수 E와 변형률 ϵ와의 관계는?

① E는 ϵ에 비례
② E는 ϵ에 반비례
③ E는 ϵ의 제곱에 비례
④ E는 ϵ의 제곱에 반비례

해설 수직응력 σ와 종변형률 ϵ은 Hooke의 법칙에 따라 종탄성계수 $E = \dfrac{\delta}{\epsilon}$

∴ E는 ϵ에 반비례한다.

64 단면적 4[cm²], 길이 2[m]의 강선에 400[kg]의 하중을 가하였더니 0.8[cm]가 늘어났다. 이 때 종탄성계수[kg/cm²]는 얼마인가?

① 2.0×10^4
② 2.5×10^4
③ 2.75×10^4
④ 3.0×10^4

해설 $E = \dfrac{\sigma}{\epsilon} = \dfrac{P\ell}{A\triangle l} = \dfrac{400 \times 200}{4 \times 0.8} = 25000 = 2.5 \times 10^4 [\text{kg/cm}^2]$

65 단면적이 1[cm²]이고 길이가 6[m]인 철선에 550[kg]의 하중을 가했을 때 0.4[cm]가 늘어났다고 하면 이 때의 종탄성계수는 몇 [kg/cm²] 인가?

① 5.36×10^5
② 6.24×10^5
③ 8.25×10^5
④ 9.27×10^5

해설 $E = \dfrac{\sigma}{\epsilon} = \dfrac{P\ell}{A\triangle l} = \dfrac{550 \times 600}{1 \times 0.4} = 825000 = 8.25 \times 10^5 [\text{kg/cm}^2]$

66 어떤 재료의 탄성계수가 E, 프와송비가 ν일 때 이 재료의 전단탄성계수 G는?

① $G = \dfrac{E}{(1+\nu)}$
② $G = \dfrac{E}{2(1+\nu)}$
③ $G = \dfrac{E}{(1-\nu)}$
④ $G = \dfrac{E}{2(1-\nu)}$

67 단면적이 100[mm²]인 재료에 8[kN]의 전단력을 가했더니, 전단변형률이 0.001[rad] 발생하였을 때, 전단탄성계수 (횡탄성계수) G[GPa]는?

① 0.8
② 8
③ 80
④ 800

정답 63. ② 64. ② 65. ③ 66. ② 67. ③

68 재료의 전단탄성계수(G)가 80[GPa], 포아송비는 0.3일 때, 종탄성계수 E[GPa]는?

① 48 ② 104 ③ 200 ④ 208

69 탄성한도 내에서 전단응력과 전단변형률의 비가 일정하게 되는 상수는?

① 프아송비
② 횡탄성계수
③ 체적탄성계수
④ 비례상수

해설 탄성한도 내에서 전단응력 τ와 전단변형률 γ와의 비가 일정하게 되는 상수를 횡탄성계수 또는 전단탄성계수라고 한다.
$$G = \frac{\tau}{\gamma} = \frac{P/A}{\Delta\lambda/l} = \frac{Pl}{A\Delta\lambda} \quad \text{또는} \quad \tau = Gr$$

70 단면적 8[cm²], 길이 2[m]의 강선에 600[kg]의 하중을 가하였더니 0.6[cm]가 늘어났다. 이때의 종탄성계수 E[kg/cm²]는?

① 1.5×10^4 ② 2.0×10^4 ③ 2.5×10^4 ④ 3.0×10^4

해설 $E = \dfrac{\delta}{\epsilon} = \dfrac{P\ell}{A\Delta\ell} = \dfrac{600 \times 200}{8 \times 0.6} = 25,000 = 2.5 \times 10^4$

71 프와송의 비(Poisson's ratio)?

① $\dfrac{\text{세로변형률}}{\text{가로변형률}}$
② $\dfrac{\text{기둥길이}}{\text{최소회전반경}}$
③ $\dfrac{\text{최소회전반경}}{\text{기둥길이}}$
④ $\dfrac{\text{가로변형률}}{\text{세로변형률}}$

해설 횡(가로)변형률 ϵ'와 종(세로)변형률 ϵ과의 비를 프와송비라고 하고 이 비는 ν 또는 $\dfrac{1}{m}$로 표시한다.

72 프와송 비(Poisson's ratio)가 0.2일 때 프와송 수는?

① 2 ② 3 ③ 5 ④ 6

해설 $\nu = \dfrac{1}{m} = \dfrac{\epsilon'}{\epsilon} = \dfrac{\frac{\Delta d}{d}}{\frac{\Delta l}{l}} = \dfrac{\Delta d \cdot l}{\Delta l \cdot d}$

$m = \dfrac{1}{\nu} = \dfrac{1}{0.2} = 5$

정답 68. ④ 69. ② 70. ③ 71. ④ 72. ③

73 직경 20[mm], 길이 2[m]인 봉에 20[t]의 인장력을 작용시켰더니 길이가 2.08[m], 직경이 19.8[mm]로 되었다면 프아송 비(Poisson's ratio)는?

① 0.25　　② 0.5　　③ 2　　④ 4

해설　$\nu = \dfrac{1}{m} = \dfrac{\epsilon'}{\epsilon} = \dfrac{\frac{\Delta d}{d}}{\frac{\Delta l}{l}} = \dfrac{\Delta d \cdot l}{\Delta l \cdot d} = \dfrac{0.2 \times 200}{8 \times 20} = 0.25$

74 단면적 5[cm²]의 재료에 그 단면에 따라서 3,000[kg]의 전단력을 가했더니 1/1200 [rad]의 전단변형이 발생하였다. 전단탄성계수[kg/cm²]는?

① 3.6×10^5　　② 4.8×10^5
③ 6.0×10^5　　④ 7.2×10^5

해설　$G = \dfrac{\tau}{r} = \dfrac{P/A}{\Delta\lambda/l} = \dfrac{Pl}{A\Delta\lambda} = \dfrac{P}{A\phi} = \dfrac{3000}{5 \times \frac{1}{1200}} = 7.2 \times 10^5$

75 ★★★ 탄성한도 내에서 봉에 축방향으로 단면에 균일한 인장력이 작용할 때, 봉의 체적변형률 ϵ_v은? (단, ϵ은 봉의 종변형률, ν는 포아송 비이다.)

① $\dfrac{\epsilon}{E}(1-\nu)$　　② $\epsilon(1-2\nu)$　　③ $\epsilon(1+\nu)$　　④ $\dfrac{E}{\epsilon}(1+2\nu)$

해설　체적변형률
$\epsilon_V = \dfrac{\Delta V}{V} = \dfrac{Al\epsilon(1-2\nu)}{Al} = \epsilon(1-2\nu)$

76 ★★★ 탄성한도 내에서 봉에 축방향 인장력이 작용할 때, 봉의 체적변형률은? (단, e은 봉의 종변형률, ν는 프와송비이다.)

① $e(1-\nu)$　　② $e(1-2\nu)$　　③ $e(1+\nu)$　　④ $e(1+2\nu)$

해설　체적변형률(봉의 종변형률 ϵ을 e로 표기만 바꾼 문제이다.)
$\epsilon_V = \dfrac{\Delta V}{V} = \dfrac{Al\epsilon(1-2\nu)}{Al} = \epsilon(1-2\nu)$

77 ★★★ 탄성한도 내에서 봉에 축방향 인장력이 작용할 때, 봉의 체적변형률은?
(단, E=탄성계수, σ=인장응력, ν=프와송비)

① $\dfrac{\sigma}{E}(1-2\nu)$　　② $E(1-2\nu)$　　③ $\sigma(1+2\nu)$　　④ $\dfrac{E}{\sigma}(1+2\nu)$

정답　73. ①　74. ④　75. ②　76. ②　77. ①

해설 $\sigma = E\epsilon$, $\epsilon_\nu = \epsilon(1-2\nu)$ ∴ $\epsilon_\nu = \dfrac{\sigma}{E}(1-2\nu)$

78 ★★★ 봉이 축 방향으로 단면에 균일한 인장응력을 받고 있다. 인장응력이 300[N/cm²]이면 체적변형률은 약 얼마인가? (단, 프와송비 $\nu = 0.4$, 탄성계수 $E = 2.1 \times 10^4$[N/cm⁴]이다.)

① 0.0029 ② 0.0057 ③ 0.029 ④ 0.057

해설 체적변형률
$$\epsilon_V = \dfrac{\Delta V}{V} = \epsilon(1-2\nu) = \dfrac{\sigma}{E}(1-2\nu) = \dfrac{300}{2.1 \times 10^4}(1-2 \times 0.4) \fallingdotseq 0.0029$$

79 ★★★ 어떤 재료의 탄성계수가 E, 프와송비가 ν일 때, 이 재료의 전단탄성계수 G는?

① $G = \dfrac{E}{1+\nu}$ ② $G = \dfrac{E}{2(1+\nu)}$

③ $G = \dfrac{E}{1-\nu}$ ④ $G = \dfrac{E}{2(1-\nu)}$

해설 $E = 2G(1+\nu)$ ∴ $G = \dfrac{E}{2(1+\nu)}$

80 ★★★ 재료의 전단탄성계수(횡탄성계수) G 80[GPa], 프와송비 0.3일 때, 종탄성계수 E[GPa]는?

① 48 ② 104 ③ 200 ④ 224

해설 $G = \dfrac{E}{2(1+\nu)}$
$E = G \times 2(1+\nu) = 80 \times 2(1+0.3) = 224$

81 ★★ 어떠한 재료에 있어 체적변화가 없다고 할 때, 프아송비의 최대값은?

① 0.1 ② 0.2 ③ 0.5 ④ 1.0

해설 체적 변화율 $\epsilon_V = \dfrac{\Delta V}{V} = \dfrac{Al\epsilon(1-2\nu)}{Al} = \epsilon(1-2\nu)$
이것은 하중으로 인하여 체적변화가 없는 것으로 가정하여 구한 값이므로 어떤 경우에도 $\dfrac{1}{m}$은 $\dfrac{1}{2}$보다 작아야 한다.

정답 78. ① 79. ② 80. ④ 81. ③

82. ★
물체에 인장 또는 압축의 외력이 가해지면 물체는 외력에 상응하는 변형이 생기게 되는데 이때 외력을 제거시킴과 동시에 물체가 원래의 상태로 되돌아가려고 하는 현상을 무엇이라 하는가?

① 연성 ② 강성
③ 탄성 ④ 물성

83. ★★
보(Beam)가 하중에 받게 되면 직선이던 부재축은 변형하여 곡선을 이루게 된다. 이 변형된 축선을 무엇이라 하는가?

① 연성곡선 ② 탄성곡선
③ 수평곡선 ④ 수직곡선

84. ★★★
훅의 법칙이 성립되는 최대한도는?

① 극대한도 ② 비례한도
③ 특수한도 ④ 탄성한도

해설 응력과 변형률이 비례하는 최대응력은 비례한도라 한다.

85. ★★★★
응력과 변형률 선도에서 비례한도에 대한 설명으로 맞는 것은?

① 응력과 변형률이 비례하는 최대점
② 응력의 발생으로 변형을 일으켜 파괴하는 한계
③ 인장시험에 있어서 작용하는 최대 하중점
④ 응력의 증가에 대하여 변형이 갑자기 증가하는 한계점

해설 그림은 연동의 응력-변형률 선도로서 0점부터 A점까지는 직선이므로 응력과 변형률이 정비례하는 것을 알 수 있으며, A점을 지나 B점까지는 직선에서 약간 어긋나서 곡선형으로 되지만 탄성을 유지하고 있다고 보면 될 것이다. 이때 A점을 비례한도라 하고, B점을 탄성한도라고 한다.

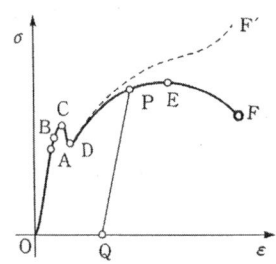

정답 82. ③ 83. ② 84. ② 85. ①

86 응력과 변형률 선도에서 탄성한도에 대한 설명으로 맞는 것은?
① 응력과 변형률이 비례하는 최대점
② 응력의 발생으로 변형을 일으켜 파괴하는 한계
③ 인장시험에 있어서 작용하는 최대 하중점
④ 영구변형을 발생하게 하는 응력

해설 탄성한도는 일반적으로 0.003[%]의 영구변형을 발생하게 하는 응력이다.

87 응력과 변형률 선도에서 항복점에 대한 설명으로 맞는 것은?
① 응력과 변형률이 비례하는 최대점
② 인장력을 더 이상 증가시키지 않아도 상당량의 신장이 생기는 최대점
③ 인장시험에 있어서 작용하는 최대 하중점
④ 영구변형을 발생하게 하는 응력

해설 항복점은 인장력을 더 이상 증가시키지 않아도 상당량의 신장이 생기는 최대점으로 상항복점과 하항복점이 있다.

88 응력과 변형률 선도에서 상항복점과 하항복점 영역에는 재료가 어떤 상태가 되었다고 보는가?
① 네킹상태   ② 취성상태
③ 소성상태   ④ 영구변형상태

해설 상항복점과 하항복점 영역에서는 재료가 소성상태로 되었다고 본다.

89 응력과 변형도의 그림에서 D점의 명칭은 무엇인가?
① 탄성한도
② 비례한도
③ 상항복점
④ 하항복점

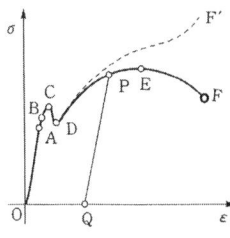

90 응력과 변형률 선도에서 신장과 응력이 증가하고 응력의 최대값이 도달하는 점을 무엇이라 하는가?
① 허용응력   ② 최대응력   ③ 인장응력   ④ 극한응력

정답 86. ④ 87. ② 88. ③ 89. ④ 90. ④

해설 신장과 응력이 증가하고 응력의 최대값이 도달하는 점을 극한응력이라 한다.

91 ★★ 안전율을 고려하여야 할 이유로 적당하지 않은 것은?
① 설계계산은 여러 가지 가정하에 이루어진 것으로 실제 응력과 계산 응력과는 차이가 있을 수 있다.
② 재료에는 계산하기 어려운 결함, 또는 오랜 세월에 걸쳐 풍화, 부식 등 재료의 신뢰도가 문제가 된다.
③ 반복하중 또는 예측하지 못한 큰 하중이 작용할 우려가 있기 때문이다.
④ 심리적인 불안감을 해소하기 위한 것이다.

92 ★★ 다음 중 재료의 허용응력을 결정짓는 요소로 볼 수 없는 것은?
① 부재의 형상
② 온도, 부식 등의 영향
③ 후크의 법칙
④ 응력의 종류와 성질

해설 재료의 허용응력을 결정짓는 요소로는 하중 및 응력의 종류와 성질, 재료의 신뢰도, 부재의 형상, 부재의 사용상태, 온도, 마멸의 정도, 부식 등의 영향, 공작방법과 그 정밀도

93 ★★★ 다음 중 허용응력을 바르게 표시한 것은?
① $\dfrac{좌굴응력}{안전율}$　② $\dfrac{인장강도}{안전율}$　③ $\dfrac{극한강도}{안전율}$　④ $\dfrac{압축강도}{안전율}$

해설 재료의 극한강도 σ_u와 허용응력 σ_a와의 비를 안전율이라 하고 일반적으로 그 기호는 S로 표시된다.

94 ★★ 안전율에 대한 설명 중 옳은 것은?
① 허용응력도를 말한다.
② 탄성한도를 변형률로 나눈 값이다.
③ 극한강도와 허용응력의 비를 말한다.
④ 파괴하중을 허용하중으로 나눈 값이다.

95 ★★★ 단면 30[cm^2]의 철기둥이 있다. 철기둥의 극한강도가 600[N/cm^2]일 때 안전율을 3으로 보면 몇 [kg]의 하중을 작용시킬 수 있는가?
① 3000　② 4000　③ 5000　④ 6000

정답 91. ④　92. ③　93. ③　94. ③　95. ④

해설 안전율$(S) = \dfrac{극한강도(\sigma_u)}{허용응력(\sigma_{ca})}$

$\therefore \sigma_{ca} = \dfrac{\sigma_u}{S} = \dfrac{600}{3} = 200[N/cm^2]$

$\sigma_{ca} = \dfrac{P}{A}$

$\therefore P = \sigma_{ca} \cdot A = 200 \times 30 = 6000[kg]$

96 ★★★ 구조물을 설계하려고 한다. 지름 12[mm]의 환강에 900[kg]의 하중을 걸었을 때의 안전율은? (단, 환강의 극한응력은 3,000[kg/cm²]이다.)

① 3.06　　　　② 3.34
③ 3.76　　　　④ 4.96

해설 $A = \dfrac{\pi d^2}{4} = \dfrac{\pi (1.2)^2}{4} = 1.13$

안전율 $= \dfrac{극한응력}{허용응력} = \dfrac{3000 \times 1.13}{900} = 3.76$

97 ★★★ 지름 10[mm]의 환강에 최대 600[kg]의 하중을 매달았을 때 그 안전율은 얼마인가? (단, 환강의 극한강도는 5,000[kg/cm²]이다.)

① 3.14　　　　② 4.56
③ 5.28　　　　④ 6.54

해설 $A = \dfrac{\pi d^2}{4} = \dfrac{\pi (1)^2}{4} = 0.785$

안전율 $= \dfrac{극한응력}{허용응력} = \dfrac{5000 \times 0.785}{600} = 6.54$

98 ★★★ 인장강도가 30[kg/mm²]인 강재환봉에 1500[kg]의 인장하중을 가할 때 안전율(5)인 강재환봉의 지름[mm]은?

① 15.55　　　　② 17.85
③ 21.45　　　　④ 25.65

해설 $\sigma_a = \dfrac{\sigma_y}{n_1} = \dfrac{30}{5} = 6\,[kg/mm^2]$

$A = \dfrac{P}{\sigma_a} = \dfrac{1500}{6} = 250\,[mm^2]$　　$A = \dfrac{\pi d^2}{4}$

$\therefore d = \sqrt{\dfrac{4A}{\pi}} = \sqrt{\dfrac{4 \times 250}{\pi}} = 17.85[mm]$

정답　96. ③　97. ④　98. ②

99 ★★★

인장강도가 40[kg/cm²]인 강재 환봉에 4000[kg]의 인장하중을 가할 때, 안전율을 8로 하면 이 강재 환봉의 지름은 약 몇 [mm]로 하는 것이 좋은가?

① 27　　　② 32　　　③ 37　　　④ 42

해설
$\sigma_a = \dfrac{\sigma_y}{n_1} = \dfrac{40}{8} = 5 \,[\text{kg/cm}^2]$

$A = \dfrac{P}{\sigma_a} = \dfrac{4000}{5} = 800[\text{mm}^2] \qquad A = \dfrac{\pi d^2}{4}$

$\therefore d = \sqrt{\dfrac{4A}{\pi}} = \sqrt{\dfrac{4 \times 800}{\pi}} = 31.92 \fallingdotseq 32[\text{mm}]$

100 ★★★

허용인장응력이 1800[kg/cm²]이고, 인장력이 4500[kg]인 원형강의 소요 단면적[cm²]은?

① 2　　　② 2.5　　　③ 3　　　④ 3.5

해설 원형강의 소요단면적은
$A_e = \dfrac{4500}{1800} = 2.5[\text{cm}^2]$

101 ★★★

단면적 7[cm²], 길이 2[m]의 봉강에 인장력이 작용하여 14[mm]가 늘어났다면, 이때의 인장력[N]은? (단, 영계수 = 2.0×10⁵[kg/cm²])

① 8500
② 9800
③ 10500
④ 11800

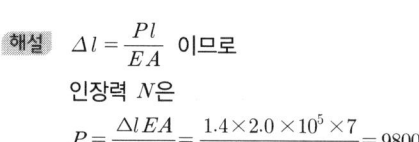

해설 $\Delta l = \dfrac{Pl}{EA}$ 이므로

인장력 N은
$P = \dfrac{\Delta l EA}{l} = \dfrac{1.4 \times 2.0 \times 10^5 \times 7}{200} = 9800$

102 ★★★

부재의 단면적이 40[cm²]이고 길이가 2.4[m]인 강봉에 18[t]의 인장력이 작용할 경우 강봉의 늘어난 길이[mm]는 얼마인가? (단, 강봉의 영계수 E는 2400[t/cm²]이고 부재의 자중은 무시한다.)

① 0.45　　　② 0.5　　　③ 0.55　　　④ 0.6

해설 늘어난 길이 Δl은
$$\Delta l = \frac{Pl}{EA} = \frac{18 \times 240}{2400 \times 20 \times 20} = 0.045[cm] = 0.45[mm]$$

103 ★★★ 단면 $A = 5[cm] \times 5[cm]$의 정방형 단면의 길이 $L = 1[m]$의 강봉에 $P = 10[kg]$의 인장력이 작용될 경우 신장량은 약 몇 [mm]인가? (단, 탄성계수 $E = 2100[kg/cm^2]$이다.)

① 0.19 ② 0.38
③ 0.48 ④ 1.19

해설 $\sigma = \frac{P}{A} = \epsilon E = \frac{\Delta l}{l} E \quad \frac{P}{A} = \frac{\Delta l}{l} E$
늘어난 길이 Δl은
$$\Delta l = \frac{Pl}{AE} = \frac{10 \times 100}{25 \times 2100} = 0.019[cm] = 0.19[mm]$$

104 ★★★ 지름이 5[cm], 길이가 200[cm]인 탄성체 강봉을 15[mm]만큼 늘어나게 하려면 약 몇 [kN/cm²]가 필요한가? (단, 종탄성계수 $E = 2.1 \times 10^6 [N/cm^2]$이다.)

① 69 ② 690
③ 79 ④ 790

해설 $\Delta l = \frac{Pl}{EA}$ 이므로
인장력 P은
$$P = \frac{\Delta l EA}{l} = \frac{1.5 \times 2.1 \times 10^6 \times 5}{200} = 78750[N/cm^2] ≒ 79[kN/cm^2]$$

105 ★★★★ 그림과 같은 강재(L-65×65×6)의 단면에 20[t]의 인장력이 작용할 때, 이 강재의 신장량[mm]은?(단, 영계수 $E = 2100[t/cm^2]$, $A = 7.64[cm^2]$이다.)

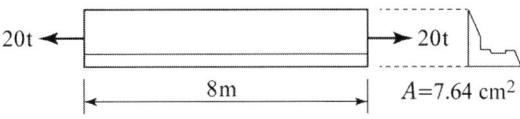

① 7.25 ② 7.57
③ 9.25 ④ 9.97

해설 늘어난 길이 Δl은
$$\Delta l = \frac{Pl}{EA} = \frac{20 \times 800}{2100 \times 7.64} = 0.997[cm] = 9.97[mm]$$

106 그림과 같은 보의 단부와 중앙부에서의 휨모멘트 비(단부 : 중앙부)는?

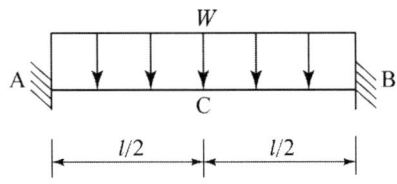

① 1 : 1 ② 1 : 2 ③ 2 : 1 ④ 1 : 3

해설 중앙부의 휨모멘트는

$$M_C = \frac{w\ell}{2} \times \frac{\ell}{2} - \frac{w\ell^2}{12} - \frac{w\ell}{2} \times \frac{\ell}{4} = \frac{w\ell^2}{24}$$

단부의 휨모멘트는

$$M_C = \frac{w\ell^2}{12}$$

$$\therefore \frac{w\ell^2}{12} : \frac{w\ell^2}{24} = 1 : \frac{1}{2} = 2 : 1$$

3장 응력과 변형도
핵심예상문제 필답형 실기

01 ★★
응력의 종류를 3가지 이상 쓰고 설명하시오.

풀이
1) 수직응력 : 부재 축방향에 수직인 단면에 생기는 응력
2) 전단응력 : 부재축의 직각방향의 전단력에 의해서 생기는 응력
3) 휨응력 : 부재에 연직방향의 하중이 작용하면 부재에는 휨모멘트에 의하여 부재의 중심축에서 상부에는 부재가 줄어들려는 압축력을 받게 되고, 하부에는 늘어나려는 인장력을 받게 된다. 이때 부재의 내부에 저항하기 위해 생기는 응력
4) 비틀림응력 : 직선봉의 양단에 크기가 같고 방향이 반대인 우력모멘트가 작용하면 이 부재는 비틀어지게 된다. 이 비틀림에 저항하여 생기는 응력
5) 열응력(온도응력) : 부정정계에서는 외부하중이 작용하지 않더라도 열효과 때문에 발생하는 응력

02 ★★
인장응력에 대하여 간단하게 설명하시오.

풀이 부재가 축방향으로 늘어나게 하려는 힘을 받을 때 부재내부에서 생기는 응력을 인장응력(tensile stress)이라 하며, 이것을 수식으로 표현하면

$$\sigma_t = \frac{P}{A}$$

03 ★★
압축응력에 대하여 간단하게 설명하시오.

풀이 부재가 축방향으로 줄어들게 하려는 힘을 받을 때 부재내부에서 생기는 응력을 압축응력(compressive stress)이라 하며, 이것을 수식으로 표현하면

$$\sigma_c = \frac{P}{A}$$

04 ★★★
정육각형틀의 각 절점에 그림과 같이 하중 P가 작용할 때, 각 부재에 생기는 인장응력의 크기는?

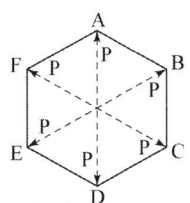

풀이 $\Sigma V = 0$ 에서
$P - 2T\cos 60° = 0$
$\therefore T = \dfrac{P}{2}\cos 60° = P$

05 ★★★ 지름 4[cm]의 환봉이 4000[kg]의 인장하중을 받을 때의 응력은 약 몇 [kg/cm²]인가?

풀이 $\sigma = \dfrac{P}{A}$ 에서
$\sigma = \dfrac{4000}{\dfrac{(\pi \times 4^2)}{4}} = 318.47 \fallingdotseq 318\,[\text{kg/cm}^2]$

06 ★★★★ 지름이 d인 원형단면 부재가 50[kN]의 인장하중을 받고 있다. 부재의 허용인장응력이 100[MPa]일 때, 이 부재의 최소 반지름은 약 몇 [mm]인가?

풀이 $100 = \dfrac{50000}{\dfrac{(\pi \times d^2)}{4}} = \dfrac{200000}{(\pi \times d^2)}$
$d = \sqrt{636.94} \fallingdotseq 25\,[\text{mm}]$

07 ★★★ 인장력 4000[kg]을 받는 원형강의 단면은 약 몇 [cm]인가? (단, 원형강 강재의 허용인장응력은 2000[kg/cm²]이다.)

풀이 $2000 = \dfrac{4000}{\dfrac{(\pi \times d^2)}{4}} = \dfrac{16000}{(\pi \times d^2)}$
$d = \sqrt{2.54} \fallingdotseq 1.6\,[\text{cm}]$

08 ★★ 휨응력에 대하여 간단하게 설명하시오.

풀이 부재에 연직방향의 하중이 작용하면 부재에는 휨모멘트에 의하여 부재의 중심축에서 상부에는 부재가 줄어들려는 압축력을 받게 되고, 하부에는 늘어나려는 인장력을 받게 된다. 이때 부재의 내부에는 이러한 힘에 저항하기 위하여 응력이 생기게 되는데 이러한 응력을 휨응력이라 한다.

09 ★★ 부재의 휨모멘트를 M, 단면2차모멘트를 I, 중립축에서의 길이를 l이라고 하면 휨응력(σ)을 구하는 식을 쓰시오.

10 비틀림응력에 대하여 간단하게 설명하시오.

풀이 직선봉의 양단에 크기가 같고 방향이 반대인 우력모멘트가 작용하면 이 부재는 비틀어지게 된다. 이 비틀림에 저항하여 생기는 응력을 비틀림응력이라 하며 이것은 전단응력과 같은 성질을 가지고 있다.

$\tau = \dfrac{T \cdot r}{J} \rightarrow \dfrac{T \cdot r}{I_p}$ (원형단면일 때)

11 부정정구조물에서 부재내에 발생하는 온도응력(δ)에 의해 봉이 신장하는 식을 적으시오.

풀이 $\delta = \alpha \cdot L \cdot \triangle T$
 α : 선팽창계수
 $\triangle T$: 상승온도
 L : 길이

12 어떤 부재의 응력을 산정하는데 있어 수식해법으로 구할 수 있는 것은 무엇인가?

풀이 어떤 부재의 응력을 산정하는데 있어 수식해법으로 구할 수 있는 것은 전단력, 휨모멘트, 축방향력이다.

13 부재에 그림과 같이 하중 P가 작용할 때 전단력선도(S.F.D)를 그리시오.

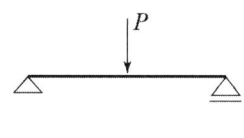

풀이

14 부재에 그림과 같이 하중 P가 작용할 때 전단력선도(S.F.D)를 그리시오.

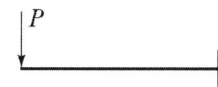

풀이 ⊖

15 부재에 그림과 같이 하중 P 가 작용할 때 휨모멘트선도(B.M.D)를 그리시오.

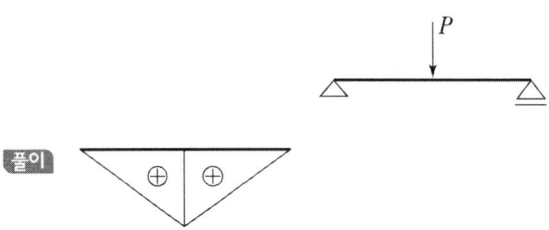

16 부재에 그림과 같이 하중 P 가 작용할 때 휨모멘트선도(B.M.D)를 그리시오.

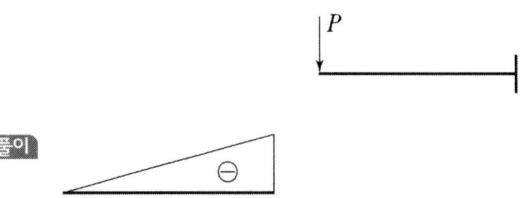

17 부재에 그림과 같이 하중 P 가 작용할 때 축방향력선도(A.F.D)를 그리시오.

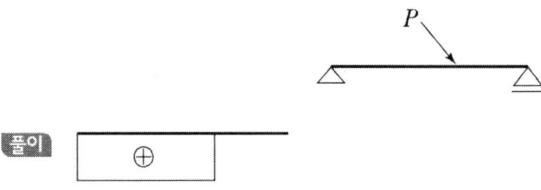

18 부재에 그림과 같이 하중 P 가 작용할 때 축방향력선도(A.F.D)를 그리시오.

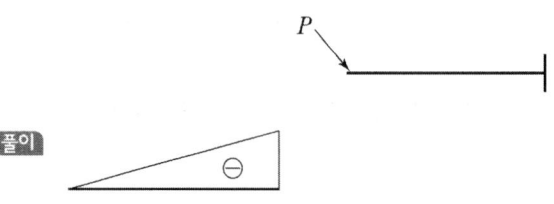

19. 변형률의 종류를 4가지 이상 기술하시오. ★★★★

풀이 변형률은 선변형률, 전단변형률, 부피변형률, 휨변형률, 비틀림변형률, 온도변형률 등으로 구분할 수 있다.

20. 지름 3[cm], 길이가 3[m]인 강봉에 인장하중 20[kN]을 가해서 15[mm]가 늘어났다면 세로변형률은 얼마인가? ★★★

풀이 $l = 3\,[\text{m}] = 3000\,[\text{mm}]$, $\Delta l = 15\,[\text{mm}]$

세로변형률 $= \dfrac{\Delta l}{l} = \dfrac{15}{3000} = 0.005$

21. 지름 5[cm], 길이가 5[m]인 강봉에 인장하중 20[kN]을 가해서 15[mm]가 늘어났다면 세로변형률은 얼마인가? ★★

풀이 $l = 5\,[\text{m}] = 5000\,[\text{mm}]$, $\Delta l = 15\,[\text{mm}]$

세로변형률 $= \dfrac{\Delta l}{l} = \dfrac{15}{5000} = 0.003$

22. 지름 40[mm], 길이 2[m]인 강봉에 20[t]의 인장력이 작용하여 9[mm] 늘어났다면 이때, 인장응력도와 세로변형도는? ★★★

풀이 $\delta_1 = \dfrac{P}{A} = \dfrac{20000}{12.56} = 1592.36\,[\text{kg/cm}^2]$

$A = \dfrac{\pi D^4}{4} = 12.56$

세로변형률 $\epsilon_1 = \dfrac{\Delta l}{l} = \dfrac{9}{2000} = 0.0045$

23. 전단변형률에 대하여 간단하게 설명하시오. ★★

풀이 전단변형량 $\Delta \lambda$의 원래길이 l에 대한 비, 즉 단위길이에 대하여 발생한 미끄러짐을 전단변형률(shearing strain)이라고 하고, 단위는 무명수이며, 라디안으로 표시한다.

$\gamma = \dfrac{\Delta \lambda}{l} = \tan\phi = \phi\,[\text{rad}]$

24 ★★★
전단응력 : 80[MPa], 탄성계수 $E=200$[GPa], $\nu=0.25$일 때 전단변형률은?

풀이 전단응력 : 80[MPa]

전단탄성계수 $G = \dfrac{E}{2(1+\nu)} = \dfrac{200 \times 10^3}{2(1+0.25)} = 80000$

☞ $E = 200\,[\text{GPa}] = 200 \times 10^3\,[\text{MPa}]$

전단변형률 $= \dfrac{\text{전단응력}}{\text{전단탄성계수}} = \dfrac{80}{80000} = 0.001$

25 ★★★
길이가 4[m]인 각주에 하중을 가해서 변형률이 0.0004가 되었다면 신장량[mm]은?

풀이 $\epsilon = \dfrac{\delta}{l}$, $\epsilon = \dfrac{\delta}{400} = 0.0004$

∴ $0.0004 \times 4 = 1.6 \times 10^{-3}\,[\text{cm}] = 1.6\,[\text{mm}]$

26 ★★★
강봉에 20[℃]의 온도차가 있을 때, 온도에 대한 봉의 변형률은? (단, 봉의 길이 L은 4[m], 선팽창계수 α는 0.00001 이다.)

풀이
1) 늘어난 길이 $\Delta l = \alpha \cdot \Delta T \cdot L = 0.00001 \times 20 \times 4 = 0.0008$
2) 변형률 $\epsilon = \dfrac{\Delta l}{L} = \dfrac{0.0008}{4} = 0.0002$

27 ★★★★
길이가 1[m]이고 지름이 2[cm]인 철근에 31.4[t] 인장력을 작용한다면 $E = 2.0 \times 10^6$[kg/cm²]인 경우 신장량은 몇 [mm]인가?

풀이 $\delta = \dfrac{P \times L}{E \times A} = \dfrac{31400 \times 100}{\dfrac{\pi \times 2^2}{4} \times 2 \times 10^6} = 0.5\,[\text{cm}] = 5\,[\text{mm}]$

28 ★★★★★
후크의 법칙을 설명하고 수식으로 표현하시오.

풀이 후크의 법칙은 탄성한도 내에서 신장량 δ는 인장력 P와 봉의 길이 l 에 비례하고 단면적 A에 반비례한다. 이것을 수식으로 표현하면

$\delta \propto \dfrac{Pl}{A}$ 또는 $\delta = \dfrac{1}{E}\dfrac{Pl}{A} = \dfrac{Pl}{AE}$

29 다음 그림을 보고 신장률(δ)을 구하시오.(단, 단면적 A, 탄성계수 E 이다.)

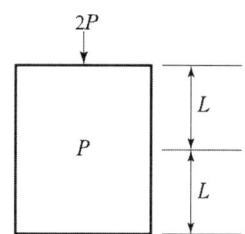

풀이 $\Delta l = \dfrac{P' \cdot L'}{E \cdot A} = \dfrac{2P \times 2L}{E \times A} = \dfrac{4PL}{E \times A}$

$\delta = \dfrac{\Delta l}{L'} = \dfrac{\frac{4PL}{EA}}{2L} = \dfrac{2P}{EA} \ (\because L' = 2L)$

30 후크의 법칙의 비례상수인 탄성계수를 간단하게 설명하시오.

풀이 응력도 = 탄성계수 × 변형도

탄성계수 = $\dfrac{\text{응력도}}{\text{변형도}}$

31 영계수(종탄성계수)에 대하여 간단하게 설명하시오.

풀이 수직응력 σ 와 종변형률 ϵ 이 Hooke의 법칙에 따라서 비례관계를 성립시키는 비례상수로 Young 계수(Young's modulus) 또는 종탄성계수라고 한다.

$E = \dfrac{\sigma}{\epsilon}$

이것을 변형률의 관계식과 대응시키면,

$E = \dfrac{Nl}{\Delta l A}$

이 되며, 영계수의 단위는[kg/cm^2], [t/cm^2]의 단위와 같게 된다.

32 단면적 1[cm^2], 길이 4[m]의 강선에 600[kg]의 하중을 가하였더니 0.5[cm]가 늘어났다. 이때 종탄성계수[kg/cm^2]는 얼마인가?

풀이 늘어난 길이 $\Delta L = \dfrac{PL}{AE}$ [cm]

$E = \dfrac{PL}{A \Delta L} = \dfrac{600 \times 400}{1 \times 0.5} = 4.8 \times 10^5$ [kg/cm^2]

33 단면적 200[cm²], 길이 5[m]의 전선에 600[kg]의 힘을 가했을 때 0.5[cm]가 신장되었다면 종탄성계수[kg/cm²]는?

풀이
$$\Delta l = \frac{PL}{EA}$$
$$E = \frac{PL}{\Delta l A} = \frac{600 \times 500}{0.5 \times 200} = 3000 = 3 \times 10^3 \, [\text{kg/cm}^2]$$

34 횡탄성계수(전단탄성계수)에 대하여 간단하게 설명하시오.

풀이 탄성한도 내에서는 전단응력 τ와 전단변형률 γ와의 비가 일정하게 되는데, 이 상수를 횡탄성계수 또는 전단탄성계수라고 한다.
$$G = \frac{\tau}{\gamma} = \frac{P/A}{\Delta\lambda/l} = \frac{Pl}{A\Delta\lambda} \quad \text{또는} \quad \tau = Gr$$

35 단면적 5[cm²]의 재료에 그 단면에 따라서 3,000[kg]의 전단력을 가했더니 1/1200 [rad]의 전단변형이 발생하였다. 전단탄성계수[kg/cm²]를 구하여라.

풀이
$$G = \frac{\tau}{r} = \frac{P/A}{\Delta\lambda/l} = \frac{Pl}{A\Delta\lambda} = \frac{P}{A\phi} = \frac{3000}{5 \times \frac{1}{1200}} = 7.2 \times 10^5 \, [\text{kg/cm}^2]$$

36 길이 100[mm] 봉을 인장시켜 10[mm] 신장시 30[mm]인 지름은 얼마나 줄어드는가? (단 프와송비는 1/3이다.)

풀이
$$\nu = \frac{1}{m} = \frac{1}{3} = \frac{\frac{\Delta d}{30}}{\frac{10}{100}} \qquad \Delta d = \frac{300}{300} = 1 \, [\text{mm}]$$

37 프와송비를 수식으로 표현하시오.

풀이
$$\text{프와송비}(\nu) = \frac{1}{m} = \frac{\epsilon'}{\epsilon} = \frac{\frac{\Delta d}{d}}{\frac{\Delta l}{l}} = \frac{\Delta d \cdot l}{\Delta l \cdot d}$$

38 ★★★★ 프와송비(ν)를 간단하게 설명하시오.

풀이 탄성한도 내에서 봉에 축방향으로 인장 또는 압축하중이 작용하면 축방향으로 신축하는 동시에 횡방향에 수축 또는 신장이 일어난다. 횡변형률 ϵ'와 종변형률 ϵ과의 비를 프와송비라고 하고 ν 또는 $\dfrac{1}{m}$로 표시한다.

39 ★★★★ 길이 50[m], 지름 4[m]의 봉에 인장하중을 주었더니 길이가 65[mm] 늘어나고 폭은 0.4[mm] 늘어났다면 프와송의 수(m)는?

풀이 프와송비(ν) $\dfrac{1}{m} = \dfrac{\epsilon'}{\epsilon} = \dfrac{\frac{\Delta d}{d}}{\frac{\Delta l}{l}} = \dfrac{\Delta d \, l}{\Delta l \, d} = \dfrac{0.0004 \times 50}{0.065 \times 4} = 0.0769 ≒ 0.08$

프아송수 $m = \dfrac{1}{\nu} = \dfrac{1}{0.08} = 12.5$

40 ★★★ 부재의 횡변형률이 3.42×10^{-4}, 종변형률이 1.14×10^{-3}일 경우 프와송의 비를 구하시오.

풀이 프와송의 비(ν) $= \dfrac{횡변형률(가로)}{종변형률(세로)} = \dfrac{3.42 \times 10^{-4}}{1.14 \times 10^{-3}} = 0.3$

41 ★★★ 아래 그림과 같은 응력과 변형률선도에서 A 점과 B 점이 의미하는 것에 대하여 명칭을 쓰고 설명하시오.

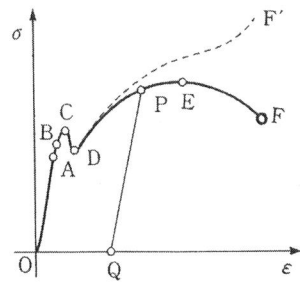

풀이 O부터 A 점까지는 직선이므로 응력과 변형률이 정비례하므로 비례한도라고 한다.
A 점을 지나 B 점까지는 약간 직선에서 어긋나서 곡선형으로 되면서 탄성을 유지하고 있어 B 점은 탄성한도라고 한다.

42 아래 그림과 같은 응력과 변형률선도에서 E 점과 F 점이 의미하는 것에 대하여 명칭을 쓰고 설명하시오.

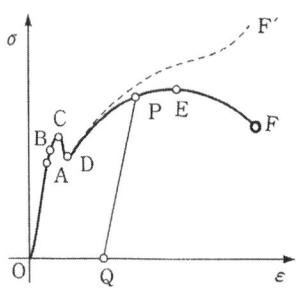

풀이 신장과 더불어 응력은 증가하고 E 점에서 응력은 그 최대값, 즉 극한응력(ultimate stress)에 도달하게 되는데 이 점을 넘어서면 하중이 감소하는 데도 봉의 신장은 계속되며 드디어 선도의 점 F에서 시험편의 파단이 일어난다.

43 재료의 허용응력을 결정짓는 요소에 대하여 3가지 이상 쓰시오.

풀이 재료의 허용응력을 결정짓는 요소로는 하중 및 응력의 종류와 성질, 재료의 신뢰도, 부재의 형상, 부재의 사용상태, 온도, 마멸의 정도, 부식 등의 영향, 공작방법과 정밀도 등이 있다.

44 재료의 허용응력에 대하여 간단하게 설명하시오.

풀이 재료의 허용응력 σ_a은 극한강도 σ_u를 안전율로 나눈 값이다.

$$허용응력 = \frac{극한강도}{안전율}$$

45 재료의 안전율(S)에 대하여 설명하시오.

풀이 재료의 극한강도 σ_u와 허용응력 σ_a와의 비를 안전율이라 하고 일반적으로 그 기호는 S로 표시된다.

$$안전율 = \frac{\sigma_u}{\sigma_a} = \frac{극한강도}{허용응력}$$

46 직경 10[mm] 강봉에 최대 600[kg]을 하중을 매달았을 때 안전율은 얼마인가?
(단, 강봉의 극한 강도는 3000[kg/cm²]이다.)

풀이 1) 단면적 $A = \frac{\pi d^2}{4} = \frac{\pi 10^2}{4} = 78.5 [\text{mm}] = 0.785 [\text{cm}^2]$

2) 인장응력도 $\delta = \dfrac{N}{A} = \dfrac{600}{0.785} = 764.3 [\text{kg/cm}^2]$

3) 안전율 $= \dfrac{\sigma_u}{\sigma_a} = \dfrac{극한강도}{허용응력} = \dfrac{3000}{764.3} = 3.93 ≒ 4$

47 ★★★ 각종 재료의 안전율을 적용함에 있어 정하중, 반복하중, 교번하중, 충격하중에 대하여 간단하게 설명하시오.

풀이
1) 정하중은 정지하는 하중으로 정적으로 작용하는 하중
2) 반복하중은 하중의 방향은 일정하나 크기의 진폭이 되풀이하는 하중
3) 교번하중은 부재가 하중을 받을 때 힘의 크기와 방향이 변화하면서 교대로 가해지는 하중
4) 충격하중은 비교적 짧은 시간에 충격적으로 작용하는 하중

48 ★★★ 각종 재료의 안전율을 적용함에 있어 정하중, 반복하중, 교번하중, 충격하중의 크기를 작은것부터 큰 순으로 부등호를 사용하여 표기하시오.

풀이 정하중 < 반복하중 < 교번하중 < 충격하중

49 ★★★ 인장강도가 50[kg/cm²]인 강재환봉에 3000[kg]의 인장하중을 가할 때 안전율을 8로 하면 이 강재환봉의 지름[cm]은 얼마인가?

풀이
$\sigma_a = \dfrac{\sigma_y}{n_1} = \dfrac{50}{8} = 6.25 [\text{kg/cm}^2]$

$A = \dfrac{P}{\sigma_a} = \dfrac{3000}{6.25} = 480 \;[\text{cm}^2] \quad A = \dfrac{\pi d^2}{4}$

$\therefore d = \sqrt{\dfrac{4A}{\pi}} = \sqrt{\dfrac{4 \times 480}{\pi}} = 24.73 [\text{cm}]$

50 ★★★ 인장력 $N = 3800$[kg]를 받는 원형강의 단면[cm]은? (단, 원형강재의 허용인장응력 $f_t = 1900$[kg/cm²]이라 한다.

풀이 원형강의 소요단면적 A_e 는
$A_e \geq \dfrac{N}{f_t} = \dfrac{3800}{1900} = 2\;[\text{cm}^2]$

원형강의 지름 d 는
$\dfrac{\pi d^2}{4} = 2$

$d = \sqrt{\dfrac{2 \times 4}{\pi}} \simeq 1.6\;[\text{cm}]$

51 지름 30[mm], 길이 2[m]인 봉강에 18[t]의 인장력이 작용하여 9[mm]가 늘어났다면 이 때의 인장응력도와 세로변형도는 어떻게 되는가?

풀이 힘의 단위는[kg]으로, 길이의 단위는[cm]로 환산하여 계산한다.
인장응력도 σ_t 는
$$\sigma_t = \frac{P}{A} = \frac{18000}{\frac{\pi \times 3^2}{4}} = 2547.77 \,[\text{kg/cm}^2]$$

세로변형도 ϵ 은
$$\epsilon = \frac{\Delta l}{l} = \frac{0.9}{200} = 0.0045$$

52 그림과 같은 강재(L- 65×65×6)의 단면에 20[t]의 인장력이 작용할 때, 이 강재의 신장량[mm]은? (단, 영계수 $E = 2100[\text{t/cm}^2]$, $A = 7.64[\text{cm}^2]$이다.)

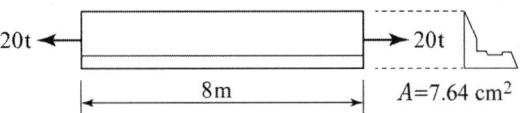

풀이 늘어난 길이 Δl 은
$$\Delta l = \frac{Nl}{EA} = \frac{20 \times 800}{2100 \times 7.64} = 0.997 \,[\text{cm}] = 9.97 \,[\text{mm}]$$

53 그림과 같은 단순보의 C 점의 모멘트[t·m]는?

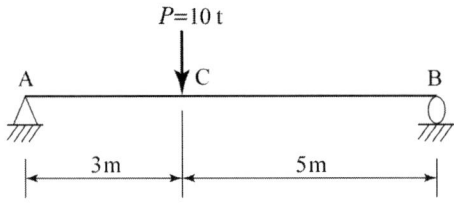

풀이 단순보 모멘트 반력 R_A, R_B는 거리에 반비례한다.
따라서, $R_A = 10 \times \frac{5}{8} = 6.25$, $R_B = 10 \times \frac{3}{8} = 3.75$
C점 모멘트 $M_c = R_A \cdot a = 6.25 \times 3 = 18.75 \,[\text{t·m}]$

4장 부재단면의 성질

> **중점학습내용**
>
> 4장 부재단면의 성질에서는 단면1차모멘트의 개념과 파프스(Pappus)의 정리, 단면계수에 대하여 간단하게 설명하고, 단면2차모멘트의 개념과 용도, 기본도형(직사각형, 삼각형, 원형, 정사각형)에 대한 단면2차모멘트 구하는 공식, 도심과 도심의 이동, 단면2차반지름, 단면2차극모멘트와 단면상승모멘트 등에 대하여 요약 정리하였으며, 핵심예상문제(필기, 필답형 실기)를 통하여 좀 더 쉽게 수험준비를 할 수 있도록 구성하였다.

1. 단면1차모멘트와 도심

1.1 단면1차모멘트

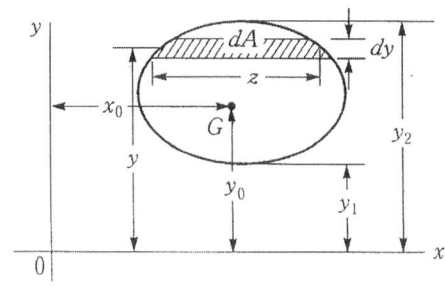

그림 4.1 단면1차모멘트

(1) 단면1차모멘트

한 단면의 미소면적에서 임의로 설정한 직교좌표축까지의 거리를 미소 면적에 곱한 것과 전단면에 걸쳐서 적분한 것

(2) x, y축에 대한 단면1차모멘트 G_x, G_y

$$G_x = \int_A y\, dA = \int_{y_1}^{y_2} zy\, dy$$

$$G_y = \int_A x \, dA = \int_{x_1}^{x_2} zx \, dx$$

(3) 단면1차모멘트의 단위 : $[\text{cm}^3]$, $[\text{m}^3]$

1.2 좌표축의 평행이동

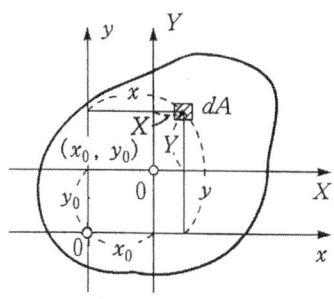

그림 4.2 좌표축의 평행이동

(1) 평행축 정리

임의의 직교 좌표축에 관한 단면1차모멘트를 알고 있을 때 이 좌표축에 평행인 다른 좌표축에 관한 단면1차모멘트를 구하는 데 이용

(2) x, y **축에 나란한 직교축** X, Y **에 관한 단면** A **의 단면1차모멘트를** G_X, G_Y **라 하면,**

$$G_X = \int_A (y-y_0)dA = \int_A y \, dA - \int_A y_0 \, dA = G_x - y_0 \cdot A$$

$$G_Y = \int_A (x-x_0)dA = \int_A x \, dA - \int_A x_0 \, dA = G_y - x_0 \cdot A$$

G_x, G_y : 임의의 직교축 x, y 에 관한 단면 A 의 단면1차모멘트

1.3 좌표축의 회전

(1) x, y **좌표에서 각** θ **만큼 회전한 좌표를** X, Y **라고 하면 단면1차모멘트**

$$G_X = \int_A Y dA = \int_A (y\cos\theta - x\sin\theta)dA$$

$$= \cos\theta \int_A y \, dA - \sin\theta \int_A x \, dA = G_x \cos\theta - G_y \sin\theta$$

$$G_Y = \int_A X dA = \int_A (x\cos\theta + y\sin\theta)dA$$
$$= \cos\theta \int_A x\, dA + \sin\theta \int_A y\, dA$$
$$= G_y \cos\theta + G_x \sin\theta$$

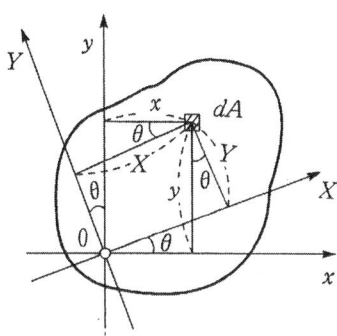

그림 4.3 좌표축의 회전

1.4 도심(圖心 : centroid)

(1) 정의

임의의 1점을 원점으로 하는 임의의 직교 좌표축에 대한 단면1차모멘트가 각각 0 이 될 때 그 원점을 주어진 단면의 도심 또는 중심(重心)이라고 한다. 즉, 도형(圖形)의 중심을 도심이라고 한다.

$$G_X = G_x - y_0 A = 0$$
$$G_Y = G_y - x_0 A = 0$$

이것을 다시 x_0, y_0로 표현하면

$$x_0 = \frac{G_y}{A} \qquad y_0 = \frac{G_x}{A}$$

단면의 도심을 알고 있을 경우 임의의 축 x, y에 관한 단면1차모멘트

$$G_x = A y_0$$
$$G_y = A x_0$$

여러 개의 단면 A_1, A_2, A_3, … 등의 집합으로 된 단면의 임의의 좌표축에 관한 도심 x_0, y_0

$$x_0 = \frac{G_y}{A} = \frac{x_1 A_1 + x_2 A_2 + \cdots}{A_1 + A_2 + \cdots}$$

$$y_0 = \frac{G_x}{A} = \frac{y_1 A_1 + y_2 A_2 + \cdots}{A_1 + A_2 + \cdots}$$

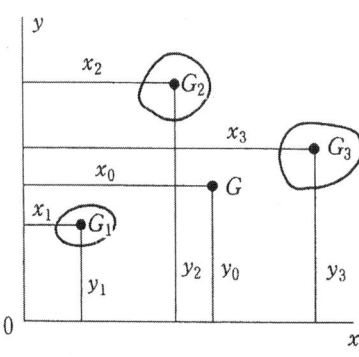

그림 4.4 도심

(2) 기본도형의 도심 위치

1) 직사각형(장방형)이나 정사각형(정방형)형의 도심은 대각선의 교점이고 $y_0 = \dfrac{h}{2}$

2) 삼각형의 도심은 3중선(中線)의 교점으로, 중선이란 삼각형의 우각에서 상대변의 중점에 연결한 직선으로 $y_0 = \dfrac{h}{3}$

3) 원의 도심은 원의 중심과 일치되며 $y_0 = \dfrac{D}{2}$

1.5 도심의 이동

(1) 도심의 이동량 δ

$$\delta = \frac{A_2 \, y}{A_1 + A_2} = \frac{G_x}{A_1 + A_2} \ \cdots\cdots$$

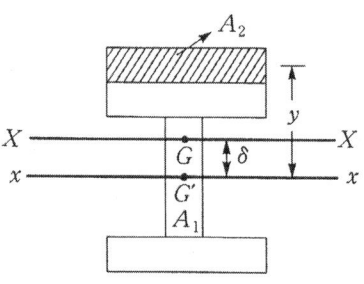

그림 4.5 도심의 이동

1.6 파프스(Pappus)의 정리

(1) 제1정리

길이가 L인 선분 AB를 x축을 중심으로 각 θ만큼 회전시켰을 경우에 생기는 표면적 A는 C점을 선분 AB의 도심이라 할 때

$$A = (선분의\ 길이) \times (평면의\ 도심이\ 이동한\ 거리)$$
$$= L(\theta \cdot y_c)$$

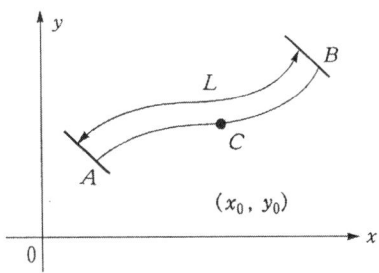

그림 4.6 파프스의 정리

(2) 제2정리

단면적 A를 x축을 중심으로 각 θ만큼 회전시켜서 얻어지는 회전체의 체적 V는

$$V = (단면적) \times (평면의\ 도심이\ 이동한\ 거리)$$
$$= A(\theta \cdot y_c)$$

2. 단면2차모멘트와 단면계수

2.1 단면2차모멘트

(1) 정의

미소면적 dA와 직교하는 축에서 이 미소면적까지의 거리를 x, y라고 할 때 $y^2 dA$ 및 $x^2 dA$를 dA의 x, y축에 대한 2차모멘트라고 하며, 이것을 전단면에 걸쳐서 적분한 것

$$I_x = \int_A y^2 dA, \quad I_y = \int_A x^2 dA$$

(2) 단위 : $[\text{cm}^4], [\text{m}^4]$

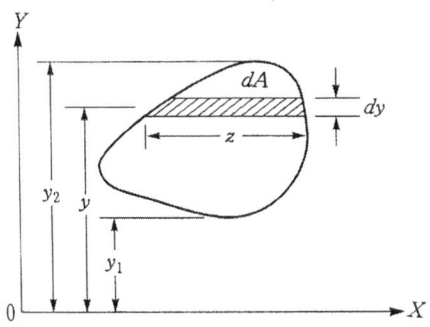

그림 4.7 단면2차모멘트

(3) x, y에 관한 단면2차모멘트 I_x 및 I_y

$$I_x = \int_A y^2 dA = \int_A (Y+y_0)^2 dA$$
$$= \int_A Y^2 dA + 2y_0 \int_A Y dA + y_0^2 \int_A dA$$
$$= I_X + 2y_0 G_X + y_0^2 A$$

$$I_y = I_Y + 2x_0 G_Y + x_0^2 A$$

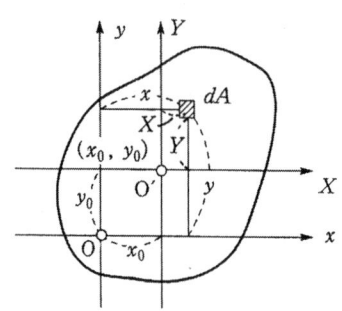

그림 4.8 x, y축에 관한 단면2차모멘트

(4) 단면2차모멘트의 용도

1) 단면계수와 단면2차반지름 계산
2) 강의 비, 처짐의 양, 좌굴하중 등의 계산
3) 휨응력도, 전단응력도의 계산
4) 단면2차극모멘트, 단면의 주축 계산

(5) 단면2차모멘트의 특징

1) 나란한 축에 대한 단면2차모멘트 중에서는 도심축에 대한 단면2차모멘트가 최소
2) 정삼각형, 정사각형, 정다각형의 도심축에 대한 단면2차모멘트는 축의 회전에 관계없이 일정

2.2 단면2차반지름

(1) 정의

한 축에 대한 단면2차모멘트를 단면적으로 나누고 이것을 제곱근한 값

$$r_x = \sqrt{\frac{I_x}{A}}, \qquad r_y = \sqrt{\frac{I_y}{A}}$$

단면2차반지름 r

(2) 단위 : [cm], [m]

2.3 단면계수(section modulus)

(1) 정의

어떤 한 단면의 도심 G를 지나는 축에 대한 단면2차모멘트를 그 축에서 상하로 가장 먼 최원단까지의 거리, 즉 연거리(緣距離)로 나눈 것

(2) X 축에 대한 단면계수

$$Z_{X1} = \frac{I_X}{y_1}, \qquad Z_{X2} = \frac{I_X}{y_2}$$

I_X : 단면의 도심을 지나는 축에 대한 단면2차모멘트

y_1, y_2 : 두 연거리

(3) 단위 : $[cm^3], [m^3]$

3. 단면2차극모멘트와 단면상승모멘트

3.1 단면2차극모멘트

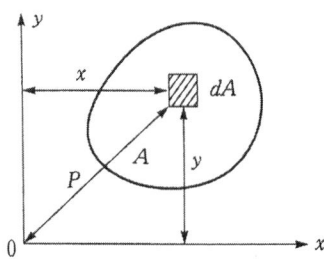

그림 4.9 단면2차극모멘트

(1) 임의의 단면에 있어서 x, y 좌표의 원점 O로부터 미소면적 dA까지의 거리를 p라고 할 때 단면2차극(極)모멘트(polar moment of inertia of area)는

$$I_p = \int_A p^2 dA = \int_A (x^2 + y^2) dA$$
$$= \int_A x^2 dA + \int_A y^2 dA = I_y + I_x$$

(2) 단위 : $[cm^4], [m^4]$

3.2 단면상승모멘트

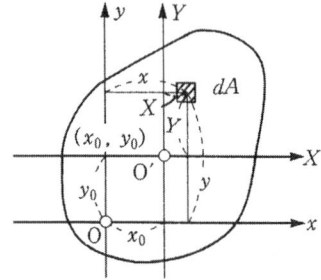

그림 4.10 단면상승모멘트

(1) 정의

미소면적에 직교좌표 x, y축으로부터 미소단면까지의 거리 x, y를 곱한 것과 단면 전체에 대해서 적분한 것

$$I_{xy} = \int_A xy \, dA$$

(2) 단위 : $[cm^4]$, $[m^4]$

(3) 용도

단면의 주축, 단면주2차모멘트 계산에 사용되며 기둥 등의 압축재의 설계에 주로 적용

4. 주축과 주단면2차모멘트 및 관성타원

4.1 좌표축의 회전

$$X = x\cos\theta + y\sin\theta, \quad Y = y\cos\theta - x\sin\theta$$

(1) X, Y 축의 단면2차모멘트(I_X, I_Y, I_{XY})

$$I_X = \int_A Y^2 dA = \int_A (x^2\sin^2\theta - 2xy\sin\theta \cdot \cos\theta + y^2\cos\theta)dA$$

$$= I_x\cos^2\theta + I_y\sin^2\theta - I_{xy}\sin2\theta$$

$$I_Y = \int_A X^2 dA = \int_A (x^2\cos^2\theta + 2xy\sin\theta \cdot \cos\theta + y^2\sin^2\theta)dA$$

$$= I_x\sin^2\theta + I_y\cos^2\theta + I_{xy}\sin2\theta$$

$$I_{XY} = \int_A XY dA = \int_A \{(y^2 - x^2)\sin\theta\cos\theta + xy(\cos^2\theta - \sin^2\theta)\}dA$$

$$= \frac{I_x - I_y}{2}\sin2\theta + I_{xy}\cos2\theta$$

$$\therefore I_x + I_y = I_x + I_y = I_p$$

$$I_X \cdot I_Y - I_{XY}^2 = I_x \cdot I_y - I_{xy}^2$$

4.2 주축과 주단면2차모멘트

(1) 주축(principal axis)
임의의 좌표축에 관한 단면2차모멘트가 극대 또는 극소로 될 때, 이 두 축은 서로 직교하게 되며, 이러한 두 축을 그 원점에 관한 그 단면의 주축(principal axis)이라고 한다.

(2) 주단면 2차 모멘트
주축에 관한 단면2차모멘트를 단면주2차모멘트 또는 주단면2차모멘트라고 한다.

$$I_X = I_1 = \frac{1}{2}\left\{(I_x + I_y) + \sqrt{(I_x - I_y)^2 + 4I_{xy}^2}\right\}$$

$$I_Y = I_2 = \frac{1}{2}\left\{(I_x + I_y) - \sqrt{(I_x - I_y)^2 + 4I_{xy}^2}\right\}$$

4.3 주단면2차반지름과 관성타원

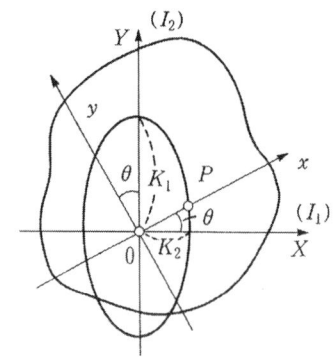

그림 4.11 주단면2차반지름과 관성타원

(1) 주단면2차반지름(principal radius of gyration of area)
단면적 A인 평면형의 원점 O에서의 주축에 관한 단면2차반지름을 주단면2차반지름(principal radius of gyration of area)이라고 한다.

(2) 최대, 최소 주단면 2차 반지름 K_1, K_2

$$K_1 = \sqrt{\frac{I_1}{A}}, \quad K_2 = \sqrt{\frac{I_2}{A}}$$

I_1, I_2 : 축 X, Y에 대한 최대, 최소의 주단면2차모멘트

(3) 관성타원(ellipse of inertia of area)

주단면2차반지름 최대, 최소를 반지름으로 하는 타원을 관성타원(ellipse of inertia of area)이라고 한다.

$$\frac{X^2}{K_2^2} + \frac{Y^2}{K_1^2} = 1$$

4장 부재단면의 성질
핵심예상문제 필기

01 ★★
한 단면의 미소면적에서 임의로 설정한 직교 좌표축까지의 거리를 미소면적에 곱한 것과 전단면에 걸쳐서 적분한 것을 나타내는 것은?

① 단면1차모멘트　　　② 단면2차모멘트
③ 좌표축의 회전　　　④ 좌표축의 이동

해설　단면1차모멘트는 한 단면의 미소면적에서 임의로 설정한 직교 좌표축까지의 거리를 미소면적에 곱한 것과 전단면에 걸쳐서 적분한 것을 말한다.

02 ★★
단면1차모멘트에 사용하는 단위는?

① [m]　　② [m^2]　　③ [m^3]　　④ [m^4]

해설　단면1차모멘트의 단위는 면적×거리 즉, [cm^3], [m^3]이다.

03 ★★★★★
단면1차모멘트의 단위와 같은 차원(Dimension)을 가지는 것은?

① 단면상승모멘트　　　② 단면계수
③ 단면2차모멘트　　　④ 단면2차반지름

해설　① 단면상승모멘트 : [cm^4], [m^4]　② 단면계수 : [cm^3], [m^3]
③ 단면2차모멘트 : [cm^4], [m^4]　④ 단면2차반지름 : [cm], [m]

04 ★★★
반지름이 r인 반원의 단면1차모멘트는?

① $\dfrac{r^3}{3}$　　② $\dfrac{2r^3}{3}$　　③ $\dfrac{3r^3}{4}$　　④ $\dfrac{r^3}{4}$

해설　$G_x = A \cdot y = \dfrac{\pi r^2}{2} \times \dfrac{4r}{3\pi} = \dfrac{2r^3}{3}$

05 ★★★
단면2차모멘트에 사용하는 단위는?

① [cm]　　② [cm^2]　　③ [cm^3]　　④ [cm^4]

해설　단면2차모멘트의 단위는 면적 × 면적 즉, [cm^4], [m^4]이다.

정답　01. ①　02. ③　03. ②　04. ②　05. ④

06 단면2차모멘트의 단위와 같은 차원(Dimension)을 가지는 것은?

① 단면상승모멘트 ② 단면계수
③ 단면1차모멘트 ④ 단면2차반지름

해설 ① 단면상승모멘트 : [cm⁴], [m⁴] ② 단면계수 : [cm³], [m³]
③ 단면1차모멘트 : [cm³], [m³] ④ 단면2차반지름 : [cm], [m]

07 빗금친 단면(A =단면적)의 도심 y를 구한 값은?

① $\dfrac{6}{5}r$ ② $\dfrac{7}{6}r$

③ $\dfrac{8}{7}r$ ④ $\dfrac{7}{8}r$

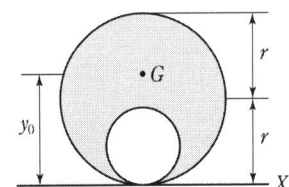

해설 빈 공간을 포함한 반지름 r인 가상원에 대하여 면적 $A_1 = \pi r^2$
X축으로부터 가상원의 도심까지의 거리 $y_1 = r$

빈속 부분의 지름 r인 작은 원의 면적 $A_2 = \dfrac{\pi r^2}{4}$

X축으로부터 작은 원의 도심까지의 거리 $y_2 = \dfrac{d}{2}$

$y_0 = \dfrac{A_1 y_1 - A_2 y_2}{A_1 - A_2} = \dfrac{\pi r^2 \times r - \dfrac{\pi r^2}{4} \times \dfrac{r}{2}}{\pi r^2 - \dfrac{\pi r^2}{4}} = \dfrac{\dfrac{7}{8}\pi r^3}{\dfrac{3}{4}\pi r^2} = \dfrac{7}{6}r$

08 그림과 같은 빗금친 단면(A =단면적)의 도심 y를 구한 값은?

① $\dfrac{5D}{12}$

② $\dfrac{6D}{12}$

③ $\dfrac{7D}{12}$

④ $\dfrac{8D}{12}$

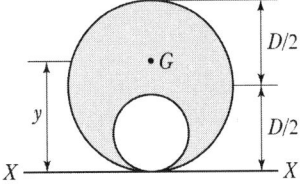

해설 $y_0 = \dfrac{A_1 y_1 - A_2 y_2}{A_1 - A_2} = \dfrac{\pi r^2 \times r - \dfrac{\pi r^2}{4} \times \dfrac{r}{2}}{\pi r^2 - \dfrac{\pi r^2}{4}}$

여기에서 r을 D로 바꾸어 계산하면 $\dfrac{7D}{12}$

정답 06. ① 07. ② 08. ③

09. ★★★

그림에서 빗금친 부분의 도심 y_0 값은?

① $\dfrac{13}{20}a$ 　　② $\dfrac{8}{19}a$

③ $\dfrac{8}{17}a$ 　　④ $\dfrac{7}{18}a$

해설
$$y_0 = \dfrac{S_x}{A} = \dfrac{A_1 y_1 - A_2 y_2}{A_1 - A_2}$$
$$= \dfrac{a^2 \times \dfrac{a}{2} - \dfrac{a^2}{4} \times \dfrac{5}{6}a}{a^2 - \dfrac{a^2}{4}} = \dfrac{\dfrac{7}{24}a^3}{\dfrac{3}{4}a^2} = \dfrac{7}{18}a$$

10. ★★★

단면모멘트 및 도심에 대한 설명 중 틀린 것은?

① 단면1차모멘트는 좌표축에 따라 (+), (−)의 부호를 갖는다.
② 도심을 지나는 축에 대한 단면1차모멘트는 0이다.
③ 단면2차모멘트의 최소값은 도심에 대한 것이며, 0은 아니다.
④ 도형의 도심은 질량이나 중력에 따라 다르다.

해설 임의의 1점을 원점으로 하는 임의의 직교 좌표축에 대한 단면1차모멘트가 각각 0이 될 때 그 원점을 주어진 단면의 도심 또는 중심(重心)이라고 한다.
즉, 도형(圖形)의 중심을 도심이라고 한다.
따라서 도심은 질량이나 중력과 무관하다.

11. ★★

직사각형(장방형)이나 정사각형(정방형)의 도심 y_0 는?

① $\dfrac{h}{2}$ 　　② $\dfrac{h}{3}$ 　　③ $\dfrac{h^3}{2}$ 　　④ $\dfrac{h^3}{3}$

해설 직사각형(장방형)이나 정사각형(정방형)의 도심 y_0 는 $\dfrac{h}{2}$ 이다.

12. ★★

삼각형의 도심 y_0 는?

① $\dfrac{h}{2}$ 　　② $\dfrac{h}{3}$ 　　③ $\dfrac{h^3}{12}$ 　　④ $\dfrac{h^3}{24}$

해설 삼각형의 도심 y_0 는 $\dfrac{h}{3}$ 이다.

정답 09. ④　10. ④　11. ①　12. ②

13 원의 도심 y_0 는?

① $\dfrac{D}{2}$ ② $\dfrac{D}{3}$ ③ $\dfrac{D^2}{2}$ ④ $\dfrac{D^2}{3}$

해설 원의 도심 y_0 는 $\dfrac{D}{2}$ 이다.

14 반지름이 r 인 반원의 도심 y_0 는?

① $\dfrac{4r}{3\pi}$ ② $\dfrac{r}{\pi}$ ③ $\dfrac{2r}{3\pi}$ ④ $\dfrac{r}{2\pi}$

해설 반지름이 r 인 반원의 도심 y_0 는 $y_0 = \dfrac{4r}{3\pi}$

15 그림과 같이 반지름(r) 4[cm]인 반원의 도심 위치 약 몇 [cm]인가?

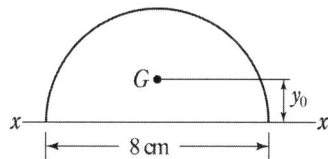

① 1.4 ② 1.7 ③ 1.9 ④ 2.1

해설 $y_0 = \dfrac{4r}{3\pi} = \dfrac{4 \times 4}{3 \times 3.14} = 1.7\,[\text{cm}]$

16 정삼각형의 도심 G를 지나는 여러 축에 대한 단면2차모멘트의 값이 가장 작은 것은?

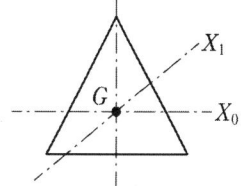

① I_{Y_0}
② I_{X_0}
③ I_{X_1}
④ 모두 같다

해설 정삼각형이나 정사각형 등 정다각형의 도심을 지나는 축에 대한 단면2차모멘트는, 축의 회전에 관계없이 항상 일정하며, 도심을 지나지 않는 다른 어느 축에 대한 값보다 항상 최소의 값을 가진다.

17 길이가 L인 선분 AB를 X축을 중심으로 각 θ만큼 회전시켰을 경우 생기는 표면적을 구할 때 사용하는 이론은?

① 바리니온의 정리　　　　　② 뉴톤의 정리
③ 라미의 정리　　　　　　　④ 파프스의 정리

해설
1. 제1정리
   길이가 L인 선분 AB를 x축을 중심으로 각 θ만큼 회전시켰을 경우에 생기는 표면적 A는 C점을 선분 AB의 도심이라 할 때
   A = (선분의 길이) × (평면의 도심이 이동한 거리) = $L(\theta \cdot y_c)$
2. 제2정리
   단면적 A를 x축을 중심으로 각 θ만큼 회전시켜서 얻어지는 회전체의 체적 V는
   V = (단면적) × (평면의 도심이 이동한 거리) = $A(\theta \cdot y_c)$

18 다음 중 특정 길이의 선분을 회전시킬 때 생기는 표면적을 계산할 때 이용하는 것은?

① 베티의 정리　　　　　　　② 라미의 정리
③ 뉴톤의 정리　　　　　　　④ 파프스의 정리

해설 특정 길이의 선분을 회전시킬 때 생기는 표면적을 계산할 때 이용하는 것은 파프스의 정리이다.

19 부재 설계에 있어서 모든 저항성의 기본이 되는 것은?

① 단면상승모멘트　　　　　② 단면계수
③ 단면2차모멘트　　　　　　④ 단면2차반지름

해설 부재 설계에 있어서 모든 저항성의 기본이 되는 것은 단면2차모멘트이다.

20 단면2차모멘트의 단위에 해당되는 것은?

① cm　　② cm^2　　③ cm^3　　④ cm^4

21 부재의 단면2차모멘트에 대한 설명으로 틀린 것은?

① 나란한 축에 대한 단면2차모멘트 중에서는 도심축에 대한 단면2차모멘트가 최소가 된다.
② 나란한 축에 대한 단면2차모멘트 중에서는 도심축에 대한 단면2차모멘트가 최대가 된다.
③ 정삼각형의 도심축에 대한 단면2차모멘트는 축의 회전에 관계없이 일정한 값이 된다.
④ 정사각형의 도심축에 대한 단면2차모멘트는 축의 회전에 관계없이 일정한 값이 된다.

정답　17. ④　18. ④　19. ③　20. ④　21. ②

22 ★★★★
정삼각형(정방형)의 도심을 지나는 여러 축에 대한 단면2차모멘트의 값에 대한 다음 설명 중 옳은 것은?

① $I_{y1} > I_{y2} > I_{y3}$
② $I_{y1} = I_{y2} = I_{y3}$
③ $I_{y2} > I_{y1} > I_{y3}$
④ $I_{y3} > I_{y2} > I_{y1}$

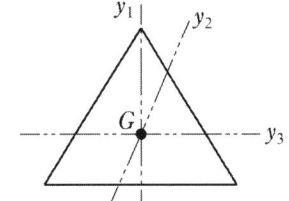

해설 정삼각형이나 정사각형 등 정다각형의 도심을 지나는 축에 대한 단면2차모멘트는 축의 회전에 관계없이 항상 일정하다.

23 ★★★★★
그림과 같은 단면의 $X-X$축에 대한 단면2차모멘트[cm⁴]는? (단, 치수 단위는 [cm]이다.)

① 96
② 184
③ 276
④ 368

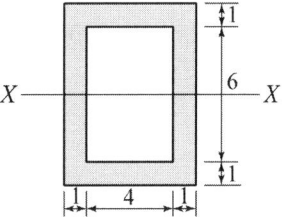

해설 대칭 단면이므로 빈 속을 포함한 가상 전체 단면2차모멘트를 구한 후 여기에서 빈속의 단면2차모멘트를 빼면

$$\therefore I_G = \frac{BH^3}{12} - \frac{bh^3}{12} = \frac{1}{12}(BH^3 - bh^3) = \frac{1}{12}(6 \cdot 8^3 - 4 \cdot 6^3) = 184$$

24 ★★
밑변 b, 높이 h인 삼각형 단면인 경우 밑변을 지나는 수평축에 대한 단면2차모멘트는?

① $\frac{bh^3}{3}$ ② $\frac{bh^3}{12}$ ③ $\frac{bh^3}{24}$ ④ $\frac{bh^3}{36}$

해설 밑변에 대한 $I_{X_1} = I_{X_0} + Ay_0^2 = \frac{bh^3}{36} + \frac{bh}{2}\left(\frac{h}{3}\right)^2 = \frac{bh^3}{12}$

25 ★★
밑변 b, 높이 h인 삼각형 단면인 경우 도심 G를 지나는 수평축에 대한 단면2차모멘트는?

① $\frac{bh^3}{3}$ ② $\frac{bh^3}{12}$ ③ $\frac{bh^3}{24}$ ④ $\frac{bh^3}{36}$

해설 도심 G를 지나는 축에 대한 $I_{X_0} = \frac{bh^3}{36}$

정답 22. ② 23. ② 24. ② 25. ④

26 그림과 같은 원형단면의 X축에 대한 단면2차모멘트[cm^4]는?

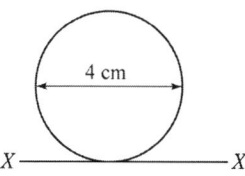

① 16π ② 20π ③ 40π ④ 50π

해설 $I_x = I_X + A\overline{y^2} = \dfrac{\pi 4^4}{64} + \left(\dfrac{\pi 4^2}{4} \times \left(\dfrac{4}{2}\right)^2\right) = 20\pi$

27 지름 6[cm]인 원형 단면에서 도심을 지나는 축에 대한 단면2차모멘트는 약 [cm^4]인가?

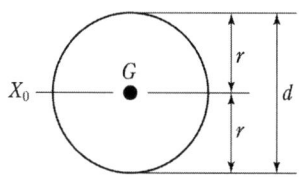

① 56   ② 64   ③ 78   ④ 82

해설 원형단면의 도심 G를 지나는 축에 대한 단면2차모멘트 I_X의 공식을 적용하면
$I_X = \dfrac{\pi d^4}{64}$에서 $d = 6$ ∴ $I_X = \dfrac{\pi 6^4}{64} \fallingdotseq 64$

28 그림과 같은 단면에서 지름 4[cm] 원을 떼어 버린다면 도심축 X축에 대한 단면2차모멘트는 약 몇 [cm^4] 인가?

① 1002
② 1154
③ 1176
④ 1225

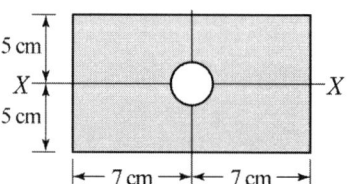

해설 도형에 중공부분이 있을 때 전단면(빈속을 포함한 단면)을 A, 빈속을 B라 하면
$I_X = I_A - I_B$
1) 직사각형(장방형) 단면인 경우 도심축 단면2차모멘트는
$I_A = \dfrac{bh^3}{12} = \dfrac{14 \times 10^3}{12} = 1166.7$

정답 26. ② 27. ② 28. ②

2) 원형 단면인 경우 도심축 단면2차모멘트는
$$I_B = \frac{\pi d^4}{64} = \frac{3.14 \times 4^4}{64} = 12.56$$
$$\therefore I_X = I_A - I_B = 1166.7 - 12.56 = 1154$$

29 ★★★

그림과 같은 단면에서 지름 3[cm] 원을 떼어 버린다면 도심축 X축에 대한 단면2차모멘트는 약 몇 [cm⁴]인가?

① 1063
② 1067
③ 1163
④ 2283

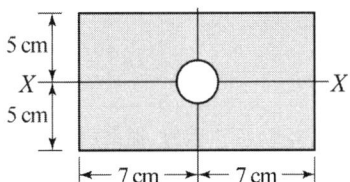

해설 도형에 중공부분이 있을 때 전단면(빈속을 포함한 단면)을 A, 빈속을 B라 하면
$$I_X = I_A - I_B$$
① 장방형(직사각형) 단면인 경우 도심축 단면2차모멘트는
$$I_A = \frac{bh^3}{12} = \frac{14 \times 10^3}{12} = 1166.7$$
② 원형 단면인 경우 도심축 단면2차모멘트는
$$I_B = \frac{\pi d^4}{64} = \frac{3.14 \times 3^4}{64} = 3.97$$
$$\therefore I_X = I_A - I_B = 1166.7 - 3.97 = 1162.7 ≒ 1163$$

30 ★★★

그림과 같이 X 축의 상·하 단면이 대칭일 때 단면2차모멘트 I_X를 구하는 식으로 맞는 것은?

① $\dfrac{BH^3}{12} + \dfrac{bh^3}{12}$ ② $\dfrac{BH^3}{12} - \dfrac{bh^3}{12}$

③ $\dfrac{BH^3}{24} + \dfrac{bh^3}{24}$ ④ $\dfrac{BH^3}{24} - \dfrac{bh^3}{24}$

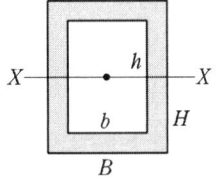

해설 X축의 상·하 단면이 대칭일 때 단면2차모멘트 I_X는
$\dfrac{BH^3}{12} - \dfrac{bh^3}{12}$ 이다.

31 ★★★

다음 중 단면2차모멘트를 활용하는 용도와 거리가 먼 것은?

① 단면1차모멘트의 계산   ② 전단응력도의 계산
③ 단면2차반지름 계산   ④ 단면계수 계산

해설 단면2차모멘트를 활용하는 용도는 단면계수와 단면2차반지름 계산, 강의 비, 처짐의 양, 좌굴하중 등의 계산, 휨응력도 계산, 전단응력도 계산 등이 있다.

정답 29. ③ 30. ② 31. ①

32 단면2차모멘트의 용도가 아닌 것은?

① 단면계수와 단면2차반지름 계산
② 강의 비, 처짐의 질, 좌굴하중 등의 계산
③ 휨응력도, 전단응력도의 계산
④ 단면2차극모멘트, 단면의 주축 계산

해설 처짐의 질 → 처짐의 양

33 다음 중 단면2차모멘트를 활용하는 용도에 해당되는 것은?

① 단면2차극모멘트의 계산 ② 휨응력도의 계산
③ 단면1차반지름 계산 ④ 단면상승모멘트 계산

해설 단면2차모멘트를 활용하는 용도는 단면계수와 단면2차반지름 계산, 강의 비, 처짐의 양, 좌굴하중 등의 계산, 휨응력도 계산, 전단응력도 계산 등이 있다.

34 다음 중 단면2차모멘트의 특징으로 맞는 것은?

① 나란한 축에 대한 단면2차모멘트 중에 도심축에 대한 단면2차모멘트가 최대가 된다.
② 정삼각형, 정사각형, 정다각형의 도심축에 대한 단면2차모멘트는 축의 회전에 따라 값이 변한다.
③ 나란한 축에 대한 단면2차모멘트 중에 도심축에 대한 단면2차모멘트가 최소가 된다.
④ 정삼각형, 정사각형, 정다각형의 도심축에 대한 단면2차모멘트는 1이다.

해설 단면2차모멘트의 특징은
① 나란한 축에 대한 단면2차모멘트 중에 도심축에 대한 단면2차모멘트가 최소가 된다.
② 정삼각형, 정사각형, 정다각형의 도심축에 대한 단면2차모멘트는 축의 회전에 관계없이 일정한 값이 된다.

35 그림과 같은 직사각형 도심축(x축)에 관한 단면2차모멘트를 나타낸 식으로 맞는 것은?

① $\dfrac{bh^2}{6}$ ② $\dfrac{bh^3}{12}$
③ $\dfrac{bh^3}{36}$ ④ $\dfrac{b^2h}{64}$

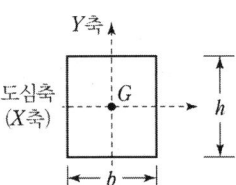

정답 32. ② 33. ② 34. ③ 35. ②

36. 밑변 b, 높이 h인 삼각형 단면인 경우 밑변에 대한 단면2차모멘트는?

① $\dfrac{bh^3}{4}$ ② $\dfrac{bh^3}{12}$

③ $\dfrac{bh^3}{24}$ ④ $\dfrac{bh^3}{36}$

해설 삼각형 단면인 경우
밑변의 단면2차모멘트는
$$I_X = I_{X1} = I_{Xc} + Ay_0^2 = \dfrac{bh^3}{36} + \dfrac{bh}{2} \times \left(\dfrac{h}{3}\right)^2 = \dfrac{bh^3}{12}$$

37. 그림과 같이 삼각형의 밑변에 나란한 각 축에 대한 단면2차모멘트 I_{X0}, I_{X1}, I_{X2}는?

① $\dfrac{bh^3}{3}, \dfrac{bh^3}{12}, \dfrac{bh^3}{36}$

② $\dfrac{bh^3}{12}, \dfrac{bh^3}{24}, \dfrac{bh^3}{36}$

③ $\dfrac{bh^3}{36}, \dfrac{bh^3}{4}, \dfrac{bh^3}{12}$

④ $\dfrac{bh^3}{36}, \dfrac{bh^3}{12}, \dfrac{bh^3}{4}$

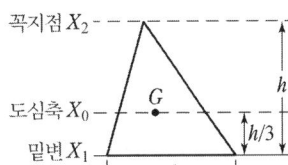

해설 도심 G를 지나는 축에 대한 단면2차모멘트는 $I_x = \dfrac{bh^3}{36}$ [cm⁴]

밑변에 대한 단면2차모멘트는 $I_{X_1} = I_{X_0} + Ay_0^2 = \dfrac{bh^3}{36} + \dfrac{bh}{2}\left(\dfrac{h}{3}\right)^2 = \dfrac{bh^3}{12}$

꼭지점에 대한 단면2차모멘트는 $I_{X_2} = I_{X_0} + Ay_0^2 = \dfrac{bh^3}{36} + \dfrac{bh}{2}\left(\dfrac{2h}{3}\right)^2 = \dfrac{bh^3}{4}$

38. 길이가 a인 정사각형(정방형) 단면인 경우 도심축에 대한 단면2차모멘트는?

① $\dfrac{a^4}{4}$ ② $\dfrac{a^4}{12}$

③ $\dfrac{a^4}{24}$ ④ $\dfrac{a^4}{36}$

해설 정사각형(정방형) 단면인 경우 도심축에 대한 단면2차모멘트는
$$I_X = \dfrac{a^4}{12}$$

정답 36. ② 37. ④ 38. ②

39 그림 (a), (b)에서 X 축에 대한 단면2차모멘트와 단면계수에 관하여 옳게 설명한 것은?

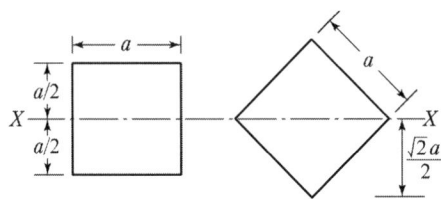

① 단면2차모멘트는 같고, 단면계수는 (a)쪽이 크다.
② 단면2차모멘트와 단면계수가 서로 다르다.
③ 단면2차모멘트와 단면계수가 서로 같다.
④ 단면2차모멘트는 같고, 단면계수는 (b)쪽이 크다.

해설 ① 단면2차모멘트는 도심축에 대한 회전에 관계없이 일정($I_a = I_b$)

② 단면계수 $E = \dfrac{I}{y}$ (I 일정)

∴ $Z \propto \dfrac{1}{y}$ (반비례) ⇒ $Z_a > Z_b$

40 그림에서 반지름이 a인 4분원의 X 축에 대한 단면2차모멘트는?

① $\dfrac{\pi a^4}{4}$

② $\dfrac{\pi a^4}{8}$

③ $\dfrac{\pi a^4}{16}$

④ $\dfrac{\pi a^4}{32}$

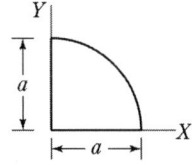

해설 반지름 a인 원의 도심을 지나는 X축에 대한 단면2차모멘트는 $\dfrac{\pi a^4}{4}$이고 본문과 같은 $\dfrac{1}{4}$도의 X축에 대한 단면2차모멘트는 $\dfrac{\pi a^4}{4}$의 $\dfrac{1}{4}$이므로

$I_x = \dfrac{\pi a^4}{4} \times \dfrac{1}{4} = \dfrac{\pi a^4}{16}$

정답 39. ① 40. ③

41 도형 (A), (B), (C)에 있어서 도심 G를 지나는 $X-X$축에 대한 단면2차모멘트가 큰 순서로 된 것은?

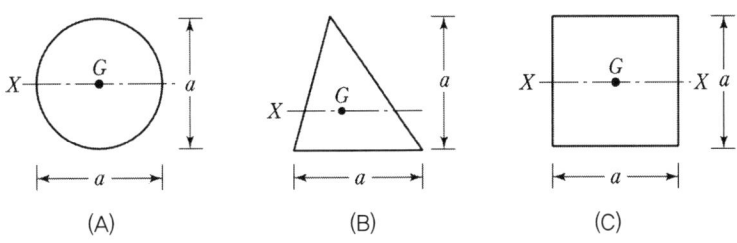

① B > C > A ② A > B > C ③ C > A > B ④ A > C > B

해설 도형의 도심 G를 지나는 축에 대한 단면2차모멘트 I_X의 공식을 적용하면

(A) → $\dfrac{\pi d^4}{64}$에서 $d = a$ ∴ $I_X = \dfrac{\pi a^4}{64} ≒ \dfrac{a^4}{20.4} = 0.05a^4$

(B) → $\dfrac{bh^3}{36}$에서 $b = h = a$ ∴ $I_X = \dfrac{a^4}{36} = 0.03a^4$

(C) → $\dfrac{bh^3}{12}$에서 $(b = h = a)$ ∴ $I_X = \dfrac{a^4}{12} = 0.08a^4$

다시 계산하면,

(A)의 경우, $I_X = \dfrac{\pi a^4}{64} = 0.0491a^4$

(B)의 경우, $I_X = \dfrac{a^4}{36} = 0.0278a^4$ ∴ C > A > B

(C)의 경우, $I_X = \dfrac{a^4}{24} = 0.0417a^4$

★★
42 그림과 같이 밑변 b, 높이 h인 삼각형 단면인 경우 꼭지점에 대한 단면2차모멘트는?

① $\dfrac{bh^3}{4}$ ② $\dfrac{bh^3}{12}$

③ $\dfrac{bh^3}{24}$ ④ $\dfrac{bh^3}{36}$

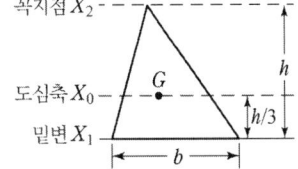

해설 삼각형 단면인 경우
꼭지점에 대한 단면2차모멘트는
$$I_{X2} = I_{x0} + A \cdot y_0^2 = \dfrac{bh^3}{36} + \dfrac{bh}{2} \times \left(\dfrac{2h}{3}\right)^2 = \dfrac{bh^3}{4}$$

★★★★★
43 단면의 폭이 b, 높이가 h인 직사각형 단면에서 도심축에 대한 회전반경은?

① $\dfrac{h}{2\sqrt{3}}$ ② $\dfrac{h}{\sqrt{3}}$ ③ $\dfrac{h}{\sqrt{6}}$ ④ $\dfrac{h}{2\sqrt{6}}$

정답 41. ③ 42. ① 43. ①

해설 $r_x = \sqrt{\dfrac{I_X}{A}} = \sqrt{\dfrac{bh^3/12}{bh}} = \dfrac{h}{\sqrt{12}} = \dfrac{h}{\sqrt{12}} = \dfrac{h}{2\sqrt{3}}$

44 ★★ 주로 기둥과 같이 압축력을 받는 부재의 단면설계에 쓰이는 좌굴저항계수로서, 그 값이 클 때 저항에 대한 효율이 커지는 부재단면의 요소는?

① 단면1차모멘트 ② 단면2차모멘트
③ 단면2차반지름 ④ 단면계수

해설 단면2차반지름(radius of gyration)은 주로 기둥과 같이 압축력을 받은 부재의 단면 설계에 쓰이는 좌굴저항계수로서 그 값이 클 때 저항에 대한 효율이 커지는 것이며, 이것은 장주와 같은 압축재의 좌굴에 대하여 저항하는 경제적인 단면설계에 많이 사용된다.

45 ★★★ 지름이 D인 원(圓)의 도심 축에 대한 회전반지름은?

① $\dfrac{D}{2}$ ② $\dfrac{D}{3}$ ③ $\dfrac{D}{4}$ ④ $\dfrac{D}{5}$

해설 회전반지름 $r_x = \sqrt{\dfrac{I_x}{A}} = \sqrt{\dfrac{\pi D^4}{64} \Big/ \dfrac{\pi D^2}{4}} = \dfrac{D}{4}$

축에 대해서 언급이 없을 때에는 도심을 지나는 축으로 생각해야 되고, 더욱이 단면계수, 회전반지름은 공학에서 당연히 도심축에 대한 것을 말한다.

46 ★★★★ 등변 ㄴ형강 75×75×9로 구성된 조립철주의 단면적은 50.76[cm²], 단면2차모멘트는 8613[cm⁴]일 때, 이 부재의 회전반지름은 약 몇 [cm]인가?

① 13 ② 14 ③ 16 ④ 17

해설 회전반지름 $r_x = \sqrt{\dfrac{I_x}{A}} = \sqrt{\dfrac{8613}{50.76}} \fallingdotseq 13$

47 ★★★ 어떤 한 단면의 도심을 지나는 축에 대한 단면2차모멘트를 그 축에서 상하로 가장 먼 최원단까지의 거리로 나눈 것을 무엇이라 하는가?

① 극모멘트 ② 연거리
③ 단면계수 ④ 단면2차반지름

해설 어떤 한 단면의 도심을 지나는 축에 대한 단면2차모멘트를 그 축에서 상하로 가장 먼 최원단까지의 거리로 나눈 것을 단면계수라 한다.

정답 44. ③ 45. ③ 46. ① 47. ③

48 단면계수와 같은 차원을 가지는 것은?

① 단면1차모멘트 ② 단면2차모멘트
③ 단면상승모멘트 ④ 회전반지름

해설 단면계수 $Z = \dfrac{I}{y}[\text{cm}^3], [\text{m}^3]$
단면1차모멘트(3차), 단면2차모멘트(4차), 단면상승모멘트(4차), 회전반지름(1차)

49 한 변의 길이가 h인 정사각형 평면도형의 단면계수는?

① $\dfrac{h^2}{6}$ ② $\dfrac{h^2}{12}$ ③ $\dfrac{h^3}{6}$ ④ $\dfrac{h^3}{12}$

50 단면의 폭이 15[cm], 높이가 h인 직사각형 단면에서 단면계수가 1000[cm³]일 때, 높이 h[cm]는?

① 10 ② 20 ③ 30 ④ 40

해설 직사각형의 단면계수는 $Z = \dfrac{I}{y} = \dfrac{bh^3/12}{h/2} = \dfrac{bh^2}{6}$
$h^2 = \dfrac{6 \times 1000}{15} = 400$ ∴ $h = \sqrt{400} = 20$

51 직사각형(폭 16[cm], 높이 18[cm]) 단면과 같은 단면계수를 갖기 위해서 높이를 24[cm]로 할 때 폭의 크기[cm]는?

① 7 ② 9 ③ 12 ④ 15

해설 $Z = \dfrac{bh^2}{6} = \dfrac{16 \times 18^2}{6} = 864[\text{cm}^3]$
$Z = 864 = b \times \dfrac{24^2}{6}[\text{cm}^2]$ ∴ $b = 9[\text{cm}]$

52 그림과 같은 등분포하중에서 최대 휨모멘트가 생기는 위치에서 휨응력이 1200[kg/cm²]이라고 하면 단면계수[cm³]는?

① 400 ② 450
③ 500 ④ 550

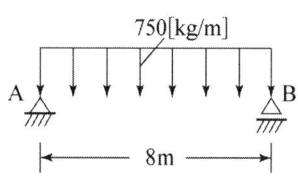

정답 48. ① 49. ③ 50. ② 51. ② 52. ③

해설
$$\sigma = \frac{M}{I}y = \frac{M}{Z}$$
$$M = \frac{wl^2}{8} = \frac{7.5 \times 800^2}{8} = 600000\,[\text{kg/cm}]$$
$$(\because 750\,[\text{kg/m}] = 7.5\,[\text{kg/cm}])$$
$$\therefore Z = \frac{M}{\sigma} = \frac{600000}{1200} = 500\,[\text{cm}^3]$$

53 ★★ 단면의 폭이 10[cm], 높이가 20[cm]인 직사각형 단면과 지름이 d인 원형단면이 있다. 직사각형 단면과 원형단면의 단면계수가 같다고 할 때, 원형단면의 직경은 약 몇 [cm]인가?

① 15.03　② 11.93　③ 18.93　④ 23.86

해설
$$Z_1 = \frac{\frac{10 \times 20^3}{12}}{\frac{20}{2}} = \frac{20^3}{12}, \quad Z_2 = \frac{\frac{\pi d^4}{64}}{\frac{d}{2}} = \frac{\pi d^3}{32}$$
$$(Z_1 = Z_2)\ \frac{20^3}{12} = \frac{\pi d^3}{32},\ d^3 = \frac{32 \times 20^3}{12\pi}$$
$$\therefore d = \sqrt[3]{\frac{32 \times 20^3}{12\pi}} = 18.93\,[\text{cm}]$$

54 ★★★ 한 변의 길이가 b인 정사각형 단면이 있다. 이 정사각형 단면과 동일한 단면계수를 가진 지름 d의 원형단면을 선정하고자 할 때, $\frac{b}{d}$는?

① $\sqrt[3]{\frac{3\pi}{8}}$　② $\sqrt[3]{\frac{3\pi}{16}}$　③ $\sqrt[3]{\frac{3\pi}{32}}$　④ $\sqrt[3]{\frac{3\pi}{64}}$

해설
$$Z_1 = \frac{b^4/12}{b/2} = \frac{b^3}{6}, \quad Z_2 = \frac{\pi d^4/64}{d/2} = \frac{\pi d^3}{32}$$
$$\frac{b^3}{6} = \frac{\pi d^3}{32},\ \left(\frac{b}{d}\right)^3 = \frac{3\pi}{16} \quad \therefore \frac{b}{d} = \sqrt[3]{\frac{3\pi}{16}}$$

55 ★★ 다음 그림과 같은 단면의 도심에 대한 단면2차극모멘트는?
(단, $h = 2b$ 이다.)

① $\frac{4}{3}b^4$　② $\frac{3}{4}b^4$
③ $\frac{5}{6}b^4$　④ $\frac{7}{6}b^4$

해설
$$I_P = I_x + I_y = \frac{bh^3}{12} + \frac{hb^3}{12} = \frac{bh}{12}(h^2 + b^2) = \frac{b \times 2b}{12}(4b^2 + b^2) = \frac{5}{6}b^4$$

정답　53. ③　54. ②　55. ③

56 반지름이 d인 원통형 단면의 중심축에 대한 단면2차극모멘트는?

① $\dfrac{\pi D^4}{2}$ ② $\dfrac{\pi D^4}{4}$ ③ $\dfrac{\pi D^4}{32}$ ④ $\dfrac{\pi D^4}{64}$

해설 반지름이 d 이므로 지름 $D=2d$, $I_x=I_y$ 이므로

$$I_P=I_x+I_y=2\times\dfrac{\pi D^4}{64}=\dfrac{\pi}{32}(2d)^4=\dfrac{\pi d^4}{2}$$

57 지름 D인 원형 단면의 도심축에 대한 계수 중에서 틀린 것은?

① 단면계수 : $\dfrac{\pi D^3}{32}$ ② 단면2차극모멘트 : $\dfrac{\pi D^4}{32}$

③ 단면2차모멘트 : $\dfrac{\pi D^4}{64}$ ④ 단면2차반경 : $\dfrac{D}{2}$

해설 지름 D인 원형 단면의 도심축(X, Y축)에 대한

1) 단면2차모멘트는 $I_X=I_Y=\dfrac{\pi D^4}{64}$ 이므로

2) 단면계수 : $Z=\dfrac{I_X}{D/2}=\dfrac{\pi D^4/64}{D/2}=\dfrac{\pi D^3}{32}$

3) 단면2차극모멘트 : $I_P=I_X+I_Y=\dfrac{\pi D^4}{64}+\dfrac{\pi D^4}{64}=\dfrac{\pi D^4}{32}$

4) 단면2차반경 : $i=\sqrt{\dfrac{I_X}{A}}=\sqrt{\dfrac{\dfrac{\pi D^4}{64}}{\pi D^2/4}}=\sqrt{\dfrac{D^2}{16}}=\dfrac{D}{4}$

58 바깥지름 d_1, 안쪽지름이 d_2인 원통형 단면에서 단면의 중심축에 대한 단면2차극모멘트 [cm^4]는?

① $\dfrac{\pi}{64}(d_1^4-d_2^4)$ ② $\dfrac{\pi}{32}(d_1^4-d_2^4)$

③ $\dfrac{\pi}{64}(d_1^3-d_2^3)$ ④ $\dfrac{\pi}{32}(d_1^3-d_2^3)$

해설 바깥 원의 지름을 d_1, 안쪽 원의 지름을 d_2라 하면

$$I_{X1}=\dfrac{\pi d_1^4}{64},\quad I_{X2}=\dfrac{\pi d_2^4}{64}$$

$I_X=I_Y=\dfrac{I_p}{2}$ 에서

$I_X=I_{X1}-I_{X2}=\dfrac{\pi}{64}(d_1^4-d_2^4)$

$I_p=I_{p1}-I_{p2}=\dfrac{\pi}{32}(d_1^4-d_2^4)$

정답 56. ① 57. ④ 58. ②

59 바깥지름이 3[cm], 두께가 0.5[cm]인 원형단면 강관이 있다. 이 강관의 원형단면의 도심축에 대한 단면2차극모멘트[cm⁴]는?

① 2.05　　② 3.19　　③ 4.12　　④ 6.38

해설　$I_p = I_x + I_y = 2I_x = \dfrac{\pi}{32}(d_1^4 - d_2^4) = \dfrac{\pi}{32}(3^4 - 2^4) = 6.38[\text{cm}^4]$　$(I_x = I_y)$

60 그림과 같은 직사각형 단면의 도심을 지나는 X, Y 축에 대한 단면상승모멘트 값은?

① 0　　　　　　　　　② $\dfrac{b^2 h^2}{4}$

③ $\dfrac{b^2 h^2}{6}$　　　　　④ $\dfrac{b^2 h^2}{12}$

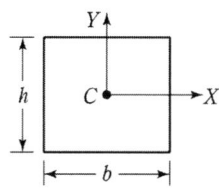

해설　단면1차모멘트와 단면상승모멘트는 도심축에 대한 값은 0 이다.

61 그림과 같은 직사각형 단면의 주축에 대한 단면2차모멘트의 합[cm⁴]은?

① 680
② 780
③ 880
④ 980

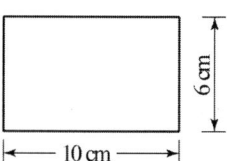

해설　주축 : 단면2차모멘트가 최대와 최소인 축
$I_{xc} = I_{\max},\ I_{yc} = I_{\min}$
$I = I_{xc} + I_{yc} = \dfrac{bh^3}{12} + \dfrac{b^3 h}{12} = \dfrac{bh}{12}(h^2 + b^2) = \dfrac{10 \times 6}{12}(6^2 + 10^2) = 680[\text{cm}^4]$
(단면2차극모멘트와 동일)

정답　59. ④　60. ①　61. ①

4장 부재단면의 성질
핵심예상문제 필답형 실기

01 ★★★
단면1차모멘트의 단위(m^3)와 같은 차원(Dimension)을 가지는 것은?

풀이 단면계수 : [cm^3], [m^3]

02 ★★★★
단면2차모멘트의 단위(m^4)와 같은 차원(Dimension)을 가지는 것은?

풀이 단면상승모멘트 : [cm^4], [m^4]

03 ★★
단면의 도심에 대하여 간단하게 설명하시오.

풀이 임의의 1점을 원점으로 하는 임의의 직교 좌표축에 대한 단면1차모멘트가 각각 0이 될 때 그 원점을 단면의 도심 또는 중심(重心)이라고 한다.

04 ★★
직사각형(장방형)이나 정사각형(정방형)의 도심 y_0는?

풀이 직사각형(장방형)이나 정사각형(정방형)의 도심 y_0는 $\dfrac{h}{2}$ 이다.

05 ★★
삼각형의 도심 y_0는?

풀이 삼각형의 도심 y_0는 $\dfrac{h}{3}$ 이다.

06 ★★
원의 도심 y_0는?

풀이 원의 도심 y_0는 $\dfrac{D}{2}$ 이다.

07 그림과 같이 반지름(r) 5[cm]인 반원의 도심 위치는 약 몇 [cm]인지 계산하시오.

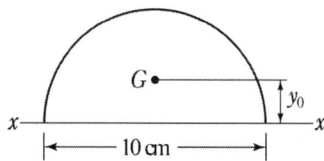

풀이 $y_0 = \dfrac{4r}{3\pi} = \dfrac{4 \times 5}{3 \times 3.14} = 2.1\,[\text{cm}]$

08 그림과 같은 빗금친 단면(A = 단면적)의 도심 y_0를 구하시오.

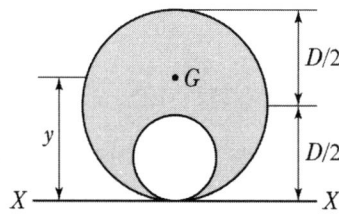

풀이 $y_0 = \dfrac{A_1 y_1 - A_2 y_2}{A_1 - A_2} = \dfrac{\pi r^2 \times r - \dfrac{\pi r^2}{4} \times \dfrac{r}{2}}{\pi r^2 - \dfrac{\pi r^2}{4}}$

r을 D로 바꾸면 $\dfrac{7}{12}D$

09 빗금친 단면(A = 단면적)의 도심 y_0를 구하시오.

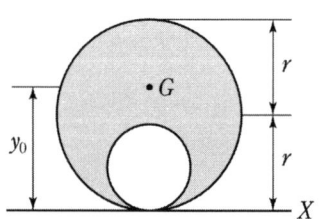

풀이 빈 공간을 포함한 반지름 r 인 가상원 면적 $A_1 = \pi r^2$
X축으로부터 도심까지의 거리 $y_1 = r$

빈속 부분의 지름 r인 작은 원의 면적 $A_2 = \dfrac{\pi r^2}{4}$

X축으로부터 작은 원의 도심까지의 거리 $y_2 = \dfrac{d}{2}$

빗금 친 실제원형에 대한 y_0 는

$$y_0 = \frac{A_1 y_1 - A_2 y_2}{A_1 - A_2} = \frac{\pi r^2 \times r - \frac{\pi r^2}{4} \times \frac{r}{2}}{\pi r^2 - \frac{\pi r^2}{4}} = \frac{\frac{7}{8}\pi r^3}{\frac{3}{4}\pi r^2} = \frac{7}{6}r$$

10 ★★★ 파프스의 정리에 대하여 간단하게 설명하시오.

[풀이] 길이가 L인 선분 AB를 X축을 중심으로 각 θ만큼 회전 시켰을 경우 생기는 표면적을 구할 때 사용하는 것을 파프스의 정리라고 한다.

11 ★★★★ 그림과 같은 단면의 $X-X$축에 대한 단면2차모멘트[cm⁴]를 계산하시오.
(단, 치수 단위는[cm]이다.)

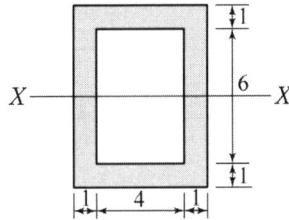

[풀이] 대칭 단면이므로 빈 속을 포함한 가상 전체 단면2차모멘트를 구한 후 여기에서 빈속의 단면2차모멘트를 빼면 된다.

$$I_{x1} = \frac{6 \times 8^3}{12} + (6 \times 8) \times 4^2 = 1024, \quad I_{x2} = \frac{4 \times 6^3}{12} + (4 \times 6) \times 4^2 = 456$$

$$\therefore I_x = I_{x1} - I_{x2} = 1024 - 456 = 568\,[\mathrm{cm^4}]$$

12 ★★★ 밑변 b, 높이 h인 삼각형 단면인 경우 밑변을 지나는 수평축에 대한 단면2차모멘트는?

[풀이] 밑변에 대한

$$I_{X_1} = I_{X_0} + A y_0^2 = \frac{bh^3}{36} + \frac{bh}{2}\left(\frac{h}{3}\right)^2 = \frac{bh^3}{12}$$

13 ★★ 지름 8[cm]인 원형 단면에서 도심을 지나는 축에 대한 단면2차모멘트[cm⁴]는 얼마인지 계산하시오.

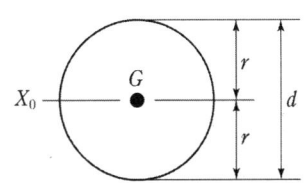

풀이 원형단면의 도심 G를 지나는 축에 대한 단면2차모멘트 I_X의 공식을 적용하면

$I_X = \dfrac{\pi d^4}{64}$ 에서 $d = 8$ ∴ $I_X = \dfrac{\pi 8^4}{64} = 200.96 ≒ 201$

14 ★★★
단면2차모멘트를 활용하는 용도에 대하여 간단하게 설명하시오.

풀이 단면2차모멘트는 단면계수와 단면2차반지름 계산, 강의 비, 처짐의 양, 좌굴하중 등의 계산, 휨응력도 계산, 전단응력도 계산 등에 활용한다.

15 ★★★★
그림과 같은 단면에서 지름 3[cm] 원을 떼어 버린다면 도심축 X축에 대한 단면2차모멘트는 약 몇 [cm⁴]인가?

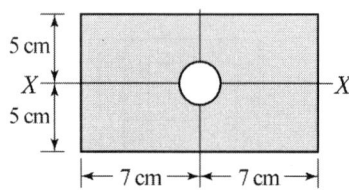

풀이 도형에 중공부분이 있을 때 전단면(빈속을 포함한 단면)을 A, 빈속을 B라 하면
$I_X = I_A - I_B$

① 장방형(직사각형) 단면인 경우 도심축 단면2차모멘트는
$I_A = \dfrac{bh^3}{12} = \dfrac{14 \times 10^3}{12} = 1166.7$

② 원형 단면인 경우 도심축 단면2차모멘트는
$I_B = \dfrac{\pi d^4}{64} = \dfrac{3.14 \times 3^4}{64} = 3.97$

∴ $I_X = I_A - I_B = 1166.7 - 3.97 = 1162.7 ≒ 1163$

16 ★★★
단면2차모멘트의 특징 2가지를 쓰시오.

풀이 단면2차모멘트의 특징은
① 나란한 축에 대한 단면2차모멘트 중에 도심축에 대한 단면2차모멘트는 최소가 된다.
② 정삼각형, 정사각형, 정다각형의 도심축에 대한 단면2차모멘트는 축의 회전에 관계없이 일정한 값이 된다.

17 ★★
밑변 b, 높이 h인 삼각형 단면인 경우 밑변에 대한 단면2차모멘트는?

풀이 삼각형 단면인 경우

밑변의 단면2차모멘트는 $I_X = \dfrac{bh^3}{12}$

★★
18 길이가 a인 정사각형(정방형) 단면인 경우 도심축에 대한 단면2차모멘트는?

풀이 정사각형(정방형) 단면인 경우 도심축에 대한 단면2차모멘트는
$I_X = \dfrac{a^4}{12}$

★★★
19 그림과 같이 삼각형의 도심 G를 지나는 축에 대한 단면2차모멘트 I_{X0}를 구하시오.

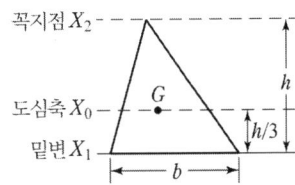

풀이 도심 G를 지나는 축에 대한 단면2차모멘트는
$I_x = \dfrac{bh^3}{36}\,[\mathrm{cm}^4]$

★★★
19 그림과 같이 삼각형의 밑변에 대한 단면2차모멘트 I_{X1}을 구하시오.

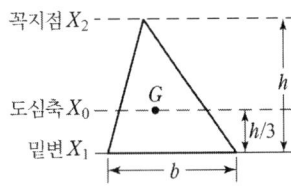

풀이 밑변 X_1축
$I_{x_1} = I_{x_0} + A \cdot y_0^2 = \dfrac{bh^3}{36} + \dfrac{bh}{2} \cdot \left(\dfrac{h}{3}\right)^2 = \dfrac{bh^3}{12}\,[\mathrm{cm}^4]$

★★★
20 그림과 같이 삼각형의 꼭지점에 대한 단면2차모멘트 I_{X2}를 구하시오.

풀이 꼭지점에 대한 X_2축

$$I_{x_2} = I_{x_0} + A \cdot y_0^2 = \frac{bh^3}{36} + \frac{bh}{2} \cdot \left(\frac{2h}{3}\right)^2 = \frac{bh^3}{4} \, [\text{cm}^4]$$

21 ★★★ 그림에서 반지름이 a인 4분원의 X축에 대한 단면2차모멘트를 구하시오.

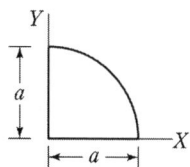

풀이 반지름 a인 원의 도심을 지나는 X축에 대한 단면2차모멘트는 $\frac{\pi a^4}{4}$이고 본문과 같은 $\frac{1}{4}$도의 X축에 대한 단면2차모멘트는 $\frac{\pi a^4}{4}$의 $\frac{1}{4}$이므로

$$I_x = \frac{\pi a^4}{4} \times \frac{1}{4} = \frac{\pi a^4}{16}$$

22 ★★ 밑변 b, 높이 h인 삼각형 단면인 경우 꼭지점에 대한 단면2차모멘트는?

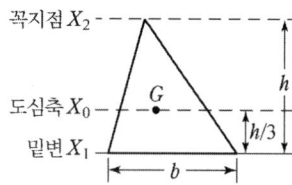

풀이 삼각형 단면인 경우
꼭지점에 대한 단면2차모멘트는
$$I_X = I_x + y_0^2 A = \frac{bh^3}{12} + \frac{bh}{2}\left(\frac{2h}{3}\right)^2 = \frac{bh^3}{4}$$

23 ★★★ 단면의 폭이 b, 높이가 h인 직사각형 단면에서 도심축에 대한 회전반경은?

풀이 $r_x = \sqrt{\frac{I_X}{A}} = \sqrt{\frac{bh^3/12}{bh}} = \frac{h}{\sqrt{12}} = \frac{h}{\sqrt{12}} = \frac{h}{2\sqrt{3}}$

24 ★★ 단면2차반지름에 대하여 아는바를 쓰시오.

풀이 단면2차반지름(radius of gyration)은 주로 기둥과 같이 압축력을 받은 부재의 단면설계에 쓰이는 좌굴저항계수로서 그 값이 클 때 저항에 대한 효율이 커지는 것이며, 이것은 장주와 같은 압축재의 좌굴에 대하여 저항하는 경제적인 단면설계에 많이 사용된다.

25 ★★★★
등변 ㄴ형강 75×75×9로 구성된 조립철주의 단면적은 60.76[cm²], 단면2차모멘트는 9613[cm⁴]일 때, 이 부재의 회전반지름은 약 몇 [cm]인가?

[풀이] 회전반지름 $r_x = \sqrt{\dfrac{I_x}{A}} = \sqrt{\dfrac{9613}{60.76}} ≒ 12.6$

26 ★★★
단면의 폭이 15[cm], 높이가 h인 직사각형 단면에서 단면계수가 1500[cm³]일 때, 높이 h는 약 몇 [cm]인지 계산하시오.

[풀이] $Z = \dfrac{bh^2}{6}$ $1500 = \dfrac{15 \times h^2}{6}$

$h^2 = \dfrac{6 \times 1500}{15} = 600$ $h = \sqrt{600} ≒ 24.5$

27 ★★★
직사각형(폭 16[cm], 높이 18[cm]) 단면과 같은 단면계수를 갖기 위해서 높이를 24[cm]로 할 때 폭의 크기[cm]를 계산하시오.

[풀이] $Z = \dfrac{bh^2}{6} = \dfrac{16 \times 18^2}{6} = 864 \, [\text{cm}^3]$

$Z = 864 = b \times \dfrac{24^2}{6} \, [\text{cm}^2]$ ∴ $b = 9 [\text{cm}]$

28 ★★★
폭과 높이의 비가 3 : 4인 직사각형의 단면계수가 1000[m²]일 때 높이[cm]를 계산하시오.

[풀이] $\dfrac{bh^2}{6} = 1000$

$b = 3x$, $h = 4x$ 이므로

$\dfrac{48x^3}{6} = 1000$, $x = \sqrt[3]{125} = 5$

따라서 $h = 4 \times 5 = 20 [\text{cm}]$

29 ★★★
지름이 D인 원의 단면계수를 구하시오.

[풀이] 1) 단면계수 $Z = \dfrac{I}{y}$

2) 원의 단면2차모멘트 : $\dfrac{\pi D^4}{64}$

3) 도심까지의 거리 : $y = \dfrac{D}{2}$

$$\therefore \text{원의 단면계수 } Z = \frac{I}{y} = \frac{\dfrac{\pi D^4}{64}}{\dfrac{D}{2}} = \frac{\pi D^3}{32}$$

★★★

30 다음 그림과 같이 $b=10[\text{m}]$, $h=15[\text{m}]$인 부재의 밑변(하단)과 꼭지점(상단)의 단면계수를 구하시오.

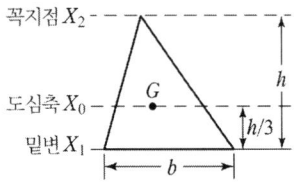

풀이 단면계수를 구하는 식은 $Z = \dfrac{I_x}{y}$

삼각형 단면인 경우 도심축(하단기준)단면2차모멘트는

$$I_x = \frac{bh^3}{36}[\text{cm}^4], \quad y = \frac{1}{3}h$$

$$Z = \frac{I_x}{y} = \frac{\dfrac{bh^3}{36}}{\dfrac{1}{3}h} = \frac{bh^2}{12} = \frac{10 \times 15^2}{12} = 187.5[\text{cm}^3]$$

삼각형 단면인 경우 도심축(상단기준)단면2차모멘트는

$$I_x = \frac{bh^3}{36}[\text{cm}^4], \quad y = \frac{2}{3}h$$

$$Z = \frac{I_x}{e} = \frac{\dfrac{bh^3}{36}}{\dfrac{2}{3}h} = \frac{bh^2}{24} = \frac{10 \times 15^2}{24} = 93.75[\text{cm}^3]$$

★★★

31 다음 그림의 단면계수를 구하시오.

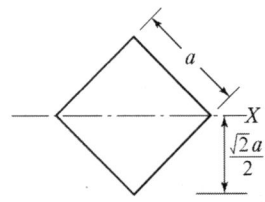

풀이 $X-X$축에 대한 단면2차모멘트는

$$I_x = \frac{a^4}{12}[\text{cm}^4]$$

단면계수 $Z = \dfrac{I}{y} = \dfrac{a^4}{12} \times \dfrac{2}{\sqrt{2}} = \dfrac{a^3}{6\sqrt{2}}$

32 ★★ 다음 그림과 같은 단면의 도심에 대한 단면2차극모멘트를 계산하시오.
(단, $h = 2b$ 이다.)

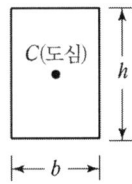

풀이 $I_P = I_x + I_y = \dfrac{bh^3}{12} + \dfrac{hb^3}{12} = \dfrac{bh}{12}(h^2 + b^2) = \dfrac{b \times 2b}{12}(4b^2 + b^2) = \dfrac{5}{6}b^4$

33 ★★ 반지름이 d인 원통형 단면의 중심축에 대한 단면2차극모멘트를 구하시오.

풀이 반지름이 d 이므로 지름 $D = 2d$

$I_P = I_x + I_y = 2 \times \dfrac{\pi D^4}{64} = \dfrac{\pi}{32}(2d)^4 = \dfrac{\pi d^4}{2}$

34 ★★ 바깥지름 d_1, 안쪽지름이 d_2인 원통형 단면에서 단면의 중심축에 대한 단면2차극모멘트 [cm⁴]를 구하시오.

풀이 바깥 원의 지름을 d_1, 안쪽 원의 지름을 d_2라 하면

$I_{X1} = \dfrac{\pi d_1^4}{64}$, $I_{X2} = \dfrac{\pi d_2^4}{64}$

$I_X = I_Y = \dfrac{I_p}{2}$ 에서

$I_X = I_{X1} - I_{X2} = \dfrac{\pi}{64}(d_1^4 - d_2^4)$

$I_p = I_{p1} - I_{p2} = \dfrac{\pi}{32}(d_1^4 - d_2^4)$

35 ★★★ 바깥지름이 4[cm], 두께가 0.5[cm]인 원형단면 강관이 있다. 이 강관의 원형단면의 도심축에 대한 단면2차극모멘트[cm⁴]를 계산하시오.

풀이 $I_p = I_{p1} - I_{p2} = \dfrac{\pi}{32}(d_1^4 - d_2^4) = \dfrac{\pi}{32}(4^4 - 3^4) = 17.17 ≒ 17$

36 다음 그림에서 단면상승모멘트[cm⁴]는 얼마인가?

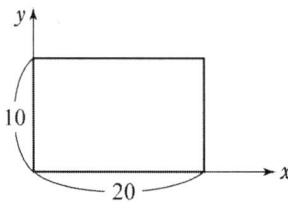

풀이 x, y축 상승모멘트(구형)
$I_{xy} = A \cdot x_0 \cdot y_0 = (20 \times 10) \times 10 \times 5 = 10000\,[\text{cm}^4]$

또는 $\dfrac{b^2 h^2}{4} = \dfrac{20^2 \times 10^2}{4} = 10000\,[\text{cm}^4]$

5장 전기철도구조물의 설비

중점학습내용

5장 전기철도구조물의 설비에서는 전철주의 종류(콘크리트주, 철주, 목주) 중에 가장 많이 사용하는 철주(조립철주, H형강주, 강관주), 전철주의 표준경간과 건식게이지, 전차선에 발생하는 기울기의 요소(5가지)에 대하여 상세한 문제 풀이로 쉽게 이해할 수 있도록 구성하였다.

그리고 전철주기초(근가기초, 쇄석기초, 콘크리트기초, 앵커볼트기초 등)의 종류와 형상, 전철주기초의 시공과 철주 다리의 구조 등에 대하여 출제가 예상되는 문제의 해설과 풀이로 구성하였다.

강구조물(빔, 완철, 하수강, 평행틀, 지선 등)의 종류와 사용개소, 구조물별로 고정식 빔과 가동브래킷, 완철의 종류와 길이(전주로부터의 이격거리), 전주대용물의 높이, 하수강과 평행틀의 개념과 사용개소 등은 출제 빈도가 높아 핵심예상문제풀이를 통하여 쉽게 이해할 수 있도록 정리하였다.

또한 전차선로에 사용하는 애자(현수애자, 장간애자, 지지애자)의 역할과 형상, 지선의 종류와 역할, 설치개소, 지선의 항장력 계산 등도 다양하게 출제가 되어 핵심적인 예상 문제들을 수록하였다.

애자의 오손과 방지 대책, 전차선로에 사용하는 전선류(전차선, 조가선, 급전선, 비절연보호선 등)의 역할과 재질에 대한 장·단점, 철재의 방청(용융아연도금)에서 부착량과 황산동 횟수, 용융아연도금의 특징은 신규 내용들로 간단하면서도 출제가 예상되는 문제들을 수록하였다.

마지막으로 전기철도(산업)기사 국가기술자격시험에 가장 중요하고 출제 빈도가 많은 5장과 6장은 문제의 난이도가 높고, 이해와 계산하는 문제 위주로 출제가 되므로 핵심예상문제(필기, 필답형 실기) 풀이로 마무리하였다.

1. 전주 구조물

1.1 전철주(電鐵柱)

(1) 전철주의 종류

1) 콘크리트주

1종 : 송전, 배전, 통신, 신호용
2종 : 전차선로용

① 프리텐션(pretension) 콘크리트주

PC 강선을 탄성한도까지 당겨서 콘크리트와 원심력으로 혼합하여 인장응력과 굽힘력에 강하도록 만들어진 콘크리트 전주

② 전주의 형상에 의한 구분

 ㉠ T형 : 전주의 외형(지름)이 말구쪽으로 가면서 가늘어지는 형태

 ㉡ N형 : 전주의 외형(지름)이 균일화된 형태

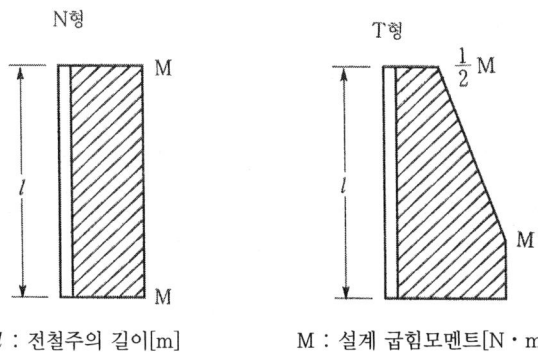

l : 전철주의 길이[m] M : 설계 굽힘모멘트[N·m]

2) 철주(鐵柱)

① 조립철주

주재를 ㄴ형강을 사용하고 사재에는 ㄴ형강 또는 평강을 사용하는 4각주와 궤도중심 간격이 좁은 개소와 인류개소 등에는 주재를 ㄷ형강을 사용하고 사재에는 ㄴ형강 또는 평강을 사용하는 구형철주(構型鐵柱 : 채널주)를 사용

② 강관주(鋼管柱)

 ㉠ 콘크리트주의 설치가 곤란한 고가교, 난간개소에 주로 이용

 ㉡ 토목구조상 투입기초의 설치가 불가능하고 설계 굽힘모멘트가 150,000 [N·m]을 넘는 큰 하중을 가지는 단독주에 사용

③ H형강주(H型鋼柱)

H형강 단일재를 사용하기 때문에 제작이 용이하고 시공이 간편하여 최근 전철주로 강관주와 함께 많이 사용

④ 목주(木柱)

목주는 부식 때문에 지지물의 강도가 저하되므로 다른 지지물에 비해서 신뢰성이 낮고, 또한 화재에 대해 약하다.

현재에는 자재 구입난과 재질이 고르지 못한 점 때문에 실질적으로 사용되고 있지 않으며, 단기간의 가설비 정도에 사용

각종 전철주의 비교

구분	콘크리트 전주	철 주	목 주
장점	· 수명이 반영구적이다. · 전주의 형상이 일정하고 공장제작 품질관리가 용이하다. · 강도를 자유롭게 선택하기가 가능하다. · 보수가 필요없다. · 가격이 비교적 싸다.	· 소요강도는 자유롭게 설계가 가능하다. · 강도에 비하여 경량이다. · 내구성이 비교적 높다. · 특수한 형상도 가능하고 건식 장소의 제약이 비교적 적다. · 전주길이에 제약이 없다. · 분할운반이 가능하다.	· 경량으로 건식이 비교적 용이하다. · 일반적으로 가격이 싸다.
단점	· 중량이 무겁다. · 운반, 취급이 불편하다.	· 비교적 고가이다. · 초기 도금 후 방청 도장이 필요하다.	· 가연성이 있다. · 강도를 자유롭게 선택하기가 불가능하다. · 강도의 고르지 못함이 크다. · 노후, 부식으로 교체가 필요하다. · 딱다구리 등 새의 피해를 입는다.

(2) 전철주의 건식

1) 전철주의 경간

전차선을 지지하는 인접 전철주간 중심거리 간격을 「경간」이라 하며, 전차선로를 설계할 때 가장 먼저 고려하여야 하는 것이 전철주의 경간과 전선장력이다.

2) 경간의 제한

풍속 30[m/s]의 바람이 불더라도 집전장치(pantograph)의 유효폭(655[mm], 전폭 1310[mm]) 이내에 전차선의 위치가 유지

3) 표준경간

우리나라 일반전철구간(운전 최대속도 120[km/h], 심플 커티너리(simple catenary) 방식)과 경부고속철도구간(운전 최대속도 300[km/h], 헤비심플 커티너리(heavy simple catenary) 방식)의 표준경간은 아래와 같다.

일반 전철구간 표준경간

곡선반지름(R)	최대경간(m)
2,000(m) 초과	60
1,000(m)초과 ~ 2,000(m)까지	50
700(m)초과 ~ 1,000(m)까지	45
500(m)초과 ~ 700(m)까지	40
400(m)초과 ~ 500(m)까지	35
300(m)초과 ~ 400(m)까지	30
200(m)초과 ~ 300(m)까지	20

경부고속철도 구간의 편위와 표준경간

곡선반지름 [m]	편위 [mm]	Zone 1		Zone 2		Zone 3
		Normal	Exposed	Normal	Exposed	Tunnel
∞	200/-200	63	54 m	49.5 m	45 m	49.5 m
∞ > R > 20000	200/-200	58.5 m	54 m	49.5 m	40.5 m	48 m
20000 > R ≥ 10000	200/-150	58.5 m	54 m	49.5 m	40.5 m	48 m
10000 > R ≥ 7000	200/-100	58.5 m	54 m	49.5 m	40.5 m	49.5 m
7000 > R ≥ 4000	200/-50	58.5 m	54 m	49.5 m	40.5 m	48 m
4000 > R ≥ 2000	200/50	54 m	49.5 m	45 m	36 m	45 m
2000 > R ≥ 1000	200/200	49.5 m	49.5 m	45 m	31.5 m	45 m
1000 > R ≥ 750	200/200	45 m	45 m	40.5 m	40.5 m	40.5 m
750 > R ≥ 500	200/200	36 m	36 m	36 m	36 m	36 m
500 > R ≥ 400	200/200	36 m	36 m	31.5 m	31.5 m	31.5 m

[주] – Zone 1 : 서울~경주   – Location 계수 : ks
     – Zone 2 : 경주~부산   · Normal : 1.0
     – Zone 3 : 서울~부산 터널   · Exposed : 1.3 (지상 10~30 [m] 사이)

4) 전차선에 발생한 기울기의 요소

① 풍압에 의한 기울기

② 곡선로에 의한 기울기

③ 지지물의 변형에 의한 기울기

④ 차량동요에 의한 집전장치의 기울기

⑤ 온도변화에 의한 가동브래킷의 회전 기울기

5) 집전장치(pantograph) 유효폭

집전상 유효폭(습판폭 1,110 mm)보다 200 mm(좌·우각 100 mm) 크게 한 1,310 mm

① 유효폭[m]의 계산식

$$L_0 = L + A$$

$$L = \left\{ R^{\frac{2}{3}} - \left(\frac{P_0 \times S}{4 \times T_t} \right)^{\frac{2}{3}} \right\}^{\frac{3}{2}}$$

L_0 : 집전장치 유효폭[m]

L : 집전장치 유효폭 곡선부분의 유효길이[m]

A : 집전장치 유효폭 수평부분의 길이[m]

R : 집전장치 유효폭 혼의 곡선반지름[m]

P_0 : 집전장치 유효폭 압상력[N]

S : 경간[m]

T_t : 전차선 장력[N]

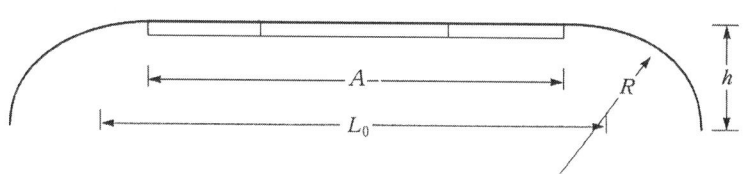

그림 5.4 집전장치 유효폭

6) 풍압에 따른 전차선의 기울기량 [m]

① 진동방지장치가 설치되어 있는 경우

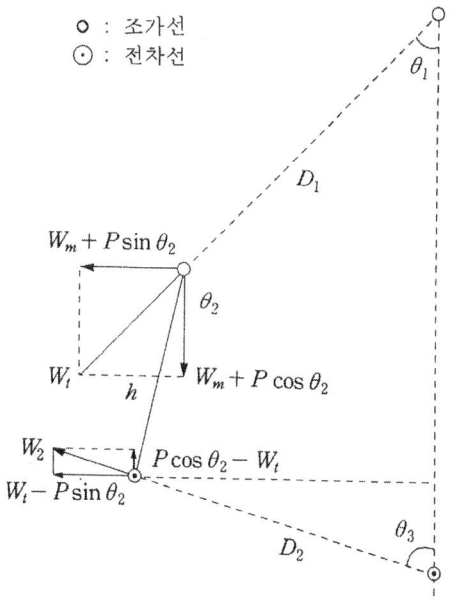

그림 5.5 풍압기울기(심플 가선)

$$d_1 = \frac{S^2(W_m + W_t)}{8(T_m + T_t)} [심플커티너리가선방식]$$

d_1 : 풍압에 따른 전차선의 기울기량[m]
S : 경간길이[m]
W_m : 조가선의 풍압하중[N/m]
W_t : 전차선의 풍압하중[N/m]
T_m : 조가선의 가선장력[N]
T_t : 전차선의 가선장력[N]
P : 행거가 작용하는 힘
h : 행거의 최소길이
D_1 : 조가선의 이도 (deep)
D_2 : 전차선 풍압에 의한 이도

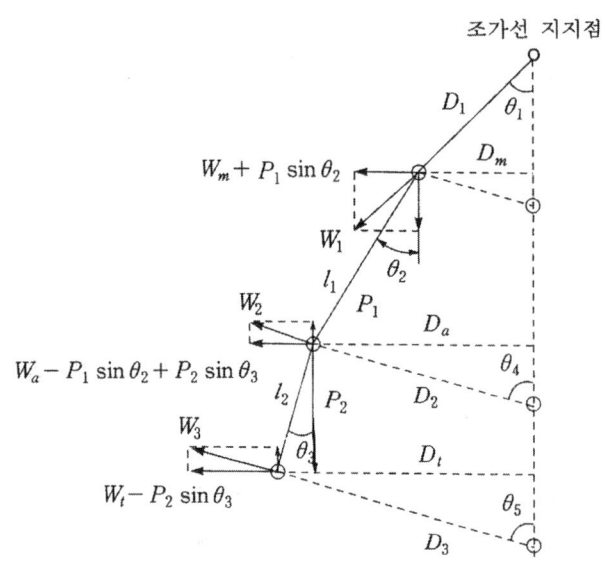

그림 5.6 풍압기울기(콤파운드 커티너리가선방식)

$$d_1 = \frac{S^2(W_m + W_a + W_t)}{8(T_m + T_a + T_t)} \text{ [콤파운드 커티너리가선방식]}$$

W_a : 보조조가선의 풍압하중[N/m]
T_a : 보조조가선의 장력[N]

P_1 : 드로퍼가 작용하는 힘

P_2 : 행거가 작용하는 힘

l_1 : 최소 드로퍼 길이

l_2 : 행거의 길이

D_3 : 전차선의 풍압에 의한 이도

D_m : 조가선의 기울기

D_a : 보조조가선의 기울기

D_t : 전차선의 기울기

② 진동방지장치가 없는 경우

$$d_2 = \frac{W_m + W_t}{W_m' + W_t'} \cdot D + \frac{W_t}{W_t'} \cdot h$$

d_2 : 풍압에 따른 전차선의 기울기량[m]

W_m' : 조가선의 단위중량[kg/m]

W_t' : 전차선의 단위중량[kg/m]

D : 조가선의 최대이도

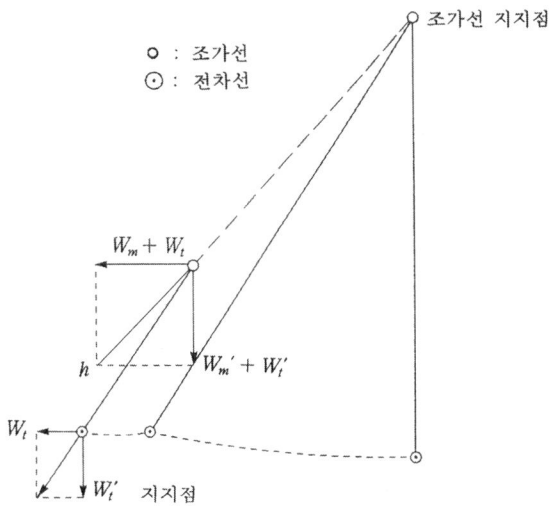

그림 5.7 풍압기울기

③ 지그재그 기울기가 있는 경우
　㉠ 심플 가선방식

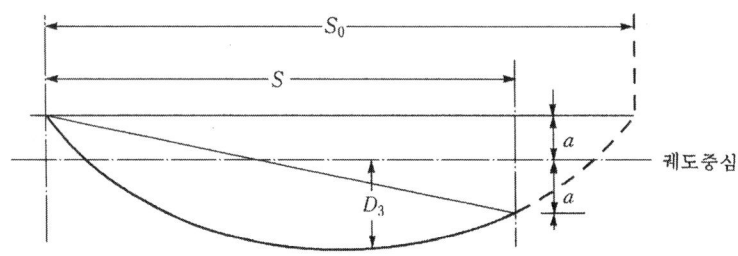

그림 5.8 풍압 기울기(심플 가선)

$$d_3 = \frac{S^2(W_m + W_t)}{8(T_m + T_t)} + \frac{2a^2(T_m + T_t)}{S^2(W_m + W_t)}$$

d_3 : 지그재그 기울기를 취했을 때의 풍압에 따른 전차선 기울기량 [m]
S : 경간[m]
a : 지지점의 설정 지그재그 편위량[m]
S_0 : 풍압을 받았을 때의 등가경간

㉡ 콤파운드 가선(지그재그 기울기를 3경간 사이클로 할 때)

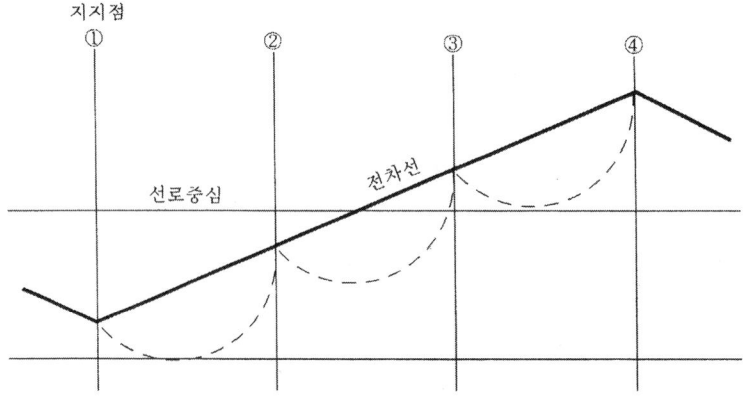

그림 5.9 3경간 편위

$$d_3 = \frac{S^2(W_m + W_a + W_t)}{8(T_m + T_a + T_t)} + \frac{H^2(T_m + T_a + T_t)}{2S^2(W_m + W_a + W_t)} + \alpha + \frac{H}{2}$$

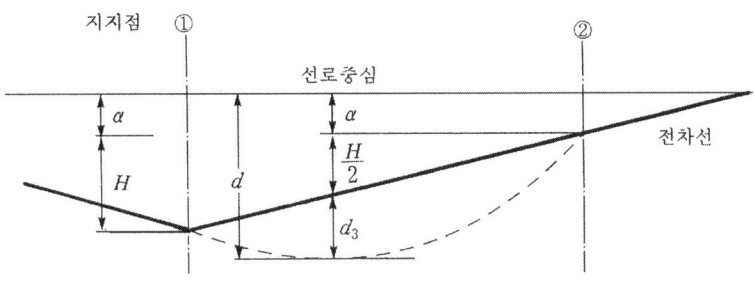

그림 5.10 풍압기울기(콤파운드 가선)

W_a : 보조조가선 풍압하중[N/m]

T_a : 보조조가선의 가선장력[N]

α : 지지점 ②의 설정 지그재그 편위량[m]

H : 지지점 ①, ② 간의 설정 지그재그 편위량[m]

7) 곡선로의 경우 전차선의 기울기

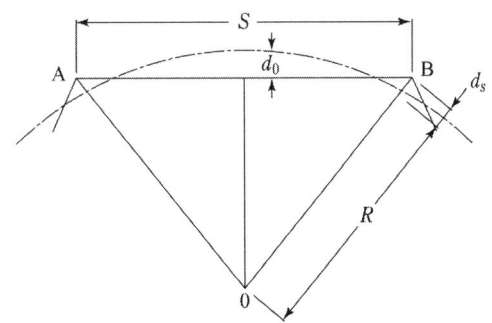

그림 5.11 곡선로의 경우 전차선 기울기

① 지지점과 경간 중앙에서의 기울기량이 같을 때

$$d = \frac{S^2}{8R}$$

d : 전차선의 기울기량[m]

S : 경간[m]

R : 곡선반지름[m]

② 지지점의 전차선 기울기를 d_s 로 하면

경간 중앙의 기울기량

$$d_0 = \frac{S^2}{8R} - d_s$$

S : 경간[m]

R : 곡선반지름[m]

8) 지지물의 굽힘에 따른 기울기

바람의 영향, 전선의 수평장력 등에 의하여 지지물(전철주)의 굽힘과 기초 변형에 의한 전주경사가 발생하므로, 전차선의 높이에 대하여 100[mm](전철주의 굽힘에 대하여 50[mm], 기초경사에 대하여 50[mm]) 정도의 경사를 고려

9) 차량동요에 따른 집전장치 기울기

궤도면상 585[mm]의 점을 중심으로 좌·우 610[mm]의 수평점에 상·하 각각 최대 32[mm](차량동요 최고각도 3°)까지 이동이 되므로 전차선의 높이를 5,200[mm]로 하면 집전장치 면의 기울기는

$$(5,200 - 585) \times \frac{32}{610} ≒ 242[mm]$$

10) 온도변화에 따른 가동브래킷 회전에 따른 기울기

Cu-Fe계의 가선과 Cu-Cu계의 가선을 비교하면 Cu-Fe계의 신축에 의한 이동량이 약 1/2이 된다.

가동브래킷의 회전에 따른 기울기량은

$$\sigma = M - \sqrt{M^2 - \Delta l^2}$$

σ : 가동브래킷의 회전에 따른 전차선의 기울기

M : 가동브래킷의 회전에 따른 회전반지름(가동브래킷의 게이지)

Δl : 전차선의 이동량

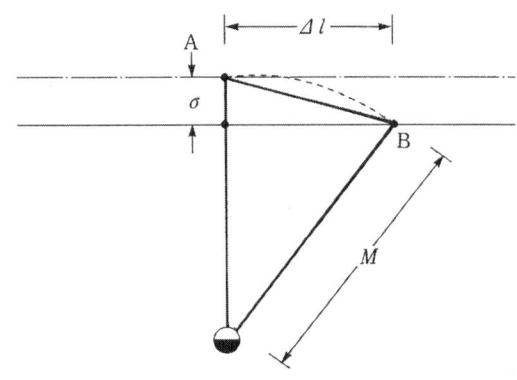

그림 5.12 가동브래킷의 기울기

11) 직선구간에서의 전차선 기울기의 여유

$$기울기의 여유 = \frac{D}{2} - (D_1 + D_2 + D_3) - D_4$$

D : 집전장치의 유효폭

D_1 : 지지물의 느슨함에 따른 기울기량

D_2 : 차량동요에 의한 집전장치 기울기

D_3 : 가동브래킷 회전에 따른 기울기

D_4 : 전차선의 최대 풍압 기울기량

(3) 전철주의 건식게이지

1) 정의

건축한계의 외에 세워지는 전주의 건식 가능 위치이며, 궤도중심에서 전주내면까지의 공간거리

2) 깎기, 돋기구간의 건식게이지

배수에 지장을 주지 않도록 배수로의 바깥쪽에 세우는 것을 원칙, 역간 건식게이지는 3.0[m]

3) 정차장 구내의 선로 사이에 건식하는 경우

가급적 입환작업이나 기타 구내작업에 지장이 없도록 건축한계에 여유를 준다 (역 구내 측선의 건식게이지는 3.5[m] 정도로 하고 있다).

4) 승강장, 화물적하장 등에 건식하는 경우

승객의 타고 내림이나 화물의 싣고 내림에 지장이 없도록 홈의 연단에서 1.5[m] 이상 이격

5) 인류주 등 차막이 후방에 건식하는 경우

열차의 제동거리 미확보 등에 의하여 전차선에 중대한 영향을 미치지 않도록 하기 위하여 10[m] 이상 이격하여 건식

① 10[m] 이상 이격이 불가능한 경우는 지지물을 문형구조로 하여 전차선을 빔으로 인류

6) 자동차 등이 통과하는 건널목에 인접하는 전철주(주의표용 전주 제외)

자동차 등의 사고로 인하여 영향이 미치는 것을 피하기 위해서 건널목 양단에서 5[m] 이상 이격해서 건식

7) 곡선로 등에 설치하는 경우

신호기를 보는 데 지장이 없는 위치에 건식하여야 하며 특히 곡선로의 내측궤도에 전주를 건식한 경우 전주나 빔에 가려서 신호기가 보이지 않을 우려가 있기 때문에 주의를 하여야 한다. 또한, 철주를 건식하는 경우는 볼트가 튀어나오는 것에 대해서도 주의가 필요

1.2 전철주기초

1) 정의 : 전철주를 대지에 고정시키기 위한 설비

2) 조건

① 외력(外力)에 대해 충분한 저항을 갖고 전주의 경사가 허용한도를 넘지 않아야 한다.
② 지반의 흙을 포함한 기초의 구성재료는 부식, 동결, 건습, 열화(劣化)를 받아도 내구성이 있어야 한다.
③ 지표 부근의 흙은 계절적 건습이나 동결 등의 자연의 영향과 보선작업이나 기타 인위적인 영향도 고려하여야 한다.

(1) 전철주기초의 종류

1) 근가(根架)기초

전철주에 근가를 철선 등으로 고정하여 전주가 경사되지 않도록 하는 기초 시공방법은 기초 흙파기를 단계별로 굴착하여 근가를 설치하며, 목주기초에 주로 사용하는 방식으로 초기의 콘크리트주에 사용하였다.

2) 쇄석기초

전주 지름의 2배 정도 원형구멍을 굴착한 후 전주가 땅 속으로 침투하지 않도록 철근 콘크리트제의 바닥판을 여러 개 깔고 그 위에 전주를 수직으로 건식하여 넣고 굴착한 구멍과 전주의 공간을 쇄석(부순 돌)과 토사를 채워 넣는 기초로서 비교적 지반 모멘트가 작은 장소에 사용

굴착한 토사가 연약할 때는 굴착한 토사 대신에 양질인 사질토를 이용하며 구멍을 굳히기 위하여 묻을 때 조금씩 쇄석을 넣으며 쇄석과 토사의 혼합비는 5 : 1을 표준

지름 d[cm]	전주지름의 1.8~2배
길이 l[cm]	전주 길이의 1/6~전주지름의 6배
표토 l'[cm]	10~30

※ 표토는 성토를 말하며 표층의 붕괴가 쉬운 부분을 말한다.

3) 콘크리트기초

① I형기초

기초의 형태가 상하 직선으로 되어진 기초로 일반적인 전철주의 콘크리트기초로서 가장 많이 사용되고 있다.

② T형기초

기초의 형태가 T형으로 되어 있으며, 성토개소이거나 선로의 경사면의 토압이 약한 개소에 사용하여 침하와 전도가 되지 않도록 기초의 상부를 넓게 하는 구조

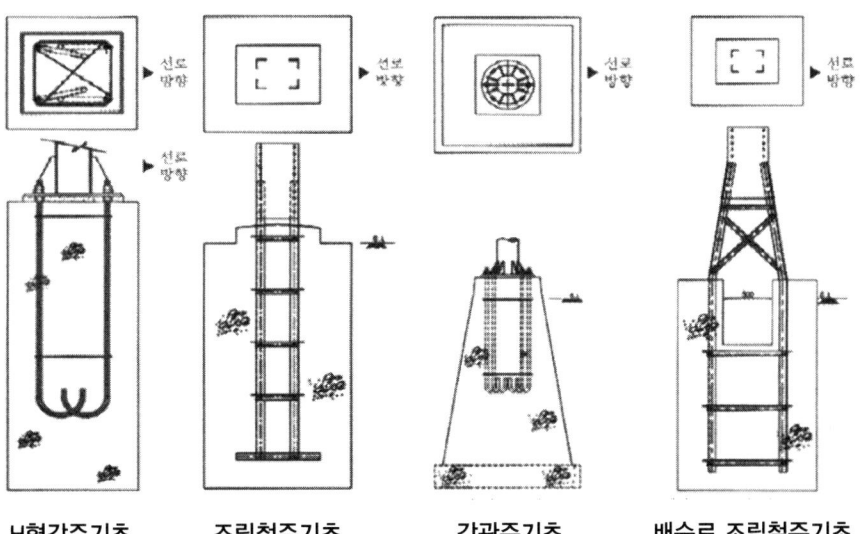

H형강주기초   조립철주기초   강관주기초   배수로 조립철주기초

4) 특수기초

① 앵커볼트기초

H형강주 및 강관주에 사용하는 기초로서 콘크리트 타설전 앵커볼트(기초 볼트)를 넣은 구조와 이미 만들어진 콘크리트 구조물의 천정 슬래브나 옹벽개소에 앵커볼트를 삽입한 구조가 있다.

② 우물통기초

협소한 장소에서 터파기를 할 때 구멍을 작게 하면 흙이 무너지거나 지반이 약해서 기초터파기가 곤란한 개소에 사용

③ 푸팅(Footing)기초

모멘트와 수직하중이 큰 장(長)경간 빔용 대형 철주 등에 사용

④ 중력형블럭기초

측면 토압이 특히 연약한 경우에 사용하는 콘크리트기초로서 푸팅기초와 비슷하나 이 기초는 기초의 크기를 크게 하여 외력(外力)에 의한 모멘트를 자체 중량에 의하여 저항하도록 만들어진 특수기초의 일종

⑤ Z형기초

기초지반이 암반(巖盤)으로 되어 있을 때 암반에 기초구멍을 파서 전주를 건식한 후 콘크리트로 직접 타설하는 특수기초

⑥ H주기초

특히 하중이 큰 지지물에는 H주를 이용하여 하중을 분산해 주고 있는 경우에 사용되는 기초로서 기초 하부는 독립되어 있고 상부는 공통으로 되어 있는 구조의 특수기초

⑦ 투입식기초

고가교, 옹벽 등의 개소에서 토목구조물에 전주용 콘크리트 기초 구멍을 미리 설치해 두고 후에 전주를 건식하고 모래를 채우는 구조의 기초

⑧ 항(杭) 기초

항타에 따라서 지내력을 보강하는 특수기초

(2) 전철주기초의 시공

1) 전철주기초의 깊이

① 기온 등의 영향으로 흙의 체적변화를 일으킬 우려가 없는 깊이로 하며, 콘크리트주의 경우에 표준깊이 약 2.5[m] 이상

② 수직하중이 특히 큰 경우나 지반의 압축 지지력이 특히 작은 경우에는 전주가 침하(沈下)되지 않도록 기초의 밑부분에 콘크리트제의 바닥판을 사용

2) 철주다리의 구조

① **직매입**

철주 본체를 그대로 기초 콘크리트에 매입하는 가장 기본적인 방식으로 신설되는 선로에 사용되고 있으나 시공의 정확도가 필요하며, 콘크리트가 양생하는 동안 철주가 움직이지 않아야 하는 단점 등이 있어 열차운행이 빈번한 기존선에서는 사용하지 않는 방식

② **근계매입**

주재를 기초부와 상부에 분할하여 기초 완료 후 하부와 상부주재를 볼트로 체결해서 접속하는 방식으로 가장 많이 사용

③ **앵커볼트매입**

기초콘크리트 또는 교량 구조물에 기초 볼트를 매입해 넣고 철주를 볼트로 체결하는 방식으로 교량이나 고가교 등 기초의 설치가 곤란한 경우에 주로 사용

④ **핀구조**

철주다리 부분이 회전 가능하도록 만들어진 특수구조이며, 핀구조는 기초의 굽힘모멘트를 부담시키기가 곤란한 경우에 한해 사용하며 보통의 전철주에는 사용되지 않는 방식

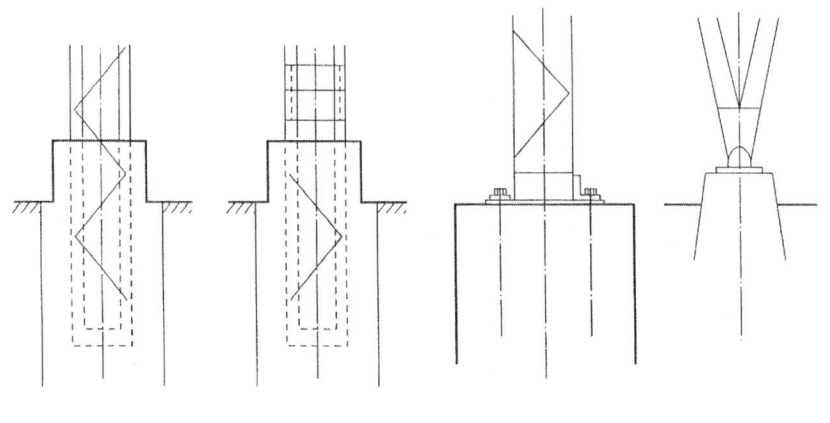

직매입(直埋込)   근계매입(根繼埋込)   앵커볼트매입   핀(pin) 구조

그림 5.13 철주 다리부분의 구조

2. 철(강) 구조물

2.1 빔(Beam)

(1) 빔의 종류

1) 고정식 빔

궤도의 한쪽 또는 양쪽에 전주를 세우고 궤도와 직각으로 강재를 조합한 빔 또는 브래킷을 취부하고 이것에 전차선을 조가하는 방식

① 고정브래킷(fixed bracket)

켄틸레버(cantilever)의 일종으로 단선구간용의 전차선 지지물로서 사용되어 왔으며, 현재 단선구간의 역간 또는 역구내의 전차선을 1선 지지하는 경우에 사용

② 크로스빔(보통빔)

단선구간의 진동방지개소와 복선구간의 역간과 역구내 등의 일부에서 사용되는 것으로 주재를 ㄴ형강 1본 또는 2본을 지지주간에 취부하고 이것을 텐션로트로 걸거나 또는 ㄴ형강으로 지지하는 간단한 구조

③ 문형고정빔

지지물과 결합된 형태가 문형(門型)으로 되어 있고, 복선 또는 복선 이상의 전차선을 지지하기 위하여 사용되어지는 것으로 강재를 조합한 구조로 되어 있으며 "트러스라멘빔"이라고도 한다.

문형 고정빔의 종류에는 평면빔, V빔, 4각빔과 강관빔이 있으며, 빔의 선정은 내(耐)하중의 크기에 따라 결정

2) 스팬선식빔

고정식 문형빔 대신에 전선을 스팬선으로 가선하여 이것에 전차선을 조가하는 방식으로 역구내 측선이 많은 개소와 차량기지, 화물기지 등 선로의 수가 많은 개소에 사용

① 종류

스팬선빔방식, 빔하스팬선방식, 가압빔방식

② 특성

㉠ 빔의 중량이 가벼워서 건설비가 저렴

ⓒ 빔의 길이를 크게 할 수 있다.
　　ⓒ 전차선의 편위조정이 쉽다.
　　ⓔ 온도변화에 따른 스팬선 이도 조정이 필요하는 등 보수점검이 어렵다.
　　ⓜ 한 선로에 사고 발생시 다른 선로에 영향을 줄 수 있다.

빔 종류	우수한 점	보완할 점
고정브래킷 크로스빔	· 구조 간단 · 저렴	· 중하중(重荷重)에 견디기 어렵다. · 장대(長大)에 사용이 곤란하다. · 수평하중에 약하다.
고정빔	· 중하중에 견딤 · 횡하중에 강함	· 조가물에 대해 자중(自重)이 크다. · 눈(雪)에 대해 불리하다.
가동브래킷	· 애자가 전주측에 있어 매연에 대해 오손이 작음 · 전차선을 일괄해서 장력조정할 수 있어 가선특성이 좋음 · 진동방지, 곡선당김장치를 가동브래킷에 취부하기 때문에 경점이 작다. · 경량이므로 가선특성이 좋다.	· 가동브래킷의 회전에 따라 가선위치가 이동한다. · 가선이 단선되면 파급범위가 크게 되는 영향이 있다. · 가선상호 이격거리가 작은 장소, 배선이 복잡한 장소에 사용이 곤란하다.
스팬선 빔	· 같은 길이의 고정빔에 비교해서 공사비 저렴하다. · 애자의 수량을 작게 할 수 있다. · 전주 건식수가 작게 되며 미관과 투시가 좋고 구내작업에 유리하다.	· 온도변화에 따른 스팬선 이도 조정이 필요하다. · 지지가선이 상호 영향이 있어 광범위한 조정이 필요하다. · 전주의 장대화(長大化)로 큰 강도의 전주가 필요하다.
가압빔	· 애자설비의 수량을 작게 할 수 있다. · 진동방지, 곡선당김장치를 가압빔에 취부하기 때문에 경점이 적다.	· 급전구분이 다소 복잡하다. · 순환전류에 의한 가닥소손될 우려가 있다.

2.2 가동브래킷

선로방향에 대하여 직각으로 설치하여 전차선과 조가선을 지지해주며 본체가 좌우 자유로 회전할 수 있는 구조로 역간의 단독주에, 역구내에는 고정빔과 조합하여 사용

(1) 가동브래킷의 종류

선로의 곡선조건에 따라 합성전차선을 당기거나 밀어주어 편위를 조정하는 역할

1) 가동브래킷이 받는 작용력에 따라 인장형(I형 : In Type)과 압축형(O형 : Out Type)으로 구분하여 사용
2) 가동브래킷은 건식게이지[m]를 G, 가고(架高)를 L, 작용력에 대한 형(型)을 O, I로 표시하여 호칭한다 (예 : G3.0 L960 O)

(2) 가동브래킷 특성

1) 회전성능
수평방향으로 회전이 가능한 각도를 90°로 하고 회전에 의하여 전차선 위치가 좌우 ±500[mm] 미만의 범위에서는 조가점에 변동이 없도록 하여야 한다.

2) 회전억제저항
전차선의 수직하중과 횡장력을 받은 상태에서 1개소당 3[kg] 이하

2.3 완철(腕鐵)

전주 또는 고정빔 등에 취부하여 급전선, 부급전선, 보호선 등을 지지 또는 인류하기 위한 구조물

(1) 완철의 종류
직류 전차선로용과 교류 전차선로용이 있다.

(2) 완철의 길이

1) 지주로부터 이격거리(L)

① 수직하중

$$W = W_1 + W_2 [\text{N}]$$

W_1 : 전선의 하중[N]
W_2 : 애자의 하중[N]

② 수평하중

$$P = P_1 + P_2 [\text{N}]$$

P_1 : 곡선로에 의한 수평장력[N]
P_2 : 전선과 애자의 풍압하중[N]

③ 진동각

$$\theta = \tan^{-1} \frac{P}{W} [°]$$

④ 가선의 이동량

$$l = l' \times \sin\theta [\text{mm}]$$

l' : 애자의 연결 길이[mm]

∴ 지주로부터의 이격거리 $L = l + d + c$ [mm]

d : 전기적절연 최소이격거리[mm]

c : 여유

2) 전주대용물의 높이(H)

$$H = l' + d + t + c$$

t : 고리판 금구[mm]

2.4 하수강, 평행틀

(1) 하수강

전주의 건식이 곤란한 개소에서 고정빔이나 터널의 천정 아래로 가동브래킷 또는 곡선당김장치 등을 지지하기 위한 구조물

하수강은 주로 터널 내, 역구내의 고정빔개소, 트러스 교량개소 등에 사용

1) 전차선용 하수강

곡선당김, 진동방지장치용 하수강과 조가선 애자지지용이 있다.

① 곡선당김, 진동방지장치용 하수강

빔의 중간에 곡선당김장치나 진동방지 스팬선 또는 가동식 스팬선을 취부하기 위해 사용

② 조가선 애자지지용

동일 빔 내에서 선로의 고저차가 있는 경우, 과선교의 전·후로 전차선의 고저차가 있는 경우에 빔에 취부하여 전차선 높이를 조정하기 위한 것

2) 빔용 하수강

가동브래킷용과 가압빔용이 있으며, 가동브래킷용은 복선터널의 천정이나 역구내 고정빔 등에 가동브래킷을 취부하기 위한 하수강

(2) 평행틀

전차선 평행개소(over lap) 등에서 1본의 전주에 2개의 가동브래킷을 지지하기 위한 구조물로 사용개소는 평행개소와 역구내 건넘선 개소 등

3. 애자 및 전선류

3.1 애자(碍子)

(1) 애자의 사용 목적

전차선로의 애자는 전선 및 진동방지, 곡선당김장치 등의 부속설비를 전주, 빔, 완철 등에 지지하는 경우와 전차선을 전기적으로 구분하는 경우, 또한 가동브래킷 등에 직접 지지물과의 절연을 목적으로 사용

(2) 애자의 종류 및 특성

1) 전차선로에 사용하는 애자
  ① 현수애자 : 전선의 지지·인류, 곡선당김장치
  ② 장간애자 : 압축력과 인장력이 가해지는 개소(가동브래킷 및 곡선당김장치)
  ③ 지지애자 : 전차선로의 AT 급전선 및 보호선의 지지, 과선교 하부 등 특수한 개소와 기기의 지지

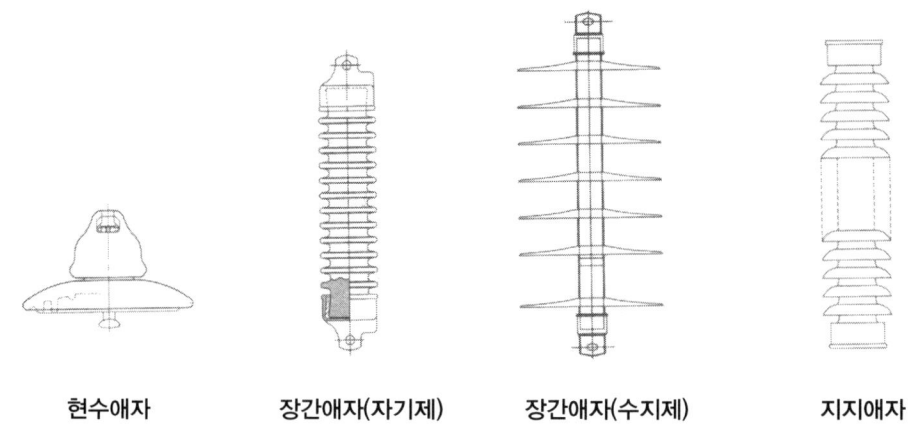

현수애자   장간애자(자기제)   장간애자(수지제)   지지애자

2) 애자의 재질

자기, 유리(ceramic) 애자와 폴리머(polymer) 애자

polymer
- plastics : polyethylene, PVC, FRP 등
- rubber : silicone, EPDM, 천연고무 등
- fiber

3) 지지애자(Support Insulator)
전차선로의 AT 급전선 및 보호선의 지지를 위해 사용

4) 장간애자(Stem Insulator)
압축력과 인장력이 가해지는 개소(가동브래킷)에 사용

(3) 애자의 오손

1) 개요
애자가 오손되어 비나 안개에 의하여 습윤(濕潤, 젖어서 촉촉해짐)을 받으면 애자 절연체 표면의 절연이 저하된다. 이 절연저하 때문에 국부방전이 발생되어 가청 잡음, 라디오, TV장해를 유발시키거나 심한 경우에는 섬락(Flash over)이 발생한다.

2) 애자의 오손
애자의 오손물은 해염 외에 공장에서 배출되는 여러 가지 화학물질, 매연, 분진, 국부적이긴 하지만 시멘트가루 등이 있다. 이와 같은 오손물 중에서 애자의 절연에 가장 나쁜 영향을 주는 것은 물에 녹아서 강한 도전성을 나타내는 해염 등의 강전해질이다.

애자의 오손을 방지하는 대책으로서는 애자의 증결, 애자의 세척, 실리콘 콤파운드 도포 등이 있다.

① 애자의 오손요인
애자 오손에 영향을 미치는 주요 원인으로서는 오손 지역과의 거리, 지형, 풍향, 풍속, 천후, 강우량, 애자의 형상, 표면상태, 설치위치, 조가방법, 과전전압, 사용기간 등 여러 가지 요인이 있으며 이와 같은 것의 총합이 애자의 오손실태로서 나타나게 된다.

② 애자표면이 오손되었을 때 일어나는 섬락(flash over) 발생과정
㈎ 애자의 표면은 사용환경에 따라 해염 등의 오손물이 부착되어 오손된다. 해염 같은 오손물은 건조상태에서는 절연에 대하여 악영향을 미치지는 않으나 안개, 비, 눈 등에 의하여 습해졌을 때 오손물 중의 염분, 그 밖에 가용성분이 물에 용해되어 표면 누설저항이 저하되면서 상당한 누설전류가 표면을 흐르게 된다.

㈏ 이 누설전류의 가열효과에 따라 특히, 전류밀도가 높은 곳, 현수애자에서 핀, 캡 주변에 흔하게 건조대를 형성한다. 그 결과 국부적으로 저항이 감소되어 부담전압이 높아진다.

㈐ 오손의 정도가 가볍고 건조대에 걸리는 전압이 낮으면, 그 부분에는 방전이 일어나지 않으며, 누설전류는 점차 감소되어 절연성은 회복된다. 그러나 오손의 정도가 높은 경우에는 최초 흐르는 전류는 크며, 건조작용이 강하므로 건조대에 걸리는 전압은 높아져서 국부 아크(Arc)가 일어나게 된다.

㈑ 국부 아크(Arc)의 발생에 의하여 건조부분은 단락되게 되므로 아크방전의 전류를 제한하는 것은 남은 습윤부분의 저항이므로 아크발생과 동시에 누설전류는 급격하게 증가하게 된다.

㈒ 또한 가열건조 효과도 증대되므로 곧 전류는 감소되고 국부 아크도 소멸된다. 그리고 재차 표면이 습윤하게 된다.

㈓ 이런 현상은 누설전류 서지를 반복하며, 그 결과 애자표면의 전압 분포는 점점 불균등하게 되어 전압의 대부분은 건조부분에 걸리게 되어 아크는 방전의 강도를 더하여 마침내 습윤 부분의 저항이 전류를 억제할 수 없게 되어 한계치에 도달하면 플래시 오버로 발전

3) 염진오손 구분

① 일반지구

해안에서 떨어진 산간, 평야 등에서 특히 염해에 대하여 고려할 필요가 없는 지역

② 오손지구

해안으로부터의 거리, 지형, 풍향, 태풍 등으로 습래정도 및 송전선의 염해사고 등으로 보아 상당량의 염해가 예상되는 지역

염진오손구분 및 애자의 표준사용 구분

종 별	교류 (AC 25kV)		비고
	일반지구	오손지구	
현수애자	250[mm] 4개	250[mm] 5개 또는 내염용 250[mm] 4개	※ 동등이상의 성능을 갖는 수지제 애자를 사용할 수 있다.
장간애자	교류 일반용	교류 오손용	

③ 화학공장의 매연 등에 의하여 오손을 받는 개소는 실정에 따라 일반지구와 오손지구를 적용

④ 해수의 물보라 거품 등의 영향을 받는 개소 또는 염분을 포함한 눈이 부착되는 개소 등 특히, 오손이 심하며 또 급속하게 오손이 예상되는 개소에 대해서는 필요한 염해방지 대책을 세우는 것이 좋다.

⑤ 급속오손

태풍이나 계절풍에 위하여 바다로부터 해염입자가 날아와 단시간에 애자가 오손되는 현상을 급속오손이라 부르고 있다. 태풍에 의한 것은 바다로부터 수 10[km]까지 미치는 것도 있으며 5[km] 이내에서 많이 발생

4) 내오손 기준 적용

염진해 오손등급 B급 이상 지역의 내오손 설계에 적용하는데 오염등급은 설계하고자 하는 지점(이하 "설계점"이라 한다)의 오손등급

오손등급 구분   단위 :[mg/cm²]

구 분	A	B	C	D
ESDD	0.063 이하	0.063초과~0.125	0.125초과~0.25	0.25초과~0.5

☞ ESDD : 등가염분부착밀도(Equivalent Salt Deposit Density)

① 염해 오손등급 적용

㈎ 설계지점이 과거 염해로 인한 시설물의 부식 등으로 인한 고장발생 실적이 있는 지역은 기존시설 오손등급을 기준으로 설계지점 오손등급을 조정하여 적용

㈏ 설계지점이 신설인 경우에는 간이 오손분석법을 적용

② 간이 오손분석법

오손분석표 적용이 곤란한 경우에는 해안으로부터 설계지점까지의 직선거리에 따라 B~D급의 오손등급을 적용

해안거리별 오손등급 구분   단위 :[km]

해안별 \ 오손구분	B급	C급	D급
동 해	2.0 초과 ~ 3.5	1.5 초과 ~ 2.0	0 ~ 1.5
서 해	5.5 초과 ~ 7.0	3.0 초과 ~ 5.5	0 ~ 3.0
남 해	1.5 초과 ~ 2.5	1.0 초과 ~ 1.5	0 ~ 1.0
제주도	8.5 초과 ~ 11.5	5.5 초과 ~ 8.5	0 ~ 5.5

설계점의 오손등급에 따른 내염 기자재 적용

구 분	오손등급	사 용 자 재	비 고
애 자	B급	◦ 라인포스트 애자 ◦ 191 mm 현수애자×2개 ◦ 폴리머 현수애자 B호	
	C급	◦ 내염형 라인포스트 애자 ◦ 191 mm 현수애자×3개 ◦ 250 mm 현수애자×2개 ◦ 폴리머 현수애자 A호	(15,000Lbs, 배전선로용)
	D급	◦ 내염형 라인포스트 애자 ◦ 250 mm 현수애자×3개 ◦ 폴리머 현수애자 A호	(15,000Lbs, 배전선로용)

전 선	B급 이상	◦ 경동선
		◦ ACSR/AW-OC +
		  바인드부분 보강재
			- ACSR-OC는 Bind
			  부분 보강재사용
			  (애자좌우 50 cm)

선로용 개폐기	B급 이상	◦ 밀폐형 개폐기	
피뢰기	B급 이상	◦ 피뢰기 + 내오손 보강재 ◦ 폴리머 피뢰기	- 내오손용 결합애자

(4) 애자의 오손대책

1) 과절연 설계

매연이나 분진, 염분의 오손을 고려하여 미리 애자의 연면 절연을 강화하고, 오손 상태에서의 플래시 오버(flash over) 사고를 방지하는 것

과절연 설계에는 애자의 증결, 표면 누설거리가 긴 특수한 애자의 사용 등이 있으나 오손애자의 플래시 오버 전압은 애자의 표면 누설거리에 거의 비례하여 상승하기 때문에 애자의 연결개수를 증가시키는 방법이 일반적으로 적용

① 현수애자의 과절연 설계

▸ 교류 25[kV]용 현수애자 250[mm] 경우

오손구분	일반지구	오손지구	중 오손지구
설계내전압 (kV/개)	10.3	8.9~7.8	6.7
애자의 개수	3개	3~4개	4개
현재 시설 개수	4개	4개	5개

② 장간애자의 과절연설계

▶ 교류 25[kV]용 장간애자의 경우

( )는 이중절연방식

오손구분	일반지구	오손지구	중 오손지구
kV당 소요누설거리[mm/kV]	26	30~33.5	43.5
소요 누설거리[mm]	780	900~1,005	1,305
현재 시설물 적용 누설거리[mm]	1,480 (1,250)	1,480 (1,250)	1,480
적용 오손내전압[kV]	30	30	30

2) 애자청소

오손된 애자의 플래시 오버(Flash over)로 인한 섬락사고 방지를 위하여 애자는 정기적으로 또는 응급적으로 청소하는 방법

① 사람이 손으로 하는 청소

② 활선애자 청소기로 하는 청소

③ 활선 청소장치에 의한 청소 등이 있다.

3) 발수성 물질의 도포

애자가 오손되어도 습윤에 의하여 표면의 절연이 저하되지 않도록 애자의 표면에 발수성 물질을 도포하여 절연을 유지하는 방법이다. 이 발수성 물질에는 실리콘 콤파운드(Silicone compound)가 널리 사용

3.2 전선류

(1) 급전선(AF)

전차선로의 급전선은 합성전차선에 전기를 공급하는 전선으로써 변전소에서 인출되는 전차선용 TF(Trolly Feeder) 급전선과 주변압기(MT)와 단권변압기(AT) 간을 접속하는 AF(Auto Transformer Feeder)

1) 급전선의 선종

구분	강심알루미늄 연선	경동연선
형상		
규 격	240[mm²]	150[mm²]
연선구성	Al/St	Cu
장점	· 가격이 저렴하다. · 중량이 가볍다. · 인장하중이 크다. · 선팽창계수가 작다.	· 도전율이 좋다. · 염해 및 공해에 강하다. · 허용전류가 크다. · 선팽창계수가 작다.
단점	· 도전율이 작다. · 염해 및 공해에 약하다. · 허용전류가 작다.	· 가격이 비싸다. · 중량이 무겁다. · 인장하중이 작다.

2) 급전선에 요구되는 성능

① 전기차 용량에 대응되는 전기용량을 가지며 전압강하가 적을 것
② 전선은 기계적 강도, 내식성과 타 지지물에 대하여 소정의 이격거리를 확보할 것
③ 급전용 변전소 및 전차선 등과 절연의 협조를 도모할 것
④ 급전계통은 간소화하고, 개폐기 등은 최소한으로 할 것

3) 급전선의 높이

단위 : [m]

종 별	기준면	높 이 직류	높 이 교류
일 반	지상면	5 이상	5 이상
도 로 횡 단	도로면	6 이상	6 이상
철도·궤도 횡단	레일면	5.5 이상	5.5 이상
터널·과선교 등	레일면	3.5 이상	3.5 이상
건널목횡단	도로면	5 이상	5 이상
횡단보도교	보도면	4 이상	5 이상
절취 개소의 경사면	경사면	0.3 이상	0.3 이상

4) 급전선의 접속

① 급전선의 접속은 직선압축접속
② 급전선의 접속 위치는 전주경간 내에서 접속하지 않는 것이 원칙
③ 급전선의 접속은 포완철을 사용

5) 급전선의 안전율

$$안전율 = \frac{인장하중}{최대사용장력}$$

케이블을 제외하고 경동선은 2.2 이상, 기타 전선은 2.5 이상

6) 절연이격거리(AC 25[kV])

종별	이격거리
급전선 및 합성전차선과 접지물간	300[mm] 이상(부득이한 경우 250)
급전선과 보호선 상호간	1,200[mm] 이상
급전선과 합성전차선 상호간	550[mm] 이상
이상에어섹션	500[mm] 이상
동상에어섹션	300[mm] 이상 (부득이한 경우 250)
에어조인트	150[mm] 이상 (부득이한 경우 100)
보호선과 접지물간	150[mm] 이상 (부득이한 경우 70)
1.5kV 급전선 및 합성 전차선과 접지물간	250[mm] 이상 (부득이한 경우 70)

(2) 전차선(Trolly Wire)

전차선은 레일면위에 일정한 높이로 가설되어 전기차의 집전판(팬터그래프)과 불완전 접속상태로 전기차의 견인전동기(모터블럭)에 전기를 공급하기 위한 전선으로 전차선로 설비 중에서 가장 핵심적이고 중요한 설비이다.

전차선의 종류에는 형상에 따라 홈붙이 원형, 홈붙이 제형, 홈붙이 이형 전차선 등이 있다.

1) 전차선의 성능
① 가선 장력에 대하여 충분히 견딜 것
② 집전장치 통과와 집전에 지장이 없을 것
- 집전율이 높을 것
- 전류용량이 클 것
- 내열성이 우수할 것
- 내마모성이 우수할 것
- 내부식성이 우수할 것
- 피로강도에 충분히 견딜 것
③ 접속개소의 통전상태가 양호할 것

2) 전차선의 선종과 특징

구 분	홈 경동선 Cu 110 mm²	홈 경동선 Cu 170 mm²	홈 경동선 Cu 150 mm²
외 경(mm)	12.34	15.49	13.6
단위 중량(kg/m)	0.987	1.511	1.334
전기저항(Ω)	0.1592	0.104	0.1173
파괴강도(N)	38,220	57,820	51,910
저항 온도계수(20℃)	0.00383	0.00383	0.00383
선팽창계수	1.7×10^{-5}	1.7×10^{-5}	1.7×10^{-5}
허용하중(N)	17,372	26,281	23,595
도전율(%)	97.5	97.5	97.5
탄성계수(N/cm²)	1.2×10^4	1.2×10^4	1.2×10^4

3) 전차선의 단면형상

① 홈붙이 원형

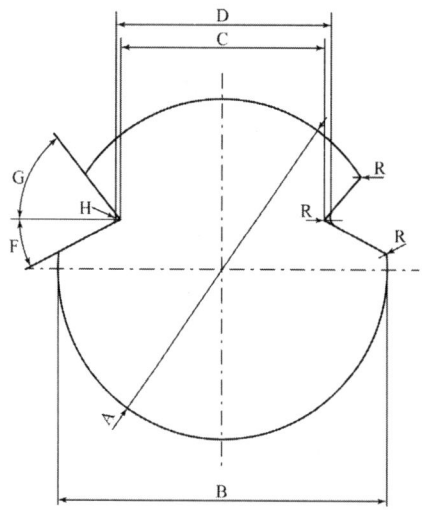

규격 [mm²]	치 수[mm]					치 수[°]		신선의 단면적 [mm²]
	A	B	C	D	F	G	H	
110	12.34	12.34	6.85	7.27	27°	51°	0.38	111.1
170	15.49	15.49	7.32	7.74	27°	51°	0.38	170

② 홈붙이 제형

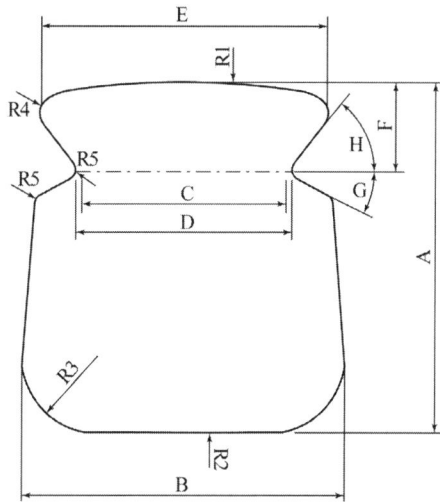

규격 [mm²]	A [mm]	B [mm]	C [mm]	D [mm]	E [mm]	F [mm]	R1 [mm]	R2 [mm]	R3 [mm]	R4 [mm]	R5 [mm]	G [°]	H [°]	단위질량 [kg/m]
110	11.7	10.9	6.85	7.27	9.6	3.0	30	20	2.5	0.75	0.38	27	51	0.987
170	14.8	13.0	6.85	7.27	9.6	3.0	30	35	2.5	0.75	0.38	27	51	1.511

③ 홈붙이 이형

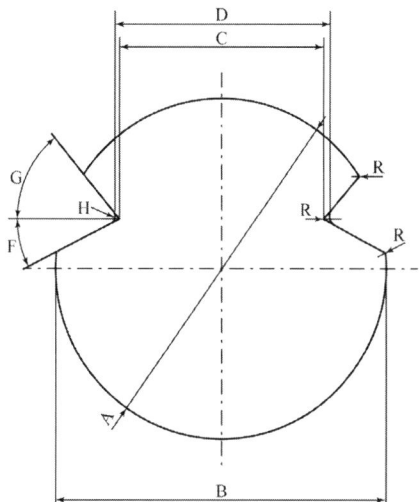

규격 [mm²]	치 수[mm]					치 수[°]			신선의 단면적 [mm²]
	A	B	C	D	F	G	H		
110	12.34	12.34	6.85	7.27	27°	51°	0.38		111.1
170	15.49	15.49	7.32	7.74	27°	51°	0.38		170

4) 전차선의 표준장력

(단위 : N)

자동 장력조정장치의 유무	170[mm²]	110[mm²]	85[mm²]	비 고
전차선, 조가선 자동장력조정의 경우	15000	10000	8000	
전차선 자동장력조정의 경우	9000	9000	7000	
자동장력조정을 않는 경우	8000	8000	6000	

5) 전차선의 높이

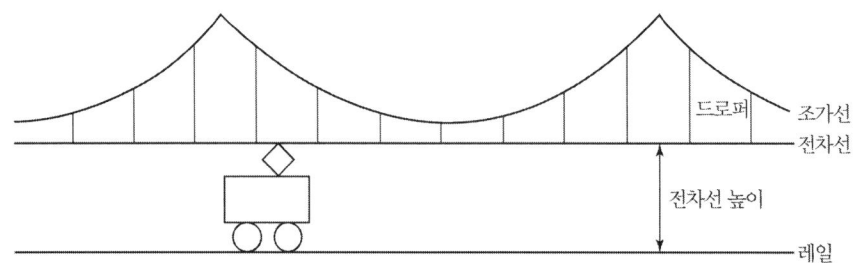

단위 : [mm]

가선방식	표준	최고	최저
커티너리	5,200	5,400	5,000
강체(AC 구간)	4,750		
기존터널			4,850
경부고속전철	5,080		

※ 호남고속전철의 경우 전차선의 표준높이는 5,100[mm] 이다.

6) 전차선의 편위

① 전차선의 편위를 정하는 요소는
- 전기차 동요에 따른 집전장치의 편위
- 풍압에 따른 전차선의 편위
- 곡선로에 의한 전차선의 편위
- 가동브래킷, 곡선당김금구의 이동에 따른 전차선의 편위
- 지지물의 변형에 따른 전차선의 편위

② 전차선의 편위(250[mm]) 근거

전기차의 경사를 레일면상 585[mm]의 점을 중심으로 해서 좌우 610[mm]의 수평점 상하 진동폭을 각각 최대 32[mm](약 3°)로 하면 가공전차선의 표준 높이 5,200[mm] 지점의 집전장치의 편위는

$$(5200-585) \times \frac{32}{610} = 242 [\text{mm}]$$

가 된다.

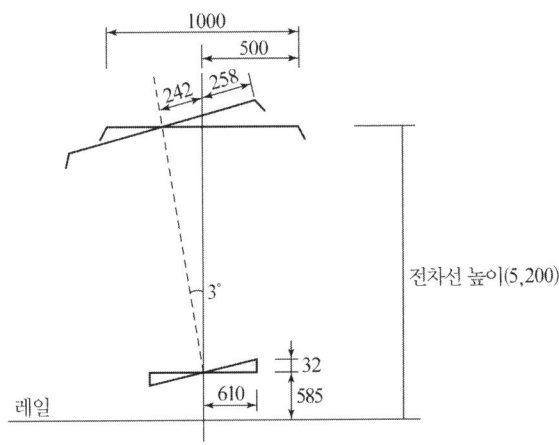

(3) 조가선(Massenger Wire)

조가선은 전차선을 일정한 높이로 수평하게 유지시켜 주기 위하여 전차선 상부에 행어나 드로퍼를 사용하여 조가하여 주는 전선으로 가선장력, 도전율, 허용전류 용량에 적합한 전선을 사용

조가선의 특성

구 분	Bz 65[mm^2]	Cu-Mg 65[mm^2]
단면적	65.38	65.38
재 질	Cu : 98.5% Cd : 0.9 ~ 1.3% Sn : 0.4 ~ 0.6% 기 타 : 0.03%	Cu : 98.5% Mg : 0.4 ~ 0.5 기 타 : 0.03%
단위 중량(kg/m)	0.605	0.590
파괴강도(N)	42,198	45,500
도전율(%)	60	60
전기저항(20℃, Ω/km)	0.462	0.462
허용전류(A)	261	261
선팽창계수	1.7×10^{-5}	1.7×10^{-5}
특 징	• 파괴강도가 크다. • 염해 및 공해물질에 강하다. • 공해를 유발하는 카드뮴이 함유되어 있다.	• 파괴강도가 크다. • 염해 및 공해물질에 강하다. • 카드뮴이 함유되어 있지 않은 친환경 재질

(4) 비절연보호선

단권변압기(AT)방식의 지하구간 및 공용접지방식 구간에서 섬락보호를 위하여 철재·지지물을 연접하여 설치되는 가공전선으로 대지에 대하여 절연하지 않고 AT중성점과 레일을 접속하고 또한 AT와 AT의 중간 부분에서 보호선용접속선(CPW)으로 레일과 접속되며 비절연보호선과 레일은 병렬로 폐회로를 구성하고 있다.

표 5.33 비절연보호선의 특성

구분	강심알루미늄 연선	경동연선
형상		
규격	93[mm^2]	75[mm^2]
연선구성	Al/St	Cu
장점	· 가격이 저렴하다. · 중량이 가볍다. · 인장하중이 크다. · 선팽창계수가 작다.	· 도전율이 좋다. · 염해 및 공해에 강하다. · 허용전류가 크다. · 선팽창계수가 작다.
단점	· 도전율이 작다. · 염해 및 공해에 약하다. · 허용전류가 작다.	· 가격이 비싸다. · 중량이 무겁다. · 인장하중이 작다.

(5) 전차선로에 사용하는 전선의 특성

전차선로 각종 전선의 특성

선종	공칭 단면적 mm²	지름 mm	단위 무게 kg/m	전기저항 20℃ Ω/km	저항 온도 계수	파괴강도 N/mm²	파괴강도 MPa	파괴강도 kgf	파괴강도 kN	허용하중 kgf	허용하중 kN
전차선	170	15.49	1.511	0.1040	0.00383	340	340	5,900	(57.82)	2,682	(26.28)
	150	14.50	1.338	72% IACS		407.3	407.3	6,234	61.2	2,833	(28.33)
	150	14.50	1.334	70% IACS		540.0	540.0	8,164	80.0	3,400	(34.00)
	150	14.40	1.340	0.1173	0.00383	340	340	5,240	(51.35)	2,382	(23.34)
	150	(높이)13.60 (가로)15.10	1.334	0.1173		347	347	5,316	(52.10)	2,739	(26.85)
	110	12.34	0.9877	0.1592	0.00383	344	344	3,900	(38.22)	1,773	(17.38)
	107	(높이)11.35 12.86	0.951	0.1644					(37.20)		(18.60)
카드뮴 동연선	95	12.5	0.8465	0.2342	0.00334	–	–	5,220	(51.16)	2,088	(20.46)
	80	11.5	0.7103	0.276	〃	–	–	4,480	(43.90)	1,792	(17.56)
	70	10.5	0.5974	0.3315	〃	–	–	3,672	(35.99)	1,469	(14.40)
	60	10.0	0.5370	0.365	〃	–	–	3,490	(34.20)	1,396	(13.68)
	10	4.59	0.0898	2.2141				617	(6.05)		
Mg, Sn 동연선	95	12.5	0.839	0.288	0.002489	–	–	5,374	(52.68)	2,442	(23.93)
	80	11.5	0.710	0.340	〃	–	–	4,550	(44.59)	2,068	(20.27)
	70	10.5	0.592	0.408	〃	–	–	3,849	(37.72)	1,749	(17.14)
	10	4.57	0.089	2.703		–	–	607	(5.95)		
Cu-Mg 동연선	116	14.0	1.07	0.216	–	576	576	6,826	66.9	2,730	26,760
청동연선	12	5.19	0.103	2.1	0.002358	–	–	708	(6.94)		
	65	10.5	0.605	0.4474	0.002358	–	–	4,303	(42.20)	1,722	
강심동연선 (CWSR)	65	10.3	0.590	0.462	0.00383	–	–	4,310	(42.238)	1,724	(16.895)
아연도 강연선 (3종)	180	17.5	1.450		0.005	–	–	11,500	(112.70)	4,800	(47.04)
	135	15.0	1.090	1.057	〃	–	–	8,820	(86.44)	3,540	(34.69)
	90	12.0	0.697	1.653	〃	–	–	5,670	(55.57)	2,264	(22.19)
	55	9.6	0.446	2.583	〃	–	–	3,630	(35.57)	1,452	(14.23)
	38	7.8	0.294			–	–	2,400	(23.52)	956	(9.37)
경동연선 (1종)H	325	23.4	2.937	0.056	0.00381	–	–	12,900	(126.51)	5,864	(57.66)
	250	20.7	2.298	0.0715	〃	–	–	10,200	(100.03)	4,636	(45.43)
	200	18.2	1.776	0.092	〃	–	–	7,830	(76.79)	3,559	(34.88)

선종	공칭 단면적 mm²	지름 mm	단위 무계 kg/m	전기저항 20℃ Ω/km	저항 온도 계수	파괴강도 N/mm²	파괴강도 MPa	파괴강도 kgf	파괴강도 kN	허용하중 kgf	허용하중 kN
	125	14.5	1.129	0.143	〃	–	–	4,960	(48.64)	2,255	(22.10)
	100	13.0	0.9076	0.178	〃	–	–	4,020	(39.42)	1,827	(17.91)
	38	7.8	0.3344	0.484	〃	–	–	1,480	(14.51)	673	(6.60)
	22	6.0	0.1979	0.818	〃	–	–	888	(8.71)	404	(3.96)
경동연선 (2종)H	200	18.5	1.838	0.088	0.00381	–	–	7,900	(77.47)	3,591	(35.19)
	150	16.0	1.375	0.118	〃	–	–	6,000	(58.84)	2,727	(26.73)
	100	12.9	0.9145	0.177	〃	–	–	3,880	(38.05)	1,764	(17.29)
	75	11.1	0.6770	0.239	〃	–	–	2,910	(28.54)	1,323	(12.97)
강심 알루미늄 연선 (ACSR)	330	25.3	1.320	0.0888	0.0040	–	–	10,930	(107.11)	4,372	(42.85)
	240	22.4	1.110	0.120		–	–	10,210	(100.06)	4,084	(40.02)
	240 (288)	22.05	1.107	0.1209		–	–		(96.00)		
	160	18.2	0.7328	0.182	0.0040	–	–	6,990	(68.50)	2,796	(27.40)
	95	13.5	0.3852	0.301	0.0040	–	–	3,180	(31.16)	1,272	(12.47)
	80	12.6	0.3355	0.345		–	–	2,770	(27.15)	1,108	(10.86)
	60 (93)	12.5	0.437	0.4799		–	–		(46.10)		
	58	10.5	0.2331	0.497	0.0040	–	–	1,980	(19.40)	792	(7.76)
	32	7.8	0.1286	0.899	0.0040	–	–	1,140	(11.17)	456	(4.47)
경알루미늄 연선	300	22.4	0.8201	0.0969	0.0040	–	–	4,430	(43.44)	1,772	(17.37)
	200	18.5	0.5598	0.140	〃	–	–	3,030	(29.71)	1,212	(11.88)
	150	16.0	0.4187	0.188	〃	–	–	2,270	(22.26)	908	(8.90)
	95	12.6	0.2649	0.295	〃	–	–	1,410	(13.83)	564	(5.53)

4. 안전 및 보호구조물

4.1 지선(支線)

전차선, 급전선 등의 곡선로 개소에 인류장치를 설치하여 인장력 또는 수평장력이 작용하는 전주에 그 인장력 또는 수평장력에 따른 전주가 경사 또는 만곡(彎曲)되지 않도록 하기 위한 설비

(1) 지선의 종류

1) 전차선로의 지선의 용도

  전차선, 급전선 등의 장력이나 수평장력이 가해지는 불평형 장력에 대응방향으로 설치해서 전주의 강도를 돕기 위한 것

2) 지선의 사용개소

  합성전차선과 급전선 등의 인류를 위한 인류용 지선과 진동방지, 곡선당김장치 등이 취부된 전주에 설치하는 진동방지용 지선, 곡선당김용 지선

3) 지선의 종류

  ① 단지선

   보통지선으로도 부르는 것으로 일반적이며 기본적인 지선

  ② V지선

   근가를 1개소로서 상부의 형상을 V형으로 시설한 지선을 말하며, 전차선 인류용으로 전차선로용 지선의 대표적인 것

  ③ 2단지선

   단지선 또는 V지선을 평행(상·하방향)으로 2개 시설하는 지선으로 큰 장력이나 수평장력이 가해지는 헤비 심플커티너리(heavy simple catenary) 가선방식의 인류용으로 사용

  ④ 수평지선

   직접지선을 시설하기가 불가능한 경우 별도로 적당한 위치에 전용의 지선주를 세우거나 인접전주에 수평으로 전주간에 지선을 가선한 것

  ⑤ 궁형지선

   전주의 근원부근에 근가를 시설해서 궁형으로 취부하는 특수한 지선

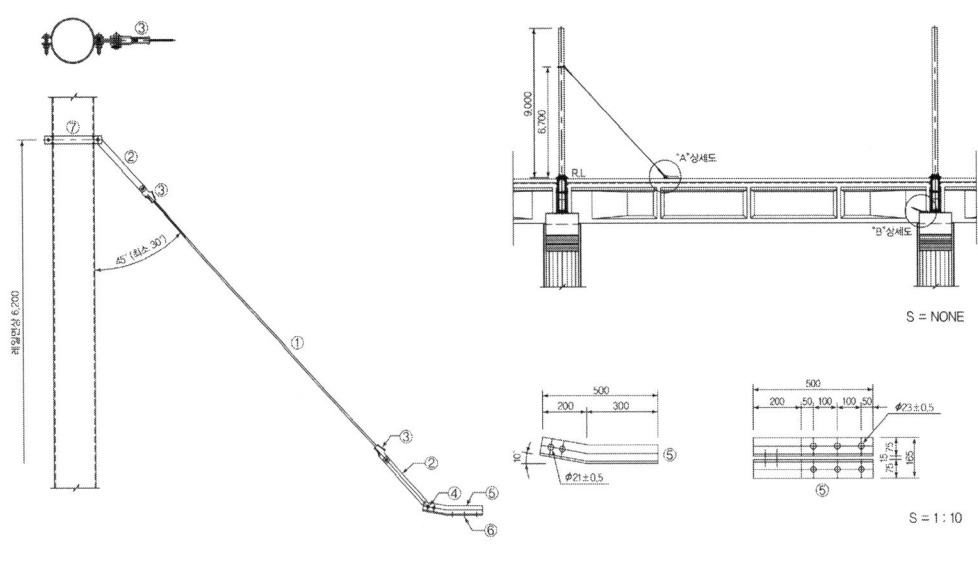

단지선

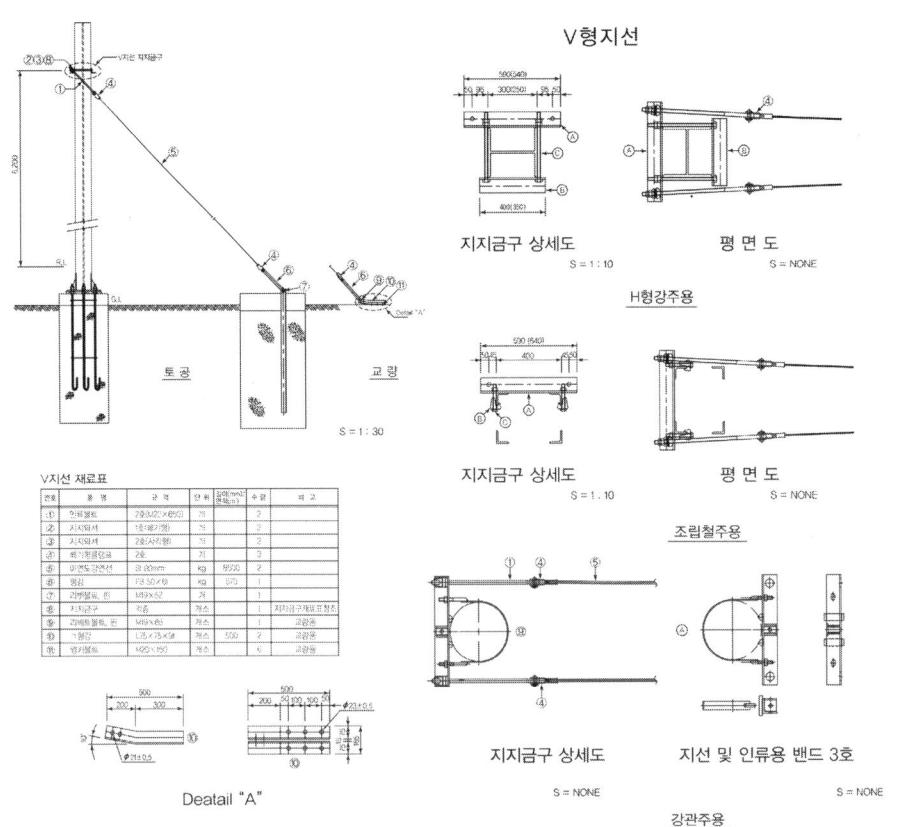

V지선

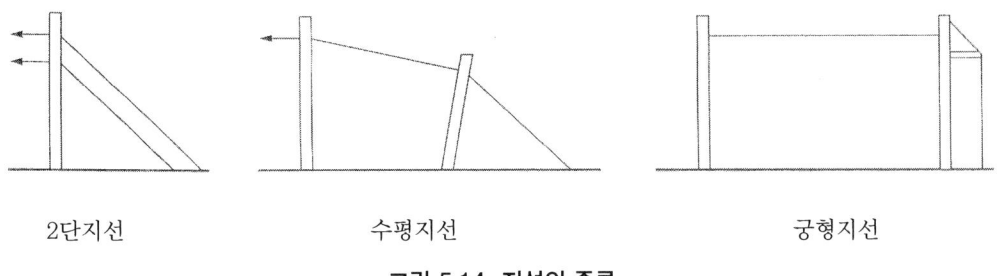

그림 5.14 지선의 종류

(2) 지선의 설치개소

1) 곡선개소와 진동방지, 곡선당김개소는 하중에 충분히 견디는 전주의 사용과 기초의 강화로 비교적 쉽게 가능하기 때문에 인류주 이외의 전주는 기초의 안전율이 2 이상으로 하여 지선의 생략을 할 수 있다.
2) 지선은 원칙으로 용지 내에 시설하고 사람이나 자동차가 접촉하기 쉬운 개소는 가능한 피하고 부득이한 경우는 안전표식이나 방호설비를 하여야 한다.
3) 도로를 횡단하는 지선은 교통에 지장이 없도록 설비하여야 하고 철도를 횡단하여 시설하는 경우 수평지선의 높이는 레일면상 6.5[m] 이상, 도로를 횡단하여 시설하는 경우 도로면상 6[m] 이상으로 시설

(3) 지선의 설비

1) 지선은 전주에 가해지는 수평력에 대응하도록 설치하는 것이기 때문에 인장력에 충분히 견디는 재료 등을 사용
2) 지선은 인장력에 대한 안전율은 2.5 이상
3) 지선은 지름 2.6[mm] 이상의 금속선 또는 2.0[mm] 이상으로 인장강도가 70[N/mm^2] 이상의 전선을 사용하고 3조 이상의 전선을 합한 아연도금강연선을 사용 (최근에는 원형봉강 $\phi24 \sim \phi30$을 사용)
4) 지선의 지표부분과 지중에 매설되는 부분은 특히 부식이 쉬워 지표 30[cm]까지의 부분에는 아연도금을 한 철봉 또는 이것과 동등 이상의 강도와 내구력을 가진 것을 사용하고 견고한 기초를 사용

지선에 사용하는 금속선

지선의 재질	소 선	
	지름 [mm]	인장강도 [N/mm^2]
아연도금강연선	2.0 이상	700 이상
상기 이외의 금속선	2.6 이상	–

5) 지선의 기초
   ① 전차선로에 사용하는 지선기초의 안전율은 지지물 기초의 인상력에 대한 안전율을 고려하여 2 이상
   ② 지선에는 특수한 경우를 제외하고는 지선용 콘크리트기초를 사용
   ③ 특수한 경우(고가교와 터널 등)에는 앵커볼트를 사용해서 인류한다.

6) 지선의 절연
   ① 지선은 사람, 차량 등에 위험이 미치지 않도록 시설
   ② 직류 전차선로의 지선에는 전주의 취부점에서 약 1.5[m]의 위치에 애자를 삽입
   ③ 교류 전차선로의 지선에는 여객이 근접하기 쉬운 승강장이나 일반공중의 안전을 기하기 위해 특히 필요한 경우 이외에는 애자삽입을 하지 않는다.

7) 지선의 강도
   ① 콘크리트주 또는 철주에 세우는 지선은 콘크리트주 또는 철주가 갖는 최대풍압하중에 대한 강도의 1/2 이상의 최대 풍압하중에 대한 강도를 부담
   ② 지선은 전주에 작용하는 수평하중의 100[%]를 부담
   ③ 철탑은 철탑 그 자체로 충분한 강도를 갖도록 설계

8) 지선이 부담하는 하중
   ① 인류용 지선이 부담하는 하중
      인류된 전선장력의 최대값과 인류주가 받는 풍압하중의 합
   ② 진동방지용 지선이 부담하는 하중
      각 가선과 지지주에 받는 풍압하중의 합
   ③ 곡선당김용 지선이 부담하는 하중
      각 가선이 받는 수평장력과 풍압하중과 지지주에 받는 풍압하중의 합

9) 지선과 전주와의 취부각도
   표준 취부각도 45°, 최소각도 30°

10) 지선의 취부각도와 지선장력과의 관계
    ① 지선이 받는 최대장력 P[N]

    $$P = T \times \frac{S}{L} = T \times \mathrm{cosec}\,\theta$$

    T : 전선의 최대장력[N] θ : 지선의 취부각도
    S : 지선의 길이 L : 지선의 거리

4.2 보호 구조물

(1) 전철주의 방호
자동차 등의 충격에 따라 전주의 손상이나 도괴에 따른 사고를 방지하기 위하여 도로에 근접하는 개소와 정차장 구내의 화물적하장 등에 설치

(2) 지선의 방호
도로 근접개소와 화물적하장 등의 경우에 자동차 등의 접촉에 따라 지선이 손상, 절단될 우려가 있는 개소에 설치

4.3 철재의 용융아연도금

전차선로구조물의 모든 철(강)구조물(철주·빔·문형완철 등)과 철재 금구류 등은 용융아연도금 또는 용융알루미늄도금을 시행(기존 철재 지지물을 도장할 경우는 2회 도장)

(1) 용융아연도금의 종류
도금의 종류는 1종과 2종으로 나눈다.

종 류		기 호
1종	A	HDZ A
	B	HDZ B
2종	35	HDZ 35
	40	HDZ 40
	45	HDZ 45
	50	HDZ 50
	55	HDZ 55
	61	HDZ 61

부착량과 황산동 시험

종류	기호	부착량 (g/m^2)	황산동 시험 횟수	적용보기(참고)
1종	HDZ A	-	4 회	두께 5 mm 이하의 강재·강제품·강관류, 지름 12 mm 이상의 볼트·너트 및 두께 2.3 mm를 초과하는 와셔류
	HDZ B	-	5 회	두께 5 mm를 초과하는 강재·강제품·강관류 및 주 단조품류

종류	기호	부착량 (g/m²)	황산동 시험 횟수	적용보기(참고)
2종	HDZ 35	350 이상	-	두께 1 mm 이상 2 mm 이하의 강재 · 강제품 · 강관류 및 주 단조품류
	HDZ 40	400 이상	-	두께 2 mm 초과 3 mm 이하의 강재 · 강제품 · 강관류 및 주 단조품류
	HDZ 45	450 이상	-	두께 3 mm 초과 5 mm 이하의 강재 · 강제품 · 강관류 및 주 단조품류
	HDZ 50	500 이상	-	두께 5 mm를 초과하는 강재 · 강제품 · 강관류 및 주 단조품류
	HDZ 55	550 이상	-	과혹한 부식 환경하에서 사용되는 강재 · 강제품 및 주 단조품류
	HDZ 61	610 이상	-	과혹한 부식 환경하에서 사용되는 두께 5 mm 이상의 강재 · 강제품 및 주 단조품류

(2) 용융아연도금의 특징

1) 내식성이 우수

아연의 표면에 생성되는 생성물의 내식성이 양호하기 때문에 그 성질은 대기중, 토양중, 수중 또는 콘크리트 중에서 발휘된다.

2) 희생적 방식작용

아연은 강재보다도 전기화학적으로 표준전위가 낮기 때문에 발생하는 작용으로 손상에 의하여 철재 일부가 노출되어도 주변의 아연이 노출부를 보호하는 작용(대기중에서 직경 2[mm]정도)

3) 다양한 제품생산 가능

아주 작은 제품부터 1개에 수십톤에 이르는 제품까지 용융아연도금로에 침적 가능한 제품은 모두 생산 가능

4) 밀착성이 뛰어나다.

철과 아연의 합금층이 형성되어 그 위에 아연층이 적층하여 잘 밀착되어 있고 충격, 마찰 등에 의하여 박리가 일어나지 않는다.

5) 구석진 곳까지 균일한 도금이 가능

손이 닿지 않는 구석진 곳까지 용융아연의 유출입만 가능하면 균일하게 도금이 가능

6) 물성변화가 없다.

강재에서는 용융아연도금을 한 것과 하지 않은 것 사이에서 기계적 성질은 거의 변화가 없다.

7) 페인트도장에 의한 방식 보강이 가능

용융아연도금 처리 후 주변과의 색채 조화를 이루기 위한 도장이 가능

5장 전기철도구조물의 설비
핵심예상문제 필기

01 ★★★ 철근 콘크리트전주의 안전율은 파괴하중에 대하여 얼마 이상인가? (단, 기존지반의 경우이다.)

① 2 이상 ② 2.2 이상 ③ 2.5 이상 ④ 3 이상

해설
1) 철근 콘크리트전주의 안전율은 파괴하중에 대하여 2 이상
2) 목주는 신설시에 있어서 파괴하중에 대하여 3 이상

02 ★★★ 가공전차선로 철주의 안전율은 특별한 경우를 제외하고 소재 허용응력에 대하여 얼마 이상으로 하여야 하는가?

① 1.0 ② 1.2 ③ 2.0 ④ 2.5

해설 철주의 안전율은 특별한 경우를 제외하고 소재 허용응력에 대하여 1 이상

03 ★★★ 전철주에 사용되는 콘크리트전주의 장점이 아닌 것은?

① 취급 및 운반이 용이하다.
② 수명이 반영구적이다.
③ 강도선택이 자유롭게 가능하다.
④ 가격이 비교적 저렴하다.

해설
1) 수명이 반영구적이다.
2) 전주의 형상이 일정하고 공장제작 품질관리가 용이하다.
3) 강도선택이 자유롭게 가능하다.
4) 보수가 필요없다.
5) 가격이 비교적 싸다.

04 ★★★★★ 프리텐션 콘크리트전주의 호칭이 12-35-N 6500이다. 여기에서 12는 무엇을 의미하는가?

① 설계 모멘트
② 전주의 길이
③ 전주 말구의 지름
④ 전주 하중점의 높이

해설 프리텐션 콘크리트전주의 호칭은 전주의 길이 – 전주의 지름 – 형별 – 설계굽힘모멘트로 표시한다.

정답 01. ① 02. ① 03. ① 04. ②

05 프리텐션 콘크리트전주의 호칭이 10-35-N 6500이다. 여기에서 35는 무엇을 의미하는가?

① 전주 말구의 지름 ② 설계 모멘트
③ 전주의 지름 ④ 전주 하중점의 높이

해설 프리텐션 콘크리트전주의 호칭은 전주의 길이 - 전주의 지름 - 형별 - 설계굽힘모멘트로 표시한다.

06 가공 전차선로 도면의 프리텐션 콘크리트전주에 11-30-N 5000으로 표기되어 있다. 여기서 5000은 무엇을 나타내는가?

① 전주의 지름 ② 전주의 설계 굽힘모멘트
③ 전주의 압축력 ④ 전주의 길이

해설 5000은 전주의 설계굽힘모멘트이다.

07 전차선로용으로 사용하는 철주로 거리가 먼 것은?

① 강관주 ② H형강주
③ 사각철주 ④ Y형강주

해설 가공 전차선로용으로 사용하는 철주에는 조립철주(사각철주), H형강주, 강관주 등이 있다.

08 전철주 중 철주에 속하지 않는 것은?

① 조립철주 ② 강관주
③ H형강주 ④ PC콘크리트주

해설 철주의 종류로는 조립철주(사각철주), H형강주, 강관주 등이 있다.

09 전차선로용으로 사용하는 철주의 사용개소와 거리가 먼 것은?

① 풍압에 따라 강도가 약한 개소
② 교량 난간
③ 차량한계에 지장을 주는 장소
④ 전선의 수평장력이 큰 개소

해설 전철용 전주는 전선의 수평장력이나 빔의 중량이 큰 개소, 기타 풍압에 따라 강도가 약한 개소, 선로와 선로 사이가 협소하여 건축한계에 지장을 주는 장소, 교량난간 등에 건식하는 개소 등에는 원칙적으로 철주(조립철주, 강관주, H형강주)를 사용하고 있다.

정답 05. ③ 06. ② 07. ④ 08. ④ 09. ③

10 제작이 용이하고 시공이 간편하여 많이 사용하고 있으나 비틀림 현상을 고려하여야 하는 전철주는?
① 강관주　　　　　　　　　　② 철주
③ 콘크리트주　　　　　　　　④ H형강주

해설　H형강주는 제작이 용이하고 시공이 간편하여 많이 사용하고 있으나 비틀림 현상을 고려하여야 한다.

11 전차선로의 지지물 중 강관주의 심볼로 맞는 것은?

① 　　② 　　③ 　　④

12 가공전차선로용으로 커티너리방식에 사용하는 강관주의 사용개소와 거리가 먼 것은?
① 일반개소　　　　　　　　　② 평행개소
③ 구분장치 설치개소　　　　　④ 인류개소

해설　일반 토공구간의 심플(Simple Catenary), 헤비 심플(Heavy Simple Catenary) 커티너리 가선방식의 일반개소와 평행개소(Over lap)개소, 인류개소의 단독주에 사용된다.

13 다음은 철주에 대한 설명이다. 옳지 않은 것은?
① 전주의 길이에 제약이 없다.
② 소요 강도는 자유롭게 설계가 가능하다.
③ 특수한 형상을 제작하기 곤란하다.
④ 내구성이 비교적 높다.

14 강도를 자유롭게 설계하여 제작이 가능하고, 강도에 비하여 경량이며, 분할운반이 가능하고 내구성이 비교적 높은 전철주는?
① 콘크리트 전주　　　　　　　② 프리텐션 전주
③ 철주　　　　　　　　　　　　④ 목주

정답　10. ④　11. ②　12. ③　13. ③　14. ③

15 전기철도의 지지물로 각종 전철주를 비교하였을 때 철주에 대한 설명으로 틀린 것은?
① 소요 강도는 자유롭게 설계가 가능하다.
② 전주 길이에 제약이 없다.
③ 강도에 비하여 경량이다.
④ 초기 도금 후 방청도장이 필요하다.

16 전기차의 집전장치가 직접 접촉하여 전력을 공급받는 전차선을 지지하는 지지물과 지지물간의 간격을 무엇 이라고 하는가?
① 가고 ② 편위
③ 높이 ④ 경간

해설 전차선을 지지하는 지지물과 지지물간의 간격을 경간(Span)이라 한다.

17 전철주의 표준경간을 선정하기 위한 조건이 아닌 것은?
① 선로조건(직선로, 곡선로) ② 신호기 위치
③ 기상조건(눈, 바람 등) ④ 전차선의 굵기

해설 전철주의 표준경간을 선정하기 위해서는 선로조건(직선로, 곡선로), 기상조건(기온, 눈, 바람 등), 신호기 위치 등을 고려하여야 한다.

18 가공전차선로에서 전철구간 경간(S)을 산출하는 식으로 맞는 것은?
(단, S : 경간[m], R : 곡선반경[m], d : 전차선 편위[m]이다.)
① $S = 2\sqrt{Rd}$ ② $S = 3\sqrt{Rd}$
③ $S = 4\sqrt{Rd}$ ④ $S = 6\sqrt{Rd}$

해설 전철구간 경간(S)은 일반적으로 $S = \sqrt{16Rd} = 4\sqrt{Rd}$ 로 구한다.

19 우리나라의 일반 전철구간에서 표준경간을 선정할 때의 운전 최대속도는 몇 [km/h] 인가?
① 80 ② 100 ③ 120 ④ 150

해설 일반 전철구간의 표준경간을 선정할 때 운전 최대속도는 120[km/h]로 보고 있다.

정답 15. ④ 16. ④ 17. ④ 18. ③ 19. ③

20 ★★
전차선로 속도등급 300킬로급 이상에서 전차선로 전주경간은 최대 몇 [m]까지 가능한가?

① 85　　② 65　　③ 45　　④ 25

해설

우리나라에서는 현재 고속철도를 두개의 법령으로 정의하고 있으며, 양자간 차이가 있다.
1. 철도건설법
   "고속철도"란 열차가 주요 구간을 시속 200킬로미터 이상으로 주행하는 철도로서 국토교통부장관이 그 노선을 지정·고시하는 철도를 말한다.
2. 철도사업법
   고속철도 노선은 철도차량이 대부분의 구간을 250[km/h] 이상의 속도로 운행할 수 있도록 건설된 노선을 말한다.

최고운행속도 350[km/h]급 전차선로 시스템 기술개발 상세설계 연구(최종보고서) 2011.12월 국가철도공단 최대경간 계산결과(일반구간)를 보면

구 분		∞	∞>R≥20,000	20,000>R≥10,000	10,000>R≥7,000	7,000>R≥5,000
Zone1	일반개소	65	65	65	60	60
	노출개소	60	55	55	55	55
Zone2	일반개소	55	55	55	55	55
	노출개소	50	45	45	45	45
Zone3(터널)		55	50	50	50	50

20.8월 기출문제는 고속열차의 속도 등급을 말하는 것으로써 우리나라에서 운행중인 고속철도 전차선로 전주의 최대경간은 65[m]이다.(경부고속철도의 최대경간은 63[m]이다.)

21 ★★
우리나라의 일반 전철구간(심플 커티너리 방식)에 전철주를 건식할 때 곡선반지름이 2000[m] 초과인 경우의 최대경간[m]은?

① 30　　② 40　　③ 50　　④ 60

해설　선로의 곡선반지름이 2000[m] 초과인 경우의 최대경간은 60[m]이다.

22 ★★★
우리나라의 일반 전철구간(심플 커티너리 방식)에 전철주를 건식할 때 곡선반지름이 1400[m]일 때 최대경간[m]은?

① 30　　② 40　　③ 50　　④ 60

해설　일반 전철구간 표준경간

곡선반지름(R)	최대경간(m)
2,000(m) 초과	60
1,000(m) 초과 ~ 2,000(m) 까지	50
700(m) 초과 ~ 1,000(m) 까지	45

정답　20. ②　21. ④　22. ③

곡선반지름(R)	최대경간(m)
500(m) 초과 ~ 700(m) 까지	40
400(m) 초과 ~ 500(m) 까지	35
300(m) 초과 ~ 400(m) 까지	30
200(m) 초과 ~ 300(m) 까지	20

23 전차선로 속도등급이 250[km/h] 이하인 커티너리식 가공전차선로에서 곡선반경 $R=800$[m]인 경우 전주의 최대경간[m]은?

① 50   ② 45   ③ 40   ④ 30

해설 곡선반경 $R=800$[m]인 경우 700[m]초과 ~ 1,000[m] 까지에 해당하므로 전주의 최대경간은 45[m]이다.

24 곡선반지름이 600[m]인 가공 전차선로에서 지지점과 인접 지지점간에 설치하여야 할 전철주의 경간으로는 약 몇 [m] 정도가 적합한가? (단, 편위는 200[mm]로 한다.)

① 35   ② 45   ③ 55   ④ 65

해설 전철주의 경간 $S=\sqrt{16Rd}$ 여기서, $d=200$[mm] 적용하면
$S=\sqrt{16 \times 600 \times 0.2}=43.8 ≒ 45$

25 가공 전차선로에서 지지점과 인접 지지점간에 설치하는 전철주의 거리는 몇 [m] 정도 되는가? (단, 편위는 0.25[m], 곡선반경은 900[m]이다.)

① 45   ② 50   ③ 55   ④ 60

해설 전철주의 경간 $S=\sqrt{16Rd}$ 여기서, $d=250$[mm] 적용하면
$S=\sqrt{16 \times 900 \times 0.25}=60$

26 우리나라의 일반 전철구간에 전철주를 건식할 때 곡선반지름이 1,000[m] 이상인 경우의 표준경간은 몇 [m]로 하는가?

① 30   ② 40   ③ 50   ④ 60

27 가공 전차선로에서 발생하는 전차선의 기울기 요소가 아닌 것은?

① 풍압에 의한 기울기   ② 곡선로에 의한 기울기
③ 전력 부하의 불평형에 의한 기울기   ④ 지지물의 변형에 의한 기울기

정답 23. ② 24. ② 25. ④ 26. ③ 27. ③

해설   가공 전차선로에서 발생하는 전차선의 기울기 요소는 풍압, 곡선로의 횡장력, 지지물의 변형, 가동 브래킷의 이동, 차량동요에 의한 기울기 등이 있다.

28 경간이 40[m]이고 곡선반지름이 600[m]인 곡선로에서 지지점과 경간 중앙에서의 편위가 같을 때 전차선의 편위는 약 몇 [mm]인가?

① 210   ② 250   ③ 330   ④ 380

해설   곡선로에서 지지점과 경간 중앙에서의 기울기량이 같을 때 편위 d는
d : 경간 중앙의 전차선의 기울기량[m], S : 전주 경간[m], R : 곡선반지름[m]
$$d = \frac{S^2}{8R} = \frac{40^2}{8 \times 600} = 0.33333[m] ≒ 330[mm]$$

29 전차선에 발생하는 기울기의 요소와 관계가 없는 것은?

① 차량의 동요에 의한 집전장치의 기울기
② 곡선로에 의한 기울기
③ 풍압에 의한 기울기
④ 열차량의 증가에 따른 전차선의 기울기

해설   전차선의 기울기에는 풍압에 의한 기울기, 곡선로에 의한 기울기, 전주 구조물의 변형에 의한 기울기, 차량동요에 의한 집전장치의 기울기, 온도변화에 의한 가동브래킷의 회전기울기 등이 있으며, 각 기울기 총합의 값이 집전장치 유효폭 이내로 되어야 한다.

30 전차선로의 곡선로에서 지지점과 경간 중앙에서의 기울기량이 같을 때, 전차선의 기울기를 나타내는 공식은? (단, d : 전차선의 기울기량[m], S : 경간[m], R : 곡선반지름[m])

① $d = \dfrac{S}{4R}$ ② $d = \dfrac{S^2}{4R}$ ③ $d = S \times R$ ④ $d = \dfrac{S^2}{8R}$

해설   곡선로에서 지지점과 경간 중앙에서의 기울기량이 같을 때 편위 d는
d : 경간 중앙의 전차선의 기울기량[m], S : 전주 경간[m]
$$d = \frac{S^2}{8R}$$

31 가공전차선로에서 전철주의 경간 40[m], 곡선반경 500[m]인 경우에 지지점과 경간 중앙에서의 기울기량이 같을 때 전차선의 편위는 얼마[mm]로 유지하여야 하는가?

① 200   ② 400   ③ 600   ④ 800

정답   28. ③   29. ④   30. ④   31. ②

해설 곡선로에서 지지점과 경간 중앙에서의 기울기량이 같을 때 편위 d는
d : 경간 중앙의 전차선의 기울기량[m], S : 전주 경간[m]
$$d = \frac{S^2}{8R} = \frac{40^2}{8 \times 500} = 0.4[\text{m}] = 40[\text{cm}] = 400[\text{mm}]$$

32 ★★ 경간 50[m], 곡선반경 $R=600$[m]인 전차선의 곡선부에서 지지점과 경간 중앙에서의 기울기량이 같을 때 전차선의 기울기량은 약 몇 [m]인가?

① 0.22　② 0.44　③ 0.52　④ 0.74

해설 $d = \frac{S^2}{8R} = \frac{50^2}{8 \times 600} = 0.52[\text{m}]$

33 ★★ 경간이 60[m]이고 곡선반지름이 600[m]인 곡선로에서 지지물과 경간 중앙에서의 기울기량이 같을 때 전차선의 기울기량 d[m]는?

① 0.37　② 0.75　③ 1.5　④ 3.0

해설 $d = \frac{S^2}{8R} = \frac{60^2}{8 \times 600} = 0.75[\text{m}]$

34 ★★ 가공 전차선로에서 표준경간 S[m], 선로의 곡선반경 R[m], 지지점의 편위를 d_s라 할 때 전차선의 중간편위 d_0[m]을 구하는 식은?

① $d = \frac{S}{8R} \times d_s$　② $d = \frac{S^2}{8R} - d_s$

③ $d = \frac{S}{16R} - d_s$　④ $d = \frac{S^2}{16R} \times d_s$

해설 곡선로에서 지지점의 기울기를 d_s라 할 때 경간 중앙에서의 중간편위 d_0는
$$d_0 = \frac{S^2}{8R} - d_s$$

35 ★★★ 건식게이지가 3.1[m]이고 전주 지름이 400[mm]일 때 전차선의 기울기를 150[mm]로 하면 최소 브래킷게이지 M은 몇 [mm]인가?

① 2550　② 2650　③ 2750　④ 2850

해설 $M = 3100 - \frac{400}{2} - 150 = 2750$

정답 32. ③　33. ②　34. ②　35. ③

36 건식게이지가 3.0[m]이고 전주지름이 300[mm] 때 전차선의 기울기를 200[mm]하면 최소 브래킷게이지 M은 몇 [mm]인가?

① 2650　　② 2750　　③ 2850　　④ 2950

해설　$M = 3000 - \dfrac{300}{2} - 200 = 2650$

37 건식게이지가 3.5[m]이고 전주지름이 300[mm]일 때 전차선 기울기를 120[mm]하면 최소 브래킷게이지[mm]는?

① 2730　　② 2980　　③ 3230　　④ 3320

해설　$M = 3500 - \dfrac{300}{2} - 120 = 3230$

38 전차선은 온도와 장력의 변화에 따라서 이동하지만 온도에 따른 이동만 고려하면 이동량 Δl는? (단 α : 전차선의 팽창계수 1.7×10^{-5}, t : 최고온도 $40[℃]$, t_0 : 표준온도 $10[℃]$, L : 전차선장력 조정길이 $800[m]$이다.)

① 283　　② 290　　③ 393　　④ 408

해설　$\Delta l = \alpha(t - t_0)L \times 10^3$
$\Delta l = 1.7 \times 10^{-5} \times (40-10) \times 800 \times 10^3 = 408[\text{mm}]$

39 최소 브래킷게이지 M은 2850[mm]이고, 전차선의 이동량 Δl이 400[mm]이라고 하면 가동브래킷의 회전에 따른 기울기[mm]는?

① 29　　② 39　　③ 49　　④ 59

해설　$\sigma = 2850 - \sqrt{(2850)^2 - (400)^2} ≒ 29[\text{mm}]$

40 전철주의 건식게이지에 대한 설명으로 옳은 것은?

① 전주와 가까운 레일간의 거리
② 가까운 레일과 전주 내면까지의 거리
③ 궤도중심과 전주내면까지의 거리
④ 궤도중심과 전주 외면까지의 거리

정답　36. ①　37. ③　38. ④　39. ①　40. ③

41 역간에 가공 전차선로용 전주를 설치할 때 궤도중심선에서 전주 중심까지의 거리는 몇 [m]로 하는가?

① 3.0 ② 3.5 ③ 4 ④ 4.5

해설) 역간에 가공 전차선로용 전주를 설치할 때 궤도중심선에서 전주 중심까지의 거리는 3[m]를 표준으로 한다.

42 역구내에 가공 전차선로용 전주를 설치할 때 궤도중심선에서 전주 중심까지의 거리는 몇 [m]로 하는가?

① 3 ② 3.5 ③ 4 ④ 4.5

해설) 역구내에 가공 전차선로용 전주를 설치할 때 궤도중심선에서 전주 중심까지의 거리는 3.5[m]를 표준으로 한다.

43 전주의 설치위치에 대한 설명으로 거리가 먼 것은?

① 승강장에서는 연단으로부터 1.5[m] 이상 이격한다.
② 차막이 뒤에서는 5[m] 이상 이격한다.
③ 자동차등이 통행하는 건널목 양측단으로부터 5[m] 이상 이격한다.
④ 화물적하장에서는 연단으로부터 1.5[m] 이상 이격한다.

해설) 1) 승강장, 화물적하장에서는 홈의 연단으로부터 1.5[m] 이상 이격한다.
2) 인류주 등 차막이 뒤에서는 10[m] 이상 이격한다.
3) 자동차등이 통행하는 건널목에 인접하는 전철주는 건널목 양단으로부터 5[m]이상 이격한다.
4) 곡선로 등에 설치하는 전철주는 신호기 투시에 지장이 없는 위치에 건식한다.

44 전철주의 건식에 대한 설명으로 옳지 않은 것은?

① 건식게이지란 차량한계 내에 세워지는 전주의 건식이 가능한 위치이다.
② 역구내 측선의 건식게이지는 3.5[m]이다.
③ 승강장, 화물적하장에 건식하는 전주는 홈의 연단에서 1.5[m] 이상 이격한다.
④ 인류주 등 차막이 후방에서 건식하는 전주는 일반적인 경우 10[m]이상 이격한다.

해설) 건식게이지란 건축한계 외에 세워지는 전주의 건식이 가능한 위치이다.

45 인류주 등 차막이 후방에 건식하는 전주는 몇 [m] 이격하여 건식하여야 하는가?

① 5 ② 8 ③ 10 ④ 12

정답 41. ① 42. ② 43. ② 44. ① 45. ③

해설 인류주 등 차막이 후방에서 건식하는 전주는 일반적인 경우 10[m] 이상 이격한다.

46 자동차 등이 통과하는 건널목에 인접하는 전철주(주의표용 전주 제외)의 건식은 건널목 양단에서 몇 [m] 이상 이격하여야 하는가?
① 2 ② 3 ③ 4 ④ 5

해설 자동차등이 통행하는 건널목에 인접하는 전철주는 건널목 양단으로부터 5[m] 이상 이격한다.

47 정적인 상태에서 가선측정기에 의한 곡선구간의 측정은 어느 궤도를 기준으로 하는가?
① 내측 궤도 ② 외측 궤도
③ 선로 중심 ④ 내측의 ⅓지점

48 전차선로의 전철주기초의 설계조건을 가장 정확하게 표현한 것은?
① 기초의 구성재료가 내구적이며, 부식이 되지 않아야 하며 열에 민감하여야 한다.
② 기초의 허용장력 범위 안에서 기초의 고정도가 충분하며, 흙의 항복에 의해 고정도가 감소해야 한다.
③ 주어진 외부의 힘에 대하여 기초가 충분한 저항을 가지며 기둥의 기울기가 허용한도를 초과하지 않아야 한다.
④ 기초 주변의 흙의 항복파괴에 의해서 기둥이 도괴되는 정도로 설계해야 한다.

해설 전철주기초는 전차선의 기울기에 직접적인 영향을 미치게 되므로 외력에 대해 충분한 저항을 갖고 전주의 경사가 허용한도를 넘지 않아야 한다.

49 전기철도에 사용하는 전철용 전주기초의 설계조건으로 틀린 것은?
① 허용하중의 범위내에서 기초의 고정도가 충분해야 한다.
② 기초 주변 흙의 항복파괴에 따라 전주가 도괴되지 않아야 한다.
③ 주어진 외부 힘에 대해 기초가 충분한 저항을 갖고 전주의 경사 한도를 넘지 않아야 한다.
④ 기초의 구성재료가 부식, 동결, 건습 그 이외 열화 작용에 잘 반응하여야 한다.

해설 1) 전차선의 기울기에 직접적인 영향을 미치게 되므로 외력(外力)에 대해 충분한 저항을 갖고 전주의 경사가 허용한도를 넘지 않아야 한다.
2) 지반의 흙을 포함한 기초의 구성재료는 부식, 동결, 건습, 열화(劣化)를 받아도 내구성이 있어야 한다.
3) 특히 지표 부근의 흙은 계절적 건습이나 동결 등의 자연의 영향과 선로보수작업이나 기타 인위적인 영향도 고려하여야 한다.

정답 46. ④ 47. ② 48. ③ 49. ④

50 **★★**
전철주기초로 사용되지 않는 기초는?
① 근가기초   ② 콘크리트기초   ③ 인류기초   ④ 쇄석기초

51 **★★★**
전철주기초 중 특수기초에 해당하지 않는 것은?
① 앵커볼트기초   ② 우물통기초   ③ 쇄석기초   ④ 푸팅기초

해설 전철주기초 중 특수기초에는 앵커볼트기초, 우물통기초, 푸팅기초, 중력형블럭기초, Z형기초, H주기초, 투입식기초 등이 있다.

52 **★★★**
전주 지름의 2배 정도로 원형구멍을 굴착 후 전주가 침하되지 않도록 철근 콘크리트제의 바닥판을 여러개 깔고 그 위에 전주를 수직으로 세운 다음 굴착한 구멍과 전주의 공간에 부순돌과 토사를 채워 넣는 기초는?
① 쇄석기초   ② 근가기초   ③ 푸팅기초   ④ 우물통기초

해설 쇄석기초는 전주 지름의 2배 정도로 원형구멍을 굴착 후 전주가 침하되지 않도록 철근 콘크리트제의 바닥판을 여러개 깔고 그 위에 전주를 수직으로 세운 다음 굴착한 구멍과 전주의 공간에 부순돌과 토사를 채워 넣는 기초이다.

53 **★★★**
전철주기초로 가장 많이 사용하는 기초는?
① 특수기초   ② 쇄석기초   ③ 콘크리트기초   ④ 근가기초

해설 전철주기초로 가장 많이 사용하는 기초는 콘크리트기초이다.

54 **★★**
전철주기초인 콘크리트 기초의 일종으로 성토 개소이거나 선로의 경사면의 토압이 약한 개소에 사용하여 침하와 전도가 되지 않도록 기초의 상부를 넓게 하는 기초는?
① 근가기초   ② T형기초   ③ H형기초   ④ 쇄석기초

해설 성토 개소이거나 선로의 경사면의 토압이 약한 개소에 사용하여 침하와 전도가 되지 않도록 기초의 상부를 넓게 하는 기초는 T형기초이다.

55 **★★★**
다음 전철주기초중 특수기초가 아닌 것은?
① 푸팅기초   ② 콘크리트기초
③ 중력형블럭기초   ④ 앵커볼트기초

정답 50. ③ 51. ③ 52. ① 53. ③ 54. ② 55. ②

해설 전철주기초중 특수기초에는 앵커볼트기초, 우물통기초, 푸팅기초, 중력형블럭기초, Z형기초, H형기초, 투입식기초, 항기초 등이 있다.

56 협소한 장소 또는 논 등 용수가 많은 개소에서 터파기를 할 때 흙이 무너지거나 지반이 약해서 기초터파기가 곤란한 경우에 사용하는 기초는?

① 푸팅기초 ② 우물통기초
③ 중력형블럭기초 ④ 앵커볼트기초

해설 우물통기초는 둥근 원통형의 콘크리트복관(안지름 : 1200[mm])을 사용해서 콘크리트복관 안쪽의 흙을 파면서 콘크리트복관을 땅 속으로 밀어 넣고 일정한 깊이에 도달하면 아래면을 잡석으로 다진 후 그 위에 전주를 설치한 다음 콘크리트를 타설하여 시공하는 특수기초이다.

57 모멘트와 수직하중이 큰 구내 장(長)경간 빔용 철주, 스팬선용 철주 등 표준기초의 치수 이상의 기초를 필요로 할 때 사용하는 기초는?

① 푸팅기초 ② 우물통기초
③ 중력형블럭기초 ④ 앵커볼트기초

해설 푸팅기초는 모멘트와 수직하중이 큰 구내 장(長)경간 빔용 철주, 스팬선용 철주 등 표준기초의 치수 이상의 기초를 필요로 할 때 사용하는 기초이다.

58 토질이 나쁜 지반에서는 지내력이 작기 때문에 기초의 밑면적을 크게 하여 수직하중에 견딜 수 있도록 되어 있는 기초로 선로연변을 크게 굴착하지 않으면 안 되는 단점이 있는 기초는?

① Z형기초 ② 푸팅기초 ③ 투입식기초 ④ 콘크리트기초

해설 푸팅기초는 토질이 나쁜 지반에서는 지내력이 작기 때문에 기초의 밑면적을 크게 하여 수직하중에 견딜 수 있도록 되어 있는 기초로 선로연변을 크게 굴착하지 않으면 안 되는 단점이 있다.

59 측면 토압이 특히 연약한 경우에 사용하는 콘크리트기초로 기초의 크기를 크게 하여 외력(外力)에 의한 모멘트를 자체 중량에 의하여 저항하도록 만들어진 특수기초는?

① 푸팅기초 ② H형기초
③ 중력형블럭기초 ④ 앵커볼트기초

해설 중력형블럭기초는 측면 토압이 특히 연약한 경우에 사용하는 콘크리트 기초로 기초의 크기를 크게 하여 외력(外力)에 의한 모멘트를 자체 중량에 의하여 저항하도록 만들어진 특수기초의 일종이다.

정답 56. ② 57. ① 58. ② 59. ③

60 전철주기초를 시공함에 있어 전주가 묻히는 깊이는 전주 전체길이의 얼마 이상으로 하여야 하는가?

① $\frac{1}{4}$ 이상   ② $\frac{1}{6}$ 이상   ③ $\frac{1}{8}$ 이상   ④ $\frac{1}{10}$ 이상

해설 전철주기초를 시공함에 있어 전주가 묻히는 깊이는 전주 전체길이의 $\frac{1}{6}$ 이상으로 하고 토질에 따라 1~2본의 근가를 사용한다.

61 콘크리트전주가 땅에 묻히는 깊이는 몇 [m]를 표준으로 하는가?

① 2.5   ② 3.5   ③ 4.0   ④ 4.5

해설 전주가 묻히는 깊이는 콘크리트전주의 경우 2.5[m]를 표준으로 한다.

62 철주 본체를 그대로 콘크리트기초에 매입하는 가장 기본적인 방식은?

① 직매입   ② 핀(Pin)매입
③ 앵카볼트매입   ④ 근계매입

해설 철주다리의 구조에는 직매입, 근계매입, 앵커볼트매입, 핀구조 등이 있다.
직매입은 철주 본체를 그대로 콘크리트 기초에 매입하는 가장 기본적인 방식으로 노반의 강도가 좋은 토공구간에 사용한다.

63 철주기초를 시공한 후 상부주체를 볼트로 체결하여 시공하는 방식은?

① 직매입   ② 핀(Pin)매입
③ 앵카볼트매입   ④ 근계매입

해설 근계매입은 철주 전체를 기초부(하부)와 상부로 분할하여 기초부 완료 후 상부와 접속되는 부분에 접속판(강판)을 이용하여 상부와 하부를 볼트로 체결해서 접속하는 방식이다.

64 철주다리의 구조에서 주재를 기초부와 상부를 분할하여 기초부 완료후 하부와 상부주재를 볼트로 체결하는 접속하는 방식은?

① 근계매입   ② 직매입
③ 앵커볼트매입   ④ 핀구조

해설 철주 전체를 기초부(하부)와 상부로 분할하여 기초부 완료 후 상부와 접속되는 부분에 접속판(강판)을 이용하여 상부와 하부를 볼트로 체결해서 접속하는 방식은 근계매입 방식이다.

정답 60. ② 61. ① 62. ① 63. ④ 64. ①

65 ★★★
교량이나 고가교 등 기초의 설치가 곤란한 경우와 굴삭차(햄머비트, 트리콘비트)를 이용한 원형 콘크리트기초, 4각형 콘크리트기초에 가장 많이 사용하는 방식은?
① 근계매입   ② 직매입
③ 앵커볼트매입   ④ 핀구조

해설 교량이나 고가교 등 기초의 설치가 곤란한 경우와 굴삭차(햄머비트, 트리콘비트)를 이용한 원형 콘크리트기초, 4각형 콘크리트기초에 가장 많이 사용하는 방식은 앵커볼트매입 방식이다.

66 ★★★
전기철도에서 사용하는 철강재의 부식방지를 위해 일반적으로 가장 많이 사용하는 아연도금 방법은?
① 전기아연도금   ② 황산아연도금
③ 용융아연도금   ④ 용융알루미늄도금

해설 철강재의 부식방지를 위해 일반적으로 가장 많이 사용하는 아연도금 방법은 용융아연도금이다.

67 ★★★
전기철도의 빔(Beam)중 주로 정차장(역) 구내에 사용하는 빔으로 적절한 것은?
① 고정브래킷   ② 크로스빔   ③ 고정빔   ④ 스팬선식빔

해설 빔의 선정은 그 선구의 운전조건과 경제성을 고려해서 적절하게 선정할 필요가 있다. 정차장(역) 구내에서는 "고정빔"으로 한다.

68 ★★★
전기철도의 빔(Beam)중 구내 선로가 많은 개소, 차량기지, 화물기지 등에 빔의 길이가 길어질 경우에 사용하는 빔으로 적절한 것은?
① 고정브래킷   ② 크로스빔
③ 고정빔   ④ 스팬선식빔

해설 구내 선로가 많은 개소, 차량기지, 화물기지 등에서 빔의 길이가 길어질 경우 강도적으로 곤란한 개소 등에는 스팬선빔을 사용한다.

69 ★★★
전기철도의 빔(Beam)중 고정식 빔의 종류가 아닌 것은?
① 고정브래킷   ② 크로스빔
③ 문형고정빔   ④ 스팬선식빔

해설 고정빔에는 고정브래킷, 크로스빔, 문형고정빔(평면빔, V빔, 사각빔, 강관빔 등) 등이 있다.

정답 65. ③ 66. ③ 67. ③ 68. ④ 69. ④

70 다음 중 문형고정빔에 해당하지 않는 것은?

① V빔 ② 크로스빔 ③ 사각빔 ④ 강관빔

해설　문형고정빔에는 평면빔, V빔, 사각빔, 강관빔 등이 있다.

71 전기철도의 빔(Beam)중 단선구간의 진동방지와 복선구간의 역간과 역구내에 사용되는 빔으로 보통빔이라고 하는 것은?

① 고정브래킷 ② 크로스빔 ③ 문형고정빔 ④ 스팬선식빔

해설　주재를 ㄴ형강으로 사용하여 1본 또는 2본을 지지주간에 취부하고 이것을 텐션로드로 걸거나 또는 ㄴ형강으로 지지하는 간단한 구조로 되어 있어 고정빔으로서 사용되어 왔으며 "보통빔"이라고도 부르는 것은 크로스빔이다.

72 강결구조(rigid frame)로 구성하고 있는 각부재(member)가 그 결합점에 강직(剛直)하게 결합되고 어떠한 경우에 있어서도 그 교각(交角)을 바꾸지 않는 구조로 구성된 구조물을 무엇이라 하는가?

① 트러스 ② 라멘 ③ 트러스라멘 ④ 플레이트

해설　라멘은 강결구조(rigid frame)로 구성하고 있는 각부재(member)가 그 결합점에 강직(剛直)하게 결합되고 어떠한 경우에 있어서도 그 교각(交角)을 바꾸지 않는 구조로 구성된 구조물이다.

73 직선 부재를 핀구조(핀연결)로 3각형이 연속된 형태로 조합된 구조물을 무엇이라 하는가?

① 보(Beam) ② 라멘(Rahmen)
③ 합성라멘(Composite rahmen) ④ 트러스(Truss)

해설　트러스(Truss)는 직선 부재를 핀구조(핀연결)로 3각형이 연속된 형태로 조합된 구조이다.

74 직선 부재를 핀구조(핀연결)로 3각형이 연속된 형태로 조합된 구조물을 트러스라 한다. 여기서 핀구조를 맞게 설명한 것은?

① 지점의 회전이 자유로운 구조이다.
② 지점의 회전이 자유롭지 않은 구조이다.
③ 절점의 회전이 자유로운 구조이다.
④ 절점의 회전이 자유롭지 않은 구조이다.

정답　70. ②　71. ②　72. ②　73. ④　74. ③

해설 핀구조(핀연결)는 절점(부재와 부재를 연결하는 점)의 회전이 자유로운 구조이다.

75 ★ 문형고정빔 중 내하중이 가장 큰 것은?
① 평형트러스빔 ② 4각트러스라멘빔
③ V트러스라멘빔 ④ V트러스빔

76 ★★ 직선 부재를 핀결합으로 삼각형이 연속된 형태로 조합된 구조를 무엇이라 하는가?
① 보(Beam) ② 라멘(Rahmen)
③ 합성라멘(Composite rahmen) ④ 트러스(Truss)

77 ★★ 압축력을 받는 상부주재를 2본으로 하고 인장력을 받는 하부주재는 1본으로 하여 양단에 부재를 붙여 전주에 취부하는 구조의 빔(Beam)은?
① 평면빔 ② V빔 ③ 4각빔 ④ 강관빔

해설 압축력을 받는 상부주재를 2본으로 하고 인장력을 받는 하부주재는 1본으로 하여 양단에 부재를 붙여 전주에 취부하는 구조의 빔(Beam)은 단면의 형태가 V자형으로 되므로 V빔이라 한다.

78 ★★★ 다음 중 V빔의 특징과 거리가 먼 것은?
① 강재의 합리적 이용으로 경제적이다.
② 단면특성이 좋다.
③ 빔의 축방향력에 대한 응력이 크다.
④ 하중이 비교적 적은 개소에 사용한다.

해설 V빔은 강재를 합리적으로 이용함으로써 경제적이며 단면특성이 좋고, 빔의 축 방향에 대한 응력도 크므로 하중이 비교적 큰 개소에 사용된다.

79 ★★★ 빔의 길이가 길거나 수평하중이 큰 개소에 적합한 빔으로서 V빔 이상의 길이를 필요로 할 때에 사용되는 빔으로 적합한 것은?
① 평면빔 ② 고정빔 ③ 4각빔 ④ 강관빔

해설 4각빔은 측면과 상·하면을 4각 트러스형으로 조합한 빔으로 빔의 길이가 길거나 수평하중이 큰 개소에 적합한 빔으로서 V빔 이상의 길이를 필요로 할 때에 사용된다.

정답 75. ② 76. ④ 77. ② 78. ④ 79. ③

80 ★★★ 적설량이 많은 지역에서 눈이 쌓이는 것을 방지하여 관설하중을 줄일 수 있고, 구조가 간단하고 미관에도 좋아 ㄴ형강 조립빔과 함께 일반철도 구간에서 많이 사용하는 빔으로 맞는 것은?

① 평면빔 ② 고정빔 ③ 4각빔 ④ 강관빔

해설 강관빔은 적설량이 많은 지역에서 눈이 쌓이는 것을 방지하여 관설하중을 줄일 수 있고, 구조가 간단하고 미관에도 좋아 ㄴ형강 조립빔과 함께 일반철도 구간에서 많이 사용하는 빔이다.

81 ★★★★★ 변전소, 구분소 등에서 급전선, 부급전선 등을 인출하거나 지지하기 위하여 설비되는 고정빔으로 ㄴ형강 또는 강관 등을 사용하는 구조의 빔(Beam)으로 맞는 것은?

① 스트럭처빔 ② 지지빔 ③ 평면빔 ④ 인류빔

해설 스트럭처빔(인출빔)은 변전소(SS), 구분소(SP) 등에서 급전선, 부급전선 등을 인출하거나 지지하기 위하여 설비되는 고정빔으로 ㄴ형강 또는 강관 등을 사용하는 구조의 빔(Beam)이다.

82 ★★ 고정빔의 길이별 호칭을 하는데 있어 4선용의 길이로 맞는 것은?

① 6[m] 초과 10[m]까지 ② 10[m] 초과 14[m]까지
③ 14[m] 초과 18[m]까지 ④ 18[m] 초과 22[m]까지

해설 고정빔의 길이별 호칭

호칭	길이[m]	호칭	길이[m]
1선용	6까지	6선용	22 초과 26까지
2선용	6 초과 10까지	7선용	26 초과 30까지
3선용	10 초과 14까지	8선용	30 초과 34까지
4선용	14 초과 18까지	9선용	34 초과 38까지
5선용	18 초과 22까지		

83 ★★ 고정빔의 길이별 호칭을 하는데 있어 6선용의 길이로 맞는 것은?

① 18[m] 초과 22[m]까지 ② 22[m] 초과 26[m]까지
③ 26[m] 초과 30[m]까지 ④ 30[m] 초과 34[m]까지

해설 고정빔 6선용의 길이는 22[m] 초과 26[m]까지 이다.

84 ★ 고정빔(고정식 또는 스펜선식)의 길이가 6[m] 초과 10[m]까지라면 빔의 길이별 호칭은?

① 1선용 ② 2선용 ③ 3선용 ④ 4선용

정답 80. ④ 81. ① 82. ③ 83. ② 84. ②

해설 고정빔의 길이가 6[m] 초과 10[m]까지이면 2선용 이다.

85. 다음 중 스팬선빔에 사용되는 방식에 해당하지 않는 것은? ★★★

① 가압빔방식 ② 빔하스팬선방식
③ 스팬선빔방식 ④ 가동브래킷방식

해설 스팬선빔에는 스팬선빔방식, 빔하스팬선방식, 가압빔방식이 사용되고 있다.

86. 고정식 문형빔 대신에 전선을 스팬선으로 가선하여 이것에 전차선을 조가하는 방식으로 역구내 측선이 많은 개소와 차량기지, 화물기지 등 선로의 수가 많은 개소에서 사용하는 커티너리빔 방식은? ★★★

① 가압빔방식 ② 빔하스팬선방식
③ 스팬선빔방식 ④ 가동브래킷방식

해설 스팬선빔방식은 고정식 문형빔 대신에 전선을 스팬선으로 가선하여 이것에 전차선을 조가하는 방식으로 역구내 측선이 많은 개소와 차량기지, 화물기지 등 선로의 수가 많은 개소에서 사용하는 커티너리빔 방식이다.

87. 주로 역구내 측선이 많은 개소와 차량기지, 화물기지 등 선로의 수가 많은 개소에 사용하는 빔으로 적당한 것은? ★★★★

① 평면빔 ② 트러스빔
③ 스팬선빔 ④ V빔

해설 스팬선빔은 고정식 문형빔 대신에 전선을 스팬선으로 가선하여 이것에 전차선을 조가하는 방식으로 역구내 측선이 많은 개소와 차량기지, 화물기지 등 선로의 수가 많은 개소에서 사용한다.

88. 고정식 문형빔 하부에 가동브래킷 대신에 스팬선을 설치하여 전차선을 조가하는 방식으로 주로 작은 규모의 역구내 측선과 분기개소등에서 사용하는 방식은? ★★★

① 가압빔방식 ② 빔하스팬선방식
③ 스팬선빔방식 ④ 가동브래킷방식

해설 고정식 문형빔 하부에 가동브래킷 대신에 스팬선을 설치하여 전차선을 조가하는 방식으로 주로 작은 규모의 역구내 측선과 분기개소등에서 사용하는 방식은 빔하스팬선방식이다.

정답 85. ④ 86. ③ 87. ③ 88. ②

89 다음 중 스팬선빔방식의 특징과 거리가 먼 것은?
① 빔의 중량이 가벼워서 건설비가 저렴하다.
② 빔의 길이를 크게 할 수 있으며 전차선의 편위조정이 쉽다.
③ 온도변화에 따른 스팬선 이도 조정이 어렵다.
④ 한 선로에 사고 발생시 다른 선로에 영향을 주지 않는다.

> 해설 스팬선빔방식은 빔의 중량이 가벼워서 건설비가 저렴하고, 빔의 길이를 크게 할 수 있으며 전차선의 편위조정이 손쉬운 장점이 있으나 온도변화에 따른 스팬선 이도 조정이 필요하는 등의 보수점검이 어렵고 한 선로에 사고 발생시 다른 선로에 영향을 주는 단점이 있다.

90 다음 중 스팬선빔의 특징과 거리가 먼 것은?
① 경량으로 건설비가 저렴하다.
② 빔의 길이를 크게 할 수 있다.
③ 한 선로에 사고 발생시 다른 선로에 영향을 준다.
④ 이도 조정 등 유지보수가 쉽다.

> 해설 스팬선빔은 온도변화에 따른 이도 조정이 필요하는 등 유지보수점검이 어렵다.

91 다음과 같은 장·단점을 갖는 빔의 종류는?

```
- 애자설비의 수량을 적게 할 수 있다.
- 급전구분이 다소 복잡하다.
- 진동방지장치, 곡선당김장치를 취부하기 때문에 경점이 적다.
```

① 크로스빔   ② 고정브래킷
③ 스팬선빔   ④ 가압빔

92 가동브래킷의 장점에 대한 설명으로 옳은 것은?
① 복잡한 역구내의 선로에 사용하기 쉽다.
② 경량이고 가선상태가 양호하여 고속도 운전에 적합한 구조를 가지고 있다.
③ 회전구조로 되어 있어서 전차선의 경점을 크게 한다.
④ 전차선의 허용 편위를 절대로 초과하지 않는 구조를 지니고 있다.

정답 89. ④ 90. ④ 91. ④ 92. ②

93 **가동브래킷의 장점이 아닌 것은?**
① 가동브래킷의 회전위치에 따라 가선 위치가 이동한다.
② 경량으로 가선 특성이 좋다.
③ 진동방지, 곡선당김장치를 가동브래킷에 취부하므로 경점이 작다.
④ 전차선을 일괄해서 장력을 조정할 수 있다.

94 **다음 중 가동브래킷에 대한 설명이 틀린 것은?**
① 애자가 전주측에 있어 매연에 대해 오손이 적다.
② 전차선을 일괄해서 장력조정할 수 있어 가선특성이 좋다.
③ 진동방지, 곡선당김장치를 가동브래킷에 취부하기 때문에 경점이 크다.
④ 경량이므로 가선 특성이 좋다.

95 **역 중간과 역 구내의 통과 본선 지지물의 표준으로 사용되는 것은?**
① 가동브래킷   ② 고정브래킷
③ 스팬선빔   ④ 가압빔

해설 가동브래킷은 역간과 역구내의 본선 지지물의 표준으로 사용되고 있다.

96 **합성전차선을 전주측으로 당기는 개소에 사용되는 가동브래킷의 종류로 맞는 것은?**
① I형   ② O형   ③ F형   ④ Z형

해설 가동브래킷는 선로방향에 대하여 90° 회전 가능한 구조로 제작하여 전차선과 조가선을 지지해 주는 역할을 한다. 가동브래킷이 받는 작용력에 따라 인장형(I형 : In Type)과 압축형(O형 : Out Type)으로 구분하여 사용하고 있다. 인장형은 합성전차선을 전주측으로 당기는 개소에 사용되며, 압축형은 합성전차선을 전주 반대측으로 밀어 주는 개소에 사용한다.

97 **합성전차선을 전주 반대측으로 밀어주는 개소에 사용되는 가동브래킷의 종류로 맞는 것은?**
① I형   ② O형   ③ F형   ④ Z형

해설 압축형(O형)은 합성전차선을 전주 반대측으로 밀어 주는 개소에 사용한다.

98. 다음 중 가동브래킷의 구성품으로 거리가 먼 것은?
① 수평파이프   ② 지지애자
③ 곡선당김금구   ④ 경사파이프

해설 가동브래킷의 구성은 수평파이프, 경사파이프, 곡선당김금구, 장간애자 등으로 구성되어 있다.

99. 가동브래킷에 포함되지 않는 것은?
① 장간애자   ② 수평파이프
③ 전주밴드   ④ 경사파이프

100. 가동브래킷의 호칭이 "G3.5 L960 O"라고 되어 있다면, 여기에서 G의 의미는?
① 가고   ② 전차선 높이
③ 건식게이지   ④ 작용력에 대한 형식

해설 가동브래킷은 건식게이지[m]를 G, 가고(架高)를 L, 작용력에 대한 형(型)을 O, I 로 표시하여 호칭한다. (예 : G 3.0 L 960 O)

101. 가동브래킷의 호칭이 "G3.0 L960 I"라고 되어 있다면, 여기에서 L의 의미는?
① 가고   ② 전차선 높이
③ 건식게이지   ④ 작용력에 대한 형식

해설 가동브래킷은 건식게이지[m]를 G, 가고(架高)를 L, 작용력에 대한 형(型)을 O, I 로 표시하여 호칭한다. (예 : G 3.0 L 960 O)

102. 가동브래킷이 다음과 같이 표시되어 있다. 그 설명으로 옳은 것은?

G3.0 L960 O

① 건식게이지 3.0[m], 가고 960[mm] 압축형
② 파이프 길이 3.0[m], 가고 960[mm] 인장형
③ 건식게이지 3.0[m], 편위 960[mm] 인장형
④ 파이프 길이 3.0[m], 편위 960[mm] 인장형

정답 98. ② 99. ③ 100. ③ 101. ① 102. ①

103 가동브래킷의 회전억제저항은 전차선의 수직하중과 횡장력을 받은 상태에서 1개소 당 몇 [kg] 이하로 하는가?

① 1 ② 2 ③ 3 ④ 4

해설 가동브래킷의 회전억제저항은 전차선의 수직하중과 횡장력을 받은 상태에서 1개소당 3[kg] 이하로 하고 있다.

104 가동브래킷의 종류로서 전차선의 평행개소 구간에 사용하는 형식(Type)은?

① I형 ② O형 ③ F형 ④ H형

해설 F형은 에어섹션, 에어죠인트 등 전차선의 평행개소(over lap)에서 전차선의 무효부분에 곡선당김금구를 사용하지 않고 로드로 사용하는 형식이다.

105 가공 전차선로에 사용하는 가동브래킷의 종류가 아닌 것은?

① F형 ② I형 ③ O형 ④ Z형

106 가동브래킷용 장간애자의 안전율은 얼마 이상으로 하여야 하는가?

① 파괴하중에 대하여 2.0 이상 ② 파괴하중에 대하여 2.5 이상
③ 최대 만곡하중에 대하여 2.0 이상 ④ 최대 만곡하중에 대하여 2.5 이상

해설 가동브래킷용 장간애자의 안전율은 최대 만곡하중에 대하여 2.5 이상으로 한다.

107 교류 강체전차선로에 사용하는 브라켓의 종류가 아닌 것은?

① 가동형 ② 고정형 ③ 단축형 ④ 휨형

해설 교류 강체전차선로에 사용하는 브라켓의 종류로는 가동형, 고정형, 단축형이 있다.

108 전차선로에서 전주 또는 고정빔 등에 취부하여 급전선, 부급전선, 보호선 등을 지지 또는 인류하기 위한 구조물은?

① 전철주 ② 빔 ③ 지선 ④ 완철

해설 완철은 전주 또는 고정빔 등에 취부하여 급전선, 부급전선, 보호선 등을 지지 또는 인류하기 위한 구조물이다.

정답 103. ③ 104. ③ 105. ④ 106. ④ 107. ④ 108. ④

109 고정빔 상단에 취부하여 급전선, 보호선 등을 지지하는 완철을 무엇이라 하는가?
① 주수평파이프 ② 가젯플레이트
③ 전주대용물 ④ 입속

해설 고정빔 상단에 취부하여 급전선, 보호선 등을 지지하는 완철을 전주대용물이라 한다.

110 완철에 급전선 등을 지지하는 방법의 표준 방식은?
① 현수조가방식 ② V형조가방식
③ 지지조가방식 ④ A형조가방식

해설 완철에 급전선 등의 지지방법은 현수조가방식을 표준으로 한다.

111 전차선로 구조물에 완철을 설치하였을 때 완철이 받는 수직하중 W[N]은?
(단, W_1 : 전선의 하중[N], W_2 : 애자의 하중[N]이다)
① $W_1 \times W_2$ ② $W_1 + W_2$
③ $\dfrac{W_1 \times W_2}{2}$ ④ $\dfrac{W_1 + W_2}{2}$

해설 완철이 받는 수직하중은 W_1+W_2[N]이다.

112 전차선로 구조물에 완철을 설치하였을 때 완철이 받는 수평하중 P[N]은?
(단, P_1 : 곡선로의 수평장력[N], P_2 : 전선과 애자의 풍압하중[N]이다.)
① $P_1 + P_2$ ② $P_1 \times P_2$ ③ $\sqrt{P_1 \times P_2}$ ④ $\dfrac{P_1 + P_2}{2}$

해설 완철이 받는 수평하중은 P_1+P_2[N]이다.

113 전차선로 구조물에 완철을 설치하였을 때 지주로부터 이격거리를 구하는 식은?
(단, L : 지주로부터 이격거리[mm], d : 전기적 절연 최소이격거리, l : 가선의 이동량, c : 여유 이다.)
① $L = l + d + c$ ② $L = l \times d \times c$
③ $L = \sqrt{l \times d \times c}$ ④ $\dfrac{\sqrt{l+d+c}}{2}$

정답 109. ③ 110. ① 111. ② 112. ① 113. ①

해설 지주로부터 이격거리 $L = l + d + c$ 이다.

★★★
114 애자연결길이 360[mm], 진동각 45°, 전기적 절연최소이격거리 250[mm], 여유거리 20[mm]라 할 때 지주로부터 이격거리는 약 몇 [mm]인가?

① 477　　　② 525　　　③ 677　　　④ 725

해설 여기서, l은 가선의 이동량으로 $l = l' \times \sin\theta$ 이다.
따라서 $l = 360 \times \sin 45° = 360 \times \frac{\sqrt{2}}{2} = 254.5$
지주로부터 이격거리 L
$L = l + d + c = 254.5 + 250 + 20 = 524.5 ≒ 525 [\text{mm}]$

★★★
115 애자연결길이 360[mm], 진동각 60°, 전기적 절연 최소이격거리 250[mm], 여유거리 15[mm]라 할 때 지주로부터 이격거리는 약 몇 [mm]인가?

① 425　　　② 577　　　③ 625　　　④ 758

해설 여기서, l은 가선의 이동량으로 $l = l' \times \sin\theta$ 이다.
따라서 $l = 360 \times \sin 60° = 360 \times \frac{\sqrt{3}}{2} = 311.76$
지주로부터 이격거리 L
$L = l + d + c = 311.76 + 250 + 15 = 576.76 ≒ 577 [\text{mm}]$

★★★
116 고정빔 상단에 전주대용물을 설치하려면 이 때 전주대용물의 높이(H)를 구하는 식은? (단, l' : 지주로부터 이격거리[mm], d : 전기적 절연 최소이격거리, c : 여유, t : 고리판 금구 이다.)

① $L = l' + d + t + c$　　　② $L = l' \times d \times t \times c$

③ $H = \sqrt{l' \times d \times t \times c}$　　　④ $\frac{\sqrt{l' + d + t + c}}{2}$

해설 전주대용물의 높이(H)를 구하는 식은 $L = l' + d + t + c$ 이다.

★★★
117 애자의 연결길이 360[mm], 전기적 절연 최소 이격거리 250[mm], 여유 20[mm], 고리판 금구두께 5[mm]라면 전주대용물의 높이[mm]는?

① 360　　　② 430　　　③ 515　　　④ 635

해설 전주대용물의 높이(H)는

l' : 애자의 연결 길이[mm], d : 전기적 절연최소 이격거리[mm]
t : 고리판 금구[mm], c : 여유 라고 하면
$H = l' + d + t + c = 360 + 250 + 5 + 20 = 635 [mm]$

118 ★★★★★ 전주의 건식이 곤란한 개소에서 고정빔이나 터널의 천장에서 아래로 가동브래킷, 곡선당김장치 등을 지지하기 위한 지지물은?

① 전철주　　② 지선　　③ 하수강　　④ 평행틀

해설　전주의 건식이 곤란한 개소에서 고정빔이나 터널의 천정 아래로 가동브래킷 또는 곡선당김장치 등을 지지하기 위한 구조물을 "하수강"이라 한다.

119 ★★ 하수강의 설치개소로 부적당한 곳은?

① 터널　　② 선상역사　　③ 교량 상부　　④ 문형지지물 구간

해설　하수강은 H형강, 강관형 등을 사용하며, 터널 및 선상역사, 문형지지물 구간, 교량 하부 등 전차선로 상부에 지지물을 취부하여 가선하는데 사용되고 있다.

120 ★★ 하수강의 길이를 결정하는 요소로 맞지 않는 것은?

① 노반의 지형　　　　　　② 전차선로의 가선방식
③ 브래킷의 규격　　　　　④ 풍압에 의한 기울기

해설　하수강의 길이는 노반의 지형과 브래키트의 규격, 전차선로의 가선방식, 구조물 등을 고려하여 결정한다.

121 ★★ 터널내 하수강을 취부하기 쉽게 미리 콘크리트 구조물에 삽입하는 것으로 적당한 것은?

① H형강　　② C찬넬　　③ 각형강관　　④ 케미칼 레진

해설　터널내 하수강은 C찬넬 또는 매입전을 이용하여 취부하도록 토목공사시 콘크리트 구조물에 미리 삽입한다.

122 ★★★ 전차선 평행개소 등에서 1본의 전주에 2개의 가동브래킷을 지지하기 위한 구조물은?

① 평행틀　　② 지선　　③ 하수강　　④ 애자

해설　전차선 평행개소(over lap) 등에서 1본의 전주에 2개 이상(고속철도는 3개를 설치하는 경우도 있음)의 가동브래킷을 지지하기 위한 구조물을 평행틀이라 한다. 평행틀 사용개소는 평행개소와 역구내 건넘선(교차선) 개소 등이다.

정답　118. ③　119. ③　120. ④　121. ②　122. ①

123 ★★ 전기철도구조물의 종류 중 평행틀의 설명으로 옳은 것은?
① 전철주와 조립하여 전차선과 급전선 등을 지지하기 위한 강구조물을 말한다.
② 전주 또는 고정빔 등에 취부하여 급전선, 부급전선, 보호선 등을 지지 또는 인류하기 위한 구조물을 말한다.
③ 전주의 건식이 곤란한 개소에서 고정빔이나 터널의 천장에서 아래로 가동브래킷, 곡선당김장치 등을 지지하기 위한 지지물을 말한다.
④ 전차선 평행개소 등에서 1본의 전주에 2개의 가동브래킷을 지지하기 위한 구조물을 말한다.

해설 전차선 평행개소 등에서 1본의 전주에 2개(고속철도의 경우 3개도 있음)의 가동브래킷을 지지하기 위한 구조물을 평행틀이라 한다.

124 ★★ 다음중 전차선로에 사용하는 애자가 갖추어야 할 조건과 거리가 먼 것은?
① 절연강도가 충분히 확보되어야 한다.
② 표면 누설거리가 큰 것을 사용한다.
③ 누설전류가 큰 것을 사용한다.
④ 애자표면이 오손이 되지 않는 것을 사용한다.

해설 누설전류가 증가하면 전기적 파괴가 발생할 수 있다.

125 ★★★★ 다음중 전차선로에 사용하는 애자가 아닌 것은?
① 현수애자   ② 지지애자   ③ 장간애자   ④ 라인포스트애자

해설 전차선로에 사용하는 애자는 현수애자, 지지애자, 장간애자이다.

126 ★★ 다음 중 플라스틱(Plastics)계의 고분자화합물인 것은?
① 실리콘(Silicon)   ② EPDM   ③ FRP   ④ 천연고무

해설 플라스틱(Plastics)계의 고분자화합물에는 Polyethylene, PVC, FRP 등이 있다.

127 ★ 분자량이 10000 이상 중합된 고분자 화합물로 만들어진 애자는?
① 현수애자   ② 장간애자   ③ 지지애자   ④ 폴리머애자

해설 폴리머애자는 분자량이 10000 이상 중합된 고분자 화합물로 만들어진 애자이다.

정답 123. ④ 124. ③ 125. ④ 126. ③ 127. ④

128 가공 전차선로에 사용되는 현수애자의 안전율은 과전압 파괴하중에 대하여 얼마 이상이어야 하는가?
① 1.5 ② 2.0 ③ 2.5 ④ 3.0

해설 현수애자의 안전율은 과전압 파괴하중에 대하여 3.0 이상이어야 한다.

129 교류 25[kV] 급전선의 인류개소에 사용되는 250[mm] 현수애자는 일반적인 경우 몇 개를 사용하는가?
① 2 ② 3 ③ 4 ④ 5

해설 교류 25[kV] 급전선의 인류개소에 사용되는 250[mm] 현수애자는 4개를 사용한다.

130 부급전선 및 보호선의 인류개소에 사용하는 애자는?
① 180[mm]현수애자 ② 250[mm] 현수애자
③ 항압용 장간애자 ④ 인장용 장간애자

해설 부급전선 및 보호선의 인류개소에는 180[mm] 현수애자 1개를 사용한다.

131 교류 전차선로에서 급전선의 인류개소에 가장 많이 사용하는 애자는?
① 현수애자 ② 내무애자 ③ 지지애자 ④ 핀애자

132 가공 전차선로에 사용되는 현수애자에 대한 설명으로 틀린 것은?
① 전차선, 급전선, 부급전선 및 보호선 등의 인류에 많이 사용한다.
② 사용 용도에 따라 수량을 조정할 수 있어 누설방지거리를 쉽게 얻을 수 있다.
③ 시공 및 보수가 용이하고 그 형상을 임의로 선택할 수 있다.
④ 가동브래킷의 하부를 절연지지하기 위한 압축용으로 주로 사용한다.

해설 가동브래킷의 하부를 절연지지하기 위한 압축용으로 사용하는 것은 장간애자 이다.

133 교류 전기철도에서 부급전선에 사용되는 설비로서 흡상변압기의 단자 구분 개소에 사용하는 180[mm] 현수애자는 일반적인 경우 몇 개를 사용하는가?
① 2 ② 4 ③ 6 ④ 8

정답 128. ④ 129. ③ 130. ① 131. ① 132. ④ 133. ①

해설 흡상변압기의 단자 구분 개소에 사용하는 현수애자는 180[mm] 2개를 사용한다.

134 ★★
가공 전차선의 이상구분장치 개소에 250[mm] 현수애자를 사용하고자 한다. 몇 개를 사용하는 것이 표준으로 되어 있는가?
① 3 ② 4 ③ 5 ④ 6

해설 가공 전차선의 이상구분장치 개소에는 현수애자 250[mm] 5개를 사용한다.

135 ★★
직류 1500[V] 강체방식에서 AL T-Bar 지지용 250[mm] 애자는 몇 개를 사용하는가?
① 1 ② 2 ③ 3 ④ 4

해설 직류 1500[V] 강체방식에서 AL T-Bar 지지용 250[mm] 애자는 1개를 사용한다.

136 ★★
T-bar 강체전차선로에서 사용하는 애자의 전기적 특성에서 가장 높은 전압은?
① 건조섬락전압 ② 유중파괴전압
③ 주수섬락전압 ④ 50[%]충격섬락전압

해설 주수섬락전압 < 건조섬락전압 < 50[%]충격섬락전압 < 유중파괴전압 순으로 유중파괴전압이 가장 높다.

137 ★★
폴리머 애자의 장점이 아닌 것은?
① 충격강도가 크다.
② 운반 및 설치가 용이하다.
③ 내트래킹성(Anti-tracking)이 크다.
④ 기계적 강도가 크다.

138 ★★★
25[kV] 심플커티너리방식에서 AT 급전선 및 보호선을 지지하기 위하여 사용하는 애자는?
① 현수애자 ② 지지애자
③ 장간애자 ④ 라인포스트애자

해설 25[kV] 심플커티너리방식에서 AT 급전선 및 보호선을 지지하기 위하여 사용하는 애자는 지지애자이다.

정답 134. ③ 135. ① 136. ② 137. ③ 138. ②

139 ★★★ 터널내 25[kV] 강체방식에서 급전선을 지지하는 애자의 명칭으로 맞는 것은?
① SP 60　　　② LP 40　　　③ NSP 50　　　④ FRP 40

해설　터널내 25[kV] 강체방식에서 급전선을 지지하는 애자는 폴리머제 지지애자로 NSP 50이다.

140 ★★ 교류 강체방식에서 R-bar 지지용 애자의 성능 중 상용 주파수 유중파괴전압은 몇 [kV]인가?
① 100　　　② 125　　　③ 140　　　④ 275

해설　R-bar 지지용 애자의 상용 주파수 유중파괴전압은 140[kV]이다.

141 ★★ 전철주와 가동브래킷간의 절연을 위해 사용되는 애자로 적당한 것은?
① 핀애자　　　② 장간애자　　　③ 현수애자　　　④ 지지애자

해설　장간애자는 전철주와 가동브래킷간의 절연을 위해 사용한다.

142 ★★★★ 압축력(항압용)과 인장력(인장용)이 가해지는 개소에 사용되는 애자는?
① 현수애자　　　② 지지애자　　　③ 내무애자　　　④ 장간애자

해설　장간애자는 압축력과 인장력이 가해지는 개소에 사용되며 애자의 호칭은 종별과 기호로 표시한다
(예 : 장간애자 Type - a)

143 ★★ 가공전차선로에 사용하는 장간애자에 대한 설명으로 틀린 것은?
① 가동브래킷, 흐름방지장치, 장력조정장치 등에 사용한다.
② 과선교 밑으로 통과하는 급전선의 지지용으로 많이 사용한다.
③ 장간애자를 사용할 때는 사용목적에 따라 인장용과 압축용으로 특성을 달리 할 수 있다.
④ 건조섬락전압에 비하여 주수섬락전압이 적은 특성을 지닌다.

해설　과선교 밑으로 통과하는 급전선의 지지용으로는 지지애자를 사용한다.

144 ★★★ 가동브래킷에 사용하는 25[kV]용 장간애자의 성능시험 항목이 아닌 것은?
① 내트레킹시험　　　　　　② 건조섬락전압시험
③ 주수섬락전압시험　　　　④ 50[%]충격섬락전압시험

정답　139. ③　140. ③　141. ②　142. ④　143. ②　144. ①

해설 가동브래킷에 사용하는 25[kV]용 장간애자의 성능시험 항목은 건조섬락전압시험, 주수섬락전압시험, 50[%]충격섬락전압시험 등이 있다.

145 ★★ 다음 중 애자의 오손으로 인해 발생하는 현상과 거리가 먼 것은?

① 애자 절연체 표면의 절연이 저하된다.
② 국부방전이 발생하여 가청잡음, 라디오, TV장해를 유발한다.
③ 애자의 오손이 심한 경우에는 섬락이 발생한다.
④ 순환전류에 문제가 생겨 전압강하가 발생한다.

해설 애자가 오손되어 비나 안개에 의하여 습윤(濕潤, 젖어서 촉촉해짐)을 받으면 애자 절연체 표면의 절연이 저하된다. 이 절연저하 때문에 국부방전이 발생되어 가청 잡음, 라디오, TV장해를 유발시키거나 심한 경우에는 섬락(Flash over)이 발생한다.

146 ★★★ 다음 중 애자의 오손물이 아닌 것은?

① 해염 ② 안개 ③ 분진 ④ 매연

해설 애자의 오손물은 해염 외에 공장에서 배출되는 여러 가지 화학물질, 매연, 분진, 국부적이긴 하지만 시멘트가루 등이 있다.

147 ★★★ 애자의 오손물 중에서 애자의 절연에 가장 나쁜 영향을 주는 것은?

① 분진 ② 시멘트가루 ③ 해염 ④ 매연

해설 오손물 중에서 애자의 절연에 가장 나쁜 영향을 주는 것은 물에 녹아서 강한 도전성을 나타내는 해염 등의 강전해질이다.

148 ★★ 애자의 오손에 미치는 주요 원인과 거리가 먼 것은?

① 오손지역과의 거리
② 애자의 형상
③ 과전전압
④ 유지보수 방법

해설 애자 오손에 영향을 미치는 주요 원인으로서는 오손 지역과의 거리, 지형, 풍향, 풍속, 천후, 강우량, 애자의 형상, 표면상태, 설치위치, 조가방법, 과전전압, 사용기간 등 여러 가지 요인이 있다.

149 ★★★★ 애자의 오손을 방지하는 대책과 거리가 먼 것은?

① 과절연 설계
② 애자의 세척
③ 애자의 누설전류 증가
④ 실리콘 콤파운드 도포

정답 145. ④ 146. ② 147. ③ 148. ④ 149. ③

해설 애자의 오손을 방지하는 대책으로서는 과절연 설계(애자의 증결), 애자의 세척, 발수성 물질(실리콘 콤파운드 도포) 등이 있다.

150 다음 중 애자의 절연열화의 원인이 아닌 것은? ★★★★

① 응력에 의한 균열 ② 애자 각 부의 인장력
③ 시멘트의 경년 팽창 ④ 자기재의 손상

해설 애자의 절연열화의 원인으로는 자기재의 손상, 시멘트의 경년 팽창, 애자 각 부의 열팽창 차이, 내아크에 의한 자기재 파괴, 자기의 흡습성, 응력에 의한 균열 등이 있다.

151 해안으로부터의 거리, 지형, 풍향, 태풍 등으로 습래정도 및 송전선의 염해사고 등으로 보아 상당량의 염해가 예상되는 지역을 무엇이라 하는가? ★★

① 오염지구 ② 일반지구 ③ 오손지구 ④ 특수지구

해설 해안으로부터의 거리, 지형, 풍향, 태풍 등으로 습래정도 및 송전선의 염해사고 등으로 보아 상당량의 염해가 예상되는 지역을 오손지구라 한다.

152 교류 25[kV] 가공 전선로가 있는 오손지구에 250[mm] 현수애자를 설치하려 한다. 몇 개를 설치하는 것이 적당한가? ★★★

① 2 ② 3 ③ 4 ④ 5

해설 교류 25[kV] 오손지구에 250[mm] 현수애자는 5개 또는 내염용 250[mm] 현수애자는 4개 설치한다.

153 태풍이나 계절풍에 의하여 바다로부터 해염입자가 날아와 단시간에 애자가 오손되는 현상을 무엇이라 하는가? ★★

① 급속오손 ② 간이오손 ③ 해염오손 ④ 특수오손

해설 급속오손은 태풍이나 계절풍에 위하여 바다로부터 해염입자가 날아와 단시간에 애자가 오손되는 현상을 말한다.

154 전기설비의 절연열화 검사 방법으로 적절한 것은? ★★★

① 자외선 검사 ② 초음파 검사 ③ 적외선 검사 ④ 충격파 검사

정답 150. ② 151. ③ 152. ④ 153. ① 154. ②

해설 전기설비의 아킹(Arcing), 트래킹(Trackig), 코로나(Corona) 방전은 방출현장에 초음파를 발생하므로 초음파 검사를 통하여 빨리 찾아낼 수 있다.

155 **전차선로의 합성전차선에 전기를 공급하는 전선은?**
① 전차선 ② 조가선 ③ 급전선 ④ 비절연보호선

해설 전차선로의 급전선은 합성전차선에 전기를 공급하는 전선으로써 변전소에서 인출되는 전차선용 TF(Trolly Feeder) 급전선과 주변압기(MT)와 단권변압기(AT) 간을 접속하는 AF(Auto Transformer Feeder)가 있다.

156 **다음 중 급전선에 사용하는 강심알루미늄연선(ACSR)의 장점이 아닌 것은?**
① 인장하중이 크다. ② 가격이 저렴하다.
③ 중량이 가볍다. ④ 선팽창계수가 크다.

해설 강심알루미늄연선(ACSR)은 가격이 저렴하고, 중량이 가벼우며 인장하중이 크다. 그리고 선팽창계수는 작다.

157 **다음 중 급전선에 사용하는 강심알루미늄연선(ACSR)의 단점이 아닌 것은?**
① 단선시 접속하기가 어렵다. ② 도전율이 작다.
③ 염해 및 공해에 약하다. ④ 허용전류가 작다.

해설 강심알루미늄연선(ACSR)의 단점으로는 도전율이 작고, 염해 및 공해에 약하며, 허용전류가 작다.

158 **다음 중 급전선에 사용하는 경동연선(Cu)의 장점이 아닌 것은?**
① 도전율이 좋다. ② 염해 및 공해에 강하다.
③ 선팽창계수가 크다. ④ 허용전류가 크다.

해설 급전선에 사용하는 경동연선(Cu)의 장점으로는 도전율이 좋고, 염해 및 공해에 강하며, 허용전류가 크고 선팽창계수가 작은 것이 특징이다.

159 **다음 중 급전선에 사용하는 경동연선(Cu)의 단점이 아닌 것은?**
① 가격이 비싸다. ② 허용전류가 작다.
③ 중량이 무겁다. ④ 인장하중이 작다.

정답 155. ③ 156. ④ 157. ① 158. ③ 159. ②

해설 경동연선(Cu)의 단점으로는 가격이 비싸고 중량이 무거우며, 인장하중이 작다.

160 ★★ 전기철도에서 사용하는 전선 등에 관한 설명으로 옳지 않은 것은?
① 부급전선, 보호선, 비절연보호선, 가공공동지선, 섬락보호지선은 전선에 포함하지 않는다.
② 전차선이란 전기차량의 집전장치에 습동 접촉하여 이에 전기를 공급하는 가공전선을 말한다.
③ 합성 전차선이란 조가선(강체 포함), 전차선, 행거, 드로퍼 등으로 구성된 가공전선을 말한다.
④ 가공 전차선로라 함은 합성 전차선과 이에 부속된 곡선당김장치, 장력조정장치, 흐름방지장치 등을 총괄한 것을 말한다.

해설 부급전선, 보호선, 비절연보호선, 가공공동지선, 섬락보호지선도 전기철도에 사용하는 전선에 포함된다.

161 ★★★ 가공전차선로에서 급전선에 사용되는 경동선의 안전율은 인장하중에 대한 안전율이 얼마 이상이어야 하는가? (단, 케이블인 경우는 제외한다.)
① 2.0　　② 2.2　　③ 2.6　　④ 3.0

해설 전선의 인장하중에대하여 안전율은 경동선은 2.2 이상, 기타의 전선에서는 2.5 이상이다.

162 ★★★ 가공전차선의 경동선 및 동합금선을 제외한 그 밖의 전선의 안전율은 인장하중에 대하여 얼마 이상으로 하는가?
① 2　　② 2.2　　③ 2.5　　④ 3

해설 가공전선은 케이블인 경우를 제외하고 상정하중이 가해졌을 때 전선의 인장하중에대하여 안전율은 경동선은 2.2 이상, 기타의 전선에서는 2.5 이상이다.

163 ★★★ 가공전차선로에서 전선의 안전율(F_s)은?
① $F_s = \dfrac{인장하중}{탄성계수}$　　② $F_s = \dfrac{인장하중}{최대사용장력}$
③ $F_s = \sqrt{\dfrac{인장하중}{최대사용하중}}$　　④ $F_s = \dfrac{사용장력}{인장하중}$

정답 160. ① 161. ② 162. ③ 163. ②

164 레일면위에 일정한 높이로 가설되어 전기차의 집전판(팬터그래프)과 불완전 접속상태로 전기차의 견인전동기에 전기를 공급하기 위한 전선은?

① 전차선 ② 조가선
③ 급전선 ④ 비절연보호선

해설 전차선은 레일면위에 일정한 높이로 가설되어 전기차의 집전판(팬터그래프)과 불완전 접속상태로 전기차의 견인전동기(모터블럭)에 전기를 공급하기 위한 전선이다.

165 전차선장치 및 가선 금구류의 기본적인 요건으로 틀린 것은?

① 가능한 단순한 구조일 것
② 신축, 이완 및 피로현상이 있는 구조일 것
③ 필요한 전류용량을 가질 것
④ 내부식성이 있을 것

166 전차선을 형상에 따라 분류할 때 종류가 아닌 것은?

① 홈붙이 원형 ② 홈붙이 각형
③ 홈붙이 제형 ④ 홈붙이 이형

해설 전차선의 종류에는 형상에 따라 홈붙이 원형, 홈붙이 제형, 홈붙이 이형 전차선 등이 있다.

167 AC 25[kV] 일반철도의 커티너리 조가방식에 사용하는 전차선으로 적합한 것은?

① 홈붙이 원형 ② 홈붙이 각형
③ 홈붙이 제형 ④ 홈붙이 이형

해설 AC 25[kV] 일반철도의 커티너리 조가방식은 홈붙이 원형 전차선을 사용한다.

168 DC 1500[V] 강체 조가방식에 사용하는 전차선으로 적합한 것은?

① 홈붙이 원형 ② 홈붙이 각형
③ 홈붙이 제형 ④ 홈붙이 이형

해설 DC 1500[V] 강체 조가방식은 홈붙이 제형 전차선을 주로 사용한다.

169 AC 25[kV] 고속철도의 헤비심플커티너리 조가방식에 사용하는 전차선으로 적합한 것은?

① 홈붙이 원형 ② 홈붙이 각형
③ 홈붙이 제형 ④ 홈붙이 이형

해설 AC 25[kV] 고속철도의 헤비심플커티너리 조가방식은 홈붙이 이형 전차선을 사용한다.

170 홈붙이 원형 전차선의 도전율은 개략 몇 [%] 정도인가?

① 93.5 ② 95.5
③ 97.5 ④ 99.5

해설 홈붙이 원형 전차선의 도전율은 개략 97.5[%] 정도이다.

171 전차선의 편위를 정하는 요소가 아닌 것은?

① 전기차 동요에 따른 집전장치의 편위
② 풍압에 따른 전차선의 편위
③ 곡선로에 의한 전차선의 편위
④ 열차 운행 빈번도에 따른 전차선의 편위

해설 전차선의 편위를 정하는 요소는 풍압, 곡선로의 횡장력, 가동브래킷의 이동, 차량의 동요, 지지물의 변형으로 인한 기울기를 고려하여 편위를 정한다.

172 전철주의 경간을 S[m], 선로의 곡선 반경을 R[m]라 할 때 전차선의 편위 d[m]을 구하는 식은?

① $d = \dfrac{S}{8R}$ ② $d = \dfrac{S^2}{8R}$ ③ $d = \dfrac{S}{16R}$ ④ $d = \dfrac{S^2}{16R}$

해설 $S = \sqrt{16Rd}$ 이므로 $d = \dfrac{S^2}{16R}$

173 차량동요에 의한 집전장치의 기울기에 적용하는 차량동요 최고 각도는 몇 도인가?

① 2° ② 3° ③ 5° ④ 7°

해설 차량동요에 의한 집전장치의 기울기에 적용하는 차량동요 최고 각도는 3°(약 32[mm]) 이다.

정답 169. ④ 170. ③ 171. ④ 172. ④ 173. ②

174 ★★★ 전차선(Cu 110[mm²])과 조가선(CdCu 70[mm²])을 일괄하여 자동장력조정하는 경우 표준장력의 합은 약 몇 [kg] 인가?
① 1800
② 2000
③ 2300
④ 2600

해설 전차선(Cu 110[mm²])과 조가선(CdCu 70[mm²])을 일괄하여 자동장력조정하는 경우 표준장력의 합은 1000[kg] + 1000[kg] = 2000[kg]이다.

175 ★★ 열차가 섹션구간을 통과하는 경우 이상마모가 발생하는데 이에 대한 대책으로 볼 수 없는 것은?
① 전차선의 경점(접속점)을 많게 한다.
② 전차선의 압상 특성을 개선한다.
③ 전차선의 구배를 작게 한다.
④ 전차선의 장력을 일정하게 유지한다.

해설 전차선의 마모는 기계적 마모와 전기적 마모가 있다. 전차선의 경점(접속점)을 많게 하면 전기적 마모가 빨리 진행될 수 있다.

176 ★ 가공 전차선로에서 경간을 길게 하면 건설비는 적게 소요되지만 차량동요나 풍압 등에 의하여 전력을 공급받는 집전장치에서 이탈될 수 있는 전선은?
① 전차선
② 흡상선
③ 급전선
④ 보호선

해설 전차선은 집전장치와 불완전한 접촉상태에서 열차가 운행하므로 경간을 길게 하면 풍압, 차량동요에 의하여 이선현상이 발생할 수 있다.

177 ★★★★ 전차선이 접촉부분에서 아크방전이 발생하여 가열 단선되는 시간을 나타내는 식은? (단, I는 아크전류[A], t는 지속시간[sec]이다.)
① $\frac{I}{\sqrt{t}} \fallingdotseq 750$
② $\frac{I}{t} \fallingdotseq 750$
③ $I \cdot t \fallingdotseq 750$
④ $I \cdot \sqrt{t} \fallingdotseq 750$

해설 전차선이 접촉부분에서 아크방전이 발생하여 가열 단선되는 시간을 나타내는 식은 $I \cdot t \fallingdotseq 750$ 이다.

178 교류 전차선로에서 조가선의 방호를 목적으로 설비한 시설이 아닌 것은?
① 보호관　　　　　　　　② 방호관
③ 보호망　　　　　　　　④ 배류기

179 전차선을 일정한 높이로 수평하게 유지시켜 주기 위하여 전차선 상부에 행어나 드로퍼를 사용하여 잡아 주는 전선은?
① 전차선　　　　　　　　② 조가선
③ 급전선　　　　　　　　④ 비절연보호선

해설　전차선을 일정한 높이로 수평하게 유지시켜 주기 위하여 전차선 상부에 행어나 드로퍼를 사용하여 잡아 주는 전선은 조가선이다.

180 조가선의 선종을 선정할 때 고려하지 않아도 되는 것은?
① 가선장력　　　　　　　② 전차선 선종
③ 도전율　　　　　　　　④ 허용전류 용량

해설　조가선의 선종을 선정할 때에는 가선장력, 도전율, 허용전류 용량에 적합한 전선을 사용하여야 한다.

181 가공 전차선로 커티너리 조가방식에서 현재 조가선으로 사용하고 있는 Bz 65[mm²]와 Cu-Mg 65[mm²]의 도전율은 약 몇 [%]인가?
① 50　　　　② 60　　　　③ 70　　　　④ 90

해설　현재 조가선으로 사용하고 있는 Bz 65[mm²]와 Cu-Mg 65[mm²]의 도전율은 60[%]이다.

182 현재 조가선으로 사용하고 있는 Bz 65[mm²]의 특징과 거리가 먼 것은?
① 부식과 마모가 심하다.
② 파괴강도가 크다.
③ 공해를 유발하는 카드뮴이 함유되어 있다.
④ 염해 및 공해물질에 강하다.

해설　현재 조가선으로 사용하고 있는 Bz 65[mm²]의 특징으로는 파괴강도가 크며, 염해 및 공해물질에 강하지만 공해를 유발하는 카드뮴이 함유되어 있다.

정답　178. ④　179. ②　180. ②　181. ②　182. ①

183 ★★ 현재 조가선으로 사용하고 있는 Cu-Mg 65[mm²]의 특징과 거리가 먼 것은?

① 파괴강도가 크다.
② 염해 및 공해물질에 강하다.
③ 순환전류의 흐름에 영향을 미치지 않는다.
④ 카드뮴이 함유되어 있지 않은 친환경 재질이다.

해설 현재 조가선으로 사용하고 있는 Cu-Mg 65[mm²]의 특징으로는 파괴강도가 크며, 염해 및 공해물질에 강하고 카드뮴이 함유되어 있지 않은 친환경 재질이다.

184 ★★ 단권변압기(AT)방식의 지하구간 및 공용접지방식 구간에서 섬락보호를 위하여 설치되는 전선은?

① 비절연보호선　　② 가공지선
③ 흡상선　　　　　④ 중성선

해설 단권변압기(AT)방식의 지하구간 및 공용접지방식 구간에서 섬락보호를 위하여 설치되는 전선은 비절연보호선(FPW : Fault Protective Wire)이다.

185 ★★ 다음은 비절연보호선 방식에 대한 설명이다. 맞지 않는 것은?

① 단권변압기(AT) 중성점과 레일을 접속한다.
② 비절연보호선과 레일은 직렬로 폐회로를 구성하고 있다.
③ 단권변압기(AT)방식의 지하구간 및 공용접지방식 구간에서 섬락보호를 위하여 설치하는 전선이다.
④ 대지에 절연하지 않고 철재·지지물에 연접하여 설치한다.

해설 비절연보호선(FPW : Fault Protective Wire)은 단권변압기방식의 지하구간 및 공용접지방식 구간에서 섬락보호를 위하여 철재·지지물을 연접하여 설치되는 가공전선으로 대지에 대하여 절연하지 않고 AT중성점과 레일을 접속하고, 또한 AT와 AT의 중간부분에서 보호선용접속선(CPW)으로 레일과 접속되며 비절연보호선과 레일은 병렬로 폐회로를 구성하고 있다.

186 ★★ 전차선로에서 2본 이상의 빔, 철주 등이 연속 설치된 구간에 설치하는 보호설비는?

① 보호선　　　　② 부급전선
③ 가공지선　　　④ 섬락보호지선

해설 전차선로에서 2본 이상의 빔, 철주 등이 연속 설치된 구간에 설치하는 보호설비는 섬락보호지선이다.

정답 183. ③　184. ①　185. ②　186. ④

187 가공전선로의 뇌격방지를 위해 전선로 상부에 설치하는 접지전선의 명칭은?
① 보호선　　　　　　　　　② 부급전선
③ 지락도선　　　　　　　　④ 가공공동지선

해설　가공전선로의 뇌격방지를 위해 전선로 상부에 설치하는 접지전선은 가공공동지선이다.

188 가동브래킷 방식으로 설치되어 있는 구간에서 전차선과 조가선을 일괄 자동장력조정장치로 조정하는 경우 전차선의 표준장력은 허용장력의 몇 [%] 이내로 시설하는가?
① 5　　　　② 10　　　　③ 15　　　　④ 20

해설　가동브래킷 방식으로 설치되어 있는 구간에서 전차선과 조가선을 일괄 자동장력조정장치로 조정하는 경우 전차선의 억제저항이 극히 적어서 전차선의 표준장력은 허용장력의 5[%] 이내로 시설한다.

189 다음의 전차선로용 보호설비 중 통합접지 대상 설비로 볼 수 없는 것은?
① 피뢰기　　② 보안기　　③ 절연방호관　　④ 섬락보호지선

해설　KEC(한국전기설비규정)에 접지규정이 통합접지로 개정됨

190 전차선로에 사용하는 지선의 종류가 아닌 것은?
① 단지선　　② V지선　　③ 2단지선　　④ 삼각지선

해설　지선을 형상에 따라 분류하면 단지선, V지선, 2단지선, 수평지선과 궁형지선 등이 있다.

191 지선의 종류를 분류할 때 사용개소에 의한 분류에 속하지 않는 것은?
① 인류용 지선　　　　　　② 진동방지용 지선
③ 곡선당김용 지선　　　　④ 빔(Beam) 지선

해설　지선은 사용개소에 따라 인류용, 진동방지용, 곡선당김용 지선으로 분류한다.

192 가공 전차선로에서 전차선의 인류용으로 가장 많이 사용되는 지선은?
① V지선　　　　　　　　② 수평지선
③ 보통지선　　　　　　　④ 궁형지선

해설　V지선은 가공 전차선로에서 전차선의 인류용으로 가장 많이 사용되는 지선이다.

정답　187. ④　188. ①　189. ③　190. ④　191. ④　192. ①

193 큰 장력이나 수평장력에 가해지는 헤비심플커티너리 가선 방식의 인류용으로 사용되며 단지선 또는 V지선을 평행으로 2개 시설하는 지선은?

① 궁지선　　② 수직지선　　③ 2단지선　　④ 수평지선

해설　2단지선은 큰 장력이나 수평장력에 가해지는 헤비심플커티너리 가선 방식의 인류용으로 사용되며 단지선 또는 V지선을 평행으로 2개 시설하는 지선이다.

194 직접 지선을 시설하기가 불가능한 경우 별도로 적당한 위치에 전용의 지선주를 세워서 가선하는 지선은?

① 수평지선　　② 궁형지선　　③ V지선　　④ 2단지선

195 지선기둥을 설치하고, 도로를 횡단하거나, 건축물의 출입구 등을 피하여 시설하는 지선은?

① 수평지선　　② V지선　　③ 완금지선　　④ 단지선

해설　직접 지선을 시설하기 불가능한 경우 지선기둥을 설치하고, 도로를 횡단하거나, 건축물의 출입구 등을 피하여 시설하는 지선은 수평지선이다.

196 전주의 근원부근에 근가를 시설해서 활모양으로 취부하는 특수한 지선을 말하며, 지선을 취부할 수 없는 경우 등 특별한 경우에만 사용되는 지선은?

① V지선　　② 궁형지선　　③ 단지선　　④ 2단지선

해설　궁형지선은 전주의 근원부근에 근가를 시설해서 활모양으로 취부하는 특수한 지선을 말하며, 지선을 취부할 수 없는 경우 등 특별한 경우에만 사용되는 지선이다.

197 그림과 같이 큰 장력이나 수평장력이 가해지는 헤비 심플커티너리 가선방식의 인류용으로 사용되고 있는 지선은?

① 수평지선
② 궁형지선
③ 2단지선
④ V지선

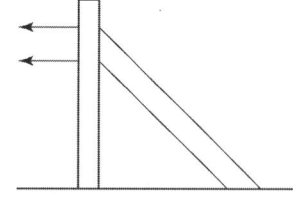

해설　단지선 또는 V지선을 평행(상·하방향)으로 2개 시설하는 지선을 말하며, 큰 장력이나 수평장력이 가해지는 헤비 심플커티너리(heavy simple catenary) 가선방식의 인류용으로 사용되고 있다.

정답　193. ③　194. ①　195. ①　196. ②　197. ③

198 도로를 횡단하여 시설하는 수평지선의 높이는 도로면상 몇 [m] 이상 시설하는가?
① 5 ② 6 ③ 7 ④ 8

해설 철도를 횡단하여 시설하는 수평지선의 높이는 6.5[m] 이상, 도로 등을 횡단하여 시설하는 수평지선의 높이는 도로면상 6[m] 이상으로 시설한다.

199 철도, 도로 등을 횡단하는 수평지선의 높이로 맞는 것은?
① 레일면상 6.5[m] 이상, 도로면상 6[m] 이상
② 레일면상 6[m] 이상, 도로면상 6[m] 이상
③ 레일면상 5.5[m] 이상, 도로면상 5[m] 이상
④ 레일면상 5[m] 이상, 도로면상 5[m] 이상

200 가공전차선로용 지선의 안전율은 얼마 이상으로 하는가?
① 1.0 ② 1.5 ③ 2.0 ④ 2.5

해설 지선은 전주에 가해지는 수평력에 대응하도록 설치하는 것이기 때문에 인장력에 대한 안전율을 2.5 이상으로 하고 허용인장하중의 최저는 4,900[N]으로 한다.

201 지선을 설비할 때 지중 부분과 지표상 몇 [cm]까지의 부분에는 아연도금을 한 철봉 또는 이것과 동등이상의 강도와 내구력을 가진 것을 사용하여야 하는가?
① 30 ② 40 ③ 50 ④ 60

202 전차선로에 사용하는 지선기초는 지지물 기초의 인상력에 대한 안전도를 고려하여 지선기초의 안전율을 얼마 이상으로 적용하여 설계하여야 하는가?
① 1.5 ② 2 ③ 2.5 ④ 3

해설 전차선로에 사용하는 지선기초의 안전율은 지지물 기초의 인상력을 고려하여 2 이상으로 한다.

203 직류 가공전차선로의 지선에는 전주의 취부점에서 약 몇 [m]의 위치에 애자를 취부하는가?
① 1 ② 1.5 ③ 2 ④ 2.5

정답 198. ② 199. ① 200. ④ 201. ① 202. ② 203. ②

204 지선은 일반적으로 전주에 작용하는 수평하중의 몇 [%]를 부담하는가?
① 50 ② 75 ③ 100 ④ 125

해설   지선은 전주에 작용하는 수평하중의 100[%]를 부담한다.

205 지선과 전주의 표준 설치 각도는?
① 25° ② 35° ③ 45° ④ 60°

해설   지선과 전주와의 취부각도는 표준을 45°로 하고 있다.

206 지선과 전주 사이의 표준 취부각도는 45°로 하고 있다. 최소 취부각도는 얼마인가?
① 25° ② 30° ③ 35° ④ 40°

해설   지선과 전주와의 취부각도는 표준을 45°로 하고 있고, 최소 취부각도는 30°로 한다.

207 토지나 지형의 조건 등으로 인하여 지선을 설치하지 못할 때 지선 대용으로 설치하는 것은?
① 철주 ② 철탑 ③ 전주 ④ 지주

해설   지선을 갖는 방향과 반대의 방향에서 전주를 지지하는 전주를 지주라고 한다. 지선은 주위의 조건에 따라 부득이한 경우 지선과 동등 이상의 효력이 있는 지주(버팀전주)로 대용할 수 있다.

208 다음 설명 중 틀린 것은?
① 전차선의 인류지선은 전차선과 동일 방향이 되도록 시설한다.
② 전선의 인류용 밴드와 지선용 전주 밴드는 개별로 하는 것이 좋다.
③ 인류개소의 볼트, 너트와 나사에 인장력이 가해지지 않도록 주의가 필요하다.
④ 지선을 갖는 방향과 동일 방향에서 전주를 지지하는 전주를 지주라 한다.

209 급전선의 최대장력은 1970[N]이고 지선의 전주와의 설치 각도를 45°라 할 때, 이 지선이 받는 최대장력은 약 몇 [N]인가? (단, 지선의 안전율은 2.5이다.)
① 2785 ② 5980 ③ 6965 ④ 7955

정답 204. ③ 205. ③ 206. ② 207. ④ 208. ④ 209. ③

해설 지선의 취부각도와 지선장력과의 관계에서 지선에 가해지는 장력은
$T\sin\theta = P$
$\therefore T = \dfrac{P}{\sin\theta} \times 2.5 = \dfrac{1970}{\sin 45} \times 2.5 = 1970\sqrt{2} \times 2.5 \fallingdotseq 6965[\text{N}]$

여기서, P : 지선이 받는 최대장력[N]
　　　　T : 전선의 최대장력[N]
　　　　θ : 지선의 취부각도
　　　　S : 지선의 길이
　　　　L : 지선의 거리

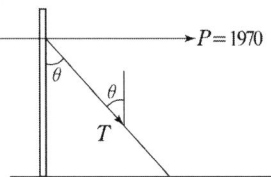

5장 전기철도구조물의 설비
핵심예상문제 필답형 실기

01 ★★★
전기철도에서 사용하는 전주는 어떠한 것을 사용하는지 설명하시오.

풀이 전기철도에서 사용하는 전주는 대부분 철주(H형강주, 조립철주, 강관주) 사용을 원칙으로 하고 있으며, 빔개소 등 특수개소는 조립철주, 찬넬주를 사용하며 부득이 한 경우(일시적 임시설비)에는 콘크리트주를 사용한다.

02 ★★
전기철도 구간의 특수개소에 대하여 아는바를 쓰시오.

풀이 강도와 길이가 특히 큰 것을 필요로 하는 개소와 콘크리트주를 지지하는 기초의 설치가 곤란한 개소 등을 특수개소라 한다.

03 ★★★
PC강선을 탄성한도까지 당겨서 콘크리트와 원심력을 이용하여 인장응력과 굽힘력에 견딜수 있도록 제작한 콘크리트주를 무엇이라 하는가?

풀이 프리텐션(pretension) 콘크리트전주라 한다.

04 ★★★
프리텐션 콘크리트주의 형상에는 N형과 T형이 있다. 어떠한 형상인지 설명하시오.

풀이 T형이란 전주의 외형(지름)이 말구(전주의 상부)쪽으로 가면서 가늘어지는 형태를 말하는 테이퍼의 앞문자 T를 인용하여 T형이라 하며, N형이란 전주의 외형(지름)이 상부와 하부가 균일한 형태를 말하며 테이퍼가 아니라는 뜻의 노테이퍼의 앞문자를 인용하여 N형이라 한다.

05 ★★★★
철주의 종류 3가지를 쓰시오.

풀이 철주의 종류로는 조립철주, H형강주, 강관주 등이 있다.

06 ★★★
철주를 사용하는 개소에 대하여 간단하게 쓰시오.

풀이 전선의 수평장력이나 빔의 중량이 큰 개소, 기타 풍압에 따라 강도가 약한 개소, 선로와 선로 사이가 협소하여 건축한계에 지장을 주는 장소, 교량난간 등에 건식하는 개소 등에는 원칙적으로 철주(조립철주, 강관주, H형강주)를 사용하고 있다.

07 콘크리트전주의 단점에는 어떠한 것이 있는지 기술하시오. ★★

풀이 1) 중량이 무겁다.
      2) 운반, 취급이 불편하다.

08 철주의 장점에는 어떠한 것이 있는지 3가지 이상 기술하시오. ★★★★

풀이 1) 소요강도는 자유롭게 설계가 가능하다.
      2) 강도에 비하여 경량이다.
      3) 내구성이 비교적 높다.
      4) 특수한 형상도 가능하고 건식 장소의 제약이 비교적 적다.
      5) 전주길이에 제약이 없다.
      6) 분할 운반이 가능하다.

09 H형강주의 비틀림현상에 대하여 간단하게 설명하시오. ★★★★

풀이 H형강주의 비틀림현상이란 한쪽 축 방향의 단면2차모멘트가 다른 쪽 방향의 단면2차모멘트에 비해서 작은 부재를 사용하고 있기 때문에 H형강의 단면2차모멘트의 큰 쪽의 축에 대해 하중을 더해 가면 H형강주가 돌연 하중방향과 직각방향으로 꼬이면서 비틀리는 현상을 말한다.

10 전차선의 편위를 결정하는 요소를 3가지 이상 쓰시오. ★★★★★

풀이 1) 전기차 동요에 따른 집전장치의 편위
      2) 풍압에 따른 전차선 편위
      3) 곡선로에 의한 전차선의 편위
      4) 가동브래킷, 곡선당김금구의 이동에 따른 전차선 편위
      5) 지지물 변형에 의한 전차선의 편위

11 가공 전차선로에서 전철주의 경간을 S, 이도를 D 라 하면 전차선이 받는 수평장력 T 를 구하는 식을 쓰시오. ★★★

풀이 전차선의 수평장력 $T = \dfrac{WS^2}{8D}$

12 가공 전차선로에서 전차선의 중량은 1.075[kg/m], 전철주의 경간은 40[m], 전차선의 수평장력은 1200[N]라고 할 때 이도 D 를 구하시오. ★★★★

풀이 이도 $D = \dfrac{WS^2}{8T} = \dfrac{1.075 \times 40^2}{8 \times 1200} = 0.179 [\text{m}] = 179 [\text{mm}]$

13 ★★★★ 지지물의 경간이 40[m] 이고, 곡선반경이 800[m]인 곡선로에서 지지점과 경간 중앙에서의 기울기량이 같을 때 전차선의 기울기량은 몇 [mm]인가?

풀이 전차선의 기울기량은
$$d_0 = \dfrac{S^2}{8R} = \dfrac{40^2}{8 \times 800} = 0.25 [\text{m}] = 250 [\text{mm}]$$

14 ★★★★★ 레일면상 585[mm]의 점을 차량의 무게중심으로 보고 중심점에서 좌·우 610[mm]의 수평점에 생기는 기울기를 측정한 결과 상·하 각각 최대 32[mm](차량동요 최고각도 3°)까지 이동하는 것으로 보았을 때 전차선의 높이를 5,100[mm]로 하면 집전장치 면의 기울기를 계산하시오.

풀이 집전장치 면의 기울기
$$P_0 = (5100 - 585) \times \dfrac{32}{610} ≒ 237 [\text{mm}]$$

15 ★★★★ 건식게이지 3[m], 전주지름 300[mm], 전차선편위 200[mm], 선팽창계수 1.7×10^{-5}, 장력조정길이 1000[m], 온도차가 30℃일 때 전차선의 기울기를 구하시오.

풀이 $\delta = M - \sqrt{M^2 - \Delta l^2}$
$M = G - \dfrac{\Phi}{2} - d = 3 \times 10^3 - \dfrac{300}{2} - 200 = 2650 [\text{mm}]$
$\Delta l = \alpha \cdot \Delta T \cdot L \times 10^{-3} = 1.7 \times 10^{-5} \times 30 \times 1000 \times 10^3 = 510 [\text{mm}]$
따라서 전차선의 기울기는 $\delta = 2650 - \sqrt{2650^2 - 510^2} = 50 [\text{mm}]$

16 ★★★ 건식게이지가 3.0[m]이고 전주 지름이 300[mm]일 때 전차선 기울기를 150[mm]라고 하면 최소 브래킷게이지[mm]는?

풀이 $M = 3000 - \dfrac{300}{2} - 150 = 2700$

17 전차선은 온도와 장력의 변화에 따라서 이동하지만 온도에 따른 이동만 고려하면 이동량 Δl 는? (단 α : 전차선의 팽창계수 1.7×10^{-5}, t : 최고온도 40 [℃], t_0 : 표준온도 10 [℃], L : 전차선장력 조정길이 800[m]이다.)

풀이
$\Delta l = \alpha(t - t_0)L \times 10^3$
$\Delta l = 1.7 \times 10^{-5} \times (40 - 10) \times 800 \times 10^3 = 408 [mm]$

18 최소 브래킷게이지 M은 2850[mm]이고, 전차선의 이동량 Δl이 400[mm]라고 하면 가동브래킷의 회전에 따른 기울기[mm]를 계산하시오.

풀이
$\sigma = 2850 - \sqrt{(2850)^2 - (400)^2} \fallingdotseq 29 [mm]$

19 전철주의 건식게이지에 대하여 간단하게 설명하시오.

풀이 건식게이지란 건축한계를 벗어난 지점에 세워지는 전주의 건식 가능 위치이며, 전주 중심과 궤도중심과의 직선 이격거리를 말한다.

20 전주의 설치위치에 대하여 3가지 이상 쓰시오.

풀이
1) 승강장, 화물적하장에서는 홈의 연단으로부터 1.5[m] 이상 이격한다.
2) 인류주 등 차막이 뒤에서는 10[m] 이상 이격한다.
3) 자동차등이 통행하는 건널목에 인접하는 전철주는 건널목 양단으로부터 5[m] 이상 이격한다.
4) 곡선로 등에 설치하는 전철주는 신호기 투시에 지장이 없는 위치에 건식한다.

21 전철주기초의 종류를 3가지 이상 쓰시오.

풀이 전철주기초의 종류에는 근가기초, 쇄석기초, 콘크리트기초, 특수기초 등이 있다.

22 쇄석기초의 쇄석과 토양의 비율을 나타내시오.

풀이 쇄석과 토양의 비는 5 : 1 이다.

23 전철주기초의 특수기초 종류를 4가지 이상 쓰시오.

풀이 특수기초의 종류에는 앵커볼트기초, 우물통기초, 푸팅기초, 중력형블럭기초, Z형기초, H주기초, 투입식기초, 항기초 등이 있다.

24 ★★★ 철주다리의 구조의 종류 4가지를 쓰시오.

풀이 철주다리의 구조에는 직매입, 근계매입, 앵커볼트매입, 핀구조 등이 있다.

25 ★★ 철주다리의 구조의 종류에서 직매입에 대하여 간단하게 쓰시오.

풀이 철주 본체를 그대로 콘크리트기초에 매입하는 가장 기본적인 방식이다.

26 ★★★ 철주다리의 구조의 종류에서 근계매입에 대하여 간단하게 쓰시오.

풀이 철주 전체를 기초부(하부)와 상부로 분할하여 기초부 완료 후 상부와 접속되는 부분에 접속판(강판)을 이용하여 상부와 하부를 볼트로 체결해서 접속하는 방식이다.

27 ★★★ 철주다리의 구조의 종류에서 앵커볼트매입에 대하여 간단하게 쓰시오.

풀이 콘크리트기초 또는 교량 구조물에 앵커볼트를 매입해 넣고 철주를 볼트로 체결하는 방식으로 교량이나 고가교 등 기초의 설치가 곤란한 경우와 굴삭차(햄머비트, 트리콘비트)를 이용한 원형 콘크리트기초, 4각형 콘크리트 기초에 가장 많이 사용하는 방식이다.

28 ★ 철주다리의 구조의 종류에서 핀구조에 대하여 간단하게 쓰시오.

풀이 철주다리 부분이 회전 가능하도록 만들어진 특수구조로 전기철도구조물에서는 사용하지 않는 구조이다.

29 ★★★ V빔의 구조에 대하여 간단하게 쓰시오.

풀이 평면빔의 수평하중에 대한 응력이 보강된 빔으로 압축력을 받는 상부주재(ㄴ형강)를 2본으로 하고 인장력을 받는 하부주재(ㄴ형강)는 1본으로 하여 양단에 부재를 붙여 V자 형태로 전주에 취부하는 구조로 되어 있다.

30 사각빔의 형상과 사용개소에 대하여 간단하게 쓰시오. ★★

풀이 측면과 상·하면을 4각트러스형으로 조합한 형상으로 빔의 길이가 길거나 수평하중이 큰 개소에 적합한 빔으로서 V빔 이상의 길이를 필요로 할 때에 사용된다.

31 강관빔의 구조와 장점에 대하여 간단하게 쓰시오. ★★★

풀이 강관을 단독 또는 조합한 구조로 적설량이 많은 지역에서 눈이 쌓이는 것을 방지하여 관설하중을 줄일 수 있고, 구조가 간단하고 미관에도 좋아 ㄴ형강 조립빔과 함께 일반철도 구간에서 많이 사용한다.

32 인출용 빔(스트럭쳐빔)의 역할과 구조에 대하여 간단하게 쓰시오. ★★★★

풀이 변전소, 구분소 등에서 급전선, 부급전선, 보호선 등을 인출하거나 지지하기 위하여 설비되는 고정빔으로 ㄴ형강 또는 강관 등을 사용하는 구조로 되어 있다.

33 스팬선식 빔의 방식 3가지를 쓰시오. ★★★

풀이 스팬선빔에는 스팬선빔 방식, 빔하스팬선 방식, 가압빔 방식이 사용되고 있다.

34 스팬선식빔 방식의 사용개소에 대하여 쓰시오. ★★★

풀이 스팬선빔방식은 고정식 문형빔 대신에 전선을 스팬선으로 가선하여 이것에 전차선을 조가하는 방식으로 역구내 측선이 많은 개소와 차량기지, 화물기지 등 선로의 수가 많은 개소에서 사용한다.

35 스팬선식빔 방식의 장단점에 대하여 쓰시오. ★★★

풀이 빔의 중량이 가벼워서 건설비가 저렴하고, 빔의 길이를 크게 할 수 있으며 전차선의 편위조정이 손쉬운 장점이 있으나 온도변화에 따른 스팬선 이도 조정이 필요하는 등의 보수점검이 어렵고 한 선로에 사고 발생시 다른 선로에 영향을 주는 단점이 있다.

36 가동브라켓의 수평방향으로 회전이 가능한 각도는 몇 °인가? ★

풀이 수평방향으로 회전이 가능한 각도는 90°이다.

37 **가동브라켓의 역할에 대하여 쓰시오.**

풀이) 가동브래킷은 선로의 곡선조건에 따라 합성전차선을 당기거나 밀어 주어 편위를 조정하는 역할을 한다.

38 **가동브라켓의 종류 2가지와 사용개소에 대하여 쓰시오.**

풀이) 가동브래킷이 받는 작용력에 따라 인장형(I형: In Type)과 압축형(O형: Out Type)으로 구분하여 사용하고 있다. 인장형은 합성전차선을 전주측으로 당기는 개소에 사용되며, 압축형은 합성전차선을 전주 반대측으로 밀어 주는 개소에 사용한다.

39 **가동브라켓의 표시와 호칭에 대하여 설명하시오.**

풀이) 가동브래킷은 건식게이지를 G, 가고(架高)를 L, 작용력에 대한 형(型)을 O, I로 표시하여 호칭한다 (예: G 3.0 L 960 O)

40 **전기철도구조물의 완철에 대하여 아는 바를 쓰시오.**

풀이) 전주 또는 고정빔 등에 취부하여 급전선, 부급전선, 보호선 등을 지지 또는 인류하기 위한 구조물을 완철이라 한다.

41 **전차선로 구조물에 완철을 설치하였을 때 완철이 받는 수직하중 W[N][N]은?**
(단, W_1 : 전선의 하중[N], W_2 : 애자의 하중[N]이다)

풀이) 완철이 받는 수직하중은 $W_1 + W_2$[N]이다.

42 **전차선로 구조물에 완철을 설치하였을 때 완철이 받는 수평하중 P[N]은?**
(단, P_1 : 곡선로의 수평장력[N], P_2 : 전선과 애자의 풍압하중[N]이다)

풀이) 완철이 받는 수평하중은 $P_1 + P_2$[N]이다.

43 **완철의 지주로부터의 이격거리를 구하는 식을 쓰시오.**
(단, l : 가선의 이동량, d : 전기적절연 최소이격거리[mm], c : 여유 이다)

풀이 완철의 지주로부터의 이격거리 $L = l + d + c$ [mm]

44 ★★★
전기철도구조물의 전주대용물에 대하여 아는 바를 쓰시오.

풀이 고정빔 상단에 취부하여 급전선, 보호선 등을 지지하는 완철을 전주대용물이라고 한다.

45 ★★★★
전기철도구조물의 전주대용물의 높이를 계산하는 식을 쓰시오. (단, l' : 애자의 연결 길이[mm], d : 전기적절연 최소이격거리[mm], c : 여유, t : 고리판 금구의 길이[mm]이다)

풀이 전주대용물의 높이는 $H = l' + d + t + c$ [mm]

46 ★★★
전기철도구조물인 하수강의 역할에 대하여 간단하게 쓰시오.

풀이 전주의 건식이 곤란한 개소에서 고정빔이나 터널의 천장아래로 가동브라켓 또는 곡선당김장치 등을 지지하기 위한 구조물이다.

47 ★★★
하수강의 설치개소에 대하여 간단하게 쓰시오.

풀이 하수강의 설치개소는 터널내, 역구내의 고정빔개소, 트러스 교량개소 등에 설치한다.

48 ★★★
전주의 건식이 곤란한 개소 또는 고정빔이나 터널의 천장에서 아래로 가동브라켓, 곡선당김장치 등을 지지하기 위한 구조물은?

풀이 하수강은 전주의 건식이 곤란한 개소 또는 고정빔이나 터널의 천장에서 아래로 가동브라켓, 곡선당김장치 등을 지지하기 위한 구조물을 말한다.

49 ★★★★
전차선로의 구조물 중 평행틀에 대하여 간단히 설명하시오.

풀이 전차선 평행개소(over lap) 등에서 1본의 전주에 2개 이상(고속철도는 3개를 설치하는 경우도 있음)의 가동브라켓을 지지하기 위한 구조를 평행틀이라 말한다. 평행틀 사용개소는 평행개소와 역구내 건넘선(교차선) 개소 등이다.

50 전차선로에 사용하는 애자 3가지를 쓰시오.

> 풀이: 전차선로에 사용하는 애자는 현수애자, 지지애자, 장간애자 이다.

51 전차선로에 사용하는 애자를 선정하는 조건에 대하여 3가지만 쓰시오.

> 풀이: 절연강도가 충분히 확보되어야 하며, 표면 누설거리가 크고 누설전류가 작아야 하며 애자표면이 오손이 되지 않아야 한다.

52 교류 25[kV] 급전선의 인류개소에 사용되는 250[mm] 현수애자는 일반적인 경우 몇 개를 사용하는가?

> 풀이: 교류 25[kV] 급전선의 인류개소에 사용되는 250[mm] 현수애자는 4개를 사용한다.

53 가공 전차선로에 사용되는 현수애자에 대하여 아는 바를 쓰시오.

> 풀이: 전차선, 급전선, 부급전선 및 보호선 등의 인류에 많이 사용하며, 사용 용도에 따라 수량을 조정할 수 있어서 누설방지 거리를 쉽게 얻을 수 있으며 시공 및 보수가 용이하고 그 형상을 임의로 선택할 수 있다.

54 가공 전차선의 이상구분장치에 250[mm] 현수애자를 사용하려면 몇 개를 사용하는 것이 표준으로 되어 있는가?

> 풀이: 250[mm] 현수애자를 가공 전차선의 이상구분장치에 사용하려면 5개가 필요하며, 고분자애자의 경우는 1개이다.

55 직류 1500[V] 강체방식에서 AL T-Bar 지지용 250[mm] 애자는 몇 개를 사용하는가?

> 풀이: T-Bar 강체방식에서 250[mm] 애자는 지지점에 1개를 사용한다.

56 AL T-bar 강체전차선로에서 사용하는 애자의 전기적 특성을 보기에서 가장 높은 전압 순서로 쓰시오

① 건조섬락전압   ② 유중파괴전압   ③ 주수섬락전압   ④ 50[%]충격섬락전압

풀이 ③주수섬락전압 < ①건조섬락전압 < ④50[%]충격섬락전압 < ②유중파괴전압 순 으로 유중파괴전압이 가장 높다.

57 ★
터널내 25[kV] R-Bar 강체방식에서 급전선을 지지하는 애자의 명칭을 쓰시오.

풀이 터널내 25[kV] R-Bar 강체방식에서 급전선을 지지하는 애자는 폴리머제 지지애자로 NSP 50이다.

58 ★★★★
전철주와 가동브래킷간의 절연을 위해 사용되며 압축력(항압용)과 인장력(인장용)이 가해지는 개소에 사용되는 애자는?

풀이 장간애자로 인장용과 압축용이 있다. 애자의 호칭은 종별과 기호로 표시한다.
(예 : 장간애자 Type – a)

59 ★★★
다음 중 애자의 오손으로 인해 발생하는 현상에 대하여 아는 바를 쓰시오.

풀이 애자가 오손되어 비나 안개에 의하여 습윤(濕潤, 젖어서 촉촉해짐)을 받으면 애자 절연체 표면의 절연이 저하된다. 이 절연저하 때문에 국부방전이 발생되어 가청 잡음, 라디오, TV장해를 유발시키거나 심한 경우에는 섬락(Flash over)이 발생한다.

60 ★★
애자의 오손물에는 어떠한 것이 있는지 아는 대로 쓰시오.

풀이 애자의 오손물은 해염 외에 공장에서 배출되는 여러 가지 화학물질, 매연, 분진, 국부적이긴 하지만 시멘트가루 등이 있다.

61 ★★
애자의 오손물 중에서 애자의 절연에 가장 나쁜 영향을 주는 것은 어떤 것인가?

풀이 오손물 중에서 애자의 절연에 가장 나쁜 영향을 주는 것은 물에 녹아서 강한 도전성을 나타내는 해염 등의 강전해질이다.

62 ★★
애자의 오손에 영향을 미치는 주요 원인에 대하여 아는 바를 설명하시오.

풀이 애자 오손에 영향을 미치는 주요 원인으로서는 오손 지역과의 거리, 지형, 풍향, 풍속, 천후, 강우량, 애자의 형상, 표면상태, 설치위치, 조가방법, 과전압, 사용기간 등 여러 가지 요인이 있다.

63 애자의 절연열화가 발생하는 원인은 어떤 것이 있는지 아는 대로 쓰시오.

> **풀이** 애자의 절연열화의 원인으로는 자기재의 손상, 시멘트의 경년 팽창, 애자 각 부의 열팽창 차이, 내아크에 의한 자기재 파괴, 자기의 흡습성, 응력에 의한 균열 등이 있다.

64 오손지구에 대한 용어의 정의를 설명하시오.

> **풀이** 해안으로부터의 거리, 지형, 풍향, 태풍 등으로 습래정도 및 송전선의 염해사고 등으로 보아 상당량의 염해가 예상되는 지역을 말한다.

65 애자의 오손분석표에서 ESDD는 무엇을 의미하는가?

> **풀이** 등가염분부착밀도(Equivalent Salt Deposit Density) 이다.

66 애자의 오손분석표를 적용하기 곤란한 경우에는 해안으로부터 설계지점까지의 직선거리에 따라 B~D급의 오손등급을 적용하는 방법을 무엇이라 하는가?

> **풀이** 간이 오손분석법으로 해안으로부터 설계지점까지의 직선거리에 따라 B~D급의 오손등급을 적용한다.

67 애자의 오손을 방지하기 위한 방법에 대하여 간단히 기술하시오.

> **풀이** 애자의 오손을 방지하기 위한 방법으로는 과절연 설계, 애자청소, 발수성물질(실리콘콤파운드) 도포 등이 있다.

68 교류 25[kV]용 현수애자 250[mm]를 과절연 설계하는 경우 오손지구에 현재 설치되어 있는 애자의 개수는?

> **풀이** 교류 25[kV]용 현수애자 250[mm]를 과절연 설계하는 경우 일반지구, 오손지구에 현재 설치되어 있는 애자의 개수는 4개이다.

69 교류 25[kV]용 장간애자를 과절연 설계하는 경우 오손지구에 적용하는 오손내전압[kV]은?

풀이 교류 25[kV]용 장간애자를 과절연 설계하는 경우 일반지구, 오손지구, 중오손지구에 적용하는 오손내전압은 30[kV]이다.

70 오손된 애자를 청소하는 목적에 대하여 간단히 기술하시오. ★★

풀이 애자가 오손되면 플래시 오버(Flash over)로 인한 섬락사고 방지를 위하여 정기적으로 또는 응급적으로 청소한다.

71 오손된 애자를 청소하는 방법에는 어떠한 것이 있는지 간단히 기술하시오. ★★★

풀이 오손된 애자를 청소하는 방법에는 사람이 손으로 하는 방법, 활선애자청소기로 하는 방법, 활선청소장치에 의한 방법 등이 있다.

72 전기설비의 아킹(Arcing), 트래킹(Trackig), 코로나(Corona)방전 등 전기설비의 절연열화 측정에 가장 적합한 방법은? ★★★

풀이 전기설비의 절연열화 측정에 가장 적합한 방법은 초음파검사이다.

73 AC 25[kV] 가공전차선로의 급전선이 하는 역할에 대하여 간단하게 쓰시오. ★★

풀이 전차선로의 급전선은 합성전차선에 전기를 공급하는 전선으로써 변전소에서 인출되는 전차선용 TF(Trolly Feeder) 급전선과 주변압기(MT)와 단권변압기(AT) 간을 접속하는 AF(Auto Transformer Feeder)가 있다.

74 AC 25[kV] 가공전차선로의 급전선에 사용하는 강심알루미늄연선(ACSR)의 장점과 단점에 대하여 아는바를 쓰시오. ★★

풀이 강심알루미늄연선(ACSR)의 장점은 가격이 저렴하고, 중량이 가벼우며 인장하중이 크고 선팽창계수는 작다. 단점으로는 도전율이 작고, 염해 및 공해에 약하며, 허용전류가 작다.

75 AC 25[kV] 가공전차선로의 급전선에 사용하는 경동연선(Cu)의 장점과 단점에 대하여 아는바를 쓰시오. ★★

풀이 급전선에 사용하는 경동연선(Cu)의 장점으로는 도전율이 좋고, 염해 및 공해에 강하며, 허용전류가 크고 선팽창계수가 작은 것이 특징이다. 경동연선(Cu)의 단점으로는 가격이 비싸고 중량이 무거우며, 인장하중이 작다.

76 가공전차선로에서 급전선에 사용되는 경동선의 안전율은 인장하중에 대하여 안전율이 얼마 이상이어야 하는가? (단, 케이블인 경우는 제외한다.)

풀이 가공전차선로에서 급전선에 사용되는 경동선의 안전율은 인장하중에 대하여 2.2 이상이어야 한다.

77 20. 가공전차선로에서 급전선에 사용되는 경동선 및 동합금선을 제외한 그 밖의 전선의 안전율은 인장하중에 대하여 얼마 이상으로 하는가?

풀이 가공전선은 케이블인 경우를 제외하고 상정하중이 가해졌을 때 기타 전선의 인장하중에 대하여 안전율은 2.5 이상으로 한다.

78 가공전차선로에서 전선의 안전율(F_s)을 표현하는 식에 대하여 쓰시오.

풀이 가공전차선로에서 전선의 안전율 $F_s = \dfrac{\text{인장하중}}{\text{최대사용장력}}$ 이다.

79 AC 25[kV] 가공전차선로의 심플커티너리방식에서 전차선이 하는 역할에 대하여 아는 바를 쓰시오.

풀이 전차선은 레일면위에 일정한 높이로 가설되어 전기차의 집전판(팬터그래프)과 불완전 접속상태로 전기차의 견인전동기(모터블럭)에 전기를 공급하기 위한 전선이다.

80 가공전차선로의 전차선장치 및 가선 금구류가 갖추어야 할 기본적인 요건에는 어떠한 것이 있는지 아는바를 쓰시오.

풀이 가능한 단순한 구조 신축, 이완 및 피로현상이 없어야 하며 내부식성, 내마모성에 강하고 필요한 전류용량을 가져야 한다.

81 가공전차선을 형상으로 분류할 때 전차선의 종류 3가지를 쓰시오.

풀이 전차선의 종류에는 형상에 따라 홈붙이 원형, 홈붙이 제형, 홈붙이 이형 전차선 등이 있다.

82 AC 25[kV] 일반철도의 심플커티너리 조가방식에 사용하는 전차선으로 적합한 형상은?

풀이 AC 25[kV] 일반철도의 심플커티너리 조가방식은 홈붙이 원형 전차선을 사용한다.

83 DC 1500[V] 강체 조가방식에 사용하는 전차선으로 적합한 형상은?

풀이 DC 1500[V] 강체 조가방식은 홈붙이 제형 전차선을 주로 사용한다.

84 AC 25[kV] 고속철도의 헤비심플커티너리 조가방식에 사용하는 전차선으로 적합한 형상은?

풀이 AC 25[kV] 고속철도의 헤비심플커티너리 조가방식은 홈붙이 이형 전차선을 사용한다.

85 홈붙이 원형 전차선의 도전율은 개략 몇 [%] 정도인가?

풀이 홈붙이 원형 전차선의 도전율은 개략 97.5[%] 정도이다.

86 전차선의 편위를 정하는 요소에 대하여 3가지 이상 쓰시오.

풀이 전차선의 편위를 정하는 요소에는 전기차 동요에 따른 집전장치의 편위, 풍압에 따른 전차선의 편위, 곡선로에 의한 전차선의 편위, 온도변화에 의한 가동브래킷 이동에 따른 전차선의 편위, 지지물 변형에 의한 전차선의 편위 등이 있다.

87 전철주의 경간을 S[m], 선로의 곡선반경을 R[m], 지지점과 경간 중앙에서의 기울기가 같을 때 전차선의 기울기 d[m]을 구하는 식을 쓰시오.

풀이 지지점과 경간 중앙에서의 기울기가 같을 때 전차선의 기울기는 $d = \dfrac{S^2}{8R}$ 이다.

88 차량동요에 의한 집전장치의 기울기에 적용하는 차량동요 최고 각도는 몇 °인가?

풀이 차량동요에 의한 집전장치의 기울기에 적용하는 차량동요 최고 각도는 3°(32[mm]) 이다.

89 ★★
전차선(Cu 110[mm²])과 조가선(CdCu 70[mm²])을 일괄하여 자동장력조정하는 경우 표준장력의 합은 약 몇 [kg] 인가?

풀이 전차선(Cu 110[mm²])과 조가선(CdCu 70[mm²])을 일괄하여 자동장력조정하는 경우 표준장력의 합은 1000[kg] + 1000[kg] = 2000[kg]이다.

90 ★★★★★
전차선이 접촉부분에서 아크방전이 발생하여 단선되는 시간을 구하는 식을 쓰시오.
(단, I 는 아크전류[A], t 는 지속시간[sec]이다.)

풀이 전차선이 접촉부분에서 아크방전이 발생하여 단선되는 식은 $I \cdot t ≒ 750$로 보통 계산한다.

91 ★★★
AC 25[kV] 가공전차선로 심플커티너리방식에서 조가선이 하는 역할에 대하여 설명하시오.

풀이 AC 25[kV] 가공전차선로 심플커티너리방식에서 조가선이 하는 역할은 전차선을 일정한 높이로 수평하게 유지시켜 주기 위하여 전차선 상부에 행어나 드로퍼를 사용하여 잡아 주는 전선으로 Bz 65[mm²]와 Cu-Mg 65[mm²]을 사용한다.

92 ★★
조가선의 선종을 선정할 때 고려하여야 할 사항은 어떠한 것이 있는지 간단하게 쓰시오.

풀이 조가선의 선종을 선정할 때에는 가선장력, 도전율, 허용전류 용량에 적합한 전선을 사용하도록 검토하여야 한다.

93 ★★
가공 전차선로 커티너리 조가방식에서 현재 조가선으로 사용하고 있는 Bz 65[mm²]와 Cu-Mg 65[mm²]의 도전율은 약 몇 [%]인가?

풀이 현재 조가선으로 사용하고 있는 Bz 65[mm²]와 Cu-Mg 65[mm²]의 도전율은 60[%]이다.

94 ★★
현재 조가선으로 사용하고 있는 Bz 65[mm²]의 특징특징에 대하여 간단하게 쓰시오.

풀이 현재 조가선으로 사용하고 있는 Bz 65[mm²]의 특징으로는 파괴강도가 크며, 염해 및 공해물질에 강하지만 공해를 유발하는 카드뮴이 함유되어 있다.

95 ★★
현재 조가선으로 사용하고 있는 Cu-Mg 65[mm²]의 특징에 대하여 간단하게 쓰시오.

풀이 현재 조가선으로 사용하고 있는 Cu-Mg 65[mm^2]의 특징으로는 파괴강도가 크며, 염해 및 공해물질에 강하고 카드뮴이 함유되어 있지 않은 친환경 재질이다.

96 ★★
AC 25[kV] 급전방식에서 비절연보호선(FPW : Fault Protective Wire)의 설치 목적에 대하여 아는바를 쓰시오.

풀이 비절연보호선(FPW : Fault Protective Wire)은 단권변압기방식의 지하구간 및 공용접지방식 구간에서 섬락보호를 위하여 철재·지지물을 연접하여 설치되는 가공전선으로 대지에 대하여 절연하지 않는 전선이다.

97 ★★★
AC 25[kV] 급전방식에서 비절연보호선(FPW : Fault Protective Wire)의 회로 구성에 대하여 아는바를 쓰시오.

풀이 AT중성점과 레일을 접속하고, 또한 AT와 AT의 중간부분에서 보호선용접속선(CPW)으로 레일과 접속되며, 비절연보호선과 레일은 병렬로 폐회로를 구성하고 있다.

98 ★★★
지선의 종류를 3가지 이상 쓰시오.

풀이 지선의 종류에는 단지선, 2단지선, 수평지선, V지선, 궁형지선 등이 있다.

99 ★★★
V지선에 대하여 간단하게 쓰시오.

풀이 상부의 형상을 V형으로 시설한 지선을 말하며, 전차선 인류용으로 많이 사용되고 있으며 전차선로용 지선의 대표적인 것이다.

100 ★★★
가공 전차선로에서 전차선의 인류용으로 가장 많이 사용되는 지선은?

풀이 V지선은 전차선 인류용으로 많이 사용되고 있으며 전차선로용 지선의 대표적인 것이다.

101 ★★★★
큰 장력이나 수평장력에 가해지는 헤비심플커티너리 가선 방식의 인류용으로 사용되며 단지선 또는 V지선을 평행으로 2개 시설하는 지선은?

풀이 2단지선은 큰 장력이나 수평장력에 가해지는 헤비심플커티너리 가선 방식의 인류용으로 사용되며 단지선 또는 V지선을 평행으로 2개 시설하는 지선이다.

102 ★
직접 지선을 시설하기가 불가능한 경우 별도로 적당한 위치에 전용의 지주(버팀전주)를 세워서 가선하는 지선은?

> **풀이** 직접 지선을 시설하기 불가능한 경우 지선기둥을 설치하고, 도로를 횡단하거나, 건축물의 출입구 등을 피하여 시설하는 지선은 수평지선이다.

103 ★
지선기둥을 설치하고, 도로를 횡단하거나, 건축물의 출입구 등을 피하여 시설하는 지선은?

> **풀이** 직접 지선을 시설하기 불가능한 경우 지선기둥을 설치하고, 도로를 횡단하거나, 건축물의 출입구 등을 피하여 시설하는 지선은 수평지선이다.

104 ★★
전주의 근원부근에 근가를 시설해서 활모양으로 취부하는 특수한 지선을 말하며, 지선을 취부할 수 없는 경우 등 특별한 경우에만 사용되는 지선은?

> **풀이** 궁형지선은 전주의 근원부근에 근가를 시설해서 활모양으로 취부하는 특수한 지선을 말하며, 지선을 취부할 수 없는 경우 등 특별한 경우에만 사용되는 지선이다.

105 ★★★★
그림과 같이 큰 장력이나 수평장력이 가해지는 헤비 심플커티너리 가선방식의 인류용으로 사용되고 있는 지선은?

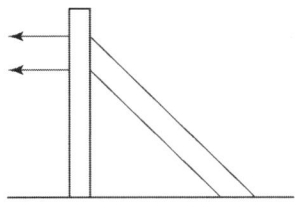

> **풀이** 단지선 또는 V지선을 평행(상·하 방향)으로 2개 시설하는 것을 2단지선이라 하며, 큰 장력이나 수평장력이 가해지는 헤비 심플커티너리(heavy simple catenary) 가선방식의 인류용으로 사용되고 있다.

106 ★★★★
2단지선에 대하여 간단하게 쓰시오.

> **풀이** 단지선 또는 V지선을 평행(상·하방향)으로 2개 시설하는 지선을 말하며, 큰 장력이나 수평장력이 가해지는 헤비 심플커티너리(heavy simple catenary) 가선방식의 인류용으로 사용되고 있다.

107 다음은 수평지선에 대한 설명이다. (   )안에 알맞은 내용을 쓰시오.

> 철도를 횡단하여 시설하는 수평지선의 높이는 (   )[m] 이상, 도로 등을 횡단하여 시설하는 수평지선의 높이는 도로면상 (   )[m] 이상으로 시설한다.

풀이 철도를 횡단하여 시설하는 수평지선의 높이는 6.5[m] 이상, 도로 등을 횡단하여 시설하는 수평지선의 높이는 도로면상 6[m] 이상으로 시설한다.

108 다음은 지선의 안전율에 대한 설명이다. (   )안에 알맞은 내용을 쓰시오.

> 지선의 인장력에 대한 안전율은 (   ) 이상으로 하고, 지선기초의 안전율은 (   ) 이상으로 한다.

풀이 지선의 인장력에 대한 안전율은 2.5 이상으로 하고, 지선기초의 안전율은 2 이상으로 한다.

109 지선은 일반적으로 전주에 작용하는 수평하중의 몇 [%]를 부담하는가?

풀이 지선은 전주에 작용하는 수평하중의 100[%]를 부담한다.

110 다음은 지선과 전주와의 취부각도에 대한 설명이다. (   )안에 알맞은 내용을 쓰시오.

> 지선과 전주와의 취부각도는 (°)를 표준으로 하고, (°)를 최소 취부각도로 한다.

풀이 지선과 전주와의 취부각도는 45°를 표준으로 하고, 30°를 최소 취부각도로 한다.

111 토지나 지형의 조건 등으로 인하여 지선을 설치하지 못할 때 지선 대용으로 설치하는 것을 무엇이라 하는가?

풀이 지선을 갖는 방향과 반대의 방향에서 전주를 지지하는 전주를 지주(버팀전주)라고 한다.

112 급전선의 최대장력은 1970[N]이고 지선의 전주와의 설치 각도를 45°라 할 때, 이 지선이 받는 최대장력은 약 몇 [N]인가? (단, 지선의 안전율은 2.5이다.)

풀이 지선의 취부각도와 지선장력과의 관계에서 지선에 가해지는 장력은
$P = T \times \dfrac{S}{L} = T \times \csc\theta = 1970 \times \sqrt{2} \times 2.5 \fallingdotseq 6965[\text{N}]$

Electrical Rail Structural Engineering

6장 전기철도구조물의 설계

중점학습내용

6장 전기철도구조물의 설계에서는 구조물의 설계 절차, 구조물의 설계 시 고려해야 할 사항, 전주기초 시 설계 조건, 노반 강도의 결정, 전철주기초에 작용하는 토압, 지진설계와 용접에 사용하는 강재와 용접 이음매의 형식, 현재 전기철도구조물로 가장 많이 사용하는 H형 강주 및 강관주의 강도계산에 대하여 새로운 문제를 추가로 수록하였다.

먼저 단독전주의 강도계산 시 설계조건, 설계하중을 고려하여 수평집중하중이 작용하는 경우, 수평분포하중이 작용하는 경우, 수직편심하중이 작용하는 경우 지면과의 경계점 모멘트와 전단력 등 응력을 계산하는 공식을 이용하여 핵심예상문제(필기, 필답형 실기)를 상세한 문제 풀이로 이해할 수 있도록 하였다.

또한 전선의 풍압하중과 수평장력을 계산하는 문제와 강구조물인 조립철주의 강도계산 시 세장비(λ)의 개념과 각 부재의 세장비(λ) 제한값, 단사재와 복사재의 경사각도에 대하여 출제가 예상되는 문제 풀이로 구성하였다.

마지막으로 전주기초 강도에 필요한 계수(지형계수, 형상계수, 강도계수, 안전율), 토질의 종류(8가지), 지내력(지지력)의 측정이 필요한 지반의 기초 시 페니트로미터의 측정 방식과 스웨덴사운딩 측정 방식, 앵커볼트기초 시 앵커볼트의 소요개수와 앵커볼트의 길이를 구하는 방법, 콘크리트의 허용부착강도와 관련된 문제 풀이로 마무리하였다.

6장 전기철도구조물의 설계는 출제 문제의 난이도가 높고 다양하며, 신규로 출제가 예상되는 문제와 출제 비중이 약 30[%] 이상 차지하는 부분으로 핵심예상문제(필기, 필답형 실기)를 가장 많이 수록하였다.

1. 구조물의 설계 절차

1.1 구조물의 선정

(1) 설계 지역의 기온, 눈, 바람 등의 기상조건과 선로의 조건(직선, 곡선, 교량, 터널, 건널목 등), 건축한계의 저촉 여부, 그리고 전차선의 가선방식(가공 또는 강체, 제3궤조방식)

(2) 해당 선구에서의 운전조건(열차의 최고 운행속도, 전차선의 높이, 편위, 구배), 급전계통상 변전소(SS)와 구분소(SP), 보조구분소(SSP), 병렬급전 구분소(PP)의 위치 등에 따라 구조물의 목적과 기능을 우선적으로 파악

(3) 내부식성, 안전성, 설비간 호환성, 그리고 경제성, 유지보수 용이성, 미관(美觀) 등을 고려하고 구조물의 종류별 특성과 비교를 통하여 최종적으로 어떠한 구조물을 선정할지를 결정

1.2 하중의 결정

구조물의 선정에서 제시한 여러 가지 조건에 따라 상세적이고 예외적인 사항은 근본적으로 설계자의 재량권도 있지만 설계자의 책무에 속하기 때문에 과다설계를 피하여 하중을 결정

1.3 부재의 허용응력 검토

하중이 결정되면 부재의 허용응력 해석에 필요한 항복점 및 인장강도, 허용응력도, 허용좌굴응력도, 유효단면적, 압축재의 좌굴장 L을 취하는 법 및 세장비의 제한, 강재의 정수 등을 파악하여 모든 조건에 따라 각 부재에 일어나는 최대응력을 파악하고 설계

1.4 부재치수의 결정

구조해석의 결과, 부재의 안전성에 따라 부재치수를 선정하되 설계기준에 맞추어 과다설계가 되지 않도록 하여야 한다.

1.5 시공상세도 및 부속도 도면화

구조물 각부의 부재와 치수가 결정되면 구조물 시공상세도(Shop Drawing) 및 부속도를 도면화하고, 부속상세표, 일위대가표, 개소별명세표, 공사시방서, 공사원가 계산서 등 설계에 필요한 내용을 작성

2. 구조물을 설계할 때 고려사항

2.1 설계 방향

(1) 설비, 기기, 시스템 등이 설계조건 하에서 내구연한(생애주기 : Life cycle) 동안 요구된 기능을 적정하게 수행
(2) 열차운행과 시설물, 사람의 안전을 확보하고 시공성이 우수하며 경제적인 설비

(3) 성능향상 및 기술진보에 따른 호환성을 갖는 설비
(4) 내구성이 양호하고, 유지보수가 용이한 설비
(5) 에너지이용의 효율성 및 환경친화성을 고려한 설비
(6) 공익적 기능 및 국민편익을 고려한 설비

2.2 안전성

구조물은 외력에 대하여 충분한 강도를 가지고 안전하게 그 기능을 다할 수 있는 안전성(safety)이 확보되어야 한다. 특히 고속(저속)으로 달리는 열차의 안전운행으로 승객의 안전을 최우선으로 하는 전기철도구조물은 안전성에 기반을 두어야 함.

2.3 사용성

구조물은 내구연한(耐久年限) 동안 그 기능과 성능을 발휘하는 데 있어서 기상조건과 열차의 진동 등으로 인한 변형(굴곡, 처짐), 균열, 전도, 전철주기초의 침하 등이 일어나지 않도록 사용성(servicebility) 확보

3. 단독주(전주)의 설계

전기철도 구조물에서 가동브래킷과 고정브래킷, 크로스빔을 지지하는 전주 및 인류주, 스팬선빔 전주 등은 단독주로 취급하여 계산

(1) 일반철도의 단독주

9[m] 기준

구 분		선로 조건	토공구간	토공구간 강관주		교량구간 및 특수개소
			H형강주	고배선 첨가	고배선 미첨가	
일반 및 평행 개소	헤비 심플	직 선	H-250	P-10"	P-10"	1. 일반개소 조립철주 L75×300×400 2. 평행개소 조립철주 L90×450×450
		곡 선	H-300	P-12"	P-10"	
	심플	직 선	H-250	P-10"	P-10"	
		곡 선	H-250	P-12"	P-10"	
인류 개소	헤비 심플	직 선	H-250	P-10"	P-10"	조립철주 L90×450×450
		곡 선	H-300	P-12"	P-10"	
	심플	직 선	R=1000m초과 H-250	P-10"	P-10"	
		곡 선	R=1000m까지 H-300	P-12"	P-10"	

※ 1. 토공구간의 평행개소에서 평행틀을 사용할 경우 전주의 규격을 한 단계 높여 사용한다.
　2. 전주는 9[m]를 기준이며, 9[m] 초과시는 별도의 강도를 계산한다.

(2) 고속철도의 단독주

1) 전주 외곡선

설 비	반 경 [m]								
	R≥20000	20000 > R ≥ 10000	10000 > R ≥ 7000	7000 > R≥ 4000	4000 > R ≥ 2000	2000 > R ≥ 1000	1000 > R ≥ 750	750 > R ≥ 500	500 > R≥ 400
토 공 개 소	250 × 250							250 × 255	
흐름방지 인류	250 × 250							250 × 255	
흐름방지 중앙	250 × 250								
평행개소 인류	250 × 255						300 × 305		/
평행개소 입·출개소	300 × 305					310 × 305			/
평행개소 중앙	250 × 255					300 × 305			/
전기적 평행개소 인류	250 × 255					300 × 305			
전기적 평행개소 입·출개소	300 × 305		310 × 305						
전기적 평행개소 중앙	250×250	250 × 255				300 × 305			

2) 전주 내곡선

설 비	반 경 [m]								
	R≥20000	20000 > R ≥ 10000	10000 > R ≥ 7000	7000 > R≥ 4000	4000 > R ≥ 2000	2000 > R ≥ 1000	1000 > R ≥ 750	750 > R ≥ 500	500 > R≥ 400
토 공 개 소	250 × 250								250×255
흐름방지 인류	250 × 250								
흐름방지 중앙	250 × 250					250 × 255			
평행개소 인류	250 × 255								/
평행개소 입·출개소	300 × 305					310 × 305			/
평행개소 중앙	250 × 250				250 × 255				/
전기적 평행개소 인류	250 × 255								
전기적 평행개소 입·출개소	300 × 305					310 × 305			
전기적 평행개소 중앙	250 × 250				250 × 255				

3.1 단독주의 응력계산

(1) 설계하중

1) 단독주의 설계하중에 고려하여야 할 하중
   ① 전선의 중량
   ② 브래킷, 빔, 그 외의 중량과 풍압하중
   ③ 전선의 수평장력
   ④ 온도변화에 따른 가동브래킷이 이동한 경우에 수평하중과 수평하중이 기울어지는 것에 따른 하중
   ⑤ 작업원의 중량(보통 1인당 60 [kg]으로 계산)

2) 설계하중의 응력계산 적용

설계하중		내 역	응력 계산 종별		
			수평집중하중	수평분포하중	수직편심하중
전선의 중량					○
빔 기타중량					○
풍압하중		전 선	○		
		전 주		○	
전선 횡장력			○		
가동브래킷의 이동		수평하중	○		
		수직하중의 기울기	○		
작업원의 중량		60[kg/인]			○
지지물의 특수조건에 따른 하중			○	○	○

(2) 응력계산

1) 단독주의 응력계산
   ① 한쪽 전주에 대해서 적합한 조건만으로 구한다. 이때 기초는 고정되어 있는 것으로 본다.
   ② 단독주의 모멘트는 지면과 경계점에서 최대가 되지만 빔 취부점에는 빔에 의한 모멘트가 크게 작용하기 때문에 지면과의 경계점에서 만족되어도 빔 취부점에서 부족한 경우가 있다.

2) 수평집중하중이 작용하는 경우

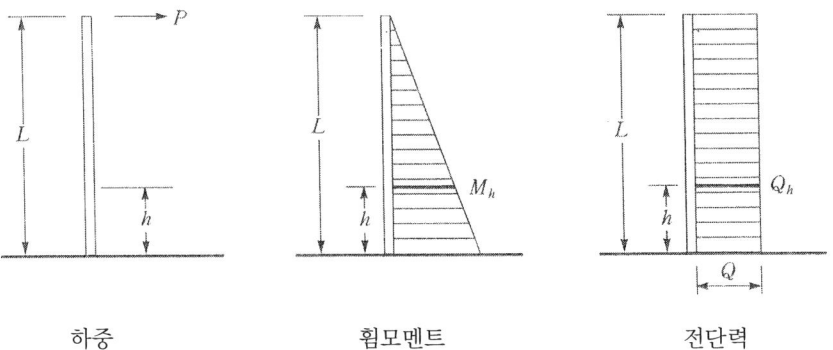

그림 6.1 수평집중하중 작용시 휨모멘트와 전단력

① 지면과의 경계점 모멘트 $M = P \cdot L$
② 지면과의 경계점 전단력 $Q = P$
③ h 점의 모멘트 $M_h = P(L-h)$
④ h 점의 전단력 $Q_h = P$

3) 수평분포하중이 작용하는 경우

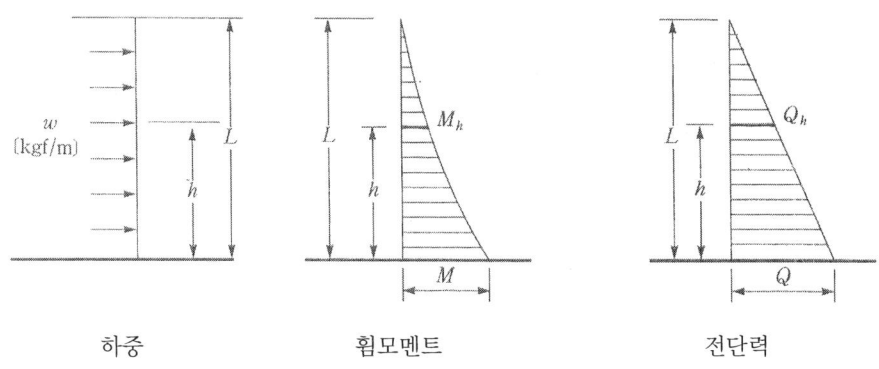

그림 6.2 수평분포하중 작용시 휨모멘트와 전단력

① 지면과의 경계점 모멘트 $M = \dfrac{w \cdot L^2}{2}$
② 지면과의 경계점 전단력 $Q = w \cdot L$
③ h 점의 모멘트 $M_h = \dfrac{w(L-h)^2}{2}$

④ h점의 전단력 $\qquad Q_h = w\,(L-h)$

4) 수직편심하중이 작용하는 경우

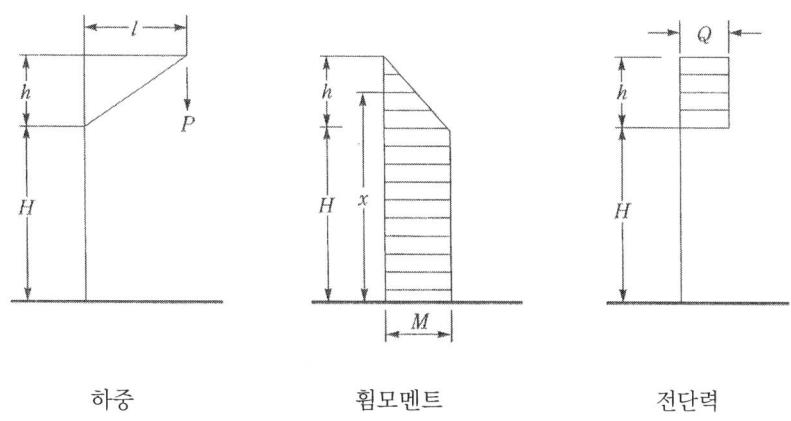

하중 휨모멘트 전단력

그림 6.3 수평편심하중 작용시 휨모멘트와 전단력

① 지면과의 경계점 모멘트 $\qquad M = P \cdot l$

② 지면과의 경계점 전단력 $\qquad Q = 0$

③ 높이 $h + H > x > H$ 의 모멘트 $\qquad M_x = \dfrac{P \cdot l}{h}(h - H - x)$

④ 높이 $h + H > x > H$ 의 전단력 $\qquad Q_x = \dfrac{P \cdot l}{h}$

⑤ 높이 $H \geq x$ 의 모멘트 $\qquad M_x = P \cdot l$

⑥ 높이 $H \geq x$ 의 전단력 $\qquad Q_x = 0$

(3) 강도계산

1) 설계조건

① 해당선로의 급전방식과 가선방식

② 사용전선의 종류와 굵기

③ 전선에 가해지는 장력

④ 전주의 종류와 형태

⑤ 전주가 설치되어지는 위치의 기상조건

⑥ 선로조건(곡선반지름), 전주경간

2) 하중계산

① 전선의 풍압하중 P_w [N]

$$P_w = P_{w_0} \times S$$

P_{w_0} : 단위풍압하중[N/m] $= d \times P_{wn}$
d : 전선의 지름[m]
P_{wn} : n종 풍압하중의 수직투영 면적당 풍압[N/m²]

② 온도 t 에서의 수평장력 T[N]

$$T^3 - \left[T_0 - \frac{8AED_0^2}{3S^2} - AE\alpha(t-t_0) \right] T^2 - \frac{AEW^2S^2}{24} = 0$$

T_0 : 전선의 온도 t_0 에서의 장력[N]
D_0 : 장력 T_0에서의 이도[m] $= \dfrac{W_0 S^2}{8 T_0}$
A : 전선의 단면적[mm²]
E : 전선의 탄성계수[N/mm²]
α : 전선의 선팽창계수
W : 전선의 단위 길이당 합성하중[kg]
W_0 : 전선의 단위중량[kg]
S : 경간[m]

선 종	탄성계수[N/mm²]	선팽창계수
경 동 선	11.76×10⁴	1.7×10⁻⁵
알루미늄선	61.7×10³	2.3×10⁻⁵
아연도강선 및 철선	19.6×10⁴	1.2×10⁻⁵

3) 전선에 풍압하중이나 착설하중이 있는 경우의 합성하중

$$W = \sqrt{(W_o + W_i)^2 + W_w^2}$$

W : 전선의 단위 길이당의 합성하중
W_o : 전선의 단위중량
W_i : 전선의 피빙중량
W_w : 전선의 풍압하중

4) 수직하중

① 수직하중은 대부분 자중(自重)으로 계산

② 전선의 수직하중은 단위길이당 중량[kg/m]에 전주경간[m]을 곱하여 계산하고 애자와 금구류 등은 개당 중량[kg/개]에 수량을 곱하여 계산

4. 강(鋼) 구조물

(1) 정의 : 철주, 빔 및 완금 등과 같이 강재를 부재로 하여 조합하거나 단일재로서 사용한 구조물

(2) 강구조물에 하중이 걸리면 부재에 인장, 압축, 좌굴 등의 응력이 발생

(3) 구조물이 하중에 대하여 안전하려면 각각의 응력이 허용응력 이하

(4) 하중에 의하여 발생하는 응력과 그 부재의 허용응력을 비교 검정하여 강도가 부족하거나 과다설계가 되지 않도록 설계

4.1 조립철주

강재를 부재로서 조립한 것

(1) 단면특성

1) ㄷ형강 기둥(채널 기둥)

① 각 기둥 전체의 X축에 관한 단면2차모멘트 $I_x = 2I_x{'}\,[\text{cm}^4]$

② 각 기둥 전체의 Y축에 관한 단면2차모멘트 $I_y = 2(I_y + Al^2)\,[\text{cm}^4]$

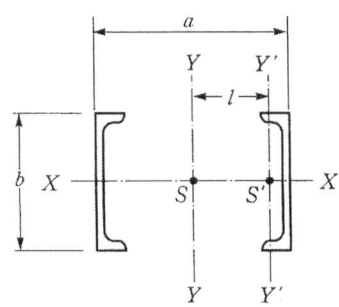

그림 6.4 ㄷ형강의 단면

③ 각 기둥 전체의 X축에 관한 단면계수 $\quad Z_x = \dfrac{2I_x}{b}\,[\mathrm{cm}^3]$

④ 각 기둥 전체의 Y축에 관한 단면계수 $\quad Z_y = \dfrac{2I_y}{a}\,[\mathrm{cm}^3]$

⑤ 각 기둥 전체의 X축에 관한 회전반지름 $\quad R_x = \sqrt{\dfrac{I_x}{2A}}\,[\mathrm{cm}]$

⑥ 각 기둥 전체의 Y축에 관한 회전반지름 $\quad R_y = \sqrt{\dfrac{I_y}{2A}}\,[\mathrm{cm}]$

I : 단면2차모멘트$[\mathrm{cm}^4]$
Z : 단면계수$[\mathrm{cm}^3]$
R : 회전반지름$[\mathrm{cm}]$

2) ㄴ형강 기둥(앵글 기둥)

① 각 기둥 전체의 X축에 관한 단면2차모멘트 $\quad I_x = 4(I_x' + Al_x^2)\,[\mathrm{cm}^4]$

② 각 기둥 전체의 Y축에 관한 단면2차모멘트 $\quad I_y = 4(I_y' + Al_y^2)\,[\mathrm{cm}^4]$

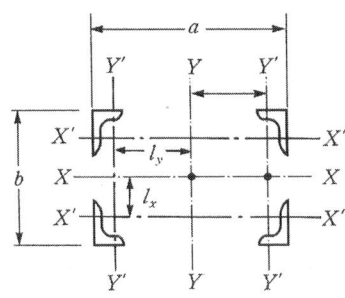

그림 6.5 ㄴ형강의 단면

③ 각 기둥 전체의 X축에 관한 단면계수 $\quad Z_x = \dfrac{2I_x}{b}\,[\mathrm{cm}^3]$

④ 각 기둥 전체의 Y축에 관한 단면계수 $\quad Z_y = \dfrac{2I_y}{a}\,[\mathrm{cm}^3]$

⑤ 각 기둥 전체의 X축에 관한 회전반지름 $\quad R_x = \sqrt{\dfrac{I_x}{4A}}\,[\mathrm{cm}]$

⑥ 각 기둥 전체의 Y축에 관한 회전반지름 $\quad R_y = \sqrt{\dfrac{I_y}{4A}}\,[\mathrm{cm}]$

I : 단면2차모멘트[cm^4]

Z : 단면계수[cm^3]

R : 회전반지름[cm]

I 는 $X-X'$에 대한 단면2차모멘트

(2) 강도계산

조립철주는 철주 전체가 완전하게 일체가 되어 작용하는 것으로 보고 강성 조립철주로 계산

1) 세장비(λ)

$$\lambda = \frac{L}{r}$$

L : 항압재의 길이

r : 회전 반지름

λ값이 클수록 그 재료는 좌굴되기 쉽다.

2) 세장비의 제한

① 주기둥재 : 200 이하

② 보통 압축재 : 220 이하

③ 보조재 : 250 이하

3) 조립 압축재의 유효 세장비

$$\lambda_{ye} = \sqrt{\lambda_y^2 + \frac{m}{2}\lambda_1^2}$$

단, λ_1은 50 이하, $\lambda_1 \leq 20$일 때는 $\lambda_{ye} = \lambda_y$로 하여도 된다.

λ_1 : 조립 압축재의 형식에 따라 결정되는 소재의 세장비

λ_y : 각 소재가 일체로 작용했을 때 중복되지 않는 축의 세장비

m : 압축재에 의해 조립된 소재 또는 소재군의 수

4) 조립 압축재의 형식에 의해 결정되는 소재의 세장비

① 끼음 판, 대판형식인 것

$$\lambda_1 = \frac{l_1}{r_1}$$

l_1 : 좌굴길이[cm], r_1 : 소재의 최소 회전반지름[cm]

② 격자(래티스) 형식인 경우

$$\lambda_1 = \pi \sqrt{\frac{A}{nA_d} \cdot \frac{l_d^{\ 3}}{l_2 e^2}}$$

l_2 : 격자재의 길이의 축방향의 성분[cm]

l_d : 격자재의 길이[cm]

e : 소재의 중심간 거리[cm]

A : 기둥을 구성하는 소재 단면적의 합[cm²]

A_d : 격자재의 단면적[cm²] (복격자재일 때는 양격자재의 단면적의 합)

n : 묶음개의 구면(構面)의 수

5) 사재 설치 방법

① 조립철주의 사재

㉠ 사재의 수평면에 대한 경사각도는 선로에 직각면에서 단사재인 경우는 40°로 하며 복사재인 경우는 45°

㉡ 조립철주의 주기둥재 끝부분은 재료 끝 보강용 철판을 설치

㉢ 한 쪽으로 치우쳐 집중하중을 받는 개소는 보강

㉣ 기초하부 밑이음(근개) 40[cm] 이상 조립철주의 사재는 ㄴ형강을 사용

6) 주주재의 강도계산

① 주주재의 축방향 압축력

$$\delta_c = \frac{P}{2A} \, [\text{N/cm}^2]$$

② 휨모멘트에 의해 주주재에 발생하는 축방향 압축력

$$\delta_m = \frac{M}{A \cdot g} \, [\text{N/cm}^2]$$

단, $\dfrac{\delta_c + \delta_m}{f_k} \leq 1$ 이 되어야 함

P : 주주재의 축방향 압축력[N]

M : 조합 철기둥에 작용하는 휨모멘트[N·cm]

A : 주주재의 한쪽 유효 단면적[cm²]

g : 주주재의 중심간 거리[cm]

f_k : 허용좌굴 응력[N/cm²]

트러스 구조인 경우 $\delta_m = \dfrac{M}{A \cdot g}$ 또는 $\delta_m = \dfrac{M}{Z}$ 로 계산

주주재의 한 쪽 유효 단면적 A는 단재의 단면적을 A_1이라 하면 $A = 2A_1$이 된다.

7) 사재의 강도계산

① 사재의 강도

$$\dfrac{Q}{f \cdot n \cdot A\cos\theta} \leq 1$$

Q : 조립철주에 가해지는 수평력[N]

θ : 사재의 수평면에 대한 경사각도

A : 사재의 유효 단면적[cm^2]

n : 사재의 중복수

f : 사재의 허용인장응력 또는 허용좌굴응력[$N \cdot cm^2$]

사재의 중복수(n)는 4각철주의 경우 단사재일 경우 $n = 2$, 복사재일 경우 $n = 4$이다.

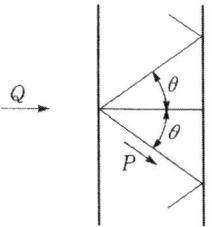

P : 사재에 가하는 힘

그림 6.6 사재의 강도계산

8) 볼트의 강도계산

$P \leq F$

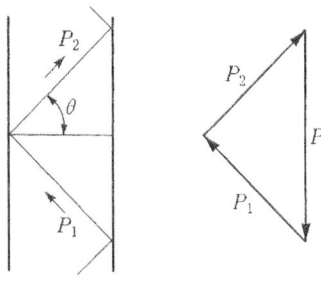

그림 6.7 주주재와 사재의 합성응력

P : P_1과 P_2의 합성응력(P_1, P_2 : 사재의 인장응력 또는 압축응력)

F : 볼트 1개의 허용응력

① 2개의 사재를 1개의 볼트로 체결하는 경우

$P_1 = P_2$라 하면

$$P_1 = P_2 = \frac{Q}{\cos\theta}$$

볼트의 합성응력은

$$P_p = 2Pl\sin\theta = \frac{2Q}{\cos\theta}\sin\theta = 2Q \cdot \tan\theta$$

사재의 중복수를 n이라 하면

$$P_p \fallingdotseq \frac{2Q}{n} \cdot \tan\theta$$

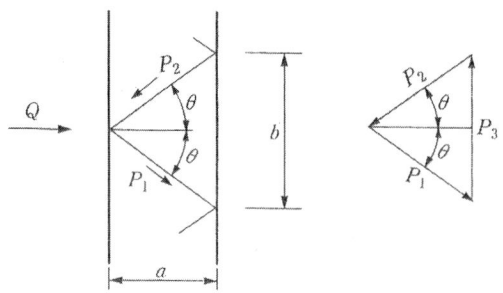

그림 6.8 1개의 볼트 체결 합성응력

② 사재가 개별적으로 설치된 경우

$$P_p = \frac{Q}{\cos\theta}$$

사재의 중복수를 n이라 하면

$$P_p \fallingdotseq \frac{Q}{n \cdot \cos\theta}$$

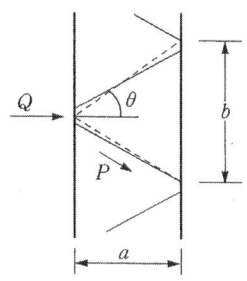

그림 6.9 사재가 개별적으로 설치된 경우 합성응력

4.2 H형강주의 강도계산

H형강 또는 I형강의 단일재를 사용하는 철주의 강도계산은 「단일재의 강도계산」을 적용한다.

(1) 수평하중만이 가해진 경우의 횡도좌굴의 계산

$$P_k = \frac{m\sqrt{(E \cdot I_y)(G \cdot I_p)}}{\ell^2}$$

$$P_a = \frac{P_k}{F}$$

$$F = \frac{\delta_r}{\delta_a}$$

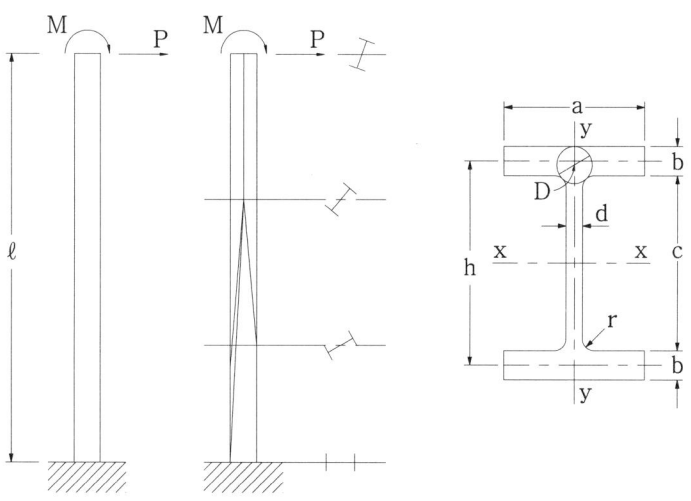

H형강주의 횡도좌굴

P_k : 횡도를 생기게 하는 한계하중[N]

P_a : 한계하중 Pk에 대한 허용하중[N]

F : 안전율

(2) 휨모멘트만 가해진 경우의 횡도좌굴계산

$$M_k \fallingdotseq \frac{\pi\sqrt{(E \cdot I_y) \cdot (G \cdot I_p)}}{2\ell}\sqrt{1+\pi^2\frac{I_f \cdot Eh^2}{8I_p \cdot G \cdot \ell^2}}$$

$$M_a = \frac{M_k}{F}$$

M_k : 한계 휨모멘트[N · cm]

M_a : 허용 휨모멘트[N · cm]

(3) 수평하중과 휨모멘트가 동시에 가해진 경우의 횡도좌굴의 계산

$$\frac{M_k}{M_a} + \frac{P_k}{P_a} \leqq 1$$

4.3 강관주의 강도계산

(1) 강관주의 설계(예)

1) 기온

　① 최고 : 40[℃]

　② 최저 : −25[℃]

　③ 표준 : 10[℃]

2) 풍압

　① 풍압 : 35[m/s]

　② 갑종풍압하중

3) 하중 및 Moment

　① 수직하중 : 단위중량[N/m] × 전주경간[m] × 수량[조] = [N]

　② 갑종풍압하중 : 전선의 지름[m] × 풍압하중[N/m^2] × 전주경간[m]
　　　　　　　　× 수량[조] = [N]

③ 횡장력 : $P = \dfrac{ST}{R}$ [N]

　　P : 곡선횡장력[N]
　　S : 전주경간[m]
　　R : 곡선반경[m]
　　T : 전선의 장력[N]

④ Moment
　　수직하중[N] × 거리[m] = [N · m]
　　수평하중[N] × 높이 = [N · m]

(2) 토공구간의 강관주(단독주) 설계(예)

1) 조건

종 별	규 격		단위중량 [N]	단위면적 [m²]	갑종풍압 [N/m²]	표준장력 [N]	설치거리 [m]	설치높이 [m]
급전선	ACSR 240mm²	m	10.87	0.02205	745	8,820	1.36	7.78
비절연 보호선	ACSR 93mm²	m	4.28	0.0125	745	3,920	0.31	6.08
조가선	Bz 65mm²	m	5.93	0.0105	745	11,760	2.8	6.83
전차선	Cu 110mm²	m	9.68	0.01234	745	11,760	2.8	5.87
가동브래킷	G 3.0	본	588	–	–	–	$3.13 \times \dfrac{1}{2}$	–
현수애자	250 Φ	개	56	0.0185	1,039	–	1.36	8.76
급전선 완철	L75×9×1.65m	본	161	–	–	–	$1.44 \times \dfrac{1}{2}$	–
보수요원	2인	인	1,176	–	–	–	2.8	–
전 주	강관주 P267.4×9t×9m	본	5,062	0.267	588	–	–	$9 \times \dfrac{1}{2}$
전 주	강관주 P318.5×9t×9m	본	6,059	0.318	588	–	–	$9 \times \dfrac{1}{2}$
전 주	강관주 P355.6×9t×9m	본	6,782	0.355	588	–	–	$9 \times \dfrac{1}{2}$

2) 수직하중

종별	전주경간 규격	50m R 1000 이상		40m R 500 이상		30m R 300 이상		20m R 200 이상	
		하중 [N]	모멘트 [N·m]	하중 [N]	모멘트 [N·m]	하중 [N]	모멘트 [N·m]	하중 [N]	모멘트 [N·m]
급전선	ACSR 240mm²	542	737	433	588	325	442	216	294
비절연 보호선	ACSR 93mm²	214	−66	171	−53	128	−39	85	−26
조가선	Bz 65mm²	296	830	237	664	177	498	118	332
전차선	Cu 110mm²	484	1,355	387	1,084	290	813	193	542
가동브래킷	G 3.0	588	920	392	920	588	920	588	920
현수애자	250 Φ	224	304	224	304	224	304	224	304
급전선 완철	L75×9×1.65m	161	115	161	115	161	115	161	115
보수요원	2인	1,176	3,292	1,176	3,292	1,176	3,292	1,176	3,292
강관주	P267.4×9m	5,062		5,062		5,062		5,062	
계		8,747	7,487	8,243	6,914	8,131	6,345	7,823	5,773

3) 수평하중 (갑종풍압하중)

종별	전주경간 규격	50m R 1000 이상		40m R 500 이상		30m R 300 이상		20m R 200 이상	
		하중 [N]	모멘트 [N·m]	하중 [N]	모멘트 [N·m]	하중 [N]	모멘트 [N·m]	하중 [N]	모멘트 [N·m]
강관주	P267.4×9m	1,412	6,354	1,412	6,354	1,412	6,354	1412	6,354
급전선	ACSR 240mm²	821	6,390	657	5,112	492	3,834	328	2,556
비절연 보호선	ACSR 93mm²	465	2,831	372	2,264	279	1,698	186	1,132
조가선	Bz 65mm²	391	2,671	312	2,137	234	1,602	156	1,068
전차선	Cu 110mm²	459	2,698	367	2,158	275	1,618	183	1,079
현수애자	250 Φ	76	673	76	673	76	673	76	673
계		3,624	21,617	3,196	18,698	2,768	15,779	2,341	12,862

4) 수평하중 (횡장력)

$$P = \frac{ST}{R}$$

5) 인류에 의한 평행개소 횡장력(평행틀 사용시 수평하중)

　　P : 횡장력[N]
　　T : 장력[N]
　　d : 편위[m]
　　q : 궤도 중심으로부터 인류주 중심까지의 거리[m]

$$P = \frac{(d \pm g)T}{S}$$

$$P_{50} = \frac{(0.2+3.0)23{,}520}{50} = 1{,}505[\text{N}] \quad M = 1{,}505 \times 6.35 = 9{,}556[\text{N} \cdot \text{m}]$$

$$P_{40} = \frac{(0.2+3.0)23{,}520}{40} = 1{,}881[\text{N}] \quad M = 1{,}881 \times 6.35 = 11{,}944[\text{N} \cdot \text{m}]$$

$$P_{30} = \frac{(0.2+3.0)23{,}520}{30} = 2{,}508[\text{N}] \quad M = 2{,}508 \times 6.35 = 15{,}925[\text{N} \cdot \text{m}]$$

$$P_{20} = \frac{(0.2+3.0)23{,}520}{20} = 3{,}763[\text{N}] \quad M = 3{,}763 \times 6.35 = 23{,}895[\text{N} \cdot \text{m}]$$

6) 강재의 단면특성

강 재	단면적 A [cm²]	강축 단면계수 Z_x [cm³]	약축 단면계수 Z_y [cm³]	강재의 종류	항복강도 F_y [N/cm²]
P267.4×9t	73.06	457	457	SM 490	32,340
P318.5×9t	87.51	659	659	SM 490	32,340
P355.6×9t	98.00	828	828	SM 490	32,340

강 재	단위무게 [kg/m]	단면2차모멘트 I_x [cm⁴]	단면2차모멘트 I_y [cm⁴]	단면2차반지름 I_x [cm]	단면2차반지름 I_y [cm]
P267.4×9t	57.4	6,110	6,110	9.14	9.14
P318.5×9t	68.7	10,500	10,500	10.9	10.9
P355.6×9t	76.9	14,700	14,700	12.3	12.3

7) 강관주의 강도계산 검증(P267.4×9t×9m)

　① 허용응력

　　㉠ 허용인장응력(f_t)

$$f_t = \frac{Fy}{1.5} = \frac{32{,}340}{1.5} = 21{,}560[\text{N/cm}^2]$$

㉡ 허용 압축응력(f_c)

좌굴계수 : $K_x = 2.00$ $K_y = 2.00$ $L = 900[\text{cm}]$ 전주주장

세장비 : $\lambda_x = \dfrac{L \cdot K_x}{ix} = \dfrac{900 \times 2}{9.14} = 196.9$

$\lambda_y = \dfrac{L \cdot K_y}{iy} = \dfrac{900 \times 2}{9.14} = 196.9$

∴ 세장비 $\lambda = 196.9$, 한계세장비 $\lambda_p = 102.31$

$$f_c = \dfrac{0.277 \times F_y}{\left(\dfrac{\lambda}{\lambda_p}\right) \times 2} = \dfrac{0.277 \times 32{,}340}{\left(\dfrac{196.9}{102.31}\right) \times 2} = 2{,}418[\text{N/cm}^2]$$

㉢ 허용 휨응력(f_b)

$$f_b = f_t = 21{,}560[\text{N/cm}^2]$$

② 강도검증 결과

M : 합성모멘트 P : 압축력(수직하중)

$$\dfrac{M}{Z \cdot f_b} + \dfrac{P}{A \cdot f_p} < 1$$

$$\dfrac{M}{457 \times 21{,}560} + \dfrac{P}{73.06 \times 2{,}418} < 1$$

4.4 빔(Beam)

1) 문형 지지물

   전주와 평면트러스빔, V트러스빔, V트러스라멘빔 및 4각빔으로 구성

2) 크로스빔으로 구성된 것은 전주와 빔의 접합이 핀구조로 문형 지지물로 취급하지 않는다.

3) 문형 지지물은 빔과 전주의 접합상태 및 빔의 압축강도에 따라 「문형트러스빔」과 「문형트러스라멘빔」으로 구분

4) 「문형트러스빔」

   빔과 주기둥의 접합이 핀구조 또는 핀구조라 간주할 수 있는 정도의 것

5) 「문형트러스라멘빔」

   그것이 완전한 고정 또는 고정이라 간주할 수 있을 정도의 접합구조로 빔이 라멘 구조에 견딜 수 있는 만큼 강도를 갖춘 것

4. 강(鋼) 구조물

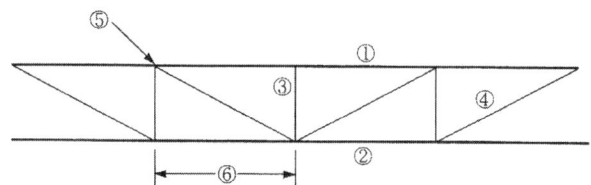

그림 6.10 빔의 명칭

번 호	전차선에서 사용하는 용어	구조 역학에서 사용하는 용어
①	상부주재	상 현 재
②	하부주재	하 현 재
③	입 속	연 직 재
④	경 사 재	경 사 재
⑤	절 점	격점 또는 절점
⑥	부재길이	격간길이

(1) 문형 트러스빔

1) 응력계산의 적용

문형 트러스빔 구조는 빔과 전주를 별도로 취급하여 빔은 단순 트러스로 전주는 단독전주로 계산

① 양 주기둥의 강도가 다른 경우의 수평하중의 분담

$$P = P_1 + P_2$$

$$\frac{P_1}{P_2} = \frac{E_1 I_1}{E_2 I_2}$$

P_1, P_2 : 수평하중 P를 A 기둥, B 기둥이 각각 분담하는 하중

E_1, E_2 : A 기둥, B 기둥 각각의 탄성계수

I_1, I_2 : A 기둥, B 기둥 각각의 단면2차모멘트

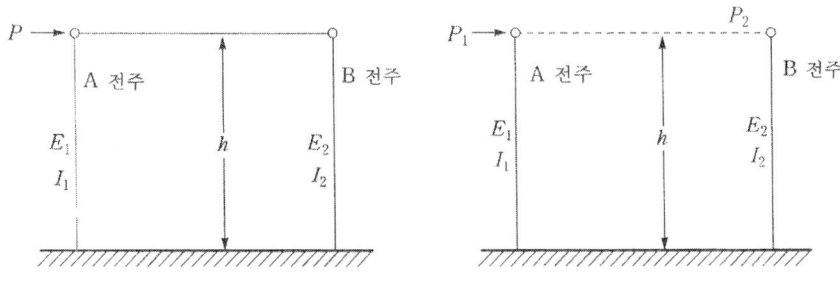

그림 6.11 두 전주기둥의 강도가 서로 다른 경우의 수평하중의 분담

2) 부재응력의 검정

빔의 각 부재응력을 계산하여 각 부재의 존재 응력도를 허용응력 이상으로 한다.

① 집중하중이 작용하는 경우

   ㉠ A~C간

      전단력 $Q_X = \dfrac{W \cdot b}{l}$

      휨모멘트 $M_X = \dfrac{W \cdot b \cdot x}{l}$

   ㉡ C~B간

      전단력 $Q_X = \dfrac{W \cdot a}{l}$

      휨모멘트 $M_X = \dfrac{W \cdot a}{l}(l - x)$

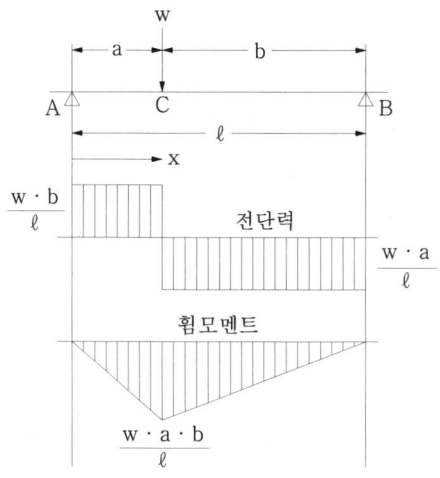

그림 6.12 집중하중이 작용하는 경우 전단력과 휨모멘트

② 분포하중이 작용하는 경우

      전단력 $Q_X = \dfrac{W}{2}(l - 2x)$

      휨모멘트 $M_X = \dfrac{W \cdot x}{2}(l - x)$

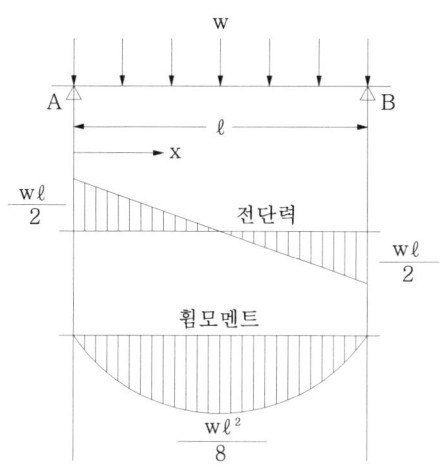

그림 6.13 분포하중이 작용하는 경우 전단력과 휨모멘트

(2) 문형 트러스라멘빔

1) 응력계산의 적용

① 빔과 주기둥을 접합하여 고정한 것이며, 또 빔이 라멘 구조로 되어 있다.
② 8[m] 이상인 평면 트러스라멘빔은 선로와 평행방향의 강도가 부족하므로 문형 트러스빔 구조로 응력을 계산
③ 사재를 ㄴ형강으로 사용하는 것은 사재에 압축응력이 가해졌을 때 충분히 견딜 수 있도록 하기 위해서이다. 그러므로 V형 트러스빔의 길이가 짧은 경우에 수직하중이 작다는 단순한 이유만으로 사재의 재료를 평강으로 하는 것은 빔의 길이가 단축될수록 강비율의 값이 커지게 되므로 빔의 저항 모멘트 및 수직반력을 고려하여 짧은 빔일수록 경사재를 ㄴ형강으로 사용하여야 하며, 상하 주재 간격이 1[m] 미만인 것은 라멘 구조로는 위험하므로 수직하중만 부담하는 트러스 구조로 설계

2) 응력의 검정

문형 트러스라멘빔은 문형구조 전체를 골조구조로 한 변형법에 따라 값을 계산할 때 해법이 복잡해지므로 일반적으로 문형구조는 라멘으로 계산하고 빔의 부재응력은 트러스로 근사치 계산

3) 문형 라멘의 계산

① 문형 대칭 라멘(다리부분이 고정된 경우)

㉠ 기본도 및 제원

M : 휨모멘트

V : 수직반력

H : 수평반력

$k(강비) = \dfrac{I_2}{I_1} \cdot \dfrac{h}{l}$

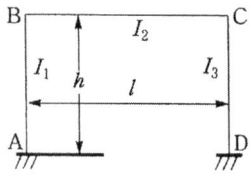

② 문형 비대칭 라멘(다리부분이 고정된 경우)

㉠ 기본도 및 제원

M : 휨모멘트

V : 수직반력

H : 수평반력

K : 강도

$K_1 = \dfrac{I_1}{h} \quad K_2 = \dfrac{I_2}{l} \quad K_3 = \dfrac{I_3}{h}$

k : 강비

$k = \dfrac{K_l}{K_1} \quad k' = \dfrac{K_2}{K_3}$

$\triangle = 2(11kk' + 3k^2k' + 3kk'^2 + k^2 + k + k'^2 + k')$

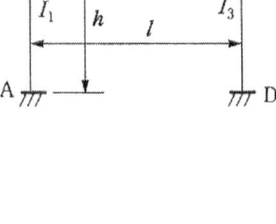

③ 문형 비대칭 라멘(다리부분이 핀인 경우)

㉠ 기본도 및 제원

M : 휨모멘트

V : 수직반력

H : 수평반력

K : 강도

$K_1 = \dfrac{I_1}{h} \quad K_2 = \dfrac{I_2}{l} \quad K_3 = \dfrac{I_3}{h}$

k : 강비

$k = \dfrac{K_2}{K_1} \quad k' = \dfrac{K_2}{K_3}$

$M_{AB} = 0 \qquad M_{DC} = 0$

④ 문형 2연 대칭 라멘(다리 부분이 고정된 경우)

㉠ 기본도 및 제원

M : 벤딩 모멘트
V : 수직반력
H : 수평반력
K : 강도

$$k = \frac{I_2}{I_1} \cdot \frac{h}{l}$$

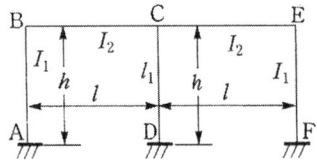

4) V 트러스빔의 단면 특성

① 상하 주재가 같은 경우

$$l_x = A(2l_{x1}^2 + l_{x2}^2) + 3I_x' = \frac{2Al_x^2}{3} + 3I_x'$$

I_x : 트러스빔의 중심(X축)에 관한 단면2차모멘트[cm^4]
I_x' : 각 주재의 X', X''축에 관한 단면2차모멘트[cm^4]
l_{x1} : 트러스빔의 중심(X축)에서 상부 주재의 연단까지의 거리[cm]
l_{x2} : 트러스빔의 중심(X축)에서 하부 주재의 연단까지의 거리[cm]
l_x : 트러스빔의 상하 주재의 연단까지의 거리[cm]
A : 주재 1개의 단면적[cm^2]
l : 트러스빔의 상하 주재의 볼트 구멍 중심간 거리[cm]

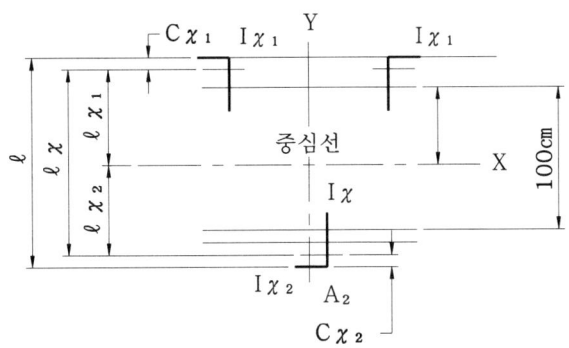

그림 6.14 V 트러스빔의 단면

5) 콘크리트 기둥의 단면 특성

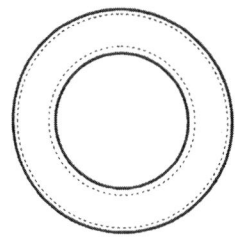

그림 6.15 콘크리트 기둥의 단면

$$I = I_c + 5I_s$$

$$I_c = \frac{\pi}{4}(C_{ro}^4 - C_{ri}^4)$$

$$I_s = \frac{S_{ao}}{2}S_{ro}^2 + \frac{S_{ai}}{2}S_{ri}^2$$

- I : 콘크리트기둥의 단면2차모멘트[cm^4]
- I_c : 콘크리트의 단면2차모멘트[cm^4]
- I_s : 철근의 단면2차모멘트[cm^4]
- C_{ro} : 콘크리트 기둥의 바깥쪽 반지름[cm]
- C_{ri} : 콘크리트 기둥의 안쪽 반지름[cm]
- S_{ao} : 바깥쪽 철근군의 총단면적[cm^2]
- S_{ai} : 안쪽 철근군의 총단면적[cm^2]
- S_{ro} : 바깥쪽 철근군의 반지름[cm]
- S_{ri} : 안쪽 철근군의 반지름[cm]

6) 단면2차모멘트 환산

$$n = \frac{E_s}{E_c} \fallingdotseq 6$$

- E_s : 강철의 탄성계수(20,580[kN/cm^2])
- E_c : 콘크리트 기둥의 탄성계수(3,263[kN/cm^2])

$$I_s' = 6 I_s$$

- I_s : 형강빔의 단면2차모멘트[cm^4]
- I_s' : 형강빔을 콘크리트 기둥으로 환산한 단면2차모멘트[cm^4]

7) 부재응력 계산

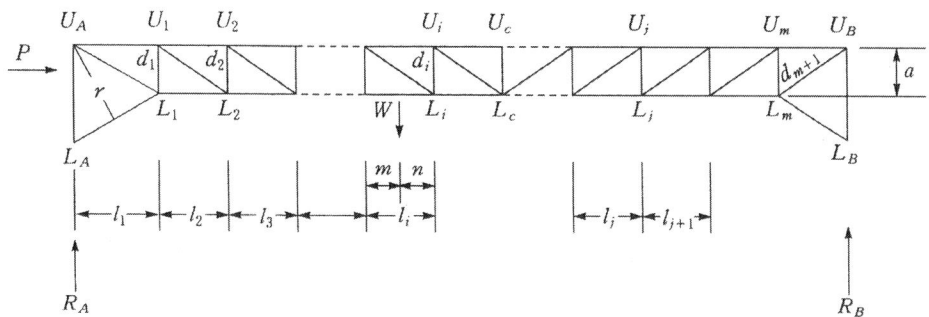

그림 6.16 부재 응력

P : 빔에 가하는 축력(수평반력 H)[N]

R_A : 빔 왼쪽의 수직반력(V_A)[N]

R_B : 빔 오른쪽의 수직반력(V_B)[N]

Q_{Ui} : 입속위치 U_i 의 전단력[N]

F_{ui} : 상부 주재 U_{i-1}, U_i 간의 응력[N]

F_{Li} : 하부 주재 U_{i-1}, U_i 간의 응력[N]

F_{di} : l 번째 사재의 응력[N]

F_{ji} : l 번째 입속의 응력[N]

M_{Ui} : U_i 의 위치의 휨모멘트[N/m]

M_{Li} : L_i 의 위치의 휨모멘트[N/m]

W : 입속간 집중하중[N]

q : 빔의 단위길이당 중량[kg/cm]

r : U 에서 방장(方杖)으로 내린 수직선의 길이[cm]

l_i : U_{f-1}, U_f 간의 길이[cm]

d : i 번째의 사재의 길이[cm]

m : 하중위치에서 왼쪽 입속까지의 거리[cm]

n : 하중위치에서 오른쪽 입속까지의 거리[cm]

U_i : 상부 주재의 i 번째의 입속위치[cm]

L_i : 하부 주재의 i 번째의 입속위치[cm]

a : 상하 주재의 중심간격[cm]

8) 전단력

양단 $Q_{UA} = R_A - \dfrac{l_i}{2}q$

$Q_{UB} = -R_B$

① 중간 입속간에 하중이 있는 경우

$Q_{ui-1} = Q_{ui-2} - \dfrac{l_{i-1}+l_i}{2}q - \dfrac{n}{l_i}W$

$Q_{ui} = Q_{ui-2} - \dfrac{l_i+l_{i+1}}{2}q - \dfrac{m}{l_i}W$

② 입속간에 하중이 없는 경우

$Q_{ui} = Q_{ui-1}\dfrac{l_i+l_{i+1}}{2}q$

9) 부재응력

① 상부 주재

중앙에서 왼 쪽 $F_{ui} = \dfrac{M_{Li}}{2a} + \dfrac{P}{3}$

중앙에서 오른쪽 $F_{Uj} = \dfrac{M_{Lj-1}}{2a} + \dfrac{P}{3}$

② 하부 주재

중앙에서부터 왼쪽의 하부 주재 $F_{Li} = -\dfrac{M_{Ui-1}}{a} + \dfrac{P}{3}$

중앙에서부터 오른쪽의 하부 주재 $F_{Lj} = -\dfrac{M_{Uj-1}}{a} + \dfrac{P}{3}$

왼쪽 지지재 $F_{LA} = -\dfrac{M_{UA} \cdot d_1}{4a \cdot l_1} + \dfrac{P \cdot a}{6r}$

오른쪽 지지재 $F_{LB} = -\dfrac{M_{UB} \cdot d_{m+1}}{4a \cdot l_{m+1}} + \dfrac{P \cdot a}{6r}$

③ 사재

왼 쪽 $F_{dl} = -\dfrac{Q_{UA} \cdot d_1}{2a} - \dfrac{M_{UA} \cdot d_1}{4a \cdot l_1} + \dfrac{P \cdot a}{6r}$

오른쪽 $F_{dm+1} = -\dfrac{Q_{Um} \cdot d_{m+1}}{2a} - \dfrac{M_{UB} \cdot d_{m+1}}{4a \cdot l_{m+1}} + \dfrac{P \cdot a}{6r}$

중간(중앙에서 왼쪽) $F_{di} = -\dfrac{QU_{i-1} \cdot d_i}{2a}$

중간(중앙에서 오른쪽) $F_{dj} = \dfrac{QU_{j-1} \cdot d_j}{2a}$

④ 입속

중앙에서 왼 쪽 $F_{ii} = \dfrac{Q_{Ui}}{2}$

중   앙 $F_{cc} = \dfrac{Q_{Uc-1} - Q_{uc}}{2}$

중앙에서 오른쪽 $F_{jj} = \dfrac{Q_{Uj}}{2}$

10) 응력검정

① 부재응력이 인장인 경우

$$\dfrac{F_t}{A'} < f_t$$

② 부재응력이 압축인 경우

$$\dfrac{F_c}{a} < f_k$$

F_t : 부재의 인장응력[N]

F_c : 부재의 압축응력[N]

A : 부재의 단면적[cm^2]

A' : 부재의 인장 유효단면적[cm^2]

f_t : 허용인장응력도[N/cm^2]

f_k : 허용좌굴응력도[N/cm^2]

5. 전주기초의 설계

5.1 전철주기초의 설계조건

(1) 기초주변 흙의 항복파괴에 따라 전주가 도괴되지 않아야 한다.

(2) 주어진 외부 힘에 대해 기초가 충분한 저항을 갖고 전주의 경사한도를 넘지 않아야 한다.
(3) 라멘전주는 허용하중의 범위 내에 있어야 하며 기초의 고정도가 충분하고 흙의 항복에 따라 감소하지 않아야 한다.
(4) 기초의 구성재료가 내구적이며 부식, 동결, 건습 그 외의 열화작용을 잘 받지 않아야 한다.

5.2 노반 강도의 결정

(1) 지반조사를 수행시에는 평판재하시험, 콘관입시험, 동적 콘관입시험, LFWD(소형 충격재하시험기) 등의 지반조사를 실시
(2) 지반조사를 수행하지 않은 경우에는 신설철도와 기존철도의 지형분류, 흙의 종류 등을 적용하여 적절한 노반 강도를 결정

5.3 전철주기초에 적용하는 토압

(1) 토압분포

전철주기초에 작용하는 토압을 산정할 때에는 기초의 단면형상에 따라 연직응력분포와 마찰응력분포를 검토하여 설계

1) 각형기초

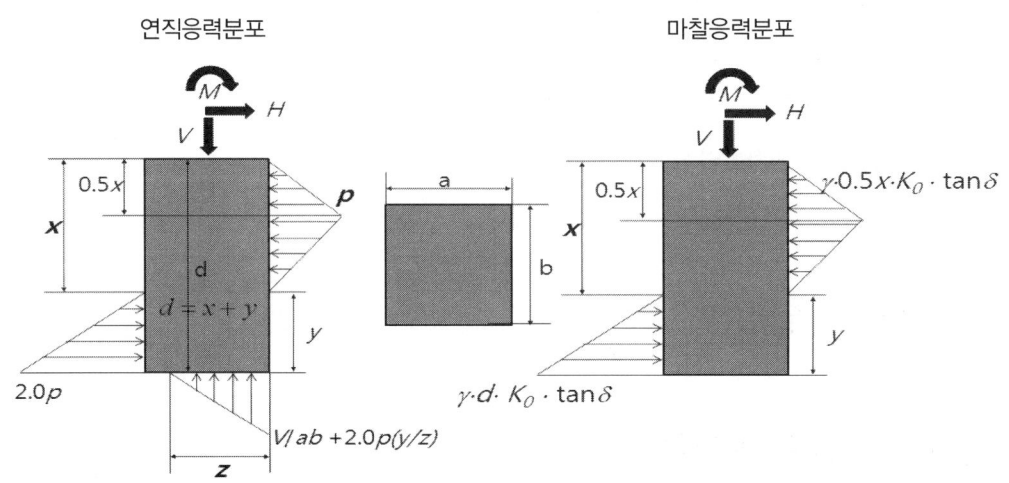

각형기초의 응력분포

여기서, M : 기초에 작용하는 모멘트
V : 기초에 작용하는 수직하중
H : 기초에 작용하는 수평하중
a : 기초의 하중 방향 폭
b : 기초의 하중 직각방향 폭
d : 노반에 근입된 기초 깊이
x : 기초의 회전 깊이($y = d - x$)
γ : 노반의 단위중량
δ : 기초와 지반사이의 마찰각
z : 하중 재하시 기초 저면부와 지반의 접촉 폭

각형기초 전면부에 발생하는 연직토압은 회전 깊이의 1/2 되는 지점에서 최대 크기로 발생하며, 후면부 연직토압은 전면부 최대토압의 2.0배 크기로 발생한다.

2) 원형기초

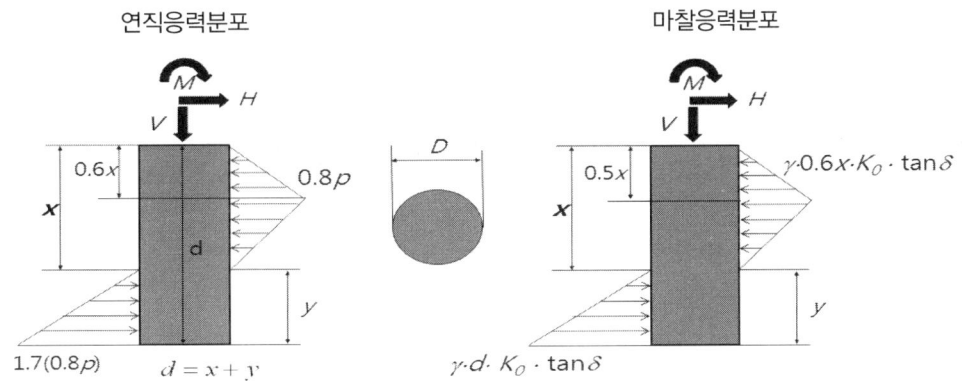

원형기초의 응력분포

여기서, D : 원형기초의 직경

원형기초 전면부에 발생하는 연직토압은 회전 깊이의 0.6배 되는 지점에서 최대 크기로 발생한다. 이때 원형기초의 전면부는 곡면이므로 전면부에 작용하는 평균 연직토압은 최대토압 p의 0.8배로 가정

5.4 전철주기초의 강도계산

(1) 강도계산 일반

지지력의 측정법으로서 페니트로미터와 스웨덴식 사운딩법을 사용하여 왔으나 연약지반, 경질지반, 자갈을 혼입한 지반에서는 사용할 수 없다.

그래서 전주기초 강도계산식은 케이슨(Caisson) 기초의 계산식을 전차선로용 전주기초에 적용

1) 포터블 콘 페니트로미터(Portable cone penetrometer)

$$\text{콘 지지력} = \frac{\text{페니트로미터 관입저항치[N]}}{\text{선단 콘의 저면적}[cm^2]}$$

2) 충격식 페니트로미터

무게 5[kg]의 낙하추를, 50[cm]의 높이에서 낙하시켜서, 선단 콘의 관입량 10[cn]당 타격수로 측정

3) 스웨덴식 사운딩 법

전재하중(全載荷重) $W_{SW} \cdot 980$[N]과 관입량 1[m]당 회수 N_{SW}(반회전수/[m])에 의해 환산 q_c, N의 값을 구한다.

(2) 지지력의 측정을 요하는 지반에 있어서 주상기초의 저항모멘트 계산

지반이 불명확한 경우는 스웨덴식 사운딩 또는 콘 페니트로미터에 의해 지지력을 측정하고 보통지반에서는 기초의 저항모멘트는 페니트로미터(Penetrometer)의 관입저항치에 거의 비례한다.

1) 보통지반의 경우

$$M_a = \frac{0.086 d \cdot q_c \cdot \ell^2 \cdot K \cdot f}{F_s \left(1 + \frac{\ell}{h}\right)}$$

2) 점토지반의 경우

$$M_a = \frac{0.163 d \cdot q_c \cdot \ell^2 \cdot K \cdot f}{F_s \left(1 + \frac{\ell}{h}\right)}$$

근입길이 L과 수평하중 작용점의 지상높이 h를 $\frac{L}{h} = \frac{2}{7} = 0.286$로 계산하면

$$M_a = \frac{0.067d \cdot q_c \cdot \ell^2 \cdot K \cdot f}{F_s}[\text{kN}\cdot\text{m}]$$

M_a : 허용저항모멘트[kN·m] 「기초 상단면의 중심점의 것」

d : 수평하중에 직각방향의 기초폭[m]

q_c : 콘 지지력[kN/m²]

스웨덴식 사운딩 측정치에서는 다음 식으로 환산한다.

$$q_c = 0.6W_{sw} + 2.0N_{sw}[\text{kN}\cdot\text{m}^2]$$

W_{sw} : 중량[N]

N_{sw} : 관입량 1[m]당의 반회전수

ℓ : 기초의 근입깊이[m]

K : 지형계수

f : 형상계수

F_s : 안전율

5.5 기둥형기초

(1) 기초강도에 필요한 계수

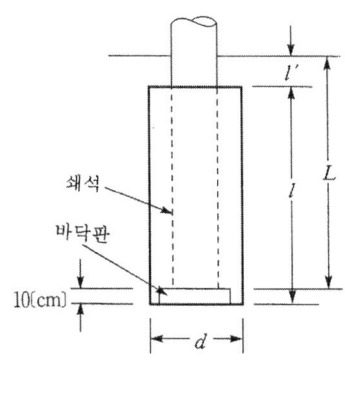
쇄석기초

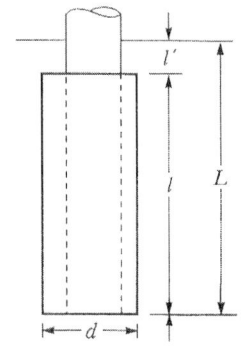
콘크리트기초

그림 6.17 기둥형기초

1) 지형계수(K)

평지 또는 절취(깍기)개소와 성토(돋기)개소의 지형에 대해서 하중방향을 고려할 조건의 계수

지형계수(K)의 값

지형	하중방향	K값	비고
평지		1.0	측구가 약한 구조로 $L<d$의 경우 $\ell' = \ell''$로 한다.
평지		1.2	
성토		0.6	
성토		1.0	

2) 형상계수(f)

기초 터파기를 할 때 토질 등에 따라 흙막이 틀을 사용하는 공법과 사용하지 않는 공법이 있는 경우 토양과 기초재의 접촉면에서 강도의 차가 발생하기 때문에 강도차를 보정하여야 하는 계수

형상계수(f)의 값

종별	쇄 석		원주형 콘크리트		각주형 콘크리트		T 부
형상	흙막이 없음	흙막이 있음	흙막이 없음	흙막이 있음	흙막이 없음	흙막이 있음	콘크리트
계수	0.6	0.75	1.0	0.9	1.1	1.0	1.4

3) 강도계수(S_0)

기존지반과 같은 안정한 지반과 신설(돋기) 성토와 같은 불안정한 지반이 있어 기초 강도를 보정하는 계수

강도계수(S_0)의 값

폭풍시 최대하중에 대해서	운전시 최대하중에 대해서	
	안정된 기설지반	변형이 쉬운 불안정한 지반
1.2	1.0	0.75

4) 안전율(F_s)

페니트로미터(penetrometer) 등으로 측정한 값을 기초로 하여 계산

안전율(F_s)의 값

폭풍시 최대하중에 대해서	운전시 최대하중에 대해서	
	안정된 기설지반	변형이 쉬운 불안정한 지반
2.0	3.0	4.0

(2) 지내력(지지력)의 측정을 필요로 하지 않는 양호한 지반의 기초

$$M_a = K \cdot f \cdot S_0 \cdot L^2 \sqrt[3]{d^2\left(1 + 0.57\frac{b^2}{L^2} + 0.45\frac{b}{d}\right)^2} \; [\text{kN} \cdot \text{m}]$$

M_a : 허용모멘트[kN·m](지표면에 대하여)

K : 지형계수

f : 형상계수

S_0 : 강도계수 운전시 최대하중에 대해서 $S_0 = 0.75$
       폭풍시 최대하중에 대해서 $S_0 = 1.2$

L : 지표면에서 기초하부(低部)까지의 두께[m]

d : 기초의 하중방향에 직각의 폭[m]

b : 기초의 하중방향의 폭[m]

단, 표상(상토)의 깊이 $l' > 0.1L$의 경우에는

$$M_a' = \left(1.12 - 1.2\frac{l'}{L}\right) M_a$$

(3) 지내력(지지력)의 측정이 필요한 지반의 기초

1) 지내력의 측정방법

① 콘 페니트로미터

㉠ 경량으로 휴대하기가 편리한 포테이블(potable)을 사용

㉡ 관입 방법은 인력에 의한 정적 연속압입 방식으로 관입저항을 깊이 10[cm]마다 측정

㉢ 관입속도는 1[cm/s]을 표준

㉣ 관입저항을 콘크리트 바닥면적으로 나눈값을 콘크리트 지지력(콘지지력)

$$\text{콘 지지력} = \frac{\text{페니트로미터 관입저항값[N]}}{\text{콘크리트의 바닥면적[cm}^2\text{]}}$$

② 충격식 콘 페니트로미터

㉠ 모래 등 무너지기 쉬운 지반에서는 충격식 콘 페니트로미터를 사용

㉡ 무게 5[kg]의 낙하추를 50[cm] 높이에서 낙하시키고 선단 콘크리트 관입량 10[cm]당 타격수를 기초로 하여 허용저항모멘트를 구함.

③ 스웨덴식 사운딩

㉠ 흙의 관입저항을 측정하여 단단함과 부드러움 또는 혼합된 흙층의 구성을 판정하는 시험방법

㉡ 전재하중(全載荷重) $W_{SW}=980$[N]과 관입량 1[m]당 반회전수 N_{SW}(반회전수/m)에 의해 환산 qc, N의 값을 구한다.

2) 보통지반

점토, 모래 등을 제외한 일반적인 토질의 지반

① 페니트로미터(penetrometer)의 측정값을 이용하는 경우

$$M_a = \frac{0.067d \cdot q_c \cdot l^2 \cdot K \cdot f}{F_s} [\text{kN} \cdot \text{m}]$$

M_a : 허용모멘트(기초 상단면의 중심점에 있는 것)[kN · m]

K : 지형계수

f : 형상계수

d : 수평하중에 직각한 방향의 기초폭[m]

q_c : 콘크리트 지지력[kN/m^2]

l : 기초에 근입한 길이[m]

F_s : 안전율

② 스웨덴식 사운딩에 따른 측정값을 이용하는 경우

$$q_c = 0.6\,W_{sw} + 2.0 N_{sw}\,[\text{kN} \cdot \text{m}^2]$$

여기서, W_{sw} : 중량[kg]

N_{sw} : 관입량 1[m]당 반회전수

3) 점토지반

① 페니트로미터의 측정값을 이용하는 경우

$$M_a = \frac{0.137 d \cdot q_c \cdot l^2 \cdot K \cdot f}{F_s}[\text{kN} \cdot \text{m}]$$

M_a : 허용모멘트[kN · m](기초 상단면의 중심점에 있는 것)

K : 지형계수

f : 형상계수

d : 수평하중에 직각한 방향의 기초폭[m]

q_c : 콘크리트 지지력[kN/m²]

l : 기초에 근입한 길이[m]

F_s : 안전율

② 스웨덴식 사운딩에 따른 측정값을 이용하는 경우

$$q_c = 0.225\,W_{sw} + 0.375 N_{sw}[\text{kN} \cdot \text{m}^2]$$

W_{sw} : 중량[kg]

N_{sw} : 관입량 1[m]당 반회전수

③ 모래 또는 무너지기 쉬운 지반

㉠ 페니트로미터의 측정값을 이용하는 경우

$$M_a = \frac{0.5 N \cdot d \cdot l^2 (l - d/2) K' \cdot f}{F_s}[\text{kN} \cdot \text{m}]$$

M_a : 허용모멘트[kN · m](기초 상단면의 중심점에 있는 것)

N : 충격식 페니트로미터의 관입량 10[cm] 당의 타격수

(기초 위 끝에서 아래 30~80[cm] 깊이의 평균값)

K' : 모래의 지형계수

표 6.2 모래의 지형계수(K')의 값

하중의 방향	조 건	K'의 값
	$\dfrac{L_1}{l} > 1$ 일 때	1.0
	$1 \geqq \dfrac{L_1}{l} \geqq 0.2$ 일 때	$0.5 + 0.5\dfrac{L_1}{l}$
	$\dfrac{L_1}{l} < 0.2$ 일 때	$0.45 + 0.75\dfrac{L_1}{l}$
	$\dfrac{L_1}{l} \geqq 0.6$ 일 때	-1.0
	$\dfrac{L_1}{l} < 0.6$ 일 때	$0.6 + 0.667\dfrac{L_1}{l}$

f : 형상계수
d : 수평하중에 직각한 방향의 기초폭[m]
q_c : 콘크리트 지지력[kN/m^2]
l : 기초에 근입한 길이[m]
F_s : 안전율

ⓒ 스웨덴식 사운딩에 따른 측정값을 이용하는 경우

$$q_c = 0.04 W_{sw} + 0.134 N_{sw} [\text{kN/m}^2]$$

W_{sw} : 중량[kg]
N_{sw} : 관입량 1[m]당 반회전수

5.6 우물통형기초

콘크리트제 우물통 같이 생긴 통을 사용한 기초로 하중이 크게 가해지는 전주기초에 적용되며 주로 가공송전선로 철탑용에 사용

(1) 기초 바닥면의 저항모멘트

$$M_b = \sigma_1 \cdot Z [\text{kN} \cdot \text{m}]$$

$$\sigma_1 = \frac{q}{F} - \frac{W}{A}$$

σ_1 : 기초 바닥면의 유효지지력[N/cm^2]

W : 기초 바닥면에 가해지는 전 수직하중[kg]

A : 기초의 바닥면적[m^2]

q : 지내력(또는 지지력)[N/m^2]

Z : 기초 바닥면의 단면계수[m^3]

F : 안전율

(2) 발생하는 측압

1) 최대측압

$$\sigma_m = \frac{t_m}{l+t^3}(12M_E + H \cdot t)$$

$$M_E = M - M_3$$

$$t_m = \frac{t}{3} + \frac{H \cdot t^2}{36M_E}$$

M : 기초 상부에 발생하는 전 모멘트[N·m]

l : 하중방향 기초의 평균 폭[m]

t : 근입의 깊이[m]

t_m : 최대측압 발생 깊이[m]

H : 수평력[N]

2) 밑부분의 측압

$$\sigma_b = \frac{12M_E - 2H \cdot t}{l+t^2}$$

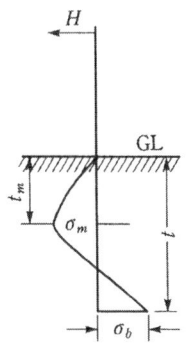

그림 6.18 밑부분의 측압

(3) 수동토압

1) 최대측압이 발생하는 깊이에서의 수동토압

$$P_m = W_E \cdot t_m \frac{1+\sin\phi}{1-\sin\phi}$$

W_E : 기초 상부에서의 단위중량[kg/m^2]

ϕ : 흙의 안식각

2) 기초 바닥부분에서의 수동토압

$$P_b = W_E \cdot t \frac{1+\sin\phi}{1-\sin\phi}$$

(4) 응력의 검정

최대측압 발생점

$$\frac{P_m}{\sigma_m} > 1$$

기초 바닥부분

$$\frac{P_b}{\sigma_b} > 1$$

5.7 중력형블럭기초

측면토압이 연약하여 기초 바닥면의 지지력만으로 하중을 받도록 만들어지는 기초

(1) 기초 바닥면의 허용저항 모멘트

$$M_B = \sigma_1 \cdot Z [\text{N} \cdot \text{m}]$$

$$\sigma_1 = \frac{q}{F} - \frac{W}{A}$$

σ_1 : 기초 저항의 유효지지력[N/m^2]

W : 기초 바닥면에 가해진 전 수직하중[kg]

A : 기초의 바닥면적[m^2]

q : 지내력(또는 지지력)[N/m^2]

Z : 기초 바닥면의 단면계수[m^3]

F : 안전율

5.8 푸팅(Footing)기초

하중의 일부를 측면 흙의 압력으로 지지하도록 한 것으로 빔을 지지하는 철주 및 인류주에 지선을 설치하지 않기 위하여 사용하는 기초

(1) 기초 바닥면의 저항모멘트

$$M_b = \sigma_1 \cdot Z [\text{N} \cdot \text{m}]$$

$$\sigma_1 = \frac{q}{F} - \frac{W}{A}$$

σ_1 : 기초 바닥면의 유효지지력[$\text{N} \cdot \text{cm}^2$]
W : 기초 바닥면에 가해지는 전 수직하중[kg]
A : 기초의 바닥면적[m^2]
q : 지내력(지지력;支持力)[N/cm^2]
Z : 기초 바닥면의 단면계수[m^3]
F : 안전율

(2) 발생하는 측압

1) 최대측압

$$\sigma_m = \frac{t_m}{l \cdot t^3}(12M_E + H \cdot t)$$

$$M_E = M - M_3$$

$$t_m = \frac{t}{3} + \frac{H \cdot t^2}{36M_E}$$

M : 기초 상부에 발생하는 전 모멘트[$\text{N} \cdot \text{m}$]
l : 기초의 하중방향 평균 폭[m]
t : 근입의 깊이[m]
t_m : 최대측압 발생 깊이[m]
H : 수평력[N]

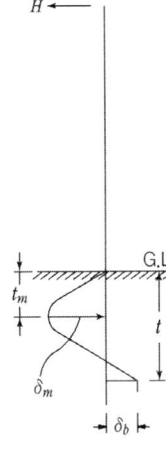

그림 6.19 푸팅기초의 최대측압

2) 밑부분의 측압

$$\sigma_b = \frac{12M_E - 2H \cdot t}{l + t^2}$$

(3) 수동토압

1) 최대측압이 발생하는 깊이에서의 수동토압

$$P_m = W_E \cdot t_m \frac{1 + \sin\phi}{1 - \sin\phi}$$

W_E : 기초 상부에서의 단위중량[kg/m^2]

ϕ : 흙의 안식각

2) 기초 바닥부분에서의 수동토압

$$P_b = W_E \cdot t \frac{1 + \sin\phi}{1 - \sin\phi}$$

(4) 응력의 검정

최대측압 발생점

$$\frac{P_m}{\sigma_m} > 1$$

기초 바닥부분

$$\frac{P_b}{\sigma_b} > 1$$

5.9 앵커볼트기초

(1) 앵커볼트의 길이를 구하는 계산식

$$l \geq \frac{M}{\mu \cdot \pi \cdot d \cdot n \cdot L}$$

μ : 앵커볼트와 콘크리트와의 허용부착강도(=50)[N/cm^2]

l : 앵커볼트의 매입길이[cm] 보통 40 ~ 50d (d는 볼트의 지름)

(2) 소요볼트 개수를 구하는 계산식

$$M = P \cdot L = n \cdot A \cdot f_t \cdot L = n \cdot \frac{\pi}{4} d^2 \cdot f_t \cdot L$$

$$n \geq \frac{M}{f_t \cdot \frac{\pi}{4} d^2 \cdot L}$$

A : 볼트의 유효 단면적[cm^2]

M : 지면 경계에서 전주의 굽힘모멘트[N/cm]

f_t : 볼트의 허용인장응력도[N/cm^2]

d : 볼트의 유효지름[cm]

L : 상대하는 볼트의 간격[cm]

n : 인장측 소요 볼트 개수

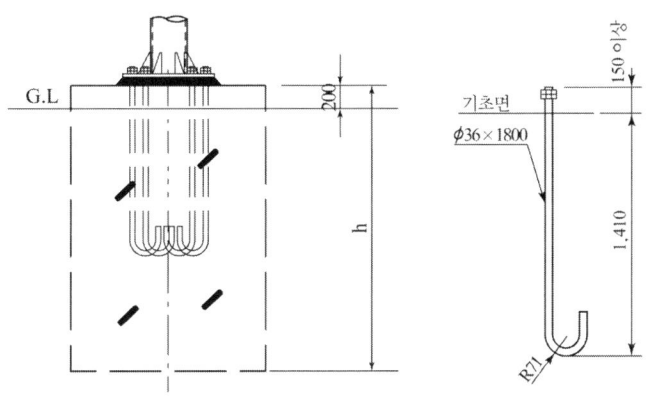

그림 6.20 국내의 일반적인 앵커볼트기초

(3) 콘크리트의 허용부착강도

토목 구조물 공사에 의뢰하여 콘크리트 구조물과 같이 시공하는 경우 허용부착강도를 80[N/cm^2]로 하고, 이미 만들어진 구조물에 앵커볼트를 매입하는 경우는 50[N/cm^2]

6. 지선(支線)의 설계

6.1 지선의 설계하중

(1) 인류용 지선

1) 전주가 받는 풍압하중에 대한 지면의 경계모멘트

$$P = \frac{WH^2}{2}$$

인류점 높이의 하중에 환산한 값을 P' 라 하면

$$P'h = \frac{WH^2}{2} \qquad \therefore \ P' = \frac{WH^2}{2h}$$

지선의 강도를 검토하는 경우 h 점의 하중은

$$P + P' = P + \frac{WH^2}{2h}$$

P : 전선장력
W : 단위길이당 풍압
H : 전주의 지표 높이
h : 인류점 높이

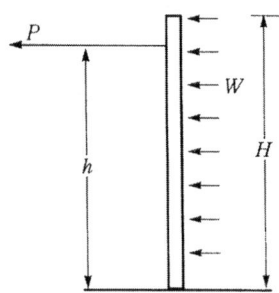

그림 6.22 인류용 지선

(2) 진동방지용 지선

가선된 각 전선과 지지주에 받는 풍압하중의 합을 진동방지용 지선이 받게 된다.

1) 전선이 풍압을 받는 길이

$$\frac{S_1 + S_2}{2}$$

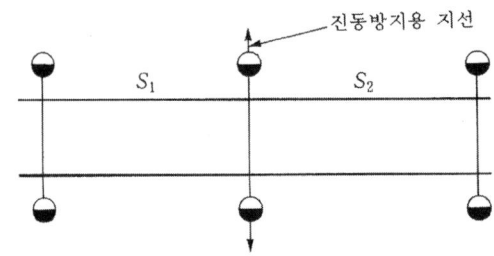

그림 6.23 진동방지용 지선

① 전선 1가닥의 풍압

$$\frac{S_1 + S_2}{2} \times W$$

② 전선 n 가닥의 풍압

$$\frac{S_1 + S_2}{2} \times W \cdot n$$

S : 지지물 경간
W : 단위길이당 풍압
n : 전선 가닥수

(3) 곡선당김용 지선

가선된 각 전선에 받는 수평장력 및 풍압하중과 전주가 받는 풍압하중의 합을 곡선당김용 지선이 받게 된다. 가선된 각 전선에 받는 수평장력은 선로 곡선에 의한 수평장력과 인류에 의한 수평장력이 있다.

6.2 지선의 강도계산

(1) 단지선

$$T_1 = \frac{T}{\sin\theta}$$

$$P \geqq 2.5\,T_1 = 2.5 \cdot \frac{T}{\sin\theta}$$

$$P \geqq 2.5\,T \cdot \frac{1}{\sin\theta}$$

T : 수평장력[N] T_1 : 지선에 작용하는 장력[N]
P : 지선용 재료의 항장력[N] θ : 지선과 전주의 각도[°]

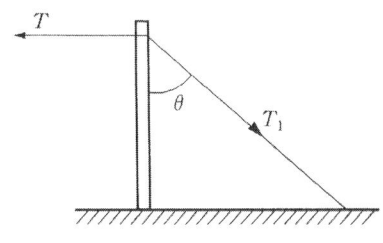

그림 6.24 단지선의 형상

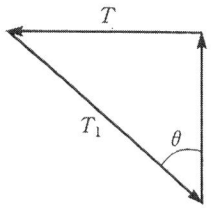

그림 6.25 단지선에 작용하는 수평장력

(2) 2조 일괄 단지선

지선 설치점에서 수평방향의 합성 인장력을 T라 하면

$$T \cdot h_1 = T_1 \cdot h_1 + T_2 \cdot h_2$$

$$\therefore\ T = T_1 + T_2 \cdot \frac{h_1}{h_2}$$

그런데 $T_1' = \dfrac{T}{\sin\theta} = \left(T_1 + T_2 \cdot \dfrac{h_2}{h_1}\right)\dfrac{1}{\sin\theta}$ 이므로

$$P \geqq 2.5\, T_1'$$

$$\therefore\ P \geqq 2.5\left(T_1 + T_2 \cdot \frac{h_2}{h_1}\right)\frac{1}{\sin\theta}$$

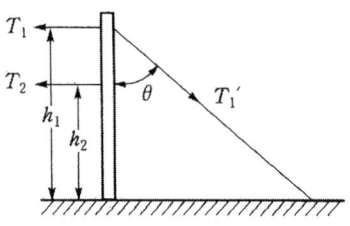

그림 6.26 2조 일괄 단지선

(3) V지선

$$P_1 \geqq 2.5\, T_1 \cdot \frac{1}{\sin\theta_1}$$

$$P_2 \geqq 2.5\, T_2 \cdot \frac{1}{\sin\theta_2}$$

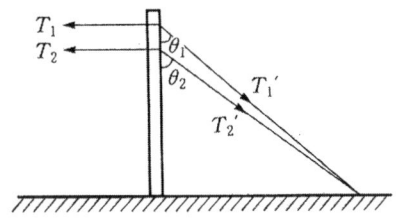

그림 6.27 V지선

(4) 2조 일괄 V지선

$$P_1 \geq 2.5\,T_1 \cdot \frac{1}{\sin\theta_1}$$

$$P_2 \geq 2.5\left(T_2 + T_3 \cdot \frac{h_3}{h_2}\right) \cdot \frac{1}{\sin\theta_2}$$

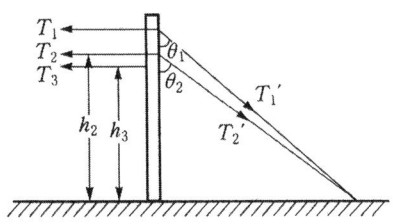

그림 6.28 2조 일괄 V지선

(5) 수평지선

$$P_1 \geq 2.5\,T \cdot \frac{1}{\sin\theta}$$

$$T_1 = \frac{T}{\sin\theta}$$

그런데 $\dfrac{T_0}{\sin\alpha} = \dfrac{T_1}{\sin\beta}$ 의 관계이므로

$$T_0 = \frac{\sin\alpha}{\sin\beta} \cdot T_1 = \frac{\sin\alpha}{\sin\beta} \cdot \frac{T}{\sin\theta}$$

$$P_0 \geq 2.5\,T_0$$

$$\therefore\ P_0 \geq 2.5\,T \cdot \frac{\sin\alpha}{\sin\theta \cdot \sin\beta}$$

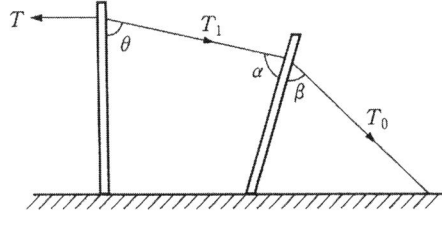

그림 6.29 수평지선

(6) 고가구조에 설치된 지선

1) 온도변화에 의한 영향

온도가 낮아지면 지선의 장력이 증가하게 된다. 이러한 지선의 장력증가에 따라 전주에 휨이 생기는데, 지선의 장력증가는 그 양 만큼 줄어들게 된다.

$$(T_1 - T_2) \cdot n = \Delta T \cdot n$$

로 하면

2) 온도저하에 따라 지선 수축길이 Δl

$$\Delta l = \alpha \cdot t \cdot \frac{S}{\cos\theta} - \frac{\Delta T \cdot n}{E \cdot A \cdot n} \cdot \frac{S}{\cos\theta}$$

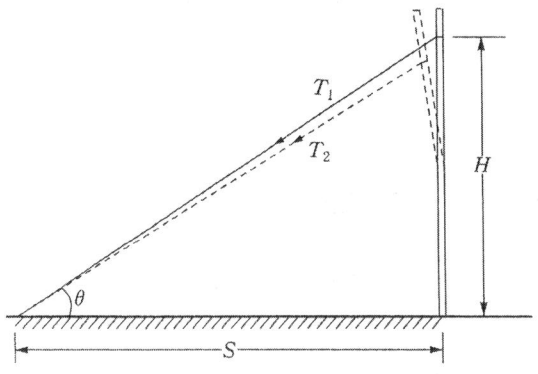

그림 6.30 온도변화에 의한 전주의 휨

3) 지선의 장력증가에 따라 전주의 휨량은

$$\delta = \frac{\Delta T \cdot n \cdot \cos\theta \cdot H^3}{3E_p \cdot I_p}$$

4) 온도저하에 따라 수축한 지선길이 l

$$\Delta l \fallingdotseq \delta$$

$$\therefore \alpha \cdot t \cdot \frac{S}{\cos\theta} - \frac{\Delta T \cdot n}{E \cdot A \cdot n} \cdot \frac{S}{\cos\theta}$$

$$= \frac{\Delta T \cdot n \cdot \cos\theta \cdot H^3}{3E_p \cdot I_p} \alpha \cdot t \cdot S - \frac{S}{E \cdot A \cdot n} \cdot \Delta T \cdot n$$

$$= \frac{H^3 \cdot \cos^2\theta}{3E_p \cdot I_p} \cdot \Delta T \cdot n$$

$$\Delta T = \frac{\alpha \cdot t \cdot S}{\dfrac{H^3 \cos^2\theta}{3E_p \cdot I_p} + \dfrac{S}{E \cdot A \cdot n}} \cdot \frac{1}{n}$$

$$\therefore \Delta T = T_2 - T_1 = \frac{\alpha \cdot t \cdot S}{\dfrac{H^3 \cos^2\theta}{3E_p \cdot I_p} + \dfrac{S}{E \cdot A \cdot n}} \cdot \frac{1}{n}$$

여기서, ΔT : 지선의 장력변화량 (1조당)[N/본]

T_1 : 변화 전의 장력 (1조당)[N/본]

T_2 : 변화 후의 장력 (1조당)[N/본]

α : 지선의 선팽창계수

t : 온도의 변화량[℃]

S : 지선의 스팬[cm]

H : 지선의 취부높이[cm]

E_p : 지지물의 영률[N/cm^2]

I_p : 지지물의 관성모멘트[cm^4]

E : 지선의 영률[N/cm^2]

A : 지선의 단면적[cm^2]

n : 지선의 가닥수 [가닥]

θ : 지선의 지표면의 취부각도[°]

5) 인류주의 풍압하중에 대한 영향

인류주가 지선과 평행방향으로 풍압을 받으면 인류주는 풍압하중에 의하여 휨이 발생하며 지선에 인장력이 걸려 장력이 증가

$$(T_2 - T_1) \cdot n = \Delta T \cdot n$$

로 하면 인류주가 풍압하중에 의하여 H점에서 발생하는 휨량을 δ_p, 지선의 장력증가에 따라 발생하는 H점의 휨량을 δ_r, 인류주 H점의 휨은 풍압하중에 의하여 발생하는 휨에서 장력증가에 따라 발생하는 휨 δ_r을 뺀 것이 된다.

① H점의 휨의 양

$$\delta = \delta_p - \delta_r = \frac{P_w}{2E_p \cdot I_p}\left(\frac{L^2 \cdot H^2}{2} - \frac{L \cdot H^3}{3} + \frac{H^4}{12}\right) - \frac{\Delta T \cdot n \cdot \cos\theta \cdot H^3}{3E_p \cdot I_p}$$

지선의 장력이 증가함에 따라 지선은 탄성적 신장 Δl 가 발생

$$\Delta l = \frac{\Delta T \cdot n}{E \cdot A \cdot n} \cdot \frac{S}{\cos\theta}$$

전주의 휨량이 지선이 늘어난 Δl 만이라고 하면 $\delta ≒ \Delta l$ 이 되므로

$$\frac{P_w}{2E_p \cdot I_p}\left(\frac{L^2 \cdot H^2}{2} - \frac{L \cdot H^3}{3} + \frac{H^4}{12}\right) - \frac{\Delta T \cdot n \cdot \cos\theta \cdot H^3}{3E_p \cdot l_p}$$

$$= \frac{\Delta T \cdot n}{E \cdot A \cdot n} \cdot \frac{S}{\cos\theta}$$

$$\Delta T \cdot \frac{n}{\cos\theta}\left(\frac{H^3 \cdot \cos\theta}{3E_p \cdot I_p} + \frac{S}{E \cdot A \cdot n}\right)$$

$$= \frac{P_w}{2E_p \cdot I_p}\left(\frac{L^2 \cdot H^2}{2} - \frac{L \cdot H^3}{3} + \frac{H^4}{12}\right)$$

$$\Delta T = \frac{\frac{P_W}{2E_p I_p}\left(\frac{L^2 H^2}{2} - \frac{LH^3}{3} + \frac{H^4}{12}\right)}{\frac{H^3 \cos^2\theta}{3E_p I_p} + \frac{S}{E \cdot A \cdot n}} \cdot \frac{\cos\theta}{n}$$

$$\therefore \Delta T = T_2 - T_1 = \frac{\frac{P_W}{2E_p I_p}\left(\frac{L^2 H^2}{2} - \frac{LH^3}{3} + \frac{H^4}{12}\right)}{\frac{H^3 \cos^2\theta}{3E_p I_p} + \frac{S}{E \cdot A \cdot n}} \cdot \frac{\cos\theta}{n}$$

L : 지지물의 길이[cm]

P_w : 지지물의 풍압하중[N/cm]

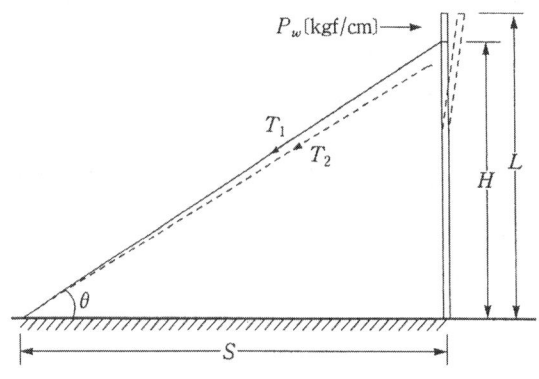

그림 6.31 H점의 휨의 양

6) 지선의 풍압하중에 의한 영향

변화하기 전 지선의 길이를 l_1이라 하고 변화 후의 지선의 길이를 l_2로 하면 지선의 길이 l_1, l_2는

$$l_1 = \frac{S}{\cos\theta} + \frac{W_1^2\left(\dfrac{S}{\cos\theta}\right)^2}{24T_1^2}$$

$$l_2 = \left(\frac{S}{\cos\theta} - \delta\right) + \frac{W_2^2\left(\dfrac{S}{\cos\theta} - \delta\right)^2}{24T_2^2}$$

여기서, $\left(\dfrac{S}{\cos\theta} - \delta\right) \fallingdotseq \dfrac{S}{\cos\theta}$이라 하면

$$l_2 = \frac{S}{\cos\theta} - \delta + \frac{W_2^2\left(\dfrac{S}{\cos\theta}\right)^2}{24T_2^2}$$

전주의 휨량 $\delta = \dfrac{H^3 \cdot n \cdot (T_2 - T_1) \cdot \cos\theta}{3E_p \cdot I_p}$ 이므로

$$\therefore l_2 = \frac{S}{\cos\theta} - \frac{H^3 \cdot n \cdot (T_2 - T_1) \cdot \cos\theta}{3E_p \cdot I_p} + \frac{W_2^2\left(\dfrac{S}{\cos\theta}\right)^2}{24T_2^2}$$

지선의 장력이 증가하면 전선이 탄성적으로 늘어난다.

$$\Delta l = \frac{n(T_2' - T_1)}{E \cdot A \cdot n} \cdot \frac{S}{\cos\theta}$$

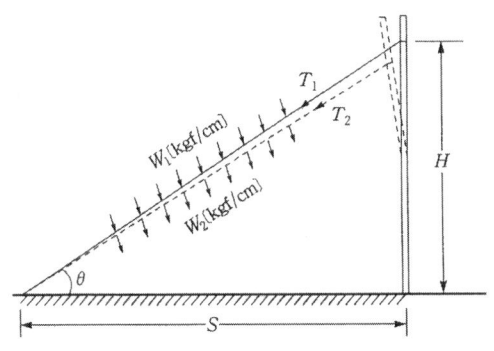

그림 6.32 지선의 풍압하중에 의한 영향

전선의 탄성적 늘어나는 양 $\Delta l = l_2 - l_1$

$$\frac{n(T_2-T_1)}{E \cdot A \cdot n} \cdot \frac{S}{\cos\theta} = \left\{ \frac{S}{\cos\theta} - \frac{H^3 \cdot (T_2-T_1) \cdot \cos\theta}{3E_p \cdot I_p} \right.$$

$$\left. + \frac{w_2^2 \left(\frac{S}{\cos\theta}\right)^3}{24 T_2^2} \right\} - \left\{ \frac{S}{\cos\theta} + \frac{w_1^2 \left(\frac{S}{\cos\theta}\right)^3}{24 T_1^2} \right\}$$

$$n(T_2-T_1)\frac{S}{E \cdot A \cdot n} = -n(T_2-T_1)\frac{H^3 \cdot \cos^2\theta}{3E_p \cdot l_p}$$

$$+ \frac{S^3}{24\cos^2\theta} \cdot \frac{W_2^2}{T_2^2} + \frac{S^3}{24\cos^2\theta} \cdot \frac{W_1^2}{T_1^2}$$

$$\therefore n(T_2-T_1)\left(\frac{H^3\cos^2\theta}{3E_p I_p} + \frac{S}{E \cdot A \cdot n}\right) = \frac{S^3}{24\cos^2\theta}\left(\frac{w_2^2}{T_2^2} - \frac{w_1^2}{T_1^2}\right)$$

W_1 : 변화 전 지선의 단위중량(풍압포함)[N/cm]
W_2 : 변화 후 지선의 단위중량(풍압포함)[N/cm]

6.3 지선용 근가

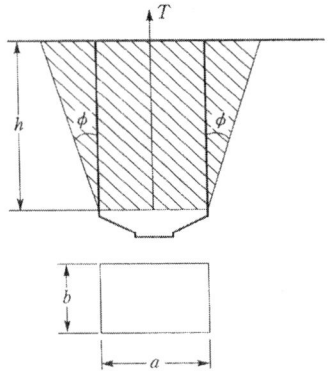

그림 6.33 지선용 근가

1) 지선을 뽑아 내려고 하는 힘에 저항하는 흙의 체적 $V[\mathrm{m}^3]$는

$$V = a \cdot b \cdot h + (a+b)h^2 \cdot \tan\phi + \frac{4}{3} \cdot h^3 \cdot \tan^2\phi$$

$$= h\{a \cdot b + (a+b)h \cdot \tan\phi + \frac{4}{3} \cdot h^2 \cdot \tan^2\phi\}$$

2) 지선근가의 인발 저항력 $T[N]$는

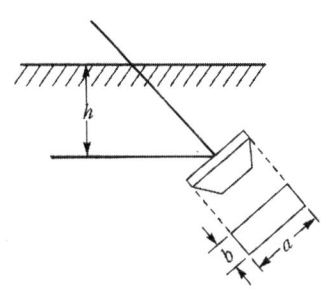

그림 6.34 지선근가의 인발 저항력

$$T = W + w \cdot h \cdot V$$
$$\therefore T = W + w \cdot h \left\{ a \cdot b + (a+b)h \cdot \tan\phi + \frac{4}{3} \cdot h^2 \cdot \tan^2\phi \right\}$$

T : 지선근가의 내력(인발 저항력)[N]

W : 근가의 중량[kg]

w : 흙의 단위중량[kg/m³]

a : 근가의 길이[m]

b : 근가의 폭[m]

ϕ : 지선의 인상력을 저항하는 토양의 유효각도[°]

h : 근가 매입각도

T_m : 지선에 작용하는 장력[N]

F : 안전율(=2)

지선에 작용하는 장력 $T_m \leq \dfrac{T}{F}$ 이 되어야 한다.

표 6.3 지선재료의 파괴강도

종 별	규 격	파괴강도[N]
아연도강연선	St 135 mm²	86,730
아연도강연선	St 90 mm²	55,468
강 봉	Φ24	70,932
강 봉	Φ26	83,241
강 봉	Φ28	102,194
강 봉	Φ30	110,838

6.4 지선 취부용 볼트

(1) 굽힘강도

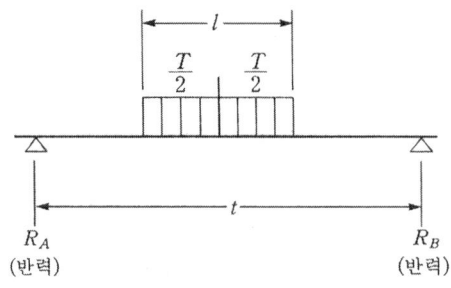

그림 6.35 지선설치용 볼트의 굽힘강도

그림 6.35에서 두 점의 반력의 관계는

$$R_A = R_B = \frac{T}{2}$$

발생하는 최대모멘트는 $t/2$ 지점에 있기 때문에

$$M_{\max} = \frac{t}{2} \cdot \frac{T}{2} - \frac{l}{4} \cdot \frac{T}{2} = \frac{T}{4}\left(t - \frac{l}{2}\right)$$

볼트의 허용굽힘모멘트 = 볼트의 단면계수 × 굽힘응력도
$$= \frac{\pi}{32} \cdot d^3 \cdot f_m$$

볼트의 허용굽힘모멘트는 발생하는 최대모멘트보다 같거나 커야 하므로

$$\frac{\pi}{32} \cdot d^3 \cdot f_m \geqq \frac{T}{4}\left(t - \frac{l}{2}\right)$$

$$T_m = \frac{\pi \cdot d^3}{8\left(t - \frac{l}{2}\right)} \cdot f_m \;[N]$$

$$T \leqq T_m$$

T_m : 볼트에 허용되는 지선장력[N]
T : 지선에 가한 장력[N]
d : 볼트의 유효지름[cm]
t : 간격[cm]

f_m : 볼트의 굽힘응력[N/cm^2]

l : 볼트에 가한 힘의 폭[cm]

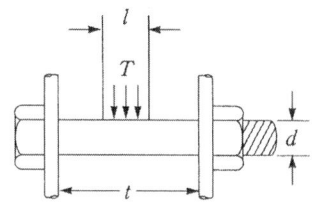

그림 6.36 볼트에 허용되는 지선장력

(2) 전단 강도

볼트의 허용전단력은 하중점이 클레비스 간격(t) 중심에 있는 경우에는 복전단으로 계산해도 좋지만 중심을 벗어난 경우는 단전단으로 계산하는 것이 보다 안전한 값을 얻을 수 있다.

식은 단전단의 경우이며 복전단으로 하는 경우는 T_s를 2배

$$T_s = \frac{\pi \cdot d^2}{4} \cdot f_s$$

$$T \leq T_s$$

T_s : 볼트에 허용되는 전단력[N]

6.5 지선 설치용 볼트의 강도계산

지선용 취부볼트의 종류에는 강볼트와 코타볼트 등이 있고 볼트류에는 굽힘하중 이외에 전단하중이 작용한다. 이 계산식은 지선뿐만 아니라 전선의 연결금구와 애자의 코타볼트 등에도 적용된다.

(1) 굽힘 강도

두 점의 반력의 관계는

$$R_A = R_B = \frac{T}{2}$$

발생하는 최대모멘트는 $t/2$ 지점에 있기 때문에

$$M_{\max} = \frac{t}{2} \cdot \frac{T}{2} - \frac{l}{4} \cdot \frac{T}{2} = \frac{T}{4}\left(t - \frac{l}{2}\right)$$

볼트의 허용굽힘모멘트 = 볼트의 단면계수 × 굽힘응력도

$$= \frac{\pi}{32} \cdot d^3 \cdot f_m$$

볼트의 허용굽힘모멘트는 발생하는 최대모멘트보다 같거나 커야 하므로

$$\frac{\pi}{32} \cdot d^3 \cdot f_m \geq \frac{T}{4}\left(t - \frac{l}{2}\right)$$

볼트에 허용되는 지선장력 T_m은 아래와 같이 되며, 인류봉(환봉)을 삽입된 경우는 볼트와의 접촉면은 점접촉이 되므로 이 경우 계산식에 $l=0$을 대입

$$T_m = \frac{\pi \cdot d^3}{8\left(t - \frac{l}{2}\right)} \cdot f_m \text{ [N]}$$

$$T \leq T_m$$

여기서, T_m : 볼트에 허용되는 지선장력 [N]
   T : 지선에 가한 장력 [N]
   d : 볼트의 유효직경 [cm]
   t : 간격 [cm]
   f_m : 볼트의 굽힘응력 [N/cm^2]
   l : 볼트에 가해진 폭 [cm]

(2) 전단강도

볼트의 허용전단력은 하중점이 클레비스 간격(t) 중심에 있는 경우에는 복전단으로 계산해도 좋지만 중심을 벗어난 경우는 단전단으로 계산하는 것이 보다 안전한 값을 얻을 수 있다.

아래 식은 단전단의 경우이며 복전단으로 하는 경우는 T_s를 2배로 한다.

$$T_s = \frac{\pi \cdot d^2}{4} \cdot f_s$$

$$T \leq T_s$$

여기서, T_s : 볼트에 허용되는 지선장력 [N]
   f_s : 볼트의 허용전단 응력 [N/cm^2]

7. 완철(腕鐵)

7.1 일반용 완철

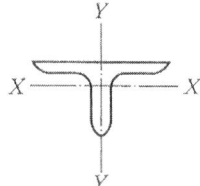
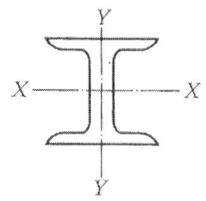

그림 6.37 일반용 완철재

(1) A점에 생기는 최대굽힘응력

$$M_m = W \cdot l_1 + \frac{w\,l^2}{2}$$

$$W = w_1 \cdot S \cdot n + w_2$$

$$\sigma_m = \frac{M_m}{Z}$$

$$\sigma_m \leq f_m$$

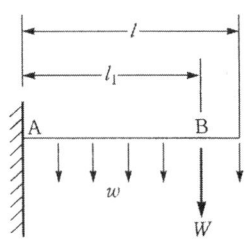

(2) A점에 생기는 최대전단응력

$$F_s = W + wl$$

$$\sigma_s = \frac{F_s}{A}$$

$$\sigma_s \leq f_s$$

M_m : 최대굽힘모멘트[N·m]

σ_m : 완철재의 굽힘응력도[N·cm^2]

Z : 완철재의 단면계수[cm^3]

f_m : 완철재의 허용굽힘응력도[N·cm^2]

F_s : 최대전단응력[N]

σ_s : 완철재의 전단응력도[N·cm^2]

A : 완철재의 단면적[cm^2]

f_s : 완철재의 허용전단응력도[N·cm²]
W : 전선, 애자 등에 따라 수직하중[kg]
S : 경간 길이[m]
n : 전선 가닥수[가닥]
w : 완철재의 단위중량[kg/m]
w_1 : 전선의 단위중량[kg/m]
w_2 : 애자 및 각종 금구중량[kg]
l : A점에서 부재 앞단까지 거리[m]
l_1 : A점에서 B점(전선 지지점)까지 거리[m]

7.2 전주대용물

(1) 수직하중

$$W = w_1 \cdot S \cdot n + w_2$$

W : 전선 등에 의한 수직하중[kg]
w_1 : 전선의 단위중량[kg/m]
w_2 : 애자의 탄형금구 및 적가금구의 중량[kg]
S : 경간[m]
n : 전선 가닥수[가닥]

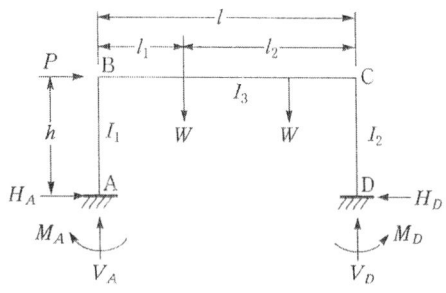 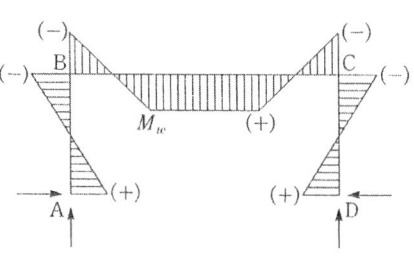

그림 6.38 전주대용물의 전선 등에 의한 수직하중

(2) 수평하중

1) 전선, 애자의 풍압하중

$$P_W = (p \cdot S \cdot n_0 + p_1 \cdot n_1) \cdot m$$

2) 곡선로의 횡장력에 따른 하중

$$P = \frac{ST}{R} \cdot n$$

P_W : 전선 등에 의한 수평하중[kg]
P : 횡장력에 의한 수평하중[kg]
p : 전선의 풍압하중[kg/m]
p_1 : 애자의 풍압하중[kg/개]
S : 경간[m]
n : 전선 가닥수[가닥]
n_0 : 전선풍압 가닥수(2 가닥인 경우는 1.2로 한다)[가닥]
n_1 : 애자의 수량[개]
m : 지지점(W)의 개소 수[개소]
T : 전선장력[N]
R : 곡선반지름[m]

(3) 강의 비

$$k = \frac{I_2 h}{I_1 l}$$

k : BC를 기준 한 AB, CD와의 강 비
I_1 : AB, CD의 단면2차모멘트[cm^4]
I_2 : BC의 단면2차모멘트[cm^4]
l : B~C간의 거리[cm]
h : A~B, C~D간의 거리[cm]

(4) 수직하중에 따른 각부의 굽힘모멘트와 반력

$$V_{A1} = V_{D1} = W$$

$$H_{A1} = H_{D1} = \frac{3W \cdot l_1 \cdot l_2}{H \cdot l(k+2)}$$

$$M_{A1} = M_{D1} = \frac{W \cdot l_1 \cdot l_2}{l(k+2)}$$

$$M_{B1} = M_{C1} = -2M_{A1}$$

$$M_W = W \cdot l_1 + M_{B1}$$

여기서, V_{A1} : A점의 수직반력[N]

V_{D1} : D점의 수직반력[N]

H_{A1} : A점의 수평반력[N]

H_{D1} : D점의 수평반력[N]

M_{A1} : A점의 굽힘모멘트[N · cm]

M_{D1} : D점의 굽힘모멘트[N · cm]

M_{B1} : D점의 굽힘모멘트[N · cm]

M_{C1} : C점 굽힘모멘트[N · cm]

M_W : W점 굽힘모멘트[N · cm]

(5) 수평하중에 따른 각부의 굽힘모멘트와 반력

$$V_{A2} = -V_{D2} = \frac{3(P+P_W)h \cdot k}{l \cdot (6k+1)}$$

$$H_{A2} = -H_{D2} = \frac{P+P_W}{2}$$

$$M_{A2} = -M_{D2} = -\frac{(P+P_W)h}{2} \cdot \frac{3k+1}{6k+1}$$

$$M_{B2} = -M_{C2} = -\frac{(P+P_W)h}{2} \cdot \frac{3k}{6k+1}$$

(6) 각부의 전 굽힘모멘트와 전 반력

$$V_A = V_{A2} + V_{A1}$$

$$V_D = V_{D2} + V_{D1}$$

$$H_A = H_{A2} + H_{A1}$$

$$H_D = H_{D2} + H_{D1}$$

$$M_A = M_{A2} + M_{A1}$$
$$M_D = M_{D2} + M_{D1}$$
$$M_B = M_{B2} + M_{B1}$$
$$M_C = M_{C2} + M_{C1}$$

V_A, V_D : A점, D점의 전 수직반력[N]
H_A, H_D : A점, D점의 전 수평반력[N]
M_A, M_D : A점, D점의 전 굽힘모멘트[N·cm]
M_B, M_C : B점, C점의 전 굽힘모멘트[N·cm]

(7) 응력도

$$\sigma_{m1} = \frac{M_{m1}}{Z_1}$$

$$\sigma_{m2} = \frac{M_{m2}}{Z_2}$$

σ_{m1} : 수직부재의 굽힘응력도[N·cm^2]
σ_{m2} : 수평부재의 굽힘응력도[N·cm^2]
Z_1 : 수직부재의 단면계수[cm^3]
Z_2 : 수평부재의 단면계수[cm^3]
M_{m1} : 수직부재의 최대굽힘모멘트[N·cm]
  (M_A, M_D, M_B, M_C를 비교 큰쪽의 값을 취한다.)
M_{m2} : 수평부재 취부점의 최대굽힘모멘트[N·cm]
  (M_B, M_C를 비교 큰쪽의 값을 취한다.)

(8) 부재의 검정

수직부재 $\sigma_{m1} \leq f_{m1}$
수평부재 $\sigma_{m2} \leq f_{m2}$

σ_{m1} : 수직부재의 허용굽힘응력도[N·cm^2]
σ_{m2} : 수평부재의 허용굽힘응력도[N·cm^2]

7.3 인류용 완철

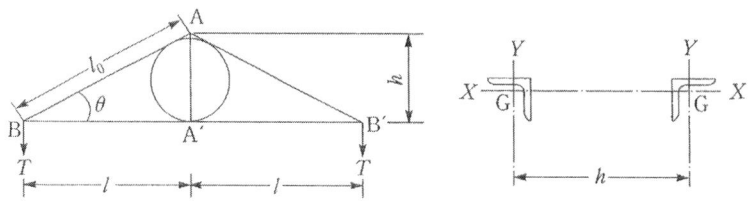

그림 6.39 완철부재에 가한 하중

(1) 완철 부재에 가한 하중

1) 부재 A~B에 작용하는 인장력

$$P_{AB} = T\frac{1}{\sin\theta}$$

$$\sin\theta = \frac{h}{l_0}$$

$$l_0 = \sqrt{l^2 + h^2}$$

2) 부재 A'~B에 작용하는 압축력

$$P_{AB}' = T\frac{l}{h}$$

P_{AB} : 완철부재 A~B에 작용하는 인장력[N]
P_{AB}' : 완철부재 A'~B에 작용하는 압축력[N]
T : 전선장력[N]
l : 취부점에서 지지점까지의 거리[cm]
h : 완철 취부점까지의 간격[cm]
l_0 : 완철부재 A~B의 길이[cm]
θ : 완철부재 A~B, B~A'와의 각도[°]

(2) 부재 A~B의 인장응력도

$$\sigma_t = \frac{P_{AB}}{A_0'}$$

$$A_0' = A_0 - (d \cdot t)$$

σ_t : 인장재의 인장응력도[N/cm²]
$A_0{'}$: 인장재의 유효단면적[cm²]
A_0 : 인장재 단면적[cm²]
d : 볼트구멍의 지름[cm]
t : 부재의 두께[cm]

(3) 부재 A'~B의 좌굴응력도

$$\sigma_c = \frac{P_{AB}{'}}{A_0}$$

$$\lambda_0 = \frac{l}{r}$$

σ_c : 압축재의 압축응력도[N/cm²]
A_0 : 압축재의 응력도[cm²]
λ_0 : 세장비
r : 부재의 회전반지름[cm]

(4) 부재의 검정

$$\text{부재 A~B} \quad \sigma_t \leqq f_t$$
$$\text{부재 A'~B} \quad \sigma_C \leqq f_k$$

f_t : 완철부재의 허용인장응력도[N/cm²]
f_k : 완철부재의 허용좌굴응력도[N/cm²]

(5) 볼트

$$n = \frac{P_{AB}}{f_{SB}}$$

$$P_{AB} \leqq f_{SB} \cdot n$$

n : 소요볼트 수량[개]
f_{SB} : 볼트의 허용전단력[N]

8. 내진설계

8.1 개요

구조물이 지진에 대하여 잘 견딜수 있는 능력은 탄성한계를 넘어 비탄성 범위내에서 견딜 수 있기 때문에 파괴를 일으키지 않고 비선형적으로 에너지를 소산(消散)시킬 수 있도록 연성을 갖도록 하는 것을 권장

8.2 지진발생의 원리

(1) 지진이 일어나는 원동력은 판지각변동(Plate tectonics)에 의해 발생할 것이라고 추측
(2) 태평양상에 해령(海嶺)이라고 불리는 해저(海底) 대산맥이 존재한다. 해령이 지구의 갈라진 틈으로 지구내부에서 고온의 물질이 용출하고 있는 곳으로 추측
(3) 이 용출된 물질이 다시 냉각되어 새로운 Plate로 되어 mantle(지각과 중심핵과의 중심부)의 느린 대류에 따라서 1년간에 수[cm] 정도의 속도로 좌우로 이동해 간다.
(4) 태평양에서는 동태평양에서 발생하여 서쪽으로 향하는 Plate는 태평양을 횡단하여 일본 열도에 부딪쳐 아랫방향으로 밀리면서 일본열도의 아래로 파고 든다. 이렇게 밀려든 Plate에 의해서 일본열도는 압축되는 것과 동시에 아래로 끌어당기고 밀치는 힘을 받는다.
(5) 경계부근의 암석은 큰 힘을 받아 암석의 강도 이상이 되었을 때 암석은 파괴되어 지진이 일어난다. 결국 단층이 되어 그 주변에 견디기 힘든 압력에서 해방되어 진동을 일으켜 지각변동을 일으키는 것이 지진

8.3 지지물의 지진에 대한 구조해석

(1) 철구조물은 자중, 눈하중 등의 수직하중과 지진하중, 횡장력 등의 수평 하중이 작용
(2) 일반적으로 철주구조물은 무게 1톤(ton) 내외의 경량구조물로서 지진으로 인한 수평하중은 최대 지진하중 FACTOR를 고려할 경우 0.14 정도이므로
수평력 $H = 0.14 \times W = 0.14 \times 1000 = 140[kg]$ 정도

(3) 풍하중은 부재 단위면적당 166[kg/m²]의 힘이 작용하므로 전체 구조물의 투영면적이 5[m²] 정도로 예상하면 $H = 5 \times 166 = 830[kg]$ 이므로 지진하중의 4~5배에 해당

(4) 따라서 철구조물 해석시 풍하중에 대한 고려만 하고, 지진하중에 대한 하중은 일반적으로 반영하지 않는다.

(5) 옥외 전철변전소에 설치하는 주변압기(MT), 단권변압기(AT) 및 가스절연개폐장치(GIS)기초는 통기초로 지중에 매설되어 있어 지진에 대한 영향을 고려하지 않는다.

(6) 전차선로의 내진 설계는 "철도의 건설기준에 관한 규정"에 따라 수평방향으로 구조물 질량의 6[%], 수직방향으로 구조물 질량의 3[%]를 구조물에 가해지는 합성모멘트 값을 설계시 반영한다.

9. 용접

9.1 용접의 사용범위

(1) 전차선로용 강구조물의 용접은 주재와 복재와의 접속만으로 사용
(2) 주재의 접속 또는 철주와 빔의 접속에는 사용하지 않음
(3) 강재의 용접에는 가열냉각에 의한 용접부의 잔류응력, 취화현상이 발생
(4) 취성 파괴에 있어서는 허용응력 이하에서 사용하고 있을 때 용접부의 일부에 빠르게 취성균열이 생기고, 매우 빠른 속도로 다른 부분으로 전파되어 순식간에 구조물이 파괴되어 대형사고를 일으킴
(5) 취성균열을 발생시키지 않도록 하기 위하여 응력집중이 적도록 설계
(6) 용접 후 결함이 발생하였을 때를 가정하여 비파괴 검사 시행

9.2 용접에 사용하는 강재

(1) 용접에 사용하는 강재는 「일반구조용 압연강재(SS400)」 및 일반강구조용 탄소강관(STK400 또는 STK490)을 사용
(2) 주철은 용접구조에 사용하지 않음

(1) 강재의 용접성

1) 강재에는 여러 가지 불순물이 강재의 성질이 결정
2) 강재의 용접성능을 향상시키기 위하여 용접시 열영향에 의한 경화(취화)가 적어야 하며, 용접이음매에 발생하는 결함이 생기지 않게 하는 것이 중요
3) 불순물은 C(탄소)의 영향이 가장 크고, Mn(망간), Si(규소)의 순
4) S(유황)은 아크 발생시의 기포 발생과 모재측에서 용착금속에 유황균열을 생기게 함

(2) 용접구조용 압연강재 (SM)

1) 용접구조용 압연강재(SM)는 용접성이 우수한 강재이며
2) C, Mn, Si, P, S의 모든 성분은 한국산업표준규격(KS)에 정해져 있어 용접 구조로 가장 적합한 강재이다.

(3) 일반구조용 압연강재 (SS)

1) SS400은 C, Mn, Si 등이 포함되어 있어도 용접하는데 큰 문제가 없음
2) 저탄소강에 속하기 때문에 판두께가 25[mm] 정도까지는 용접에 특별한 주의가 필요하지 않고, 탄소량이 많고(C≧0.25[%]) 판두께가 두꺼운 경우(t≧25[mm])에는 용접에 특별한 주의가 필요
3) SS490은 C의 함유량이 많기 때문에 용접부의 재질로는 담금질 효과에 의해 단단해 지지만, 반대로 매우 부서지기 쉬워지므로 용접용 강재로 적당하지 않음

(4) 일반구조용 탄소강 강관 (STK)

1) 용접구조용 압연강재(SM)와 같이 C, Mn, Si, P, S의 모든 성분은 한국산업표준규격(KS)에 정해져 있어 용접성은 우수
2) STK500은 발판 및 가설용 강관으로서 C의 함유량이 많기 때문에 용접을 하지 않는 것이 좋다.

(5) 배관용 탄소강 강관 (SGP)

1) 배관용 탄소강 강관은 P, S를 함유하고 있지만 저탄소강 강관이므로 용접성은 문제가 없음
2) 그러나 관자체의 강도는 일반구조용 탄소강 강관(STK)에 비해 상당히 작고, 허용응력도 등에 대하여 따로 정해진 것이 없어 구조물에 사용하는 것은 바람직하지 않다.

(6) 주철

1) 주철은 고탄소 합금으로 딱딱하고 부스러지기 쉽기 때문에 용접을 하기에는 쉽지 않으며 신뢰성도 떨어진다.
2) 주철의 입자는 거칠고 입자간에는 다량의 산소가 포함되어 있어 용접부에 큰 결함을 생기게 하므로 용접구조에는 사용하지 않는 것이 좋다.

9.3 용접이음매의 형식

(1) 용접이음매의 형식은 맞대기와 필릿 두 종류가 있다.

(2) 모재간의 각도가 60°이하 또는 120°이상일 경우에 모서리 이음매에는 응력을 부담시키지 않고 아크용접으로 이음매를 만들때에는 맞대기, 필릿, 점용접(홈용접), 비드 및 살돋움 등을 사용

1) 맞대기 이음매

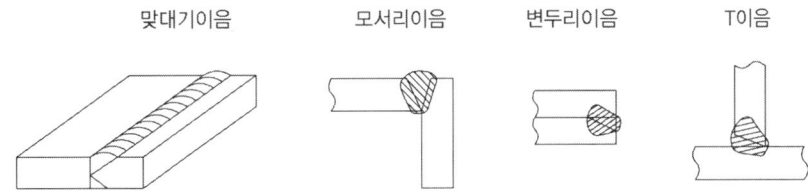

2) 필릿 이음매

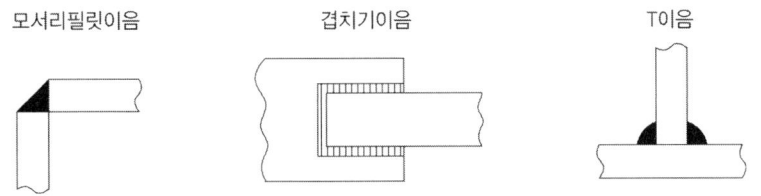

(3) 전용접, 비드(bead) 또는 살돋움

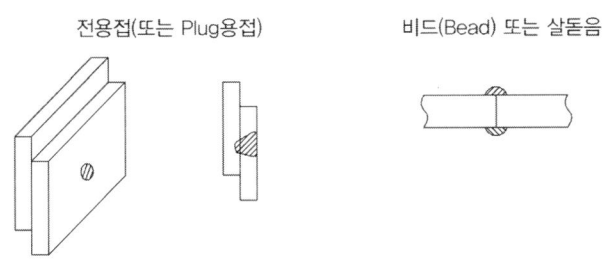

9.4 용접의 허용응력도

아크용접이음매의 용접부위단면에 대한 허용응력도

(단위 : N/m²)

재료	이음매형식 응력계수	맞대기 이음매				필릿(Fillet)
		인장	압축	휨	전단	
SS400		13,720	13,720	13,720	7,840	7,840

9.5 용접의 강도계산

인장력, 압축력은 전단력을 받는 용접 이음매에서 각각의 응력도 δ는 허용응력도 이하로 한다.

$$\delta = \frac{P}{\sum (a \cdot \ell)} [\text{N/cm}^2]$$

P : 용접이음매부를 통해 전달되는 힘[N]
ℓ : 용접이음매의 유효장[N/cm²]
a : 용접이음매부의 목의두께[cm]

9.6 강관의 용접

(1) STK400의 용접부 허용응력도는 SS400와 같고, 주관의 표면에 지관을 붙여 용접할 경우에는 지관의 두께는 주관의 두께보다 작아야 하며, 지관의 외경은 주관외경의 1/4 이상으로 한다.
(2) 강관의 용접은 전체를 돌려서 맞대기 용접을 원칙적으로 함.
(3) 반복하중이 작용하지 않는 경우

① 지관(支管)외경 $\leq \frac{1}{3}$ 주관(主管)외경 …… 전주(全周)필릿 용접

② 지관외경 $> \frac{1}{3}$ 주관외경 …… 일부 맞대기 용접으로 하고, 연속적으로 필릿 용접으로 작업

(4) 필릿용접을 할 경우 필릿용접의 사이즈는 얇은 쪽의 관(지관) 두께의 1.5배 이상 2배 이하

ϕ : 지관과 주관의 교각에 의해 결정되는 계수

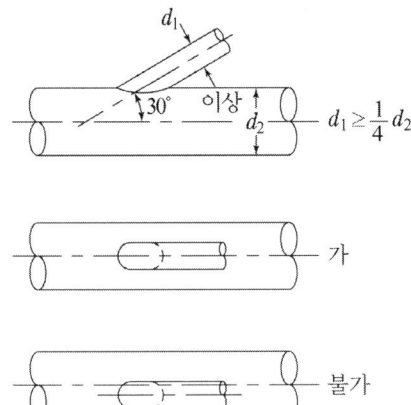

6장 전기철도구조물의 설계
핵심예상문제 필기

01 ★★★★
전기철도 구조물을 설계할 때 고려해야 할 사항이 아닌 것은?
① 해당선구의 기상조건
② 차량한계 저촉 여부
③ 전차선의 가선방식
④ 해당선구의 운전조건

해설 선구(지역)의 기온, 눈, 바람 등의 기상조건과 선로의 조건(직선, 곡선, 교량, 터널, 건널목 등), 건축한계의 저촉 여부, 그리고 전차선의 가선방식(가공 또는 강체, 제3궤조방식), 해당 선구에서의 운전조건(열차의 최고 운행속도, 전차선의 높이, 편위, 구배), 급전계통상 변전소(SS)와 구분소(SP), 보조구분소(SSP), 병렬급전구분소(PP)의 위치 등을 우선적으로 고려하여야 한다.

02 ★★★
전기철도 구조물을 설계할 때 설계의 방향과 거리가 먼 것은?
① 성능향상 및 기술진보에 따른 호환성을 갖는 설비가 되도록 한다.
② 에너지이용의 효율성 및 환경친화성을 고려한 설비가 되도록 한다.
③ 내구연한(생애주기) 동안 요구된 기능을 적정하게 수행되도록 한다.
④ 특허 및 실용신안 등 특수한 기술에 역점을 두어야 한다.

해설
1) 설비, 기기, 시스템 등이 설계조건 하에서 내구연한(생애주기: Life cycle) 동안 요구된 기능을 적정하게 수행되도록 한다.
2) 열차운행과 시설물, 사람의 안전을 확보하고 시공성이 우수하며 경제적인 설비가 되도록 한다.
3) 성능향상 및 기술진보에 따른 호환성을 갖는 설비가 되도록 한다.
4) 내구성이 양호하고, 유지보수가 용이한 설비가 되도록 한다.
5) 에너지이용의 효율성 및 환경친화성을 고려한 설비가 되도록 한다.
6) 공익적 기능 및 국민편익을 고려한 설비가 되도록 한다.

03 ★★★★★
전기철도 구조물의 설계에서 일반적으로 단독전주로 취급하여 계산하는 것이 아닌 것은?
① 가동브래킷과 고정브래킷
② 스팬선빔을 지지하는 전주
③ 크로스빔을 지지하는 전주
④ V빔을 지지하는 전주

해설 전기철도 구조물에서 가동브래킷과 고정브래킷, 크로스빔을 지지하는 전주 및 인류주, 스팬선빔을 지지하는 전주 등은 단독 전주로 계산한다.

정답 01. ② 02. ④ 03. ④

04 ★★ 전기철도 구조물의 자재를 선정할 때의 필요조건이 아닌 것은?
① 중량이 무거울 것
② 기계적 강도가 클 것
③ 내부식성이 좋을 것
④ 진동에 따른 풀림 등이 없을 것

05 ★★★★ 커티너리구간의 전기철도 구조물에 사용하는 단독전주의 설계하중으로 고려하여야 할 사항으로 거리가 가장 먼 것은?
① 전선의 풍압하중
② 전선의 인장강도
③ 가동브래킷의 중량
④ 전선의 횡장력

06 ★★ 단독전주의 설계하중에 고려하여야 할 하중이 아닌 것은?
① 전선의 중량
② 작업원의 중량
③ 전선의 수평장력
④ 차량동요에 의한 기울기

해설 단독주의 설계하중에 고려하여야 할 하중은 전선의 중량, 브래킷, 빔, 그 외의 중량과 풍압하중, 전선의 수평장력, 온도변화에 따른 가동브래킷이 이동한 경우에 수평하중과 수평하중이 기울어지는 것에 따른 하중, 작업원(2인)의 중량(보통 1인당 60[kg]으로 계산) 등이 있다.

07 ★★ 단독전주의 설계하중을 계산할 때 작업원 1인당 중량은 보통 몇 [kg]으로 계산하는가?
① 55
② 60
③ 70
④ 80

08 ★★★★★ 전철구조물 설계하중에서 응력계산시 전선의 중량에 적용되는 하중은?
① 수평분포하중
② 수직편심하중
③ 수평집중하중
④ 수직등분포하중

해설 전선의 중량에 적용되는 하중은 수직편심하중을 적용한다.

09 ★★ 전철구조물 설계하중에서 응력계산시 전주에 가해지는 풍압하중에 적용되는 하중은?
① 수평분포하중
② 수직편심하중
③ 수평집중하중
④ 수직양심하중

정답 04. ① 05. ② 06. ④ 07. ② 08. ② 09. ①

해설 전주에 가해지는 풍압하중은 수평분포하중을 적용한다.

10 ★★★ 전철구조물 설계하중에서 응력계산시 가동브래킷의 이동에 대한 수평하중에 적용되는 하중은?

① 수평분포하중　　② 수직편심하중
③ 수평집중하중　　④ 수직분포하중

해설 가동브래킷의 이동에 대한 수평하중에 적용되는 하중은 수평집중하중을 적용한다.

설계하중의 적용 응력

설계하중	내용	응력 계산 종별		
		수평집중하중	수평분포하중	수직편심하중
전선의 중량				○
빔 기타중량				○
풍압 하중	전선	○		
	전주		○	
전선의 횡장력		○		
가동브래킷의 이동	수평하중	○		
	수직하중의 편위	○		
작업원의 중량	60[kg/인]			○
지지물의 특수조건에 의한 하중		○	○	○

11 ★★ 작업원의 중량은 응력계산에서 어떤 하중으로 하는가?

① 수평집중하중　　② 수평분포하중
③ 수직편심하중　　④ 수직분포하중

12 ★★ 단독전주에서 지지점의 높이가 h[m]인 전차선에 P[N]의 수평집중하중이 작용하는 경우 지면과의 경계점 모멘트[N·m]를 구하는 식으로 맞는 것은?

① $M = P + L$　　② $M = \dfrac{P \cdot L^2}{2}$
③ $M = \dfrac{P + L^2}{2}$　　④ $M = P \cdot L$

해설 단독전주에 수평집중하중이 작용하는 경우 지면과의 경계점 모멘트[N·m]는 $M = P \cdot L$ 이다.

정답 10. ③ 11. ③ 12. ④

13 **★★★**
단독전주에서 지지점의 높이가 5.2[m]이고, 수평집중하중이 120.6[N]로 작용하는 경우 지면과의 경계점 모멘트는 약 몇 [N·m]인가?

① 467 ② 627 ③ 856 ④ 1027

해설 수평집중하중이 작용할 경우 지면과의 경계점 모멘트는
$M = P \cdot L = 120.6 \times 5.2 = 627[\text{N} \cdot \text{m}]$

14 **★★**
단독전주에서 지지점의 높이가 6.75[m]인 전차선에 136.4[N]의 수평집중하중이 작용하는 경우 지면과의 경계점 모멘트는 약 몇 [N·m]인가?

① 20.8 ② 80.8 ③ 136.4 ④ 920.7

해설 수평집중하중이 작용할 경우 지면과의 경계점 모멘트는
$M = P \cdot L = 136.4 \times 6.75 = 920.7[\text{N} \cdot \text{m}]$

15 **★★**
전차선이 지표면상 6.78[m]에 설치되어 전차선의 횡장력에 의한 수평집중하중이 834[N]이고, 가동브래킷의 상부밴드와 하부밴드의 간격이 1[m]일 때 지면과 경계점에서 전차선의 횡장력 모멘트는 몇 [N·m]인가?

① 834 ② 4821 ③ 5654 ④ 6488

해설 수평집중하중이 작용할 경우 지면과의 경계점 모멘트는
$M = P \cdot L = 834 \times 6.78 = 5654[\text{N} \cdot \text{m}]$

16 **★★★**
가공전차선로에서 수평집중하중이 작용하는 단독전주의 지면과의 경계점의 전단력 Q는? (단, P : 수평장력, L : 지표면 상에서의 전체 높이이다.)

① $Q = P \cdot L$ ② $Q = P$
③ $Q = \sqrt{P \cdot L}$ ④ $Q = \sqrt{P}$

해설 수평집중하중이 작용하는 경우 지면과의 경계점 전단력 $Q = P$ 이다.

17 **★★★**
그림과 같은 단독전주에서 지지점이 7.5[m]인 전차선에 1475[N]의 수평집중하중이 작용하는 경우, 지면과의 경계점에서 전단력[N]은?

① 738 ② 1475
③ 4978 ④ 9956

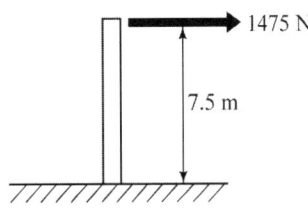

정답 13. ② 14. ④ 15. ③ 16. ② 17. ②

해설 수평집중하중이 작용하는 경우 지면과의 경계점 전단력 $Q=P$ 이다.

18 단독전주의 높이가 7.8[m]이고 전차선의 수평집중하중이 10[kN]이다. 이 경우 지면과의 경계점에서의 전단력[kN]은?

① 5　　　　　② 10　　　　　③ 39　　　　　④ 78

해설 수평집중하중이 작용하는 경우 지면과의 경계점 전단력 $Q=P$ 이다.

19 단독전주에서 지지점이 6.75[m]인 전차선에 1364[N]의 수평집중하중이 작용하는 경우 지면과의 경계점에서 전단력[N]은?

① 202　　　　② 808　　　　③ 1364　　　　④ 9207

해설 수평집중하중이 작용하는 경우 지면과의 경계점 전단력 $Q=P$ 이다.

20 전차선로에 설치된 단독전주에서 지지점의 높이가 L[m]인 전차선에 P[N]의 수평집중하중이 작용할때 지면으로부터 h[m] 지점의 모멘트[N·m]는?

① $M_h = P(L+h)$　　　　② $M_h = \sqrt{P \cdot L}$
③ $M_h = P(L-h)$　　　　④ $M_h = P(L-h)^2$

해설 수평집중하중이 작용하는 경우 h점의 모멘트 $M_h = P(L-h)$ 이다.

21 전차선로에 설치된 단독전주에서 지지점의 높이가 6.7[m]인 전차선에 1456[N]의 수평집중하중이 작용할 때 지면으로부터 3.2[m] 지점의 모멘트[N·m]는?

① 4951　　　② 4984　　　③ 5096　　　④ 5164

해설 수평집중하중이 작용하는 경우 h점의 모멘트
$M_h = P(L-h) = 1456 \times (6.7-3.2) = 5096 [\text{N} \cdot \text{m}]$ 이다.

22 단독전주에서 지지점의 높이가 5.22[m]인 전차선에 1400[N]의 수평집중하중이 작용하는 경우 2.5[m] 지점의 모멘트[N·m]는?

① 1267　　　② 2147　　　③ 3808　　　④ 4789

해설 수평집중하중이 작용하는 경우 h점의 모멘트
$M_h = P(L-h) = 1400 \times (5.22-2.5) = 3808 [\text{N} \cdot \text{m}]$ 이다.

정답 18. ②　19. ③　20. ③　21. ③　22. ③

23. 단독전주에서 지지점의 높이가 $L[m]$인 전선에 수평집중하중 $P[N]$가 작용하는 경우 h점에서의 전단력[N]은? (단, $L > h$ 이다.)

① PL ② $P(L-h)$ ③ P ④ $\dfrac{1}{2}P(L-h)$

해설 수평집중하중이 작용하는 경우 지지점(h)의 전단력 $Q_h = P$ 이다.

24. 단독전주에서 지지점의 높이가 5.4[m]인 전차선에 1267[N]의 수평집중하중이 작용하는 경우 높이 4[m] 지지점에서의 전단력은 약 몇 [N]인가?

① 1267 ② 1774 ③ 2147 ④ 4295

해설 수평집중하중이 작용하는 경우 지지점(h)의 전단력 $Q_h = P$ 이다.

25. 가공 전차선로에서 수평분포하중이 작용하는 단독 전철주의 지면과의 경계점 모멘트 M은 어떻게 표현되는가?

① $M = w$ ② $M = wL^2$

③ $M = wL$ ④ $M = \dfrac{wL^2}{2}$

해설 수평분포하중이 작용하는 경우 지면과의 경계점 모멘트는 $M = \dfrac{wL^2}{2}$ 이다.

26. 지표면에서 높이가 10[m]인 단독전주에 260[N/m]의 수평분포하중이 작용하는 경우 지면과의 경계점 모멘트[N·m]는?

① 13000 ② 14000 ③ 15000 ④ 16000

해설 수평분포하중이 작용하는 경우 지면과의 경계점 모멘트는
$M = \dfrac{wL^2}{2} = \dfrac{260 \times 10^2}{2} = 13000 [\text{N} \cdot \text{m}]$

27. 지표면에서 높이가 11[m]인 단독전주가 320[N/m]의 수평분포하중을 받고 있을 때 지면과의 경계점 모멘트[N·m]는?

① 9680 ② 19360 ③ 29040 ④ 38720

해설 수평분포하중이 작용하는 경우 지면과의 경계점 모멘트는

정답 23. ③ 24. ① 25. ④ 26. ① 27. ②

$$M = \frac{wL^2}{2} = \frac{320 \times 11^2}{2} = 19360 [\text{N} \cdot \text{m}]$$

28 ★★★ 지표면에서 높이가 10[m]인 단독전주에 280[N/m]의 수평분포하중이 작용하는 경우 지면과의 경계점 모멘트[N · m]는?

① 2800　　② 5600　　③ 14000　　④ 28000

해설　수평분포하중이 작용하는 경우 지면과의 경계점 모멘트는
$$M = \frac{wL^2}{2} = \frac{280 \times 10^2}{2} = 14000 [\text{N} \cdot \text{m}]$$

29 ★★ 높이가 9[m]인 단독전주에 수평분포하중이 280[N/m]가 작용할 때 지면과의 경계점에서의 모멘트[N · m]는?

① 1260　　② 2520　　③ 11340　　④ 22680

해설　수평분포하중이 작용하는 경우 지면과의 경계점 모멘트는
$$M = \frac{wL^2}{2} = \frac{280 \times 9^2}{2} = 11340 [\text{N} \cdot \text{m}]$$

30 ★★★ 가공전차선로에 설치된 단독전주의 지면으로부터 높이는 11[m]이다. 이 전주에 수평분포하중 320[N/m]가 작용하는 경우 지면과의 경계점 모멘트[N/m]는?

① 18460　　② 18960　　③ 19360　　④ 19860

해설　수평분포하중이 작용하는 경우 지면과의 경계점 모멘트는
$$M = \frac{wL^2}{2} = \frac{320 \times 11^2}{2} = 19360 [\text{N} \cdot \text{m}]$$

31 ★★★ 그림과 같이 지표면에서 높이가 L[m]인 단독전주에 W[N/m]의 수평분포하중이 작용하는 경우 지면과의 경계점 모멘트 M은 몇 [N · m]인가?

① $W \cdot L^2$　　② $\dfrac{W \cdot L^2}{2}$

③ $W \cdot L$　　④ $\dfrac{W \cdot L}{2}$

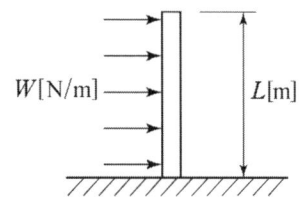

해설　수평분포하중이 작용하는 경우 지면과의 경계점 모멘트는 $M = \dfrac{W \cdot L^2}{2}$ 이다.

정답　28. ③　29. ③　30. ③　31. ②

32 ★★★
지표면에서 높이가 10[m]인 단독전주의 수평분포하중이 280[N/m] 작용하는 경우 지면과의 경계점 모멘트[N·m]는?

① 2800
② 5600
③ 14000
④ 28000

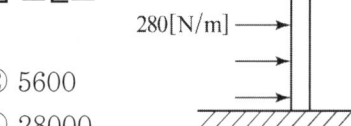

해설 수평분포하중이 작용하는 경우 지면과의 경계점 모멘트는
$$M = \frac{wL^2}{2} = \frac{280 \times 10^2}{2} = 14000[\text{N} \cdot \text{m}]$$

33 ★★★
지표면의 높이가 9[m]인 단독전주에 250[N/m]의 수평분포하중이 작용하는 경우 3[m] 지점에서의 모멘트[N·m]는?

① 2800
② 4500
③ 5040
④ 9000

해설 수평분포하중이 작용하는 경우 h점의 모멘트는
$$M = \frac{w(L-h)^2}{2} = \frac{250 \times (9-3)^2}{2} = 4500[\text{N} \cdot \text{m}]$$

34 ★★★
지표면에서 높이가 9[m]인 단독전주에 150[N/m]의 수평분포하중이 작용하는 경우 지면으로부터 높이가 3[m] 지점에서의 모멘트[N·m]는?

① 2500
② 2700
③ 3250
④ 3500

해설 수평분포하중이 작용하는 경우 h점의 모멘트는
$$M = \frac{w(L-h)^2}{2} = \frac{150 \times (9-3)^2}{2} = 2700[\text{N} \cdot \text{m}]$$

35 ★★
지표면에서 높이가 11[m]인 단독전주에 280[N/m]의 수평분포하중이 작용하는 경우 3.5[m] 지점에서의 모멘트[N·m]는?

① 6875
② 7225
③ 7875
④ 8225

해설 수평분포하중이 작용하는 경우 h점의 모멘트는
$$M = \frac{w(L-h)^2}{2} = \frac{280 \times (11-3.5)^2}{2} = 7875[\text{N} \cdot \text{m}]$$

36 지표면에서 높이가 11[m]인 단독전주에 280[N/m]의 수평분포하중이 작용하는 경우 4[m] 지점에서의 모멘트[N · m]는?

① 6860　　② 6960　　③ 7870　　④ 7970

해설　수평분포하중이 작용하는 경우 h점의 모멘트는
$$M = \frac{w(L-h)^2}{2} = \frac{280 \times (11-4)^2}{2} = 6860[\text{N} \cdot \text{m}]$$

37 지표면에서 높이가 L[m]인 단독전주에 w[N/m]의 수평분포하중이 작용하는 경우 지표로부터 h[m] 지점에서의 전단력[N]은?

① $Q_h = w(L-h)$　　② $Q_h = w(L+h)$

③ $Q_h = \dfrac{wL^2}{2}$　　④ $Q_h = \dfrac{w(L+h)^2}{2}$

해설　수평분포하중이 작용하는 경우 h[m] 지점에서의 전단력[N]
$Q_h = w(L-h)$

38 지표면에서 높이가 12[m]인 단독전주에 3000[N/m]의 수평분포하중이 작용하는 경우 지표로부터 4[m] 지점에서의 전단력[N]은?

① 18000　　② 22000　　③ 24000　　④ 32000

해설　$Q_h = w(L-h) = 3000 \times (12-4) = 24000[\text{N}]$

39 지표면에서 높이가 11[m]인 단독전주에 2900[N/m]의 수평분포하중이 작용하는 경우 지표로부터 4[m] 지점에서의 전단력[N]은?

① 19600　　② 20300　　③ 56000　　④ 112000

해설　수평분포하중이 작용하는 경우 h[m] 지점에서의 전단력은
$Q_h = w(L-h) = 2900 \times (11-4) = 20300[\text{N}]$

40 지표면에서 높이가 11[m]인 단독전주에 2800[N/m]의 수평분포하중이 작용하는 경우 4[m] 지점에서의 전단력 Q_h는 몇 [N]인가?

① 19600　　② 28000
③ 56000　　④ 112000

정답　36. ①　37. ①　38. ③　39. ②　40. ①

해설 수평분포하중이 작용하는 경우 h[m] 지점에서의 전단력은
$Q_h = w(L-h) = 2800 \times (11-4) = 19600 [\text{N}]$

★★★

41 그림과 같이 단독주에 설치된 가동브래킷에 P[N]의 수직편심하중이 작용하는 경우 지면과의 경계점 모멘트 M [N · m]은?

① P
② $\dfrac{1}{2}P$
③ $P \cdot L$
④ $\dfrac{1}{2}P \cdot L$

해설 수직편심하중이 작용하는 경우 지면과의 경계점 모멘트 M은
$M = P \cdot L$

★★★

42 그림에서와 같이 단독주에 설치된 가동브래킷에 600[N]의 수직편심하중이 작용하는 경우 지면과의 경계점 모멘트 M[N · m]은?

① 0
② 1800
③ 3120
④ 4320

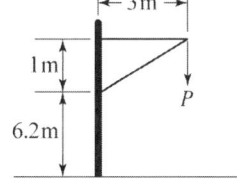

해설 수직편심하중이 작용하는 경우 지면과의 경계점 모멘트 M은
$M = P \cdot L = 600 \times 3 = 1800$

★★★

43 그림에서와 같이 단독주에 설치된 가동브래킷에 1000[N]의 수직편심하중이 작용하는 경우 지면과의 경계점 전단력 Q[N]은?

① 0
② 200
③ 1000
④ 2000

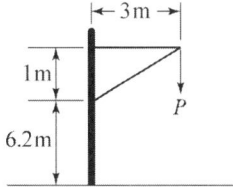

해설 수직편심하중이 작용하는 경우 지면과의 경계점 전단력 Q은 $Q = 0$

★★★

44 단독 전철주의 브래킷에 800[N] 수직편심하중이 작용할 경우 지면과의 경계점 모멘트는 몇 [N · m]인가? (단, 브래킷의 길이는 3.5[m]이다.)

① 1400   ② 2800   ③ 5480   ④ 8280

정답 41. ③ 42. ② 43. ① 44. ②

45 길이가 24[m]이고 빔의 모양이나 재질이 일정한 문형빔에 작용하는 수직하중이 1500 [N]일 때 이 빔의 수직 등분포하중은 몇 [N/m]인가?

① 52.5 ② 62.5 ③ 105 ④ 125

해설 등분포하중이므로 수직하중 ÷ 길이 = 62.5[N/m]

46 전기철도구조물의 강도를 계산하기 위한 설계조건에 해당되지 않는 것은?

① 선로조건(곡선반지름)
② 지지주가 설치되어 있는 위치의 기상조건
③ 해당선로의 급전방식과 가선방식
④ 전압강하와 전선의 온도상승

해설 설계조건에는 해당선로의 급전방식과 가선방식, 사용전선의 종류와 굵기, 전선에 가해지는 장력, 전주의 종류와 형태, 전주가 설치되는 위치의 기상조건(기온, 바람, 눈 등), 선로조건(곡선반경, 구배, 터널, 교량), 전주경간 등이 있다.

47 전철구조물의 강도계산시 기상조건과 관계가 먼 것은?

① 기압 ② 기온 ③ 풍속 ④ 눈

해설 전철구조물의 강도계산시 기상조건으로는 기온, 바람(풍속), 눈 등을 검토하여야 한다.

48 선로와 직각방향으로 가해지는 전선의 풍압하중 P_w[N]는?
(단 P_{w_0} : 단위풍압하중, d : 전선의 지름이다)

① $P_w = P_{w_0} \times S$
② $P_w = \dfrac{P_{w_0} \times S}{2}$
③ $P_w = P_{w_0} \times S^2$
④ $P_w = \sqrt{P_{w_0}^2 + S^2}$

해설 선로와 직각방향으로 가해지는 전선의 풍압하중 P_w[N]는
$P_w = P_{w_0} \times S$ 이다.

49 지름이 0.0185[m]이고 경간이 45[m]인 급전선에 선로와 직각방향으로 가해지는 전선의 풍압하중[N]은? (단, 풍압하중의 수직투영면적당 하중 = 100[N/m²])

① 83.25 ② 92.50 ③ 95.30 ④ 97.25

정답 45. ② 46. ④ 47. ① 48. ① 49. ①

해설 선로와 직각방향으로 가해지는 전선의 풍압하중 P_w [N]은
$$P_w = P_{w_0} S = 100 \times 0.0185 \times 45 = 83.25 [N]$$

★★★★★
50 지름이 0.0165[m]이고 경간 50[m]인 경알루미늄연선 AL 200[mm^2] 급전선에 선로와 직각방향으로 가해지는 전선의 풍압하중은 약[N]이겠는가? (풍압하중의 수직투영면적당 하중은 100[N/m^2]으로 계산한다.)

① 41.3   ② 82.5   ③ 165   ④ 330

해설 전선의 풍압하중은
$$P_w = P_{w_0} S = 100 \times 0.0165 \times 50 = 82.5 [N]$$

★★★
51 가공전차선로에서 지지주간의 경간이 50[m], 부급전선의 지름이 20[mm]인 경우 부급전선에 선로와 직각방향으로 가해지는 전선의 풍압하중[N]은? (단, 풍압하중의 수직투영면적당 하중은 100[N/m^2]이다.)

① 80   ② 90   ③ 100   ④ 110

해설 선로와 직각방향으로 가해지는 전선의 풍압하중 P_w [N]은
$$P_w = P_{w_0} S = 100 \times 20 \times 10^{-3} \times 50 = 100 [N]$$

★★★
52 지름이 18.5[mm]이고 경간이 50[m]인 급전선에 선로와 직각방향으로 가해지는 전선의 풍압하중[N]은? (단, 수직투영면적당 풍압하중은 100[N/m^2]이다.)

① 18.5   ② 23.5   ③ 36.5   ④ 92.5

해설 선로와 직각방향으로 가해지는 전선의 풍압하중 P_w [N]은
$$P_w = P_{w_0} S = 100 \times 18.5 \times 10^{-3} \times 50 = 92.5 [N]$$

★★★
53 지름이 0.0185[m] 이고, 경간이 40[m]인 급전선에 선로와 직각방향으로 가해지는 전선의 풍압하중[N]은? (단, 풍압하중의 수직투영 면적당 풍압은 100[N/m^2]로 한다.)

① 45   ② 54   ③ 65   ④ 74

해설 선로와 직각방향으로 가해지는 전선의 풍압하중 P_w [N]은
$$P_w = P_{w_0} S = 100 \times 0.0185 \times 40 = 74 [N]$$

정답 50. ② 51. ③ 52. ④ 53. ④

54 전선의 하중과 빙설하중을 W_1, 풍압하중을 W_2라 할 때 합성하중은?

① $W_1 + W_2$
② $W_1 - W_2$
③ $W_2 - W_1$
④ $\sqrt{W_1^2 + W_2^2}$

55 전차선은 온도와 장력의 변화에 따라서 이동하지만 온도에 따른 이동만 고려하면 이동량 [mm]은? (단, 전차선 선팽창계수=1.7×10^{-5}, 최고온도 40[℃], 표준온도 10[℃], 전차선 장력조정 길이 750[m]이다.)

① 285 ② 383 ③ 458 ④ 783

해설 $\Delta \ell = \alpha(t - t_0) L \times 10^3 = 1.7 \times 10^{-5} \times (40 - 10) \times 750 \times 10^3 = 382.5 ≒ 383$

56 표준장력이 250[N]이고 경간이 50[m]인 부급전선(Al 200[mm²])이 풍압하중을 받을 때의 이도는 약 몇 [m]인가? (단, 부급전선의 단위중량은 0.5598[kg/m]이다.)

① 0.35 ② 0.70 ③ 1.05 ④ 1.40

해설 $D = \dfrac{W_0 S^2}{8 T_0} = \dfrac{0.5598 \times 50^2}{8 \times 250} = 0.7$

57 선로의 곡선반경이 250[m]인 곡선로에서 전차선의 수평장력은 약 몇 [N]인가? (단, 전주경간은 20[m], 전차선의 장력은 1000[N]이다.)

① 20 ② 40 ③ 60 ④ 80

해설 곡선로에서 수평장력은
$P = \dfrac{ST}{R} = \dfrac{20 \times 1000}{250} = 80$

58 철주, 빔 및 완철 등과 같이 강재를 부재로 하여 조합하거나 단일재로서 사용한 구조물을 무엇이라고 하는가?

① 라멘 구조물
② 조합 구조물
③ 트러스 구조물
④ 강 구조물

해설 철주, 빔 및 완철 등과 같이 강재를 부재로 하여 조합하거나 단일재로서 사용한 구조물을 강 구조물 이라 한다.

정답 54. ④ 55. ② 56. ② 57. ④ 58. ④

59 강 구조물에 하중이 걸리면 부재에 발생하는 응력이 아닌 것은?
① 좌굴응력   ② 압축응력   ③ 비틀림응력   ④ 인장응력

해설 강 구조물에 하중이 걸리면 부재에 인장응력, 압축응력, 좌굴응력이 발생한다.

60 조립철주의 단면성능과 직접적인 관계가 없는 것은?
① 단면2차모멘트   ② 단면 및 주재의 형상치수
③ 단면계수   ④ 수평분포하중

해설 조립철주의 단면 및 주재의 형상 치수나 이에 따라 결정되는 단면2차모멘트, 단면계수 등을 총칭하여 단면성능이라 하며 강도와 밀접한 관계가 있다.

61 그림과 같은 ㄷ형강 조립철주의 단면 및 주재의 형상치수에서 각 기둥전체의 X축에 관한 단면2차모멘트를 계산하는 식은? (단, 각재 단면의 중심을 통과하는 축 X', Y'에 관한 단면2차모멘트[cm⁴]를 I_x', I_y'라 하고 YY'축 XX'축의 거리[cm]를 l, l_x, l_y이라 하고 단면적을 A로 표시한다.)

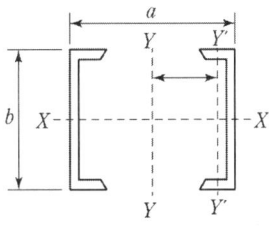

① $I_x = I_x'$
② $I_x = 2I_x'$
③ $I_x = 2(I_x' + Al)$
④ $I_x = 2(I_x' + Al^2)$

해설 ㄷ형강 조립철주의 단면 및 주재의 형상치수에서 각 기둥전체의 X축에 관한 단면2차모멘트는
$I_x = 2I_x'$

62 그림과 같은 ㄷ형강 조립철주의 단면 및 주재의 형상치수에서 각 기둥전체의 Y축에 관한 단면계수 Z_y[cm³]는? (단, 각재 단면의 중심을 통과하는 축 X', Y'에 관한 단면2차모멘트[cm⁴]를 I_x', I_y'라 하고 YY'축 XX'축의 거리[cm]를 l, l_x, l_y이라 하고 단면적을 A로 표시한다.)

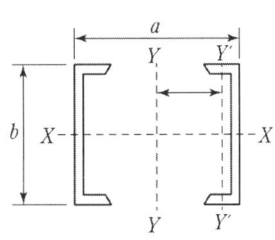

① $Z_y = \dfrac{2I_y}{a}$
② $Z_y = \dfrac{2I_y'}{a}$
③ $Z_y = \dfrac{2I_y}{b}$
④ $Z_y = \dfrac{2I_y'}{b}$

정답 59. ③ 60. ④ 61. ② 62. ①

388 | 6장 전기철도구조물의 설계

해설 ㄷ형강 조립철주의 단면 및 주재의 형상치수에서 각 기둥전체의 Y축에 관한 단면계수 Z_y 는 $Z_y = \dfrac{2I_y}{a}$ 이다.

63 ★★★ 그림과 같은 ㄷ형강 조립철주의 단면 및 주재의 형상치수에서 각 기둥전체의 X축에 관한 회전반지름 R_x[cm]는? 단, 각재 단면의 중심을 통과하는 축 X', Y'에 관한 단면2차모멘트[cm⁴]를 I_x', I_y'라 하고 YY'축 XX'축의 거리[cm]를 l, l_x, l_y이라 하고 단면적을 A로 표시한다.

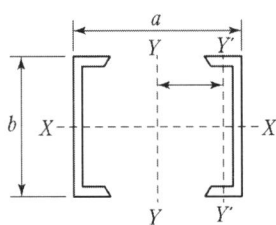

① $R_x = \dfrac{I_x}{2A}$ ② $R_x = \dfrac{2I_x}{A}$

③ $R_x = \sqrt{\dfrac{I_x}{2A}}$ ④ $R_x = \sqrt{\dfrac{2I_x}{A}}$

해설 ㄷ형강 조립철주의 단면 및 주재의 형상치수에서 각 기둥전체의 X축에 관한 회전반지름 R_x는 $R_x = \sqrt{\dfrac{I_x}{2A}}$ 이다.

64 ★★★ 그림과 같은 ㄴ형강 조립철주의 단면 및 주재의 형상치수에서 각 기둥전체의 X축에 관한 단면2차모멘트[cm⁴]를 계산하는 식은? (단, 각재 단면의 중심을 통과하는 축 X', Y'에 관한 단면2차모멘트[cm⁴]를 I_x', I_y'라 하고 YY'축 XX'축의 거리[cm]를 l, l_x, l_y이라 하고 단면적을 A로 표시한다.

① $I_x = 2(I_x' + Al_x)$
② $I_x = 2(I_x' + Al_x^2)$
③ $I_x = 4(I_x' + Al_x)$
④ $I_x = 4(I_x' + Al_x^2)$

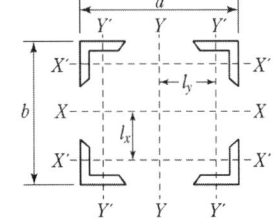

해설 ㄱ형강 조립철주의 단면 및 주재의 형상치수에서 각 기둥전체의 X축에 관한 단면2차모멘트 $I_x = 4(I_x' + Al_x^2)$

65 ★★★ 그림과 같은 ㄴ형강 조립철주의 단면 및 주재의 형상치수에서 각 기둥전체의 Y축에 관한 단면2차모멘트 I_y[cm⁴]는? 단, 각재 단면의 중심을 통과하는 축 X', Y'에 관한 단면2차모멘트[cm⁴]를 I_x', I_y'라 하고 YY'축 XX'축의 거리[cm]를 l, l_x, l_y이라 하고 단면적을 A로 표시한다.

정답 63. ③ 64. ④ 65. ④

① $I_y = 2(I_y' + Al_y)$
② $I_y = 2(I_y' + Al_y^2)$
③ $I_y = 4(I_y' + Al_y)$
④ $I_y = 4(I_y' + Al_y^2)$

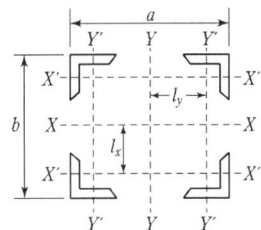

해설 ㄴ형강 조립철주의 단면 및 주재의 형상치수에서 각 기둥전체의 Y축에 관한 단면2차모멘트
$I_y = 4(I_y' + Al_y^2)$

66 ★★★ 다음의 설계조건에 대한 조립철주의 X축에 대한 단면2차모멘트 I_x는?(단, 주재는 등변 ㄴ형강 75×75×9, 단면적 A 12.69[cm²], 단면2차모멘트 64.4[cm⁴], 중심위치는 2.17 [cm]라 한다.)

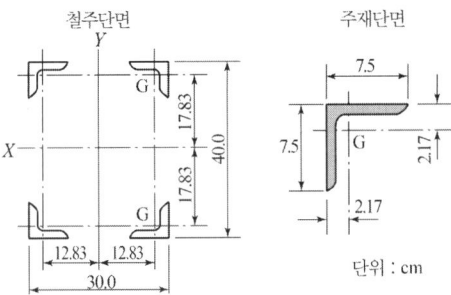

① 15800　　② 16395　　③ 17500　　④ 28200

해설 $I_X = 4\{64.4 + 12.69 \times (17.83)^2\} = 16395\,[\text{cm}^4]$

67 ★★★ 다음의 설계조건에 대한 조립철주의 Y축에 대한 단면2차모멘트 I_y는? (단, 주재는 등변 ㄴ형강 75×75×9, 단면적 A 12.69[cm²], 단면2차모멘트 64.4[cm⁴], 중심위치는 2.17 [cm]라 한다.)

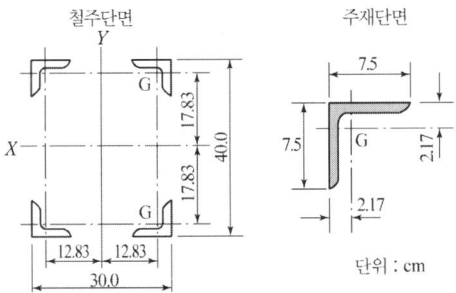

① 5800　　② 6395　　③ 7825　　④ 8613

정답 66. ②　67. ④

해설 $I_Y = 4\{64.4 + 12.69 \times (12.83)^2\} = 8613\,[\text{cm}^4]$

68 ★★★ 그림과 같은 ㄴ형강 조립철주의 단면 및 주재의 형상치수에서 각 기둥전체의 X축에 관한 단면계수 $Z_x[\text{cm}^3]$는? (단, 각재 단면의 중심을 통과하는 축 X', Y'에 관한 단면2차모멘트$[\text{cm}^4]$를 I_x', I_y'라 하고 YY'축 XX'축의 거리[cm]를 l, l_x, l_y이라 하고 단면적을 A로 표시한다.)

① $Z_x = \dfrac{2I_x}{a}$

② $Z_x = \dfrac{2I_x'}{a}$

③ $Z_x = \dfrac{2I_x}{b}$

④ $Z_x = \dfrac{2I_x'}{b}$

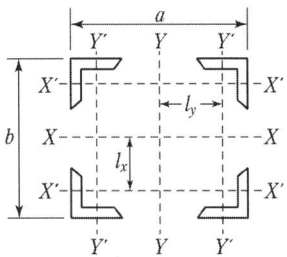

해설 ㄴ형강 조립철주의 단면 및 주재의 형상치수에서 각 기둥전체의 X축에 관한 단면계수
$Z_x = \dfrac{2I_x}{b}$

69 ★★★ 그림과 같은 ㄴ형강 조립철주의 단면 및 주재의 형상치수에서 각 기둥전체의 Y축에 관한 단면계수 $Z_y[\text{cm}^3]$는? (단, 각재 단면의 중심을 통과하는 축 X', Y'에 관한 단면2차모멘트$[\text{cm}^4]$를 I_x', I_y'라 하고 YY'축 XX'축의 거리[cm]를 l, l_x, l_y이라 하고 단면적을 A로 표시한다.)

① $Z_y = \dfrac{2I_y}{a}$

② $Z_y = \dfrac{2I_y'}{a}$

③ $Z_y = \dfrac{2I_y}{b}$

④ $Z_y = \dfrac{2I_y'}{b}$

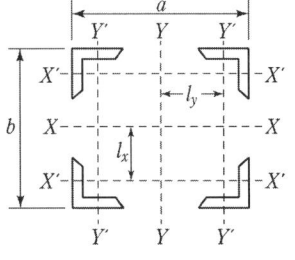

해설 ㄱ형강 조립철주의 단면 및 주재의 형상치수에서 각 기둥전체의 Y축에 관한 단면계수
$Z_y = \dfrac{2I_y}{a}$

정답 68. ③ 69. ①

70 ★★★ 다음의 설계조건에 대한 조립철주의 X축에 대한 단면계수 Z_x[cm³]는? (단, 주재는 등변 ㄴ형강 75×75×9, 단면적 A 12.69[cm²], 단면2차모멘트 64.4[cm⁴], 중심위치는 2.17[cm]라 한다.)

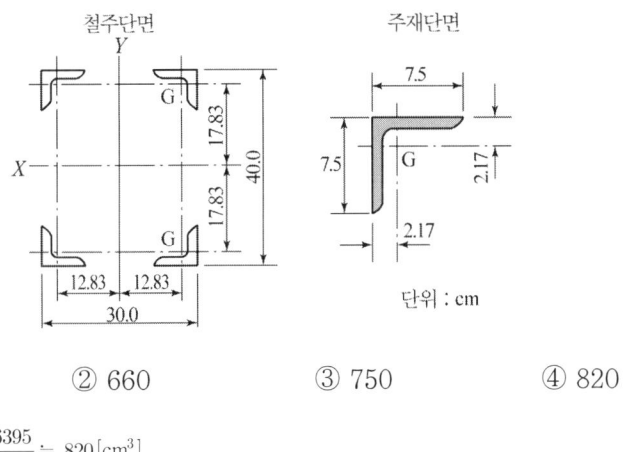

① 580   ② 660   ③ 750   ④ 820

해설 $Z_X = \dfrac{2 \times 16395}{40} \fallingdotseq 820 [\text{cm}^3]$

71 ★★★ 다음의 설계조건에 대한 조립철주의 Y축에 대한 단면계수 Z_y[cm³]는? (단, 주재는 등변 ㄴ형강 75×75×9, 단면적 A 12.69[cm²], 단면2차모멘트 64.4[cm⁴], 중심위치는 2.17[cm]라 한다.)

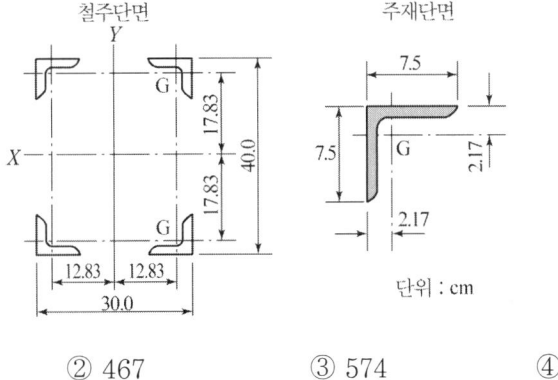

① 365   ② 467   ③ 574   ④ 634

해설 $Z_Y = \dfrac{2 \times 8613}{30} \fallingdotseq 574 [\text{cm}^3]$

정답 70. ④   71. ③

72 그림과 같은 ㄴ형강 조립철주의 단면 및 주재의 형상치수에서 각 기둥전체의 X축에 관한 회전반지름 R_x[cm]는? 단, 각재 단면의 중심을 통과하는 축 X', Y'에 관한 단면2차모멘트[cm⁴]를 I_x', I_y'라 하고 YY'축 XX'축의 거리[cm]를 l, l_x, l_y이라 하고 단면적을 A로 표시한다.

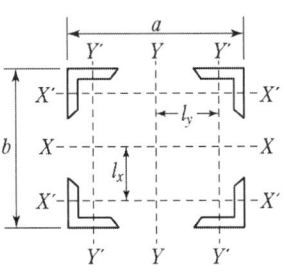

① $R_x = \sqrt{\dfrac{I_x}{2A}}$ ② $R_x = \sqrt{\dfrac{2I_x}{A}}$

③ $R_x = \sqrt{\dfrac{I_x}{4A}}$ ④ $R_x = \sqrt{\dfrac{4I_x}{A}}$

해설 ㄱ형강 조립철주의 단면 및 주재의 형상치수에서 각 기둥전체의 X축에 관한 회전반지름

$R_x = \sqrt{\dfrac{I_x}{4A}}$

73 그림과 같은 ㄴ형강 조립철주의 단면 및 주재의 형상치수에서 각 기둥전체의 Y축에 관한 회전반지름 R_y[cm]는? 단, 각재 단면의 중심을 통과하는 축 X', Y'에 관한 단면2차모멘트[cm⁴]를 I_x', I_y'라 하고 YY'축 XX'축의 거리[cm]를 l, l_x, l_y이라 하고 단면적을 A로 표시한다.

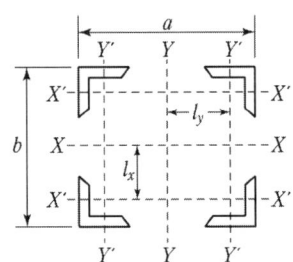

① $R_y = \sqrt{\dfrac{I_y}{2A}}$ ② $R_y = \sqrt{\dfrac{2I_y}{A}}$

③ $R_y = \sqrt{\dfrac{I_y}{4A}}$ ④ $R_y = \sqrt{\dfrac{4I_y}{A}}$

해설 ㄱ형강 조립철주의 단면 및 주재의 형상치수에서 각 기둥전체의 Y축에 관한 회전반지름 R_y 는

$R_y = \sqrt{\dfrac{I_y}{4A}}$

74 다음의 설계조건에 대한 조립철주의 X축에 대한 회전반지름 R_x[cm]는? (단, 주재는 등변 ㄴ형강 75×75×9, 단면적 A 12.69[cm²], 단면2차모멘트 64.4[cm⁴], 중심위치는 2.17[cm]라 한다.)

정답 72. ③ 73. ③ 74. ①

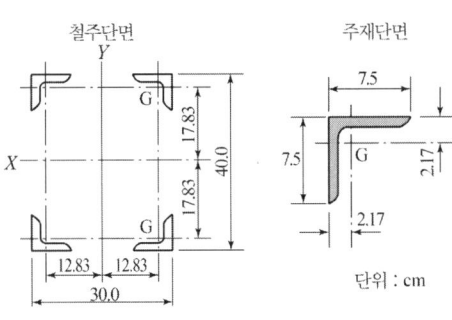

① 18   ② 20   ③ 26   ④ 32

해설 $R_X = \sqrt{\dfrac{16395}{4 \times 12.69}} \fallingdotseq 18\,[\text{cm}]$

★★★

75 다음의 설계조건에 대한 조립철주의 Y축에 대한 회전반지름 R_y[cm]는? (단, 주재는 등변 ㄴ형강 75×75×9, 단면적 A 12.69[cm²], 단면2차모멘트 64.4[cm⁴], 중심위치는 2.17[cm]라 한다.)

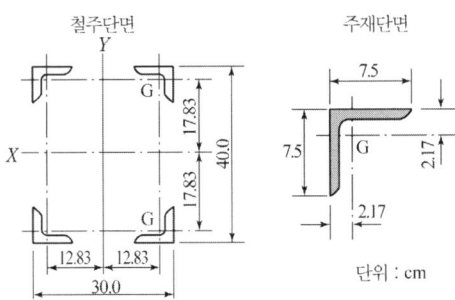

① 10   ② 13   ③ 20   ④ 26

해설 $R_Y = \sqrt{\dfrac{8613}{4 \times 12.69}} \fallingdotseq 13\,[\text{cm}]$

★★★★

76 강 구조물에서 항압재의 길이를 L, 부재단면의 회전반지름을 r 이라고 하면 세장비 λ를 나타내는 식은?

① $\lambda = \dfrac{L}{\sqrt{r}}$ ② $\lambda = \dfrac{\sqrt{L}}{r}$ ③ $\lambda = \dfrac{L}{r}$ ④ $\lambda = rL$

해설   압축재의 길이를 L, 회전 반지름을 r이라 하면 세장비 $\lambda = \dfrac{L}{r}$

77 구조물에서 세장비의 값이 크면 클수록 좌굴과의 관계는 어떻게 되는가?

① 세장비와 좌굴과는 관계가 없다.
② 좌굴되기 쉽다.
③ 좌굴에 강하다.
④ 일정부분까지는 좌굴이 되지 않다가 한계를 벗어나면 급격히 변화한다.

해설 세장비의 값이 크면 클수록 좌굴하기 쉽다는 것을 의미한다.

78 지름 D, 길이 l인 원기둥의 세장비($\lambda = \dfrac{L}{r}$)는?

① $\dfrac{4l}{D}$ ② $\dfrac{8l}{D}$ ③ $\dfrac{4D}{l}$ ④ $\dfrac{8D}{l}$

해설 $\lambda = \dfrac{l}{r} = \dfrac{l}{\dfrac{D}{4}} = \dfrac{4l}{D}$

79 항압제의 길이에 대한 회전반지름의 비를 세장비라고 할 때, 전차선로용 강구조물의 주기둥재에서 세장비($\lambda = \dfrac{L}{r}$) 제한을 얼마 이하로 하는가?

① 200 ② 260 ③ 320 ④ 420

해설 전차선로용 강구조물의 압축재에 대한 세장비(λ)의 제한은 주주재에서는 200 이하로 하고 있다.

80 전차선로용 강구조물 중 압축재로 사용되는 보조재는 그 세장비(λ)를 얼마 이하로 제한하고 있는가?

① 150 ② 200 ③ 220 ④ 250

해설 전차선로용 강구조물의 압축재에 대한 세장비(λ)의 제한은 압축재로서 사용하고 있는 보조재는 250 이하로 제한하고 있다.

81 전차선로용 강 구조물 중 보통 압축재의 세장비(λ)는 얼마 이하로 제한하고 있는가?

① 150 ② 190 ③ 220 ④ 270

해설 전차선로용 강구조물의 압축재에 대한 세장비(λ)의 제한은 보통 압축재에서는 220 이하로 제한하고 있다.

정답 77. ② 78. ① 79. ① 80. ④ 81. ③

82 ★★ 전차선로 구조물에서 좌굴에 대한 위험도가 가장 작은 세장비는?

① 50   ② 100   ③ 150   ④ 200

해설 압축재의 길이를 L, 회전 반지름을 r이라 하면 세장비 $\lambda = \dfrac{L}{r}$로 나타낼 수 있으며 λ값이 작을수록 그 재료는 좌굴에 대한 위험도가 적다는 것을 의미한다.

83 ★★★ 전차선로 구조물의 세장비가 다음과 같을 때 좌굴의 위험이 가장 큰 구조물은?

① 50   ② 100   ③ 150   ④ 200

해설 압축재의 길이를 L, 회전 반지름을 r이라 하면 세장비 $\lambda = \dfrac{L}{r}$로 나타낼 수 있으며 λ값이 클수록 그 재료는 좌굴에 대한 위험도가 크다는 것을 의미한다.

84 ★★ 단면2차모멘트 I, 높이 l, 단면적 A인 장주의 세장비(λ)를 표시하는 식은?

① $\dfrac{l}{\frac{I}{A}}$ ② $\dfrac{l}{\frac{A}{I}}$ ③ $\dfrac{l}{\sqrt{\frac{A}{I}}}$ ④ $\dfrac{l}{\sqrt{\frac{I}{A}}}$

85 ★★ 6[m] 길이인 단독주가 있다. 단면의 회전반지름이 20[cm]일 때 이 단독주의 세장비는?

① 30   ② 60   ③ 90   ④ 120

해설 $\lambda = \dfrac{L}{r} = \dfrac{600}{20} = 30$

86 ★★★★★ 사재의 설치 방법을 결정하는 사항이 아닌 것은?

① 세장비의 제한
② 발생 응력의 크기
③ 주재와의 접합부에 작용하는 하중의 크기
④ 인장력의 크기

해설 사재는 세장비의 제한, 발생응력의 크기 및 주재와의 접합부에 작용하는 하중의 크기 등에 따라 설치 방법을 결정한다.

87 조립철주에서 복사재인 경우 수평면에 대한 경사각도는?

① 30°　　　② 45°　　　③ 60°　　　④ 90°

해설 조립철주의 사재의 수평면에 대한 경사각도는 선로에 직각면에서 복사재인 경우는 45°로 한다.

88 조립철주에서 단사재를 사용하는 경우의 수평면에 대한 경사 각도는?

① 30°　　　② 40°　　　③ 50°　　　④ 60°

해설 조립철주의 사재의 수평면에 대한 경사각도는 선로에 직각면에서 단사재인 경우는 40°로 한다.

89 조립철주의 사재 설치방법으로 옳지 않은 것은?

① 근개 40[cm] 이상 조립철주는 경사재를 ㄴ형강으로 사용하며, 평강을 사용하는 경우는 복사재로 하고 교점은 볼트로 조인다.
② 사재의 수평면에 대한 경사각도는 선로에 직각으로 복사재인 경우는 45°로 취부한다.
③ 사재의 수평면에 대한 경사각도는 선로에 직각으로 단사재인 경우는 40°로 취부한다.
④ 사재의 수평면에 대한 경사각도가 커지면 강도적으로 안정되므로 각도를 최대한 크게 하여 취부한다.

90 조립철주의 사재로 ㄴ형강을 사용하는 경우 기초하부(근개)가 몇 [cm] 이상일 때인가?

① 30　　　② 35　　　③ 40　　　④ 45

해설 기초하부 밑이음(근개)이 40[cm] 이상 조립철주는 사재를 ㄴ형강으로 사용한다.

91 조립철주에 가해지는 수평력이 Q[N], 수평면에 대한 경사각도가 θ, 사재의 유효단면적이 A [cm^2], 사재의 중복수가 n, 사재의 허용인장응력도가 f일 때 사재의 강도는?

① $\dfrac{Q}{f \cdot n \cdot A\cos\theta} \leq 1$　　　② $\dfrac{Q}{f \cdot n \cdot A\sin\theta} \geq 1$

③ $\dfrac{f \cdot Q}{n \cdot A\cos\theta} \leq 1$　　　④ $\dfrac{f \cdot Q}{n \cdot A\sin\theta} \geq 1$

해설 사재의 강도는 $\dfrac{Q}{f \cdot n \cdot A\cos\theta} \leq 1$ 이 되어야 한다.

정답 87. ② 88. ② 89. ④ 90. ③ 91. ①

92 ★★ 사재의 중복수는 동일 장소에서 사재가 겹치는 방법을 나타낸 것으로 일반적인 4각철주가 단사재일 경우 사재의 중복수는 얼마인가?

① 2 ② 4
③ 6 ④ 8

해설 사재의 중복수(n)는 동일 장소에서 사재가 겹치는 방법을 나타낸 것으로 일반적인 4각철주의 경우는 단사재일 경우 $n=2$ 이다.

93 ★★ 사재의 중복수는 동일 장소에서 사재가 겹치는 방법을 나타낸 것으로 일반적인 4각철주가 복사재일 경우 사재의 중복수는 얼마인가?

① 2 ② 4
③ 6 ④ 8

해설 사재의 중복수(n)는 동일 장소에서 사재가 겹치는 방법을 나타낸 것으로 일반적인 4각 철주의 경우는 복사재일 경우 $n=4$ 이다.

94 ★★★★ 볼트의 지름 D 16[mm], 볼트의 허용전단응력이 120[MPa]일 때, 볼트의 최대허용전단력[kN]은?

① 12.1 ② 24.1
③ 30.5 ④ 48.0

해설 SI 단위계에서는 응력의 단위로 N/m² 또는 Pa(Pascal)을 사용하고 있다.
1 N/m² = 1 Pa(Pascal) 이다.
그러나 N/mm² 또는 MPa(Mega Pascal)를 주로 사용되고 있다.
즉 1 N/mm² = 1 MPa 이므로
사재의 볼트는 16 [mm]로 전단력이 작용하는 부분에 나사부분이 오지 않도록 하면 허용전단은
$F = f_a \dfrac{\pi d^2}{4} = 120 \times \dfrac{3.14 \times 16^2}{4} = 24115.2 [N] ≒ 24.1 [kN]$

95 ★★★ 볼트의 유효 직경을 1.6[cm], 허용전단응력을 1,200[N/cm²]로 할 때, 이 볼트 한 개의 허용 전단력은 약 몇 [N]인가?

① 1254 ② 1813
③ 1956 ④ 2412

해설 $F = f_a \dfrac{\pi d^2}{4} = 1200 \times \dfrac{3.14 \times 1.6^2}{4} = 2411.5 [N] ≒ 2412 [N]$

정답 92. ① 93. ② 94. ② 95. ④

96 ★
H형강의 강도계산시 허용 휨모멘트(M_a)만 가해진 경우의 횡도좌굴 계산식으로 맞는 것은?(단 M_a : 허용 휨모멘트, M_k : 한계 휨모멘트, F : 안전율이다.)

① $M_a = M_k \times F$ ② $M_a = \dfrac{F}{M_k}$
③ $M_a = \dfrac{M_k}{F}$ ④ $M_a = M_k + F$

해설 H형강의 강도계산시 허용 휨모멘트(M_a)만 가해진 경우의 횡도좌굴 계산식은 $M_a = \dfrac{M_k}{F}$ 이다.

97 ★
H형강의 단면2차모멘트가 큰 쪽의 축에 대해 하중이 가해지면, 전주는 돌연하중방향과 직각으로 비틀리면서 변형 또는 전도가 발생한다. 이것을 무엇이라고 하는가?

① 횡도좌굴   ② 변형좌굴
③ 전도좌굴   ④ 종좌굴

해설 H형강 등의 단면2차모멘트가 큰 쪽의 축에 대해 하중이 가해지면, 전주는 돌연하중방향과 직각으로 비틀리면서 변형 또는 전도가 발생하는 것을 횡도좌굴 또는 횡좌굴이라 한다.

98 ★★
H형강의 횡도좌굴과 직접적으로 영향을 주는 것은?

① 단면1차모멘트   ② 단면2차모멘트
③ 단면계수   ④ 회전반지름

해설 H형강의 횡도좌굴은 단면2차모멘트가 큰 쪽의 축에 대해 하중이 가해지면서 생기는 현상이다.

99 ★★
X축의 단면2차모멘트와 Y축의 단면2차모멘트와의 사이에 큰 차이가 있는 경우 횡도좌굴을 검토할 필요가 있는 구조물로 맞는 것은?

① 콘크리트전주기초   ② 완철
③ 빔   ④ 하수강

해설 X축의 단면2차모멘트와 Y축의 단면2차모멘트와의 사이에 큰 차이가 있는 경우 횡도좌굴을 검토할 필요가 있는 구조물은 전주, 빔이다.

정답 96. ③ 97. ① 98. ② 99. ③

100 다음은 횡도좌굴 계산상의 문제점들이다. 거리가 먼 것은?
① M_k의 계산식은 양단 단순지지보의 계산식에서 $L = 2l$로 한 것인데, $L = 2l$로 했을 경우, 이 식이 어느 정도 맞는지 불명확하다.
② 안전율을 σ_r/σ_a로 하고 있으나, 이것으로 좋은지 어떤지 명확하지 않다.
③ 하중 M과 P가 동시에 가해질 경우의 계산식이 없어 근사치로 계산하여 안전측의 결과를 산출하였지만, 어느 한계까지 안전한지는 확실하지 않다.
④ 횡도좌굴의 계산에서는 X축 방향의 하중과 수평하중을 계산할 수 있지만 근사계산이므로 그 영향에 대해서 확실하지 않다.

해설 횡도좌굴의 계산에서는 Y축방향의 하중과 축방향력(수직하중)을 무시하고 있지만, 그 영향에 대해서 확실하지 않다.

101 다음 중 전주와 구성되어 있는 문형지지물이 아닌 것은?
① 크로스빔
② 평면트러스빔
③ 강관빔
④ V트러스라멘빔

해설 문형지지물은 전주와 평면트러스빔, V트러스빔, V트러스라멘빔, 강관빔 및 4각빔으로 구성된 지지물이다.
크로스빔은 전주와 빔의 접합이 핀구조로 되어 있어 문형지지물로 칭하지 않는다.

102 빔과 주주재의 접합이 핀구조 또는 핀구조라 간주할 수 있는 정도의 빔을 무엇이라 하는가?
① 평면트러스빔
② 문형트러스빔
③ 강관빔
④ V트러스라멘빔

해설 빔과 주주재의 접합이 핀구조 또는 핀구조라 간주할 수 있는 정도의 빔은 문형트러스빔이다.

103 빔이 완전한 고정 또는 고정이라 간주할 수 있을 정도의 접합구조로 빔이 라멘 구조에 견딜 수 있는 만큼 강도를 갖춘 빔을 무엇이라 하는가?
① V트러스라멘빔
② 평면트러스라멘빔
③ 문형트러스라멘빔
④ 강관빔

해설 문형트러스라멘빔은 빔이 완전한 고정 또는 고정이라 간주할 수 있을 정도의 접합구조로 빔이 라멘 구조에 견딜 수 있는 만큼 강도를 갖춘 빔을 말한다.

정답 100. ④ 101. ① 102. ② 103. ③

104 그림은 ㄴ형강을 사용하여 제작한 빔의 구조물이다. 전기철도에서 사용하는 용어로 A 에 해당되는 것의 명칭은?

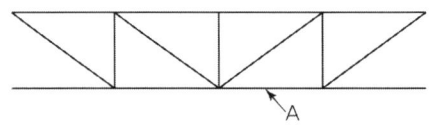

① 하현재　　② 완철　　③ 부재　　④ 하부주재

105 그림과 같은 트러스 빔에서 A 에 해당하는 것은?

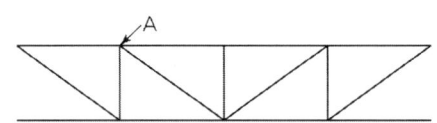

① 지점　　② 절점　　③ 입속　　④ 경사재

해설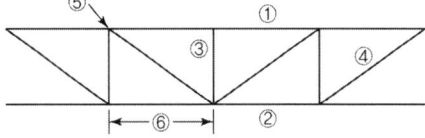

빔의 명칭

번 호	전기철도에서 사용하는 용어	구조역학에서 사용하는 용어
①	상부주재	상 현 재
②	하부주재	하 현 재
③	입 속	연 직 재
④	경 사 재	경 사 재
⑤	절 점	격점 또는 절점
⑥	부재길이	격간길이

106 그림에서 각 부재별 기호와 명칭이 잘못 연결된 것은?

① A : 상부주재
② B : 하부주재
③ C : 하속
④ C : 경사재

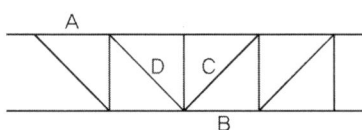

정답 104. ④ 105. ② 106. ③

107 그림과 같이 빔의 각 부재에 집중하중이 작용하는 경우 A ~ C간에 걸리는 전단력(Q_x)은?

① $Q_x = \dfrac{w\,b}{l}$

② $Q_x = \dfrac{w\,b\,x}{2l}$

③ $Q_x = \dfrac{w\,b}{2l}$

④ $Q_x = \dfrac{w\,a}{l}$

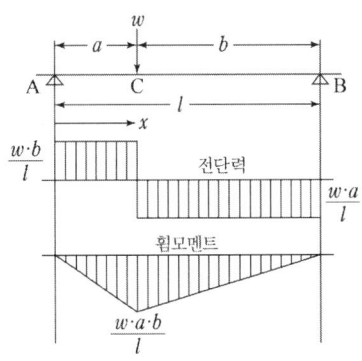

해설 빔의 각 부재에 집중하중이 작용하는 경우 A ~ C간에 걸리는 전단력은 $Q_x = \dfrac{wb}{l}$ 이다.

108 그림과 같이 빔의 각 부재에 집중하중이 작용하는 경우 A ~ C간에 걸리는 휨모멘트(M_x)는?

① $M_x = \dfrac{w\,b}{2l}$

② $M_x = \dfrac{w\,b\,x}{2l}$

③ $M_x = \dfrac{w\,b\,x}{l}$

④ $M_x = \dfrac{w\,a\,x}{l}$

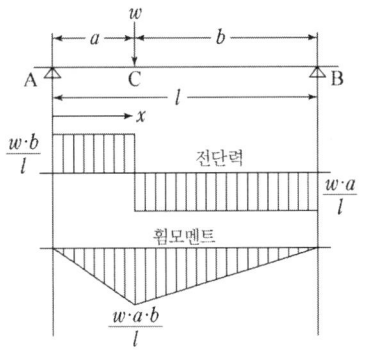

해설 빔의 각 부재에 집중하중이 작용하는 경우 A ~ C간에 걸리는 휨모멘트(M_x)는 $M_x = \dfrac{wbx}{l}$ 이다.

109 그림과 같이 빔의 각 부재에 집중하중이 작용하는 경우 B ~ C간에 걸리는 전단력(Q_x)은?

① $Q_x = \dfrac{w\,b}{l}$

② $Q_x = \dfrac{w\,b\,x}{2l}$

③ $Q_x = \dfrac{w\,b}{2l}$

④ $Q_x = \dfrac{w\,a}{l}$

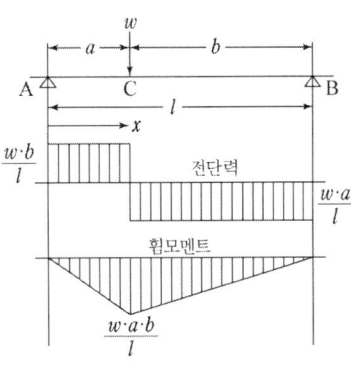

정답 107. ① 108. ③ 109. ④

해설 빔의 각 부재에 집중하중이 작용하는 경우 B ~ C간에 걸리는 전단력(Q_x)은
$$Q_x = \frac{wa}{l}$$

110 그림과 같이 빔의 각 부재에 집중하중이 작용하는 경우 B ~ C간에 걸리는 휨모멘트(M_x)는?

① $M_x = \dfrac{wa}{l}(l-x)$

② $M_x = \dfrac{wbx}{l}$

③ $M_x = \dfrac{wb}{l}(l-x)$

④ $M_x = \dfrac{wax}{l}$

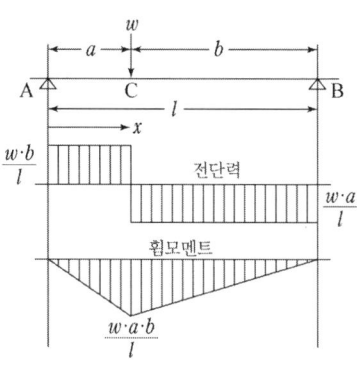

해설 빔의 각 부재에 집중하중이 작용하는 경우 B ~ C간에 걸리는 휨모멘트(M_x)는
$$M_x = \frac{w \cdot a}{l}(l-x)$$

111 그림과 같이 빔의 각 부재에 분포하중이 작용하는 경우 전단력(Q_x)은?

① $Q_x = \dfrac{w}{2}(l-x)$

② $Q_x = \dfrac{w}{2}(l-2x)$

③ $Q_x = \dfrac{w}{2}(l+2x)$

④ $Q_x = \dfrac{w}{2}(l+x)$

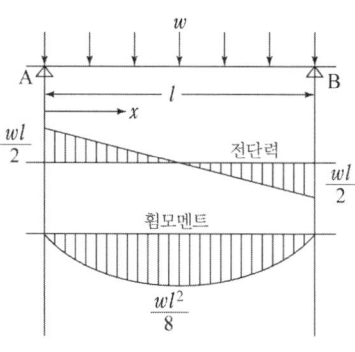

해설 빔의 각 부재에 분포하중이 작용하는 경우 전단력(Q_x)은
$$Q_x = \frac{w}{2}(l-2x)$$

정답 110. ① 111. ②

112 그림과 같이 빔의 각 부재에 분포하중이 작용하는 경우 걸리는 휨모멘트(M_x)는?

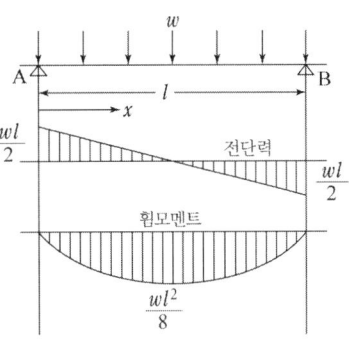

① $M_x = \dfrac{wa}{l}(l-x)$

② $M_x = \dfrac{wa}{l}(l+x)$

③ $M_x = \dfrac{wx}{2}(l-x)$

④ $M_x = \dfrac{wx}{2}(l+x)$

해설 빔의 각 부재에 분포하중이 작용하는 경우 걸리는 휨모멘트(M_x)는
$M_x = \dfrac{wx}{2}(l-x)$

113 콘크리트주, 강관주의 표면에 전주밴드를 설치시 전주밴드와의 접촉면에 밴드 미끄러짐의 영향을 주는 것과 거리가 먼 것은?

① 전주표면의 요철
② 도장 상태
③ 용융아연도금의 영향
④ 전주의 경사

해설 콘크리트주, 강관주의 상부에 전주밴드를 설치시 전주밴드와의 접촉면에 밴드 미끄러짐의 영향을 주는 것은 전주표면의 요철, 도장 상태, 용융아연도금의 영향 등이 있다.

114 콘크리트주와 전주밴드와의 접촉면에 있어서 정지마찰계수(μ_0)로 적정한 것은?

① 0.12 ~ 0.23
② 0.19 ~ 0.33
③ 0.45 ~ 0.55
④ 0.57 ~ 0.65

해설 콘크리트주와 전주밴드와의 접촉면에 있어서 정지마찰계수(μ_0)는 0.19 ~ 0.33 이다.

115 강관주와 전주밴드와의 접촉면에 있어서 정지마찰계수(μ_0)로 적정한 것은?

① 0.12 ~ 0.23
② 0.19 ~ 0.33
③ 0.45 ~ 0.55
④ 0.57 ~ 0.65

해설 강관주와 전주밴드와의 접촉면에 있어서 정지마찰계수(μ_0)는 0.12 ~ 0.23이다.

정답 112. ③ 113. ④ 114. ② 115. ①

116 V트러스빔의 단면특성에서 상하주재가 같은 경우 트러스빔의 상하 주재의 중심(l_x)간의 거리[cm]를 올바르게 나타낸 것은? (단, I_x : 트러스빔의 중심(X축)에 관한 단면2차모멘트 [cm^4], I_x' : 각 주재의 X', X''축에 관한 단면2차모멘트[cm^4], l_x : 트러스빔의 상하 주재의 중심간의 거리[cm], A : 주재 1개의 단면적[cm^2]이다.)

① $l_x = \dfrac{2Al_x^2}{3} + 3I_x'$ ② $l_x = \dfrac{Al_x^2}{3} + I_x'$

③ $l_x = \dfrac{3Al_x^2}{2} + 3I_x'$ ④ $l_x = \dfrac{Al_x^2}{2} - 3I_x'$

해설 V트러스빔의 단면특성에서 상하주재가 같은 경우
트러스빔의 상하 주재의 중심(l_x)간의 거리[cm]는 $l_x = \dfrac{2Al_x^2}{3} + 3I_x'$

117 V트러스빔의 단면특성에서 상하주재가 다른 경우 트러스빔의 X축(중심)에서 상부 주재의 중심(l_{x_1})간의 거리[cm]를 올바르게 나타낸 것은? (단, l_x : 상하 주재 중심거리[cm], l_x' : 트러스빔의 X축(중심)에서 상부 주재 중심까지의 거리[cm], A_1 : 상부주재 1본의 단면적[cm^2], A_2 : 하부주재 1본의 단면적[cm^2]이다.)

① $l_{x1} = \dfrac{A_1 \cdot l_x}{A_1 + A_2}$ ② $l_{x1} = \dfrac{A_2 \cdot l_x}{2A_1 + A_2}$

③ $l_{x1} = \dfrac{A_2 \cdot l_x}{A_1 + A_2}$ ④ $l_{x1} = \dfrac{A_1 \cdot l_x}{2A_1 + A_2}$

해설 V트러스빔의 단면특성에서 상하주재가 다른 경우
트러스빔의 X축(중심)에서 상부 주재의 중심(l_{x_1})간의 거리[cm]는 $l_{x1} = \dfrac{A_2 \cdot l_x}{2A_1 + A_2}$

118 전주기초의 크기 및 형상을 정할 때 고려하지 않아도 되는 것은?

① 하중   ② 지형   ③ 토질   ④ 안전율

해설 전주기초는 부담하는 하중, 지형, 토질 등을 고려해서 형상 및 크기를 정한다.

119 전주기초를 설치한 후 지반조사를 수행할 때 시험종류에 해당되지 않는 것은?

① 평판재하시험   ② 토압분포시험
③ 동적 콘관입시험   ④ 소형 충격재하시험(LFWD)

정답 116. ① 117. ② 118. ④ 119. ②

해설 전철주기초를 설치한 후 지반조사를 수행시에는 평판재하시험, 콘관입시험, 동적 콘관입시험, LFWD(소형 충격재하시험기) 등의 지반조사를 실시하여 기초 주변지반의 강도를 평가한다.

120 ★ 철도를 신설하는 양질의 토사가 있는 노반의 깎기개소에 전주기초를 시공시 내부마찰각[°]은 개략 얼마인가?

① 28 ② 30 ③ 32 ④ 36

해설 신설 철도노반 (토사)

노반 분류	지형 분류	흙 종류	내부마찰각(°)	단위중량[tf/m³]
신설철도	쌓기	A군, 안정처리한 B군	32	1.9
		B군	30	1.8
	깎기	양질	32	1.9
		세립토 함량이 12% 이상인 경우	28	1.7

121 ★ 2004년 이전에 건설된 기존철도에 세립토 함량이 12[%] 이상인 토사가 있는 노반의 깎기개소에 전주기초를 시공시 내부마찰각[°]은 개략 얼마인가?

① 28 ② 30 ③ 32 ④ 36

해설 기존철도 노반(2004년 이전 건설) (토사)

철도 분류	지반 분류	흙 종류	내부마찰각(°)	단위중량[tf/m³]
기존철도	쌓기	A군	30	1.8
		B군	28	1.7
	깎기	양질의 토사	30	1.8
		세립토 함량이 12% 이상인 경우	28	1.7

122 ★★ 각형기초 전면부에 발생하는 연직토압은 회전 깊이의 어느 지점에서 최대 크기로 발생하는가?

① $\frac{1}{2}$ ② $\frac{1}{3}$ ③ $\frac{1}{4}$ ④ $\frac{1}{5}$

해설 각형기초 전면부에 발생하는 연직토압은 회전 깊이의 $\frac{1}{2}$ 되는 지점에서 최대 크기로 발생한다.

123 ★ 각형기초 후면부에 발생하는 연직토압은 전면부 최대토압의 몇 배의 크기로 발생하는가?

① 1 ② 2 ③ 3 ④ 4

정답 120. ③ 121. ① 122. ① 123. ②

해설 각형기초 후면부 연직토압은 전면부 최대토압의 2.0배 크기로 발생한다.

124. ★ 원형기초 전면부에 발생하는 연직토압은 회전 깊이의 몇 배 되는 지점에서 최대 크기로 발생하는가?

① 0.4 ② 0.5 ③ 0.6 ④ 0.8

해설 원형기초 전면부에 발생하는 연직토압은 회전 깊이의 0.6배 되는 지점에서 최대 크기로 발생한다.

125. ★★ 전주기초의 강도를 계산하는 경우에 고려하지 않아도 되는 것은?

① 형상 ② 지형 ③ 전압 ④ 안전율

126. ★★ 연약지반, 경질지반, 자갈을 혼합한 지반의 지지력을 측정하는데 사용할 수 없는 측정법은?

① 페니트로미터측정법 ② 토압분포측정법
③ 평판재하측정법 ④ 소형 충격재하측정법

해설 지지력의 측정법으로서 페니트로미터와 스웨덴식 사운딩법을 사용하여 왔으나 연약지반, 경질지반, 자갈을 혼입한 지반에서는 사용할 수 없다.

127. ★★ 전차선로용 전주기초 강도계산식으로 주로 사용하는 것은?

① 시몬스 계산식 ② 페니트로미터 계산식
③ 케이슨 계산식 ④ 제나드 계산식

해설 지지력의 측정법으로서 페니트로미터와 스웨덴식 사운딩법을 사용하여 왔으나 연약지반, 경질지반, 자갈을 혼입한 지반에서는 사용할 수 없어서 전주기초 강도계산식은 케이슨(Caisson) 기초의 계산식을 전차선로용 전주기초에 적용하였다.

128. ★★★ 다음중 포터블 콘 페니트로미터(Portable cone penetrometer) 측정법에서 콘지지력을 구하는 식으로 맞는 것은?

① $\dfrac{\text{선단콘의 전면적}[cm^2]}{\text{페니트로미터 관입저항치}[N]}$ ② $\dfrac{\text{페니트로미터 관입저항치}[N]}{\text{선단 콘의 타격수}}$

③ $\dfrac{\text{선단콘의 타격수}}{\text{페니트로미터 관입저항치}[N]}$ ④ $\dfrac{\text{페니트로미터 관입저항치}[N]}{\text{선단 콘의 전면적}[cm^2]}$

정답 124. ③ 125. ③ 126. ① 127. ③ 128. ④

해설 포터블 콘 페니트로미터(Portable cone penetrometer) 측정법에서

콘 지지력 = $\dfrac{\text{페니트로미터 관입저항치[N]}}{\text{선단 콘의 전면적[cm}^2\text{]}}$

129 ★★★ 다음 중 충격식 페니트로미터의 측정방법에 대한 설명으로 맞는 것은?

① 전재하중과 관입량 1[m]당 회수 NSW(반회전수/[m])에 의해 환산한 q_c, N의 값으로 나타낸다.
② 페니트로미터 관입저항치를 선단 콘의 전면적으로 나눈 값으로 나타낸다.
③ 무게 5[kg]의 낙하추를 50[cm]의 높이에서 낙하시켜서 선단 콘의 관입량 10[cm]당 타격수로 나타낸다.
④ 페니트로미터 관입저항치를 선단 콘으로 충격하여 타격수로 나타낸다.

해설 충격식 페니트로미터의 측정방법은 무게 5[kg]의 낙하추를 50[cm]의 높이에서 낙하시켜서 선단 콘의 관입량 10[cm]당 타격수로 나타낸다.

130 ★★ 다음 중 스웨덴식 사운딩 측정방법에 대한 설명으로 맞는 것은?

① 전재하중과 관입량 1[m]당 회수 NSW(반회전수/[m])에 의해 환산한 q_c, N의 값으로 나타낸다.
② 페니트로미터 관입저항치를 선단 콘으로 충격하여 타격수로 나타낸다.
③ 무게 5[kg]의 낙하추를 50[cm]의 높이에서 낙하시켜서 선단 콘의 관입량 10[cm]당 타격수로 나타낸다.
④ 페니트로미터 관입저항치를 선단 콘의 전면적으로 나눈 값으로 나타낸다.

해설 전재하중과 관입량 1[m]당 회수 NSW(반회전수/[m])에 의해 환산한 q_c, N의 값을 구하는 것이 스웨덴 사운딩 측정방법이다.

131 ★★★ 지형을 평지 또는 깎기개소와 쌓기개소로 구분하며 이런 지형에 대해서 하중방향을 고려해야 할 조건의 계수는?

① 지형계수 ② 형상계수
③ 강도계수 ④ 안전계수

해설 지형을 평지 또는 깎기개소와 쌓기개소로 구분하며 이런 지형에 대해서 하중방향을 고려해야 할 조건의 계수는 지형계수이다.

정답 129. ③ 130. ① 131. ①

132 ★★★ 전철주기초의 강도계산에서 평지 또는 절취개소 및 성토개소로 분류하는데 이 지형에 대해서 하중방향에 대한 계수 K를 무엇이라 하는가?
① 지형계수 ② 형상계수
③ 강도계수 ④ 안전계수

133 ★★★ 지반의 지형 중 성토개소로서 하중방향이 법면으로 미치고 있을 때의 지형계수는 얼마인가?
① 0.6 ② 0.75 ③ 1.0 ④ 1.2

134 ★★★★ 기초 터파기를 할 때 토질 등에 따라 흙막이 틀을 사용하는 공법과 사용하지 않는 공법이 있는 경우 토양과 기초재의 접촉면에서 강도의 차가 발생하기 때문에 강도차를 보정하여야 하는 계수는?
① 지형계수 ② 형상계수
③ 강도계수 ④ 안전계수

해설 흙막이 틀을 사용하는 공법과 사용하지 않는 공법이 있는 경우 토양과 기초재의 접촉면에서 강도의 차가 발생하기 때문에 강도차를 보정하여야 하는 계수는 형상계수이다.

135 ★★★★ 지반에는 기설지반과 같은 안정한 지반과 신설 성토와 같은 불안전 지반이 있어 기초강도에 영향을 미치므로 보정할 필요가 있는데 이때의 보정계수는?
① 지형계수 ② 형상계수
③ 강도계수 ④ 안전계수

해설 강도계수는 기설지반과 같은 안정한 지반과 신설성토와 같은 불안전 지반이 있어 기초강도에 영향을 미치므로 보정할 때 적용하는 계수이다.

136 ★★ 변형이 쉬운 불안정한 지반의 운전시 최대하중에 대한 강도계수(S_0)는 얼마인가?
① 0.6 ② 0.75 ③ 1.0 ④ 2.0

해설 강도계수(S_0)의 값

폭풍시 최대하중에 대해서	운전시 최대하중에 대해서	
	안정된 기설지반	변형이 쉬운 불안정한 지반
1.2	1.0	0.75

정답 132. ① 133. ① 134. ② 135. ③ 136. ②

137 **페니트로미터(penetrometer) 등으로 측정한 값을 기초로 하여 계산하는 경우 폭풍시 최대하중에 대하여 얼마의 안전율을 고려하여야 하는가?**

① 2.0 ② 3.0 ③ 3.5 ④ 4.0

해설 안전율(F_s)의 값

폭풍시 최대하중에 대해서	운전시 최대하중에 대해서	
	안정된 기설지반	변형이 쉬운 불안정한 지반
2.0	3.0	4.0

138 **토질의 종류에서 모래, 점토 등이 포함되지 않은 것(보통 흙)을 무엇이라 하는가?**

① 실드 ② 모래 ③ 롬 ④ 니탄

해설 토질의 종류에서 모래, 점토 등이 포함되지 않은 것(보통 흙)을 롬이라고 한다.

139 **토질의 종류에서 점토와 비슷하며, 아래로 늘어 뜨리면 끊어지고, 건조하면 쉽게 파쇄되는 것을 무엇이라 하는가?**

① 실드 ② 모래 ③ 롬 ④ 니탄

해설 점토와 비슷하며, 아래로 늘어 뜨리면 끊어지고, 건조하면 쉽게 파쇄되는 토질을 실드라고 한다.

140 **유기물(풀, 수목의 뿌리 등이 썩은 것)을 함유하고 있어 매우 연하고 가벼운 성질을 갖고 있는 토질을 무엇이라 하는가?**

① 실드 ② 모래 ③ 롬 ④ 니탄

해설 유기물(풀, 수목의 뿌리 등이 썩은 것)을 함유하고 있어 매우 연하고 가벼운 성질을 갖고 있는 토질을 니탄이라고 한다.

141 **사각형 단면을 가진 기초에 수직하중 200[N]이 작용하고 있다. 기초 지반의 허용지내력이 2000[N/m²]일 때 기초의 최소면적[m²]은?**

① 5 ② 10 ③ 15 ④ 20

해설 $\sigma_t = \dfrac{P}{A}$ 에서 기초의 최소면적 A 는

$A = \dfrac{P}{\sigma_t} = \dfrac{2000\,[\text{N/m}^2]}{200\,[\text{N}]} = 10\,[\text{m}^2]$

정답 137. ① 138. ③ 139. ① 140. ④ 141. ②

142 기초의 면적이 4[m²]인 사각형 단면의 기초가 있다. 기초 지반의 허용지지력이 200[kN/m²]이라고 할 때 기초가 받을 수 있는 최대 허용수직응력[kN]은?

① 400 ② 600 ③ 800 ④ 1000

해설 $\sigma_t = \dfrac{P}{A}$ 에서 기초가 받을 수 있는 최대 수직응력 P는
$P = \sigma_t \times A = 200 \times 4 = 800 [\text{kN}]$

143 기초의 면적이 5[m²]인 사각형 단면의 기초가 있다. 기초 지반의 허용지지력이 200[kN/m²]이라고 할 때, 기초가 받을 수 있는 하중의 최대 크기[kN]는?

① 400 ② 600 ③ 800 ④ 1000

해설 $\sigma_t = \dfrac{P}{A}$ 에서 기초가 받을 수 있는 최대 수직응력 P는
$P = \sigma_t \times A = 200 \times 5 = 1000 [\text{kN}]$

144 흙의 관입저항을 측정하여 단단함과 부드러움, 혼합된 흙층의 구성을 판정하는 측정방식에 해당되는 것은?

① 콘페니트로미터 ② 충격식 페니트로미터
③ 스웨덴식 사운딩 ④ 수동식 페니트로미터

해설 스웨덴식 사운딩은 흙의 관입저항을 측정하여 단단함과 부드러움 또는 혼합된 흙층의 구성을 판정하는 시험방법이다. 전재하중과 관입량 1[m]당 회수 NSW(반회전수/[m])에 의해 환산한 q_c, N의 값으로 나타낸다.

145 지내력 측정이 필요한 보통지반의 페니트로미터 측정값을 이용하는 경우 I형기초 저항 모멘트는 약 몇 [k·Nm]인가? (단, 기초폭 $d=0.7[\text{m}]$, 콘지지력 $q=60[\text{kN/m}^2]$, 기초길이 $L=2.0[\text{m}]$, 지형계수 $K=1.0$, 형상계수 $f=1.0$, 안전율 $F=2.0$ 이다.)

① 4.56 ② 5.63 ③ 6.26 ④ 7.83

해설 $M_a = \dfrac{0.067d \cdot q_c \cdot l^2 \cdot K \cdot f}{F_s}$
$= \dfrac{0.067 \times 0.7 \times 60 \times 2.0^2 \times 1.0 \times 1.0}{2.0} ≒ 5.63 [\text{kN} \cdot \text{m}]$

정답 142. ③ 143. ④ 144. ③ 145. ②

146 ★★★★
지내력 측정이 필요한 점토지반의 페니트로미터 측정값을 이용하는 경우 I형기초 저항모멘트는 약 몇 [kN·m]인가? (단, 기초폭 $d=0.7$[m]), 콘지지력 $,q=60$[kN/m²], 기초길이 $L=2.0$[m], 지형계수 $K=1.0$, 형상계수, $f=1.0$, 안전율 $F=2.0$ 이다.)

① 9.5　　② 10.23　　③ 11.51　　④ 12.42

해설
$$M_a = \frac{0.137 d \cdot q_c \cdot l^2 \cdot K \cdot f}{F_s}$$
$$= \frac{0.137 \times 0.7 \times 60 \times 2.0^2 \times 1.0 \times 1.0}{2.0} = 11.51 [kN \cdot m]$$

147 ★★★
모래 또는 무너지기 쉬운 지반의 측정방식에 적당한 것은?
① 콘페니트로미터　　② 충격식 페니트로미터
③ 스웨덴 사운딩　　④ 수동식 페니트로미터

해설　모래 등의 지반에는 타격에 따라 관입하는 충격식 페니트로미터에 의한 측정결과를 이용하고 계산한다.

148 ★
하중이 크게 가해지고 용수로 인한 기초터파기가 곤란한 경우에 적용되며 주로 가공송전선로의 철탑기초에 사용되는 기초는?
① 푸팅기초　　② 중력형블록기초
③ 앵커볼트기초　　④ 우물통형기초

해설　우물통형 기초란 콘크리트제 우물통 같이 생긴 통을 사용한 기초로 하중이 크게 가해지고 용수로 인한 기초터파기가 곤란한 경우에 적용되며 주로 가공송전선로의 철탑기초에 사용되고 있다.

149 ★★★
측면 토압이 연약하여 기초 바닥면의 지지력만으로 하중을 받도록 만들어지는 기초는?
① 푸팅기초　　② 중력형블록기초
③ 앵커볼트기초　　④ 우물통형기초

해설　중력형블록기초란 측면 토압이 연약하여 기초 바닥면의 지지력만으로 하중을 받도록 만들어지는 기초이다.

150 ★★★
중력형 블록기초에서 기초저항의 유효지력이 5530[N/m²]이고, 기초 바닥면의 단면계수가 1.62[m³]일 때 기초 바닥면의 허용저항 모멘트는 약 몇 [N·m]인가?
① 1120.5　　② 2240.2　　③ 4490　　④ 8958.6

정답　146. ③　147. ②　148. ④　149. ②　150. ④

> **해설** 중력형블록기초 바닥면의 저항모멘트는
> $M_B = \sigma_1 \cdot Z = 5530 \times 1.62 = 8958.6 [\text{N} \cdot \text{m}]$
> 여기서, σ_1 : 기초바닥면의 유효지지력[N/m²]
> Z : 기초바닥면의 단면계수[m³]

★★★★

151 하중의 일부를 측면 흙의 압력으로 지지하도록 한 것으로 빔을 지지하는 철주 및 인류주에 지선을 설치하지 않기 위하여 사용하는 기초는?

① 기둥형 기초 ② 우물통기초
③ 중력형 블록기초 ④ 푸팅기초

> **해설** 푸팅기초는 하중의 일부를 측면 흙의 압력으로 지지하도록 한 것으로 빔을 지지하는 철주 및 인류주에 지선을 설치하지 않기 위하여 사용하는 기초이다.

★★★★

152 전철주 푸팅기초 바닥면의 유효 지지력이 100[kN/m²]이고 기초 바닥면의 단면계수가 1.13[m³]일 때, 기초바닥면의 허용저항모멘트 M_b[kN·m]는?

① 100 ② 113 ③ 200 ④ 226

> **해설** 푸팅기초 바닥면의 저항모멘트는
> $M_b = \sigma_1 \cdot Z = 100 \times 1.13 = 113 [\text{kN} \cdot \text{m}]$
> 여기서, σ_1 : 기초바닥면의 유효지지력[N/m²]
> Z : 기초바닥면의 단면계수[m³]

★★★★★

153 콘크리트 기초용 앵커볼트의 길이를 구하는 공식으로 옳은 것은? (단, M : 지면 경계에서 전주의 굽힘모멘트[N·m], u : 앵커볼트와 콘크리트와의 허용부착강도(50[N/cm²]), d : 볼트의 유효지름[cm], L : 상대할 볼트의 간격[cm], n : 인장측 소요 볼트 수량이다.)

① $l \geq \dfrac{M}{u \cdot \pi \cdot d \cdot n \cdot L}$
② $l \geq \sqrt{\dfrac{M}{u \cdot \frac{\pi}{4} d^2 \cdot n \cdot L}}$
③ $l \geq \dfrac{M}{u \cdot \frac{\pi}{2} d^2 \cdot n \cdot L}$
④ $l \geq \sqrt{\dfrac{M}{u \cdot \frac{\pi}{2} d^2 \cdot n \cdot L}}$

> **해설** 앵커볼트의 길이를 구하는 공식은
> $l \geq \dfrac{M}{u \cdot \pi \cdot d \cdot n \cdot L}$ 이다.

정답 151. ④ 152. ② 153. ①

154 콘크리트 기초용 앵커볼트의 소요수량 산출공식은? (단, M : 지표면에서의 전철주의 굽힘모멘트[N·cm], f_t : 볼트의 허용 인장응력도[N/cm^2], d : 볼트의 유효지름[cm], L : 상대할 볼트의 간격[cm], n : 인장측 소요 볼트 수량)

① $n \geq \dfrac{M}{f_t \cdot \dfrac{\pi}{4}d^2 \cdot L}$

② $n \geq \sqrt{\dfrac{M}{f_t \cdot \dfrac{\pi}{4}d^2 \cdot L}}$

③ $n \geq \dfrac{M}{f_t \cdot \dfrac{\pi}{2}d^2 \cdot L}$

④ $n \geq \sqrt{\dfrac{M}{f_t \cdot \dfrac{\pi}{2}d^2 \cdot L}}$

해설 앵커볼트의 소요수량 산출공식은
$n \geq \dfrac{M}{f_t \cdot \dfrac{\pi}{4}d^2 \cdot L}$ 이다.

155 앵커볼트의 매입길이를 계산할 때 기초볼트와 콘크리트 부착력만으로 응력을 부담하도록 하고 인장력에 대하여 허용응력이 충분하도록 하려면 볼트지름 d의 몇 배의 매입길이가 필요한가?

① 10~20 ② 20~30 ③ 30~40 ④ 40~50

해설 앵커볼트의 매입길이를 계산할 때 기초볼트와 콘크리트 부착력만으로 응력을 부담하도록 하고 인장력에 대하여 허용응력이 충분하도록 하려면 볼트지름 d의 약 40~50배를 콘크리트에 매입하여야 응력에 충분히 견딜 수 있다.

156 토목구조물 공사에 의뢰하여 콘크리트구조물과 같이 앵커볼트 기초를 시공하는 경우 허용부착강도를 몇 [N/cm^2]로 보는가?

① 30 ② 50 ③ 80 ④ 100

해설 토목구조물 공사에 위탁하여 콘크리트구조물과 같이 앵커볼트 기초를 시공하는 경우 허용부착강도는 약 80[N/m^2]로 본다.

157 이미 토목구조물에 앵커볼트 기초를 매입하는 경우 허용부착강도를 몇 [N/cm^2]로 보는가?

① 30 ② 50 ③ 80 ④ 100

해설 이미 토목구조물에 앵커볼트 기초를 매입하는 경우 허용부착강도는 약 50[N/cm^2]로 본다.

정답 154. ① 155. ④ 156. ③ 157. ②

158 인류용 지선의 설계하중을 정확하게 표현한 것은?

① 인류되는 전선의 장력의 최대값을 인류주가 받는 풍압하중으로 나눈 값
② 인류되는 전선의 장력의 최대값을 인류주가 받는 풍압하중으로 곱한 값
③ 인류되는 전선의 장력의 최대값에서 인류주가 받는 풍압하중을 뺀 값
④ 인류되는 전선의 장력의 최대값과 인류주가 받는 풍압하중을 합한 값

해설 인류되는 전선의 장력의 최대값과 인류주가 받는 풍압하중을 합을 인류용지선이 받게 된다.

159 가공전차선로의 인류용 전주에 단지선을 설치하는 경우 지선용 재료의 항장력 P를 구하는 산출식은? (단, T : 수평장력[N], θ : 지선이 전주와 이루는 각도, 지선의 안전율은 2.5 이다.)

① $P \geq 2.5T \cdot \tan\theta$
② $P \geq 2.5T \cdot \cos\theta$
③ $P \geq 2.5T \cdot \sin\theta$
④ $P \geq 2.5T \cdot \dfrac{1}{\sin\theta}$

해설 단지선의 항장력은 $P \geq 2.5T \cdot \dfrac{1}{\sin\theta}$ 로 구한다.

160 급전선의 최대장력은 3940[N]이고, 지선을 전주와 45°로 설치할 때, 이 지선이 받는 최대 장력은 몇 [N]인가?(단, 지선의 안전율은 2.5이다)

① 11800
② 12800
③ 13930
④ 14930

해설 $P \geq 2.5T \cdot \dfrac{1}{\sin\theta} = 2.5 \times 3940 \times \dfrac{1}{\sin 45°} = 2.5 \times 3940 \times \dfrac{2}{\sqrt{2}} = 13930$

161 지선은 단지선이고 지선과 전주의 각도는 45°일 때, 급전선에 작용하는 최대 수평장력은 약 몇 [kN]인가? (단, 지선이 작용하는 장력은 33[kN], 안전율은 2이다.)

① 9.33
② 11.7
③ 16.5
④ 23.3

해설 $T_1 = \dfrac{T}{\sin\theta}$
$T = T_1 \times \sin 45° = 33 \times 0.707 = 23.33$
안전율이 2 이므로
$T = \dfrac{23.33}{2} = 11.66 ≒ 11.7$

162 ★★ 가공전차선로에서 전선의 수평장력이 2500[N], 지선에 작용하는 장력이 5000[N]일 때, 전주에 설치한 지선의 취부 각도가 30°일 경우 지선용 재료에 필요한 항장력[N]은 얼마 이상이어야 하는가?

① 6500　　② 7500　　③ 8500　　④ 12500

해설 $P \geqq 2.5T \cdot \dfrac{1}{\sin\theta} = 2.5 \times 2500 \times \dfrac{1}{\sin 30°} = 12500$

163 ★★ 급전선에 최대 수평장력 13[kN]이 작용하고 있다. 지선의 항장력이 56.6[kN]일 때, 지선의 장력에 대한 안전율은? (단. 지선은 단지선이다.)

① 약 2.0　　② 약 2.5
③ 약 3.0　　④ 약 3.5

해설 단지선의 항장력은 $P \geqq 2.5T \cdot \dfrac{1}{\sin\theta}$ 로 구한다.

안전율을 구하는 문제로 $56 \geqq 안전율 \times T \cdot \dfrac{1}{\sin 45°}$

안전율은 $\dfrac{56}{13 \times \sqrt{2}} = 3.04 ≒ 3$

164 ★★★ 최대장력이 1,970[N]인 급전선의 인류용 단지선에 작용하는 장력은 약 몇 [N]인가? (단, 지선과 전주의 각도는 45°이다.)

① 577　　② 697
③ 1393　　④ 2786

해설 $P \geqq T \cdot \dfrac{1}{\sin\theta} = 1970 \times \dfrac{1}{0.707} = 2786$

165 ★★★ 지선의 취부각도가 30°이고 전선의 최대장력이 1000[N]일 때 지선이 받는 최대장력[N]은?

① 500　　② 860
③ 1000　　④ 2000

해설 $P \geqq 2.5T \cdot \dfrac{1}{\sin\theta}$ 이므로

문제에 안전율은 별도로 표기가 없으므로

$P \geqq 1000 \times \dfrac{1}{\sin 30°} = 2000$

정답 162. ④　163. ③　164. ④　165. ④

166 지선의 취부각도가 45°이고 전선의 최대장력이 1500[N]일 때, 지선이 받는 최대장력 [N]은?

① 1060　　② 1836　　③ 2120　　④ 3180

해설　$P \geq 2.5T\dfrac{1}{\sin\theta}$
안전율은 별도로 표기가 없으므로
$P = 1500 \times \dfrac{1}{\sin 45°} = 1500 \times \sqrt{2} \fallingdotseq 2120$

167 가공전차선로에서 전선의 수평장력이 2500[N], 전주에 설치한 지선의 취부 각도가 30°일 경우 지선용 재료에 필요한 항장력[N]은 얼마 이상 이어야 하는가? (단, 지선의 안전율은 2.5이다)

① 6500　　② 7500　　③ 8500　　④ 12500

해설　$P \geq 2.5T \cdot \dfrac{1}{\sin\theta}$ 이고 안전율은 2.5로 하면
$P \geq 2.5 \times 2500 \times \dfrac{1}{\frac{1}{2}} = 12500$

168 그림과 같이 인류장치 설치개소에서 전주와 45°로 지선을 설치할 경우 지선용 재료의 필요한 항장력[N]은?

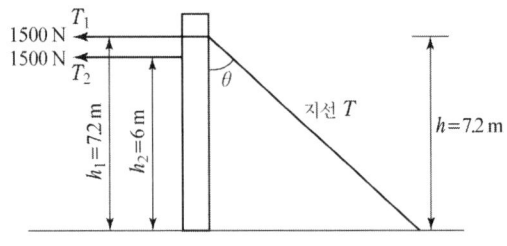

① 약 9120　　② 약 9422　　③ 약 9723　　④ 약 10853

해설　2조 일괄 단지선의 경우이므로
$P \geq 2.5T_1'$
$\therefore P \geq 2.5\left(T_1 + T_2\dfrac{h_2}{h_1}\right)\dfrac{1}{\sin\theta} = 2.5 \times \left(1500 + 1500 \times \dfrac{6}{7.2}\right) \times \dfrac{2}{\sqrt{2}} \fallingdotseq 9723[\text{N}]$

169 고가구조에 설치하는 지선에 고려하여야 할 사항이 아닌 것은?

① 온도변화　　② 풍압　　③ 지선의 장력　　④ 모멘트

정답　166. ③　167. ④　168. ③　169. ④

해설 고가구조에 설치된 지선은 일반 토공개소에 설치된 지선에 비하여 양 지지점 개소에서 유연성이 약하게 고정되므로 온도변화, 풍압 등에 따른 지선의 장력 증가분을 고려할 필요가 있다.

170 ★★ 지선볼트의 유효지름이 d[cm]이고 간격이 t[cm], 볼트에 가한 힘의 폭이 l[cm]인 볼트의 굽힘응력이 f_m[N/cm²]라면 볼트에 허용되는 지선장력 T_m[N]는?

① $T_m = \dfrac{8\pi \cdot d^3}{\left(t - \dfrac{l}{2}\right)} \cdot f_m$

② $T_m = \dfrac{\left(t - \dfrac{l}{2}\right)}{8\pi \cdot d^3} \cdot f_m$

③ $T_m = \dfrac{8\left(t - \dfrac{l}{2}\right)}{\pi \cdot d^3} \cdot f_m$

④ $T_m = \dfrac{\pi \cdot d^3}{8\left(t - \dfrac{l}{2}\right)} \cdot f_m$

해설 볼트에 허용되는 지선장력 T_m은
$$T_m = \dfrac{\pi \cdot d^3}{8\left(t - \dfrac{l}{2}\right)} \cdot f_m$$

171 ★★ 그림과 같은 일반용 완철재의 A 점에 생기는 최대 굽힘응력은? (단, σ_m은 완철재의 굽힘응력[N/cm²], M_m은 최대굽힘모멘트[N·m], Z는 완철재의 단면계수[cm³]이다.)

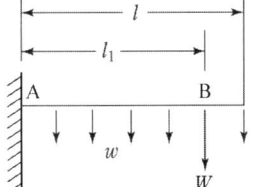

① $\sigma_m = \dfrac{Z}{M_m}$

② $\sigma_m = M_m \times Z$

③ $\sigma_m = \dfrac{M_m}{Z}$

④ $\sigma_m = \sqrt{\dfrac{M_m}{Z}}$

해설 A점에 생기는 최대 굽힘응력 $\sigma_m = \dfrac{M_m}{Z}$ 이다.

172 ★★★ 완철재의 단면계수가 7.97[cm³]인 완철의 최대굽힘모멘트가 147.35[N·m]이라 하면 완철재의 굽힘응력 σ_m[N/cm²]는?

① 462 ② 924 ③ 1849 ④ 3698

해설 $\sigma_m = \dfrac{M_m}{Z} = \dfrac{147.35 \times 10^2}{7.97} = 1848.8 ≒ 1849$

정답 170. ④ 171. ③ 172. ③

173 그림과 같은 일반용 완철재의 A 점에 생기는 최대 전단응력 (F_s)은?(단, 완철재의 전단응력은 $\sigma_s[\text{N/cm}^2]$, 완철재의 단면적은 $A[\text{cm}^2]$이다.)

① $F_s = \dfrac{\sigma_s}{A}$ ② $F_s = \sigma_s \times A$

③ $F_s = \sqrt{\sigma_s \times A}$ ④ $F_s = \dfrac{A}{\sigma_s}$

해설 $\sigma_s = \dfrac{F_s}{A}$ 이므로 $F_s = \sigma_s \times A$

174 그림과 같은 일반용 완철재의 A 점에 생기는 최대 전단응력(F_s)은?(단, 완철재의 전단응력은 $15[\text{N/cm}^2]$, 완철재의 단면적은 $22[\text{cm}^2]$이다.)

① 220 ② 330
③ 440 ④ 550

해설 최대전단응력(F_s)은 $F_s = \sigma_s \times A = 15 \times 22 = 330$

175 곡선로에 설치되어 있는 전주대용물의 횡장력에 의한 수평하중(P)을 구하는 식은? (단, S : 경간[m], R : 곡선반지름[m], T : 전선의 장력, n : 전선의 가닥수이다.)

① $P = \dfrac{RT}{S} \cdot n^2$ ② $P = \dfrac{SR}{T^2} \cdot n$

③ $P = \sqrt{\dfrac{ST}{R}} \cdot n^2$ ④ $P = \dfrac{ST}{R} \cdot n$

해설 전주대용물의 곡선로 횡장력에 의한 수평하중(P)은 $P = \dfrac{ST}{R} \cdot n$

176 전차선로의 내진설계시 수평방향으로 구조물에 가해지는 합성모멘트 값은 구조물 질량의 몇 [%]를 설계시 반영하는가?

① 4 ② 6 ③ 8 ④ 10

해설 전차선로의 내진 설계는 "철도의 건설기준에 관한 규정"에 따라 수평방향으로 구조물 질량의 6[%]를 구조물에 가해지는 합성모멘트 값을 설계시 반영한다.

177 ★ 전차선로의 내진설계시 수직방향으로 구조물에 가해지는 합성모멘트 값은 구조물 질량의 몇 [%]를 설계시 반영하는가?

① 3 ② 6 ③ 9 ④ 12

해설 전차선로의 내진 설계는 "철도의 건설기준에 관한 규정"에 따라 수직방향으로 구조물 질량의 3[%]를 구조물에 가해지는 합성모멘트 값을 설계시 반영한다.

178 ★ 다음 용접의 사용범위에 대한 설명중 틀린 것은?

① 주응력을 전달하는 부재를 접속할 때는 용접을 하지 않는 것으로 한다.
② 전차선로용 강구조물의 용접은 주재와 복재와의 접속만으로 사용한다.
③ 주재의 접속 또는 철주와 빔의 접속에는 용접하는 것을 원칙으로 한다.
④ 결함이 발생하였을 때를 가정하여 비파괴검사를 할 것을 권장하고 있다.

해설 1) 주재의 접속 또는 철주와 빔의 접속에는 용접하지 않는 것을 원칙으로 한다.
2) 주응력을 전달하는 부재를 접속할 때는 용접을 하지 않는 것으로 한다.
3) 전차선로용 강구조물의 용접은 주재와 복재와의 접속만으로 사용한다.
4) 결함이 발생하였을 때를 가정하여 비파괴검사를 할 것을 권장하고 있다.

179 ★ 다음중 용접구조로 가장 적합한 강재는?

① 용접구조용 압연강재(SM)
② 일반구조용 압연강재(SS)
③ 일반구조용 탄소강 강관(STK)
④ 주철

해설 용접구조용 압연강재(SM)는 특히 용접성이 우수한 강재이며 C, Mn, Si, P, S의 모든 성분은 한국산업표준규격(KS)에 정해져 있고, 용접구조로 가장 적합한 강재이다.

180 C, Mn, Si 등이 포함되어 있어도 용접하는데 큰 문제가 없으나 저탄소강에 속하기 때문에 탄소량이 많고(C≥0.25[%]) 판두께가 두꺼운 경우(t≥25[mm])에는 용접에 특별한 주의가 필요한 강재는?

① SM490A ② SS400 ③ STK490 ④ SWS570

해설 SS400은 P, S 외에 함유량이 정해져 있지 않지만 C, Mn, Si 등이 포함되어 있어도 용접하는데 큰 문제가 없으며, 저탄소강에 속하기 때문에 판두께가 25[mm] 정도까지는 용접에 특별한 주의가 필요하지 않고, 탄소량이 많고(C≥0.25[%]) 판두께가 두꺼운 경우(t≥25[mm])에는 용접에 특별한 주의가 필요한 강재이다.

정답 177. ① 178. ③ 179. ① 180. ②

181 ★ C의 함유량이 많기 때문에 용접부의 재질로는 담금질 효과에 의해 단단해 지지만, 반대로 매우 부서지기 쉬워지므로 용접용 강재로는 적당하지 않은 강재는?

① SM400   ② SS490   ③ STK490   ④ SWS400

해설 SS490은 C의 함유량이 많기 때문에 용접부의 재질로는 담금질 효과에 의해 단단해 지지만, 반대로 매우 부서지기 쉬워지므로 용접용 강재로는 적당하지 않다.

182 ★ 발판 및 가설용 강관으로 사용되며, C의 함유량이 많기 때문에 용접을 하지 않는 것이 좋은 강재에 해당되는 것은?

① SM400   ② SS490   ③ STK500   ④ 주철

해설 STK500은 용접성은 우수하지만 발판 및 가설용 강관으로서 C의 함유량이 많기 때문에 용접을 하지 않는 것이 좋다.

183 ★ 입자는 거칠고 입자간에는 다량의 산소가 포함되어 있어 용접부에 큰 결함을 생기므로 용접구조에 사용하지 않는 강재는?

① 용접구조용 압연강재(SM)
② 일반구조용 압연강재 (SS)
③ 일반구조용 탄소강 강관(STK)
④ 주철

해설 주철은 고탄소 합금으로 딱딱하고 부스러지기 쉽기 때문에 용접을 하기에는 쉽지 않으며 신뢰성도 떨어진다. 또한, 주철의 입자는 거칠고 입자간에는 다량의 산소가 포함되어 있어 용접부에 큰 결함을 생기게 하므로 용접구조에는 사용하지 않는 것이 좋다.

184 ★ 응력을 전달할 수 있는 맞대기용접 이음매의 형식이 아닌 것은?

① 모서리이음   ② 변두리이음
③ T 이음   ④ 겹치기이음

해설 맞대기용접 이음매의 형식으로는 맞대기이음, 모서리이음, 변두리이음, T 이음이 있다.

185 ★ 다음 중 맞대기용접 이음매의 형식으로 맞는 것은?

① 모서리필릿이음   ② 덧데기이음
③ T 이음   ④ 겹치기이음

정답 181. ② 182. ③ 183. ④ 184. ④ 185. ③

186 ★ 응력을 전달할 수 있는 필릿용접 이음매의 형식이 아닌 것은?

① 변두리이음 ② 맞대기필릿이음
③ T 이음 ④ 겹치기이음

해설 필릿용접 이음매의 형식으로는 맞대기필릿이음, 겹치기이음, T 이음이 있다.

187 ★ 모서리 이음매에는 응력을 부담시키지 않고 아크용접으로 이음매를 만들때에 사용하는 용접이음매의 형식이 아닌 것은?

① 맞대기 ② 살돋음
③ T 이음 ④ 점용접(홈용접)

해설 모서리 이음매에는 응력을 부담시키지 않고 아크용접으로 이음매를 만들 때에는 맞대기, 필릿, 점용접(홈용접), 비드 및 살돋움 등을 사용한다.

188 ★ 일반구조용 압연강재(SS400)를 맞대기이음매 용접을 할 때 인장, 압축, 휨응력을 받는 용접부위 단면에 대한 허용응력도[N/cm²]는?

① 7840 ② 9640 ③ 11840 ④ 13720

해설 용접의 허용응력도   단위 : [N/cm²]

재료 \ 이음매 형식 응력 계수	맞대기 이음매				필릿(Fillet)
	인장	압축	휨	전단	
SS400	13,720	13,720	13,720	7,840	7,840

189 ★ 일반구조용 압연강재(SS400)를 필릿용접을 할 때 용접부위단면에 대한 허용응력도 [N/cm²]는?

① 7840 ② 9640 ③ 11840 ④ 13720

190 ★ 강재류의 용접이음매에서 받는 응력이 아닌 것은?

① 인장력 ② 압축력
③ 전단력 ④ 축방향력

해설 인장력, 압축력은 전단력을 받는 용접 이음매에서 각각의 응력도 σ는 허용응력도 이하로 한다.

정답 186. ① 187. ③ 188. ④ 189. ① 190. ④

191 ★ 인장력, 압축력은 전단력을 받는 용접 이음매에서 각각의 허용응력도 $\delta[\text{N/cm}^2]$를 구하는 식으로 맞는 것은? (단, P는 용접이음매부를 통해 전달되는 힘[N], l은 용접이음매의 유효장[cm], a는 용접이음매부의 목의 두께[cm]이다.)

① $\delta = \dfrac{P}{\sum (a \cdot l)}$ ② $\delta = \dfrac{P}{\sum (a \cdot l)^2}$

③ $\delta = \dfrac{\sum (a \cdot l)}{P^2}$ ④ $\delta = \dfrac{\sum l}{P \cdot a}$

해설 허용응력도 $\delta = \dfrac{P}{\sum (a \cdot l)}$

192 ★ 주관의 표면에 지관을 붙여 강관을 용접할 경우에는 지관의 두께는 주관의 두께보다 작아야 하는데 이 때 지관의 외경은 주관외경의 얼마인가?

① $\dfrac{1}{2}$ 이상   ② $\dfrac{1}{3}$ 이상   ③ $\dfrac{1}{4}$ 이상   ④ $\dfrac{1}{5}$ 이상

해설 주관의 표면에 지관을 붙여 강관을 용접할 경우에는 지관의 두께는 주관의 두께보다 작아야 하는데 이 때 지관의 외경은 주관외경의 $\dfrac{1}{4}$ 이상이어야 한다.

193 ★ 강관의 용접은 전체를 돌려서 어떠한 용접을 원칙적으로 하는가?

① 전붙이용접   ② 이음매용접
③ 필립용접   ④ 맞대기용접

해설 강관의 용접은 전체를 돌려서 원칙적으로 맞대기용접을 한다.

194 ★ 강관에 필릿용접을 할 경우 필릿용접의 사이즈는 얇은 쪽의 관(지관) 두께의 몇 배 정도 되어야 하는가?

① 1.5배 이상 2배 이하   ② 2배 이상 2.5배 이하
③ 2.5배 이상 3배 이하   ④ 3배 이상 4배 이하

해설 강관에 필릿용접을 할 경우 필릿용접의 사이즈는 얇은 쪽의 관(지관) 두께의 1.5배 이상 2배 이하여야 한다.

정답 191. ① 192. ③ 193. ④ 194. ①

6장 전기철도구조물의 설계
핵심예상문제 필답형 실기

01 ★★★ 전기철도 구조물을 설계할 때 고려해야 할 사항에 대하여 3가지 이상 쓰시오.

[풀이] 전기철도 구조물을 설계할 때에는
1) 해당선구(지역)의 기온, 눈, 바람 등의 기상조건
2) 선로의 조건(직선, 곡선, 교량, 터널, 건널목 등)
3) 건축한계의 저촉 여부
4) 전차선의 가선방식(가공 또는 강체, 제3궤조방식)
5) 해당 선구에서의 운전조건(열차의 최고 운행속도, 전차선의 높이, 편위, 구배)
6) 급전계통상 변전소(SS)와 구분소(SP), 보조구분소(SSP), 병렬급전구분소(PP)의 위치 등을 우선적으로 고려하여야 한다.

02 ★★ 전기철도 구조물을 설계할 때 설계의 방향에 대하여 아는바를 쓰시오.

[풀이]
1) 설비, 기기, 시스템 등이 설계조건 하에서 내구연한(생애주기: Life cycle) 동안 요구된 기능을 적정하게 수행되도록 한다.
2) 열차운행과 시설물, 사람의 안전을 확보하고 시공성이 우수하며 경제적인 설비가 되도록 한다.
3) 성능향상 및 기술진보에 따른 호환성을 갖는 설비가 되도록 한다.
4) 내구성이 양호하고, 유지보수가 용이한 설비가 되도록 한다.
5) 에너지이용의 효율성 및 환경친화성을 고려한 설비가 되도록 한다.
6) 공익적 기능 및 국민편익을 고려한 설비가 되도록 한다.

03 ★★★★★ 전기철도 구조물의 설계에서 일반적으로 단독전주로 취급하여 계산하는 것에는 어떠한 것들이 있는지 아는데로 쓰시오.

[풀이] 전기철도 구조물에서 가동브래킷과 고정브래킷, 크로스빔을 지지하는 전주 및 인류주, 스팬선빔을 지지하는 전주 등은 단독전주로 계산한다.

04 ★★★ 단독전주의 설계하중에 고려하여야 할 하중을 4가지 이상 쓰시오.

[풀이] 단독전주의 설계하중에 고려하여야 할 하중은
1) 전선의 중량
2) 브래킷, 빔, 그 외의 중량과 풍압하중
3) 전선의 수평장력
4) 온도변화에 따른 가동브래킷이 이동한 경우에 수평하중
5) 작업원(2인)의 중량(보통 1인당 60[kg]으로 계산) 등이 있다.

05 전철구조물 설계하중에서 응력계산시 전선의 중량에 적용되는 하중은 어떠한 하중인가?

> **풀이** 전선의 중량에 적용되는 하중은 수직편심하중을 적용한다.

06 전철구조물 설계하중에서 응력계산시 가동브래킷의 이동에 적용되는 하중은 어떠한 하중인가?

> **풀이** 가동브래킷의 이동에 적용되는 하중은 수평집중하중이다.

07 단독전주에서 지지점의 높이가 h[m]인 전차선에 P[N]의 수평집중하중이 작용하는 경우 지면과의 경계점 모멘트[N·m]를 구하는 식을 쓰시오.

> **풀이** 단독전주에 수평집중하중이 작용하는 경우 지면과의 경계점 모멘트[N·m]는
> $M = P \cdot L$ 이다.

08 단독전주에서 지지점의 높이가 5.0[m]이고, 수평집중하중이 140.6[N]로 작용하는 경우 지면과의 경계점 모멘트는 약 몇 [N·m]인지 계산하시오.

> **풀이** 수평집중하중이 작용할 경우 지면과의 경계점 모멘트는
> $M = P \cdot L = 140.6 \times 5.0 = 703$ [N·m]

09 단독전주에서 지지점의 높이가 5.75[m]인 전차선에 163.4[N]의 수평집중하중이 작용하는 경우 지면과의 경계점 모멘는 약 몇 [N·m]인지 계산하시오.

> **풀이** 수평집중하중이 작용할 경우 지면과의 경계점 모멘트는
> $M = P \cdot L = 163.4 \times 5.75 = 939.5 ≒ 940$ [N·m]

10 전차선이 지표면상 5.67[m]에 설치되어 있다. 전차선의 횡장력에 의한 수평집중하중이 850[N]이고, 가동브래킷의 상부밴드와 하부밴드의 간격이 1[m]일 때 지면과 경계점에서 전차선의 횡장력 모멘트는 몇 [N·m]인가?

> **풀이** 수평집중하중이 작용할 경우 지면과의 경계점 모멘트는
> $M = P \cdot L = 850 \times 5.67 = 4819.5 ≒ 4820$ [N·m]

11 ★★★
가공전차선로에서 수평집중하중이 작용하는 단독전주의 지면과의 경계점의 전단력 Q는? (단, P : 수평장력, L : 지표면 상에서의 전체 높이이다.)

> 풀이 수평집중하중이 작용하는 경우 지면과의 경계점 전단력 $Q = P$

12 ★★★★
단독전주의 높이가 7.5[m]이고 전차선의 수평집중하중이 20[kN]이다. 이 경우 지면과의 경계점에서의 전단력[kN]은?

> 풀이 수평집중하중이 작용하는 경우 지면과의 경계점에서 전단력 $Q = P = 20\,[\text{kN}]$

13 ★★
단독전주에서 지지점이 6.75[m]인 전차선에 1378[N]의 수평집중하중이 작용하는 경우 지면과의 경계점에서 전단력[N]은?

> 풀이 수평집중하중이 작용하는 경우 지면과의 경계점에서 전단력 $Q = P = 1378\,[\text{N}]$

14 ★★★
전차선로에 설치된 단독전주에서 지지점의 높이가 L [m]인 전차선에 P [N]의 수평집중하중이 작용할때 지면으로부터 h [m] 지점의 모멘트[N · m]는?

> 풀이 수평집중하중이 작용하는 경우 h점의 모멘트 $M_h = P(L - h)$

15 ★★★
전차선로에 설치된 단독전주에서 지지점의 높이가 6.5[m]인 전차선에 1460[N]의 수평집중하중이 작용할 때 지면으로부터 3.5[m] 지점의 모멘트[N · m]는?

> 풀이 수평집중하중이 작용하는 경우 h점의 모멘트
> $M_h = P(L - h) = 1460 \times (6.5 - 3.5) = 4380\,[\text{N} \cdot \text{m}]$

16 ★★★★
단독전주에서 지지점의 높이가 5.2[m]인 전차선에 1500[N]의 수평집중하중이 작용하는 경우 2.5[m] 지점의 모멘트[N · m]는?

> 풀이 수평집중하중이 작용하는 경우 h점의 모멘트
> $M_h = P(L - h) = 1500 \times (5.2 - 2.5) = 4050\,[\text{N} \cdot \text{m}]$

17 ★★★ 단독전주에서 지지점의 높이가 L[m]인 전선에 수평집중하중 P[N]가 작용하는 경우 h점에서의 전단력[N]은? (단, $L > h$ 이다.)

풀이 수평집중하중이 작용하는 경우 지지점(h)의 전단력 $Q_h = P$

18 ★★★★ 단독전주에서 지지점의 높이가 5.2[m]인 전차선에 1265[N]의 수평집중하중이 작용하는 경우 높이 3[m] 지점에서의 전단력은 약 몇 [N]인가?

풀이 수평집중하중이 작용하는 경우 지점(h)의 전단력 $Q_h = P = 1265$[N]

19 ★★ 가공 전차선로에서 수평분포하중이 작용하는 단독 전철주의 지면과의 경계점 모멘트 M을 구하는 식을 쓰시오.

풀이 수평분포하중이 작용하는 단독 전철주의 지면과의 경계점 모멘트는
$$M = \frac{wL^2}{2} [\text{N} \cdot \text{m}]$$

20 ★★★ 지표면에서 높이가 9[m]인 단독전주에 250[N/m]의 수평분포하중이 작용하는 경우 지면과의 경계점 모멘트[N·m]는?

풀이 수평분포하중이 작용하는 경우 지면과의 경계점 모멘트는
$$M = \frac{wL^2}{2} = \frac{250 \times 9^2}{2} = 10125 [\text{N} \cdot \text{m}]$$

21 ★★★ 지표면에서 높이가 11[m]인 단독전주가 320[N/m]의 수평분포하중을 받고 있을 때 지면과의 경계점 모멘트[N·m]는?

풀이 수평분포하중이 작용하는 경우 지면과의 경계점 모멘트는
$$M = \frac{wL^2}{2} = \frac{320 \times 11^2}{2} = 19360 [\text{N} \cdot \text{m}]$$

22 ★★★ 가공전차선로에 설치된 단독전주의 지면으로부터 높이는 11[m]이다. 이 전주에 수평분포하중 320[N/m]가 작용하는 경우 지면과의 경계점 모멘트[N/m]는?

풀이 수평분포하중이 작용하는 경우 지면과의 경계점 모멘트는

$$M = \frac{wL^2}{2} = \frac{320 \times 11^2}{2} = 19360 [\text{N} \cdot \text{m}]$$

23 ★★
높이가 9[m]인 단독전주에 수평분포하중이 280[N/m]가 작용할 때 지면과의 경계점에서의 전단력[N]을 계산하시오.

풀이 수평분포하중이 작용하는 경우 지면과의 경계점 전단력
$$M = wL = 280 \times 9 = 2520 [\text{N}]$$

24 ★★★
지표면에서 높이가 11[m]인 단독전주에 250[N/m]의 수평분포하중이 작용하는 경우 지면과의 경계점에서의 전단력[N]을 계산하시오.

풀이 수평분포하중이 작용하는 경우 지면과의 경계점 전단력
$$M = wL = 250 \times 11 = 2750 [\text{N}]$$

25 ★★★
지표면의 높이가 10[m]인 단독전주에 2500[N/m]의 수평분포하중이 작용하는 경우 4[m] 지점에서의 모멘트[kN·m]를 계산하시오.

풀이 수평분포하중이 작용하는 경우 h점의 모멘트는
$$M = \frac{w(L-h)^2}{2} = \frac{2500 \times (10-4)^2}{2} = 45000 = 45 [\text{kN} \cdot \text{m}]$$

26 ★★★
지표면에서 높이가 9[m]인 단독전주에 1500[N/m]의 수평분포하중이 작용하는 경우 지면으로부터 높이가 3[m] 지점에서의 모멘트[kN·m]를 계산하시오.

풀이 수평분포하중이 작용하는 경우 h점의 모멘트는
$$M = \frac{w(L-h)^2}{2} = \frac{1500 \times (9-3)^2}{2} = 27000 = 27 [\text{kN} \cdot \text{m}]$$

27 ★★
지표면에서 높이가 9[m]인 단독전주에 2500[N/m]의 수평분포하중이 작용하는 경우 3.5[m] 지지점에서의 모멘트[kN·m]를 계산하시오.

풀이 수평분포하중이 작용하는 경우 h점의 모멘트는
$$M = \frac{w(L-h)^2}{2} = \frac{2500 \times (9-3.5)^2}{2} = 37812.5 ≒ 37.8 [\text{kN} \cdot \text{m}]$$

28 지표면에서 높이가 10[m]인 단독전주에 2800[N/m]의 수평분포하중이 작용하는 경우 4[m] 지점에서의 모멘트[kN·m]를 계산하시오.

풀이) 수평분포하중이 작용하는 경우 h점의 모멘트는
$$M = \frac{w(L-h)^2}{2} = \frac{2800 \times (10-4)^2}{2} = 50400 = 50.4 [\text{kN} \cdot \text{m}]$$

29 지표면에서 높이가 L[m]인 단독전주에 w[N/m]의 수평분포하중이 작용하는 경우 지표로부터 h[m] 지점에서의 전단력[N]을 구하는 식을 쓰시오.

풀이) 수평분포하중이 작용하는 경우 h[m] 지점에서의 전단력 $Q_h = w(L-h)$ 이다.

30 지표면에서 높이가 11[m]인 단독전주에 2800[N/m]의 수평분포하중이 작용하는 경우 지표로부터 4[m] 지점에서의 전단력[N]을 계산하시오.

풀이) 수평분포하중이 작용하는 경우 h[m] 지점에서의 전단력
$Q_h = w(L-h) = 2800 \times (11-4) = 19600[\text{N}]$

31 지표면에서 높이가 11[m]인 단독전주에 3000[N/m]의 수평분포하중이 작용하는 경우 지표로부터 3[m] 지점에서의 전단력[N]을 계산하시오.

풀이) 수평분포하중이 작용하는 경우 h[m] 지점에서의 전단력
$Q_h = w(L-h) = 3000 \times (11-3) = 24000[\text{N}]$

32 지표면에서 높이가 9[m]인 단독전주에 2900[N/m]의 수평분포하중이 작용하는 경우 4[m] 지점에서의 전단력 Q_h는 몇 [N]인지 계산하시오.

풀이) 수평분포하중이 작용하는 경우 h[m] 지점에서의 전단력
$Q_h = w(L-h) = 2900 \times (9-4) = 14500[\text{N}]$

33 그림에서와 같이 단독주에 설치된 가동브래킷에 P[N]의 수직편심하중이 작용하는 경우 지면과의 경계점 모멘트 M[N·m]을 구하는 계산식을 쓰시오.

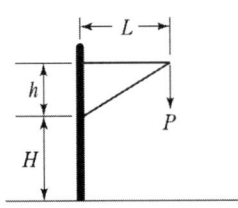

풀이 수직편심하중이 작용하는 경우 지면과의 경계점 모멘트 $M = P \cdot L$

34 ★★
그림에서와 같이 단독주에 설치된 가동브래킷에 800[N]의 수직편심하중이 작용하는 경우 지면과의 경계점 모멘트 M[N·m]을 구하시오.

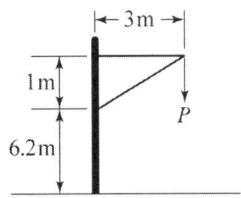

풀이 수직편심하중이 작용하는 경우 지면과의 경계점 모멘트 M은
$M = P \cdot L = 800 \times 3 = 2400$

35 ★★★
단독 전철주의 브래킷에 800[N] 수직편심하중이 작용할 경우 지면과의 경계점 모멘트는 몇 [N·m]인지 계산하시오.(단, 브래킷의 길이는 3.5[m]이다.)

풀이 수직편심하중이 작용하는 경우 지면과의 경계점 모멘트 M은
$M = P \cdot L = 800 \times 3.5 = 2800$

36 ★★★
그림에서와 같이 단독주에 설치된 가동브래킷에 1000[N]의 수직편심하중이 작용하는 경우 지면과의 경계점 전단력 Q[N]은?

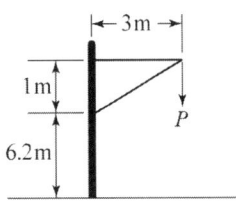

풀이 수직편심하중이 작용하는 경우 지면과의 경계점 전단력 $Q = 0$

37 ★★
길이가 24[m]이고 빔의 모양이나 재질이 일정한 문형빔에 작용하는 수직하중이 1500[N]일 때 이 빔의 수직 등분포하중은 몇 [N/m]인가?

풀이 등분포하중이므로 수직하중 ÷ 길이 = 62.5[N/m]

38 ★★★★★
전기철도구조물의 강도를 계산하기 위한 설계조건에 대하여 4가지 이상 쓰시오.

풀이 전기철구조물의 강도계산을 하기 위한 설계조건에는
1) 해당선로의 급전방식과 가선방식   2) 사용전선의 종류와 굵기

3) 전선에 가해지는 장력
4) 전주의 종류와 형태
5) 기상조건(기온, 바람, 눈 등)
6) 선로조건(곡선반경, 구배, 터널, 교량 등)
7) 전주경간

39 ★★ 전기철도구조물의 설계조건을 설계프로그램에 적용하여 강도계산을 통하여 도면화한 결과물을 무엇이라 하는가?

풀이 시공상세도(Shop Drawing) 이라 한다.

40 ★★★ 지름이 0.0185[m], 경간이 50[m]인 급전선에 선로와 직각방향으로 가해지는 전선의 풍압하중을 구하시오.(단, 풍압하중의 수직투영면적당 하중은 100[N/m²]이다.)

풀이 $P_w = P_{w_o} \times S = 100 \times 18.5 \times 10^{-3} \times 50 = 92.5 [\mathrm{N/m^2}]$

41 전선에 풍압하중이나 착설하중이 있는 경우의 합성하중을 구하는 계산식을 쓰시오.
(단, W : 전선의 단위 길이당의 합성하중, W_o : 전선의 단위중량, W_i : 전선의 피빙중량, W_w : 전선의 풍압하중이다)

풀이 전선에 풍압하중이나 착설하중이 있는 경우의 합성하중은
$W = \sqrt{(W_o + W_i)^2 + W_w^2}$

42 ★★★ 강 구조물에 하중이 걸릴 때 부재에 발생하는 응력 3가지를 쓰시오.

풀이 강 구조물에 하중이 걸릴 때 부재에는 인장응력, 압축응력, 좌굴응력이 발생한다.

43 ★★★ 그림과 같은 조립철주의 X 축에 대한 단면2차모멘트를 계산하시오.

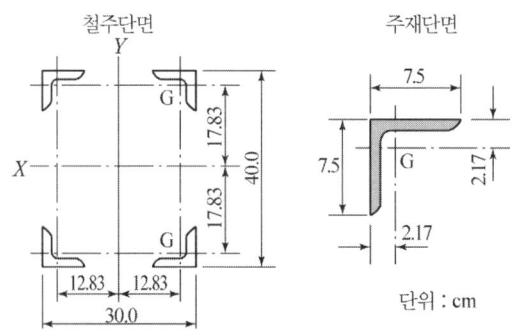

풀이 각 기둥 전체의 X축에 대한 단면2차모멘트는
$$I_X = 4\{64.4 + 12.69 \times (17.83)^2\} = 16395\,[\text{cm}^4]$$

44 ★★★ 그림과 같은 조립철주의 Y축에 대한 단면계수를 계산하시오.

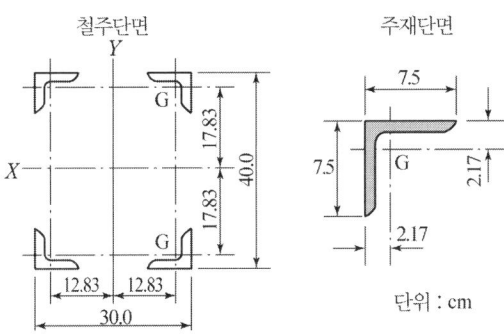

풀이 각 기둥 전체의 Y축에 대한 단면계수는
$$Z_Y = \frac{2 \times 8613}{30} \fallingdotseq 574\,[\text{cm}^3]$$

45 ★★★★★ 철구조물에서 항압재의 길이를 L, 부재단면의 회전반지름을 r 이라고 하면 세장비(λ)를 구하는 식을 쓰시오.

풀이 $\lambda = \dfrac{L}{r}$

46 ★★ 세장비(λ) 공식을 적고 그 기호에 대해 간단히 쓰시오.

풀이 1) 공식 : $\lambda = \dfrac{L}{r}$
2) 기호 : L 항압재의 길이
　　　　r 부재단면의 회전반지름

47 ★★★ 다음은 세장비에 관한 내용이다. 괄호안에 알맞는 내용을 쓰시오.

> 전차선로용 세장비(λ)의 제한은 주기둥재에서는 (　)이하, 보통압축재에서는 220 이하, 압축재로 사용하는 보조재는 (　)로 한다.

풀이 주기둥재에서는 200 이하, 압축재로 사용하는 보조재는 250 이하로 제한하고 있다.

48 다음은 철주의 사재 설치 방법에 대한 내용이다. 괄호안에 들어가는 내용을 쓰시오.

> 사재는 (　　), 발생응력의 크기 및 주재와의 접합부에 작용하는 (　　) 등에 따라 설치 방법을 결정한다.

풀이 세장비의 제한, 하중의 크기

49 다음은 철주의 사재의 수평면에 대한 경사각도에 대한 설명이다. 괄호 안에 들어가는 각도를 쓰시오.

> 사재를 설치하는 방법으로 경사각도는 단사재일 때 (　°), 복사재일 때 (　°)로 한다.

풀이 경사각도는 단사재일 때 40°, 복사재일 때 45°로 한다.

50 조립철주 사재의 강도를 계산하는 식을 쓰시오. (단, Q : 조립철주에 가해지는 수평력 [N], θ : 사재의 수평면에 대한 경사각도, A : 사재의 유효단면적[cm²], n : 사재의 중복수, f : 사재의 허용인장응력도 또는 허용좌굴응력도[N/cm²]이다.)

풀이 $\dfrac{Q}{f \cdot n \cdot A\cos\theta} \leq 1$

51 조립철주 사재의 중복수(n)는 일반적인 4각철주의 경우는 단사재일 경우 중복수는 (　), 복사재일 경우 중복수는 (　) 이다.
괄호 안에 들어가는 숫자를 쓰시오.

풀이 4각철주의 경우는 단사재일 경우 중복수 $n=2$, 복사재일 경우 중복수 $n=4$ 이다.

52 볼트의 지름 D 20[mm], 볼트의 허용전단응력이 200[MPa]일 때, 볼트의 최대허용전단력[kN]은?

풀이 사재의 볼트는 16[mm]로 전단력이 작용하는 부분에 나사부분이 오지 않도록 하면 허용전단력은
$F = f_a \dfrac{\pi d^2}{4} = 200 \times \dfrac{3.14 \times 20^2}{4} = 62800\,[\text{N}] \fallingdotseq 62.8\,[\text{kN}]$

53 ★★★
볼트의 유효 직경을 1.6[cm], 허용전단응력을 1,500[N/cm²]로 할 때, 이 볼트 한 개의 허용전단력은 약 몇 [N]인가?

풀이 $F = f_a \dfrac{\pi d^2}{4} = 1500 \times \dfrac{3.14 \times 1.6^2}{4} = 3014.4 \,[\text{N}] \fallingdotseq 3014 \,[\text{N}]$

54 ★
H형강의 강도계산시 허용 휨모멘트(M_a)만 가해진 경우의 횡도좌굴 계산식을 쓰시오.
(단 M_a : 허용 휨모멘트, M_k : 한계 휨모멘트, F : 안전율이다)

풀이 H형강의 강도계산시 허용 휨모멘트(M_a)만 가해진 경우의 횡도좌굴 계산식은
$M_a = \dfrac{M_k}{F}$ 이다.

55 ★
H형강의 단면2차모멘트가 큰 쪽의 축에 대해 하중이 가해지면, 전주는 돌연하중방향과 직각으로 비틀리면서 변형 또는 전도가 발생한다. 이것을 무엇이라고 하는가?

풀이 H형강 등의 단면2차모멘트가 큰 쪽의 축에 대해 하중이 가해지면, 전주는 돌연하중방향과 직각으로 비틀리면서 변형 또는 전도가 발생하는 것을 횡도좌굴 또는 횡좌굴이라 한다.

56 ★★
X축의 단면2차모멘트와 Y축의 단면2차모멘트와의 사이에 큰 차이가 있는 경우 횡도좌굴을 검토할 필요가 있는 구조물은 어떤 것이 있는가?

풀이 X축의 단면2차모멘트와 Y축의 단면2차모멘트와의 사이에 큰 차이가 있는 경우 횡도좌굴을 검토할 필요가 있는 구조물은 전주, 빔이다.

57 ★★★★★
그림과 같은 트러스 빔에서 ⑤ 의 명칭을 쓰시오.

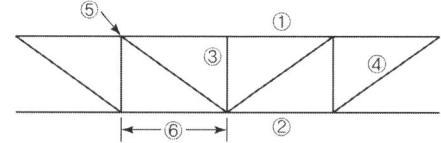

풀이 빔의 명칭

번 호	전기철도에서 사용하는 용어	구조역학에서 사용하는 용어
①	상부주재	상 현 재
②	하부주재	하 현 재
③	입 속	연 직 재

번 호	전기철도에서 사용하는 용어	구조역학에서 사용하는 용어
④	경 사 재	경 사 재
⑤	절 점	격점 또는 절점
⑥	부재길이	격간길이

58 ★★ 그림과 같이 빔의 각 부재에 집중하중이 작용하는 경우 A~C간에 걸리는 전단력(Q_x)은?

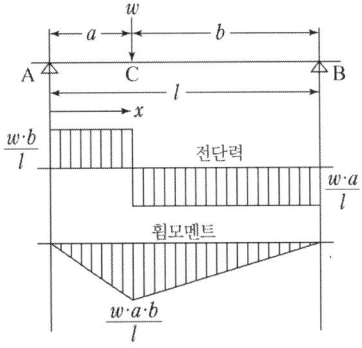

[풀이] 빔의 각 부재에 집중하중이 작용하는 경우 A ~ C간에 걸리는 전단력(Q_x)은

$Q_x = \dfrac{wb}{l}$ 이다.

59 ★★ 그림과 같이 빔의 각 부재에 집중하중이 작용하는 경우 A ~ C간에 걸리는 휨모멘트(M_x)는?

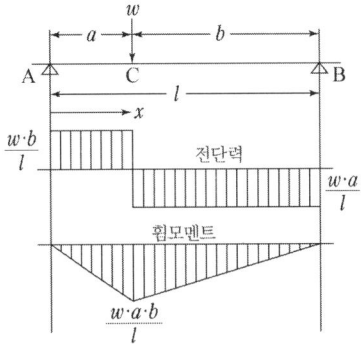

[풀이] 빔의 각 부재에 집중하중이 작용하는 경우 A ~ C간에 걸리는 휨모멘트(M_x)는

$M_x = \dfrac{w\,b\,x}{l}$ 이다.

60 ★★ 그림과 같이 빔의 각 부재에 집중하중이 작용하는 경우 B ~ C간에 걸리는 전단력(Q_x)은?

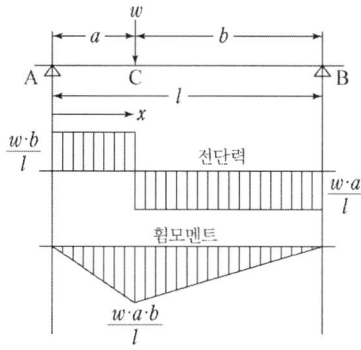

풀이 빔의 각 부재에 집중하중이 작용하는 경우 B ~ C간에 걸리는 전단력(Q_x)은
$Q_x = \dfrac{wa}{l}$ 이다.

61 ★★ 그림과 같이 빔의 각 부재에 집중하중이 작용하는 경우 B ~ C간에 걸리는 휨모멘트(M_x)는?

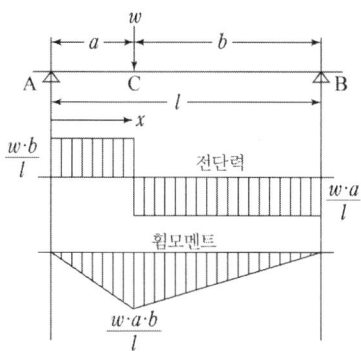

풀이 빔의 각 부재에 집중하중이 작용하는 경우 B ~ C간에 걸리는 휨모멘트(M_x)는
$M_x = \dfrac{wa}{l}(l-x)$ 이다.

62 그림과 같이 빔의 각 부재에 분포하중이 작용하는 경우 전단력(Q_x)은?

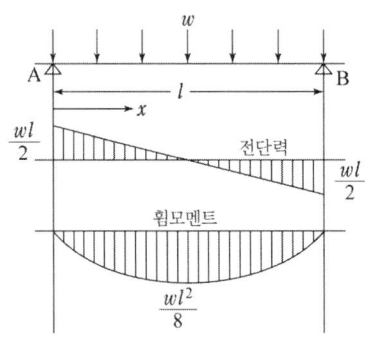

풀이 빔의 각 부재에 분포하중이 작용하는 경우 전단력(Q_x)은

$Q_x = \dfrac{w}{2}(l-2x)$ 이다.

63 그림과 같이 빔의 각 부재에 분포하중이 작용하는 경우 걸리는 휨모멘트(M_x)는?

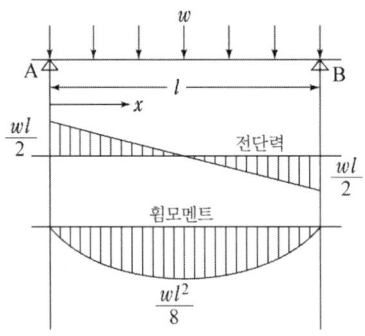

풀이 빔의 각 부재에 분포하중이 작용하는 경우 걸리는 휨모멘트(M_x)는

$M_x = \dfrac{wx}{2}(l-x)$ 이다.

64 콘크리트주, 강관주와 전주밴드와의 접촉면에 있어서 밴드의 미끄러짐 시험결과 정지마찰계수(u_0)는 콘크리트주에서는 (   ), 강관주에서는 (   )로 되어있다. 빈 칸에 들어가는 알맞은 숫자를 쓰시오.

풀이 콘크리트주에서는 0.19~0.33, 강관주에서는 0.12~0.23로 되어있다.

65 전주기초의 크기 및 형상을 정할 때 고려하여야 할 사항에 대하여 쓰시오.

풀이 ▶ 전주기초는 부담하는 하중, 지형, 토질 등을 고려해서 형상 및 크기를 정한다.

66 전주기초를 설치한 후 지반조사를 수행할 때 시험종목에는 어떠한 것들이 있는지 쓰시오.

풀이 ▶ 전철주기초를 설치한 후 지반조사를 수행시에는 평판재하시험, 콘관입시험, 동적 콘관입시험, LFWD(소형 충격재하시험기) 등의 지반조사를 실시하여 기초 주변지반의 강도를 평가한다.

67 철도를 신설하는 양질의 토사가 있는 노반의 깎기개소에 전주기초를 시공시 내부마찰각[°]은 개략 얼마인가?

풀이 ▶ 신설 철도노반 (토사)

노반 분류	지형 분류	흙 종류	내부마찰각[°]	단위중량[tf/m³]
신설철도	쌓기	A군, 안정처리한 B군	32	1.9
		B군	30	1.8
	깎기	양질	32	1.9
		세립토 함량이 12% 이상인 경우	28	1.7

68 2004년 이전에 건설된 기존철도에 세립토 함량이 12[%] 이상인 토사가 있는 노반의 깎기개소에 전주기초를 시공시 내부마찰각[°]은 개략 얼마인가?

풀이 ▶ 기존철도 노반(2004년 이전 건설) (토사)

철도 분류	지반 분류	흙 종류	내부마찰각[°]	단위중량[tf/m³]
기존철도	쌓기	A군	30	1.8
		B군	28	1.7
	깎기	양질의 토사	30	1.8
		세립토 함량이 12% 이상인 경우	28	1.7

69 각형기초 전면부에 발생하는 연직토압은 회전 깊이의 어느 지점에서 최대 크기로 발생하는가?

[풀이] 각형기초 전면부에 발생하는 연직토압은 회전 깊이의 $\frac{1}{2}$ 되는 지점에서 최대 크기로 발생한다.

70 **★★** 각형기초 후면부에 발생하는 연직토압은 전면부 최대토압의 몇 배의 크기로 발생하는가?

[풀이] 각형기초 후면부 연직토압은 전면부 최대토압의 2.0배 크기로 발생한다.

71 **★** 원형기초 전면부에 발생하는 연직토압은 회전 깊이의 몇 배 되는 지점에서 최대 크기로 발생하는가?

[풀이] 원형기초 전면부에 발생하는 연직토압은 회전 깊이의 0.6배 되는 지점에서 최대 크기로 발생한다.

72 **★★★★** 전철주기초의 강도계산시 포터블 콘페니트로미터(Portable cone penetrometer) 측정법으로 콘지지력을 구하는 식을 쓰시오.

[풀이] 포터블 콘 페니트로미터(Portable cone penetrometer) 측정법에서

$$\text{콘 지지력} = \frac{\text{페니트로미터 관입저항치[N]}}{\text{선단 콘의 전면적[cm}^2\text{]}}$$

73 **★★** 충격식 페니트로미터의 측정방법에 대하여 간단하게 설명하시오.

[풀이] 충격식 페니트로미터의 측정방법은 무게 5[kg]의 낙하추를 50[cm]의 높이에서 낙하시켜서 선단 콘의 관입량 10[cm]당 타격수로 나타낸다.

74 **★★★** 스웨덴식 사운딩 측정방법에 대하여 간단하게 설명하시오.

[풀이] 전재하중(W_{SW})과 관입량 1[m]당 회수 N_{SW}(반회전수/[m])에 의해 환산한 q_c, N의 값을 구하는 것이 스웨덴 사운딩 측정방법이다.

75 **★★★** 전주기초의 기초강도에 필요한 계수 중 지형계수에 대하여 간단하게 설명하시오.

[풀이] 지형을 평지 또는 깎기개소와 쌓기개소로 구분하며 이런 지형에 대해서 하중방향을 고려해야 할 조건의 계수를 말한다.

76 ★★★ 전주기초의 기초강도에 필요한 계수 중 형상계수에 대하여 간단하게 설명하시오.

풀이 기초에는 각종형태가 있고, 또 기초 터파기를 할 때 토질 등에 따라 흙막이 틀을 사용하는 공법과 사용하지 않는 공법이 있다. 이 경우 토양과 기초재의 접촉면에서 강도의 차가 발생할 때 보정해주는 계수를 말한다.

77 ★★★ 전주기초의 기초강도에 필요한 계수 중 강도계수에 대하여 간단하게 설명하시오.

풀이 지반에는 기설지반과 같은 안정한 지반과 신설 쌓기와 같은 불안정한 지반이 있어 기초 강도에 영향을 미치므로 이것을 보정하는 계수를 말한다.

78 ★ 토질의 종류에서 롬에 대하여 간단하게 설명하시오.

풀이 토질의 종류에서 모래, 점토 등이 포함되지 않은 것(보통 흙)을 롬이라고 한다.

79 ★ 토질의 종류에서 실드에 대하여 간단하게 설명하시오.

풀이 점토와 비슷하며, 아래로 늘어 뜨리면 끊어지고, 건조하면 쉽게 파쇄되는 토질을 실드라고 한다.

80 ★ 토질의 종류에서 니탄에 대하여 간단하게 설명하시오.

풀이 유기물(풀, 수목의 뿌리 등이 썩은 것)을 함유하고 있어 매우 연하고 가벼운 성질을 갖고 있는 토질을 니탄이라고 한다.

81 ★★★★★ 지내력 측정이 필요한 보통지반에서 페니트로미터의 측정값을 이용하는 경우 기초의 허용모멘트 구하는 식을 쓰시오.

풀이 $M_a = \dfrac{0.067 d \cdot q_c \cdot l^2 \cdot k \cdot f}{F_s}$ [kN · m]

82 ★★★★★ 보통지반 개소에서 원주형 기초저항 모멘트[kN · m]를 계산하시오. (지형계수 1.0, 형상계수 1.0, 안전율 2.0, 폭 0.7[m], 콘크리트 기초길이 2[m], 콘크리트의 지지력 60[kN · m²]이다.)

풀이 $M_a = \dfrac{0.067d \cdot q_c \cdot l^2 \cdot k \cdot f}{F_s} = \dfrac{0.067 \times 0.7 \times 60 \times 2^2 \times 1 \times 1}{2} = 5.63\,[\text{kN} \cdot \text{m}]$

83 ★★ 지내력 측정이 필요한 보통지반의 경우 I형 기초 저항모멘트는 약 몇 [kN · m]인지 계산하시오. (단, 기초폭 $d=0.7[\text{m}]$, 콘지지력 $q_c=80[\text{kN/m}^2]$, 기초길이 $L=2.0[\text{m}]$, 지형계수 $K=1.2$, 형상계수 $f=1.0$, 안전율 $F=2.0$ 이다.)

풀이 $M_a = \dfrac{0.067d \cdot q_c \cdot l^2 \cdot K \cdot f}{F_s} = \dfrac{0.067 \times 0.8 \times 80 \times 2.0^2 \times 1.2 \times 1.0}{2.0} \fallingdotseq 10.3\,[\text{kN} \cdot \text{m}]$

84 ★★★ 지내력 측정이 필요한 점토지반에서 페니트로미터의 측정값을 이용하는 경우 기초의 허용모멘트 구하는 공식을 쓰시오.

풀이 $M_a = \dfrac{0.137d \cdot q_c \cdot l^2 \cdot k \cdot f}{F_s}\,[\text{kN} \cdot \text{m}]$

85 ★★★ 지내력 측정이 필요한 점토지반에서 페니트로미터의 측정값을 이용하는 경우 원주형 기초저항 모멘트[kN · m]를 계산하시오.(단, 지형계수 1.0, 형상계수 1.0, 안전율 2.0, 폭 0.7[m], 콘크리트 기초길이 2[m], 콘크리트의 지지력 60[kN/m²]이다.)

풀이 점토지반
$M_a = \dfrac{0.137d \cdot q_c \cdot l^2 \cdot k \cdot f}{F_s} = \dfrac{0.137 \times 0.7 \times 60 \times 2^2 \times 1 \times 1}{2} = 11.51\,[\text{kN} \cdot \text{m}]$

86 ★★ 중력형블럭기초에 대하여 아는바를 쓰시오.

풀이 중력형 블록기초란 측면토압이 연약하여 기초 바닥면의 지지력만으로 하중을 받도록 만들어지는 기초를 말한다.

87 ★★ 푸팅(Footing)기초에 대하여 아는바를 쓰시오.

풀이 푸팅기초란 하중의 일부를 측면 흙의 압력으로 지지하도록 한 것으로 구내 장경간 빔용 철주, 장경간 스팬선용 철주 등 표준기초 치수 이상의 기초를 필요로 할 때 인류주에 지선을 설치하지 않기 위하여 사용하는 기초를 말한다.

88 전주기초의 앵커볼트 길이를 구하는 계산식을 쓰시오. ★★★★★

풀이 앵커볼트의 길이를 구하는 계산식

$$l \geq \frac{M}{\mu \cdot \pi \cdot d \cdot n \cdot L}$$

μ : 앵커볼트와 콘크리트와의 허용부착강도(50[N/cm^2])
l : 앵커볼트의 매입길이[cm] 보통 40~50d(d는 볼트의 지름)

89 ★★★★★

이미 만들어진 토목구조물에 앵커볼트를 매입하는 경우, 볼트의 유효지름 22[mm] 볼트의 허용인장응력 1650[N/cm^2], 지면 경계에서 굽힘모멘트 16,000,000[N·cm], 상대하는 볼트간격이 50[cm]인 경우 앵커볼트의 매입길이는 몇 [cm] 이상이어야 하는지 계산하시오. (단, 앵커볼트와 콘크리트의 허용부착강도는 50[N/cm^2] 이고 인장측 볼트개수는 6개이다.)

풀이 $l \geq \dfrac{M}{\mu \cdot \pi \cdot d \cdot n \cdot L} = \dfrac{16,000,000}{50 \cdot \pi \cdot 2.2 \cdot 50 \cdot 6} = 154[\text{cm}]$

90 전주기초의 앵커볼트 소요개수를 구하는 계산식을 쓰시오. ★★★★

풀이 앵커볼트 소요개수를 구하는 계산식

$$M = P \cdot L = n \cdot A \cdot f_t \cdot L = n \cdot \frac{\pi}{4} d^2 \cdot f_t \cdot L$$

$$n \geq \frac{M}{f_t \cdot \dfrac{\pi}{4} d^2 \cdot L}$$

A : 볼트의 유효 단면적[cm^2]
M : 지면 경계에서 전주의 굽힘모멘트[N/cm]
f_t : 볼트의 허용인장응력도[N/cm^2]
d : 볼트의 유효지름[cm]
L : 상대하는 볼트의 간격[cm]
n : 인장측 소요 볼트 개수

91 ★★★★

볼트=SS400 (구SS41 M22), $f_t = 1,650$[kg/cm^2], $M = 1,200,000$[N/cm], $L = 60$[cm]일 때 앵커볼트의 소요개수를 계산하시오.

풀이 $n \geq \dfrac{M}{f_t \cdot \dfrac{\pi}{4} d^2 \cdot L} = \dfrac{1200000}{1650 \cdot \dfrac{\pi}{4} 2.2^2 \cdot 60} ≒ 4(\text{개})$

92 앵커볼트기초 시공시 콘크리트의 허용부착강도에 대하여 설명하시오.

풀이 토목 구조물 공사에 의뢰하여 콘크리트 구조물과 같이 시공하는 경우 허용부착강도를 80[N/cm²]로 하고, 이미 만들어진 구조물에 앵커볼트를 매입하는 경우는 50[N/cm²]로 본다.

93 인류되는 전선장력의 최대값과 인류주가 받는 풍압하중의 합을 인류용 지선이 받게 된다. 이 때 전주가 받는 풍압하중에 대한 지면의 경계모멘트 구하는 식을 쓰시오.

풀이 전주가 받는 풍압하중에 대한 지면의 경계모멘트

$$P = \frac{WH^2}{2}$$

94 지선의 종류에 대하여 아는데로 쓰시오.

풀이 지선의 종류에는 단지선, 2단지선, V지선, 수평지선, 궁형지선 등이 있다.

95 2단지선의 구조와 사용하는 개소에 대하여 자세히 설명하시오.

풀이 단지선 또는 V지선을 평행(상·하 방향)으로 2개 시설되어 있는 구조로 큰 장력이나 수평장력이 가해지는 헤비 심플커티너리(heavy simple catenary) 가선방식의 인류용으로 사용하고 있다.

96 V지선의 구조와 사용하는 개소에 대하여 자세히 설명하시오.

풀이 상부는 ㄴ형강 2본, 하부는 ㄴ형강 1본으로 측면에서 보면 형상이 V형으로 되어 있는 구조로, 전차선 인류용으로 많이 사용되고 있으며 전차선로용 지선의 대표적인 것이다.

97 가공전차선로의 인류용 전주에 단지선을 설치하는 경우 지선용 재료의 항장력 P 를 구하는 계산식을 쓰시오. (단, T : 수평장력[N], θ : 지선이 전주와 이루는 각도, 지선의 안전율은 2.5 이다.)

풀이 $P \geq 2.5T \cdot \dfrac{1}{\sin\theta}$

98 최대장력이 1970[N]인 급전선의 인류용 단(單)지선에 작용하는 장력 T_1은 몇 [N]인지 계산하시오. (단, 지선과 전주의 각도는 45°이다.)

풀이 $T_1 = \dfrac{T}{\sin\theta} = 1,970 \times \dfrac{1}{\sin 45°} = 1,970 \times \sqrt{2} = 2786 [\text{N}]$

99 가공전차선로에서 전선의 수평장력이 3000[N], 전주에 설치한 지선의 취부 각도가 45°일 경우 지선용 재료에 필요한 항장력[N]은 얼마 이상이어야 하는지 계산하시오.
(단, 지선의 안전율은 2.5이다)

풀이 $P \geq 2.5 T \cdot \dfrac{1}{\sin\theta}$ 이고 안전율은 2.5로 하면

$P \geq 2.5 \times 3000 \times \dfrac{1}{\dfrac{1}{\sqrt{2}}} = 10606.5$

100 지선용 볼트에 허용되는 지선장력(T_m)을 구하는 계산식을 쓰시오. (단, T_m : 볼트에 허용되는 지선장력[N], T : 지선에 가한 장력[N], d : 볼트의 유효직경[cm], t : 간격[cm], f_m : 볼트의 굽힘응력[N/cm²], l : 볼트에 가해진 폭[cm]이다.)

풀이 지선용 볼트에 허용되는 지선장력(T_m)은

$T_m = \dfrac{\pi \cdot d^3}{8\left(t - \dfrac{l}{2}\right)} \cdot f_m [\text{N}]$

101 지선용 볼트에 허용되는 전단력(T_s)을 구하는 계산식을 쓰시오. (단, 단전단의 경우이며, T_s : 볼트에 허용되는 전단력[N], f_s : 볼트의 허용 전단응력[N/cm²]이다.)

풀이 단전단의 경우 지선용 볼트에 허용되는 전단력(T_s)

$T_s = \dfrac{\pi \cdot d^2}{4} \cdot f_s [\text{N}]$

102 그림과 같은 일반용 완철재의 A점에 생기는 최대 굽힘응력[N/cm²]을 계산하는 식을 쓰시오. (단, σ_m : 완철재의 굽힘응력[N/cm²], M_m : 최대굽힘모멘트[N·m], Z : 완철재의 단면계수[cm³]이다.)

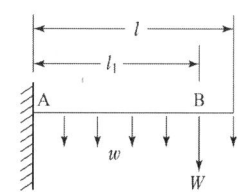

풀이 A 점에 생기는 최대 굽힘응력 $\sigma_m = \dfrac{M_m}{Z}$ 이다.

103 ★★★ 완철재의 단면계수가 8.87[cm³]인 완철의 최대굽힘모멘트가 156.35[N · m]이라 하면 완철재의 굽힘응력 σ_m[N/cm²]을 계산하시오.

풀이 $\sigma_m = \dfrac{M_m}{Z} = \dfrac{15635}{8.87} = 1762.7$

104 ★★ 그림과 같은 일반용 완철재의 A 점에 생기는 최대 전단응력(F_s)을 계산하는 식을 쓰시오. (단, 완철재의 전단응력은 σ_s[N/cm²], 완철재의 단면적은 A[cm²]이다.)

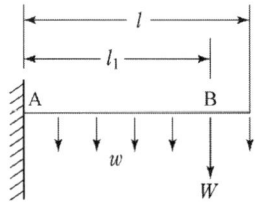

풀이 A 점에 생기는 최대 전단응력(F_s) $F_s = \sigma_s \times A$ 이다.

105 ★★ 그림과 같은 일반용 완철재의 A 점에 생기는 최대 전단응력(F_s)을 계산하시오. (단, 완철재의 전단응력은 25[N/cm²], 완철재의 단면적은 18[cm²]이다.)

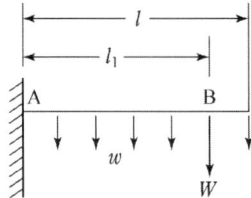

풀이 최대전단응력(F_s)은 $F_s = \sigma_s \times A = 25 \times 18 = 450$

106 ★★ 곡선로에 설치되어 있는 전주대용물의 횡장력에 의한 수평하중(P)을 구하는 식을 쓰시오. (단, S : 경간[m], R : 곡선반지름[m], T : 전선의 장력, n : 전선의 가닥수 이다.)

풀이 전주대용물의 곡선로 횡장력에 의한 수평하중(P)은 $P = \dfrac{ST}{R} \cdot n$

107 ★ 전차선로의 내진설계시 수평방향으로 구조물에 가해지는 합성모멘트 값은 구조물 질량의 몇 [%]를 설계시 반영하는가?

> 풀이 전차선로의 내진설계시 수평방향으로 구조물에 가해지는 합성모멘트 값은 구조물 질량의 6[%]를 설계시 반영한다.

108 ★ 전차선로의 내진설계시 수직방향으로 구조물에 가해지는 합성모멘트 값은 구조물 질량의 몇 [%]를 설계시 반영하는가?

> 풀이 전차선로의 내진설계시 수직방향으로 구조물에 가해지는 합성모멘트 값은 구조물 질량의 3[%]를 설계시 반영한다.

109 ★ 용접의 사용범위에 대하여 아는바를 쓰시오.

> 풀이 1) 주응력을 전달하는 부재를 접속할 때는 용접을 하지 않는 것으로 한다.
> 2) 전차선로용 강구조물의 용접은 주재와 복재와의 접속만으로 사용한다.
> 3) 주재의 접속 또는 철주와 빔의 접속에는 용접하지 않는 것을 원칙으로 한다.
> 4) 결함이 발생하였을 때를 가정하여 비파괴검사를 할 것을 권장하고 있다.

110 ★ 특히 용접성이 우수한 강재이며 C, Mn, Si, P, S의 모든 성분은 한국산업표준규격(KS)에 정해져 있고, 용접구조로 가장 적합한 강재는?

> 풀이 용접구조용 압연강재(SM)는 용접구조로 가장 적합한 강재이다.

111 ★ C, Mn, Si 등이 포함되어 있어도 용접하는데 큰 문제가 없으나 저탄소강에 속하기 때문에 탄소량이 많고(C≥0.25[%]) 판두께가 두꺼운 경우(t≥25[mm])에는 용접에 특별한 주의가 필요한 강재는?

> 풀이 SS400은 P, S 외에 함유량이 정해져 있지 않지만 C, Mn, Si 등이 포함되어 있어도 용접하는데 큰 문제가 없으며, 저탄소강에 속하기 때문에 판두께가 25[mm] 정도까지는 용접에 특별한 주의가 필요하지 않고, 탄소량이 많고(C≥0.25[%]) 판두께가 두꺼운 경우(t≥25[mm])에는 용접에 특별한 주의가 필요한 강재이다.

112 ★ C의 함유량이 많기 때문에 용접부의 재질로는 담금질 효과에 의해 단단해 지지만, 반대로 매우 부서지기 쉬워지므로 용접용 강재로는 적당하지 않은 강재는?

풀이 SS490은 C의 함유량이 많기 때문에 용접부의 재질로는 담금질 효과에 의해 단단해 지지만, 반대로 매우 부서지기 쉬워지므로 용접용 강재로는 적당하지 않다.

113 ★ 발판 및 가설용 강관으로 사용되며, C의 함유량이 많기 때문에 용접을 하지 않는 것이 좋은 강재는?

풀이 STK500은 용접성은 우수하지만 발판 및 가설용 강관으로서 C의 함유량이 많기 때문에 용접을 하지 않는 것이 좋다.

114 ★ 고탄소 합금으로 딱딱하고 부스러지기 쉽기 때문에 용접을 하기에는 쉽지 않으며 신뢰성도 떨어지는 주철의 특징에 대하여 아는바를 쓰시오.

풀이 주철의 입자는 거칠고 입자간에는 다량의 산소가 포함되어 있어 용접부에 큰 결함을 생기게 하므로 용접구조에는 사용하지 않는 것이 좋다.

115 ★ 응력을 전달할 수 있는 맞대기용접 이음매의 종류에 대하여 쓰시오.

풀이 맞대기용접 이음매의 형식은 맞대기이음, 모서리이음, 변두리이음, T 이음이 있다.

116 ★ 응력을 전달할 수 있는 필릿용접 이음매의 종류에 대하여 쓰시오.

풀이 필릿용접 이음매의 형식으로는 맞대기필릿이음, 겹치기이음, T 이음이 있다.

117 ★ 일반구조용 압연강재(SS400)를 맞대기이음매 용접을 할 때 인장, 압축, 휨응력을 받는 용접부위 단면에 대한 허용응력도[N/cm^2]는 얼마인가?

풀이 용접의 허용응력도

단위 :[N/cm^2]

이음매 형식 응력 계수 재료	맞대기 이음매				필릿(Fillet)
	인장	압축	휨	전단	
SS400	13,720	13,720	13,720	7,840	7,840

118 ★ 인장력, 압축력은 전단력을 받는 용접 이음매에서 각각의 허용응력도 δ[N/cm²]를 구하는 식을 쓰시오. (단, P는 용접이음매부를 통해 전달되는 힘[N], l은 용접이음매의 유효장[cm], a는 용접이음매부의 목의 두께[cm]이다.)

풀이 허용응력도 $\delta = \dfrac{P}{\sum(a \cdot \ell)}$

119 ★ 인장력, 압축력, (　　)을 받는 용접 이음매에서 각각의 응력도 δ는 (　　) 이하로 한다.

풀이 인장력, 압축력은 전단력을 받는 용접 이음매에서 각각의 응력도 δ는 허용응력도 이하로 한다.

120 ★ 주관의 표면에 지관을 붙여 강관을 용접할 경우에는 지관의 두께는 주관의 두께보다 작아야 하는데 이때 지관의 외경은 주관외경의 (　　)이상으로 한다.
(　　)안에 들어가는 수치를 적으시오.

풀이 $\dfrac{1}{4}$ 이상이어야 한다.

121 ★ 강관의 용접은 전체를 돌려서 (　　)용접을 원칙적으로 한다.

풀이 강관의 용접은 전체를 돌려서 맞대기용접을 원칙적으로 한다.

122 ★ 강관에 필릿용접을 할 경우 필릿용접의 사이즈는 얇은 쪽의 관(지관) 두께의 몇 배 정도 되어야 하는가?

풀이 강관에 필릿용접을 할 경우 필릿용접의 사이즈는 얇은 쪽의 관(지관) 두께의 1.5배 이상 2배 이하이여야 한다.

MEMO

부록: 전철설비 표준도 기호

1. 일반 기호

번호	명 칭	도면 기호	참고 내용
1-1	직 류		
1-2	교 류		
1-3	도선의 분기		
1-4	도선의 교차		접속하는 경우
1-5	도선의 교차		접속하지 않는 경우
1-6	접 지		
1-7	저항 또는 저항기	(a) (b)	1. 필요한 경우 산의 수를 바꿀 수 있다. 2. (b)는 무유도를 나타낼 때 사용한다.
1-8	정전 용량 또는 콘덴서		
1-9	전지 또는 직류 전원		1. 다수 연결의 경우는 ┤■ ┤├로 표시해도 좋다. 2. 극성은 장선을 양극, 단선을 음극으로 한다.
1-10	교류 전원		
1-11	피뢰기		접지할 경우
1-12	방전 갭 (gap)		
1-13	개폐기 (단로기)		1. lever 단로기 : L, HOOK 단로기 : H 표기
1-14	변압기		몰드형 : M표기

2. 전선로 지지물 및 부속설비

번호	명칭	도면기호	참고내용
2-1	지지물(일반)	○	목주의 경우 또는 구별할 필요가 없을 때
2-2	철탑(일반)	⊠	필요시 형, 높이 표기
2-3	강관주	⊙	필요시 형, 높이 표기 ⊙
2-4	콘크리트주	◐	길이(m)-지름(cm)-형별기호,굽힘모멘트표기(예) 〈2-10 심볼이동〉 10-35-N5,000

2-5	철 주 (4각)	□	1. 주주재 종별 및 높이 표시(예)
			  300 × 400 × 9 (끝 숫자는 주장[m])
			  450 × 450 × 9 (끝 숫자는 주장[m])

2-6	철 주 (삼각)	△	
2-7	철 주 (인류)	⊏⊐	
2-8	철 주 (I형)	I	
2-9	철 주 (H형)	H	H형강 복합주의 경우 : ⊢⊢ (2본 복주)
2-10	철 주 (스팬선)	■	1. 스팬선빔용 4각철주 2. 종별 표시(예) 1000×1250-H-400×400 (H는 주장[m])
2-11	A 주	○○	필요시 주종류 및 기초 종별, 주장 표시 (이하 같음)
2-12	인형주	○○○	〃
2-13	H 주	○-○	〃
2-14	계 주	○○	〃
2-15	찬넬 기초주	⊥○⊥	〃
2-16	지 주	◌─┤	필요시 주종 및 기초 종별, 주장 표시
2-17	전주방호	◇	필요시 재질, 규격 표시

부록 전철설비 표준도 기호 | 451

번호	명칭	도면기호	참고내용
2-18	보통지선		1. 일반적인 표시의 경우에도 적용 2. 필요시 선종, 기초 종별 표시(이하 같음)
2-19	다단지선 (이단지선)	(a) (b)	1. 2단을 표시, 3단의 경우 : ⟶⟶⟶ 2. (b)는 전차선로에 사용한다.
2-20	지 선 (V)		전차선로에 사용한다.
2-21	수평지선		필요시 수평의 길이, 선종 및 지주의 주종, 주장 표시
2-22	지 선 (궁형)		필요시 선종·길이 표시
2-23	지 선 (로드식)		필요시 선종·길이 표시
2-24	지선방호		필요시 재질·규격 표시
2-25	빔 (크로스 단빔)		1. 특히 강관의 경우 P, H형강은 H, 찬넬은 　C를 표기 2. 필요시 주재 종별, 길이 표시(이하 같음)
2-26	크로스 빔 (복재)		
2-27	빔 (스팬선)		1. 고속용 : HP(헤드스팬션빔) 표기 2. 빔하스팬선이 2선인 경우 D-2W 표기
2-28	빔 (V 스팬선)		상동
2-29	강관빔		
2-30	강관빔 (복재)		
2-31	빔 (평면 트러스)		1. 특히 라멘을 명시할 경우 R을 표기(이하 같음) 2. 필요시 주주재 종별, 길이 표시
2-32	빔 (V 트러스)		1. 2. 상동
2-33	빔 (4각형)		1. 특히 라멘을 명시할 경우는 R을 표기 2. 주주재의 종별, 길이 표시 (예 : 26.5)
2-34	스팬선 (고정빔 하)		필요시 선종·길이 표시(빔하스팬선)
2-35	빔(V 트러스 외팔빔)		주주재의 종별·길이 표시

번 호	명 칭	도면 기호	참 고 내 용
2-36	빔(가압)		필요시 주주재의 종별·길이 표시
2-37	고정브래킷		일반 고정형
2-38	가동브래킷		1. 표준형(3.0 [m]) 및 3.5 [m] 이상 : IOF 2. L =2.1 [m]형 : IOF 3. 표준길이(3, 2, 1[m]) 이외의 것은 길이 표시 (예 : 3.5) 4. R-Bar 브래킷 :
2-39	저가고 가동브래킷		1. 표준형(3.0 [m], 710 [m]) 2. L =2.1[m]형 : IOF 3. 표준 길이(3, 2, 1[m]) 이외의 것은 길이 표시 (예 : 3.5)
2-40	끝굽힘 브래킷		끝굽힘 평면 트러스빔의 경우 :
2-41	절연 가동 브래킷		브래킷 길이 표시 (예 : 4.0)
2-42	가동브래킷 (고정빔하)		하수강에 취부하는 가동브래킷
2-43	완철(일반)		필요에 따라 몇선용인지 표기
2-44	완철(인류용)		필요에 따라 몇선용인지 표기
2-45	전주대용물		문형 완철 : 2선용 , 4선용
2-46	하수강		표준길이 이외의 것은 길이 표시 (예 : 4.0)
2-47	하수 브래킷		헤드스팬선 아래에 취부하는 브래킷

3. 전차선

번호	명 칭	도면기호	참고내용
3-1	비가선 구간	― ― ― ― ―	
3-2	합성 전차선 (전차선)	──────	1. 필요한 경우 섹숀 중앙 또는 시·종점에 선종 표시 　(예) 　　Bz65 [mm^2] – Cu 170 [mm^2] 　　Bz65 [mm^2] – Cu 110 [mm^2] 2. 지하 강체방식의 경우 시·종점 또는 필요 개소에 　R-Bar, T-Bar표시
3-3	가선 방식별	(예) HS ──────	S : 심플커티너리 HS : 헤비심플커티너리 Y : 변Y형심플커티너리 T : Twin 심플커티너리식 RB : R-Bar TB : T-Bar
3-4	구분장치 (에어섹션)		
3-5	구분장치 (비상용섹션)		
3-6	구분장치 (에어조인트)		
3-7	구분장치 (동상섹션)	(예) F	1. S형, 현수애자제(수도권) 2. A형, B형, C형, D형 : 장간애자제(산업선) 3. F형 : F·R·P제(2 [m]) (수도권)
3-8	절연구분장치 (교-교용)		
3-9	절연구분장치 (교-직용)		
3-10	자동장력 조정장치 (MT)		1. M·T 일괄 조정(활차식) 2. 수치는 장력(ton)을 표시 　다만, 2 [ton]의 경우 생략할 수 있다.
3-11	자동장력 조정장치 (M 또는 T)		1. 전차선 또는 조가선만의 경우(활차식) 2. T·M 표기
3-12	자동장력 조정장치		spring식

번호	명칭	도면기호	참고내용
3-13	인류장치 (MT)		1. M·T 동시 2. 턴버클 사용시 T_2, T_4 등 표시
3-14	인류장치 (M 또는 T)		1. 전차선 또는 조가선만 2. T·M 표기
3-15	흐름방지장치		
3-16	교차개소 (유효부분)		
3-17	교차개소 (무효부분)		
3-18	교차개소		시서스 포인트(Scissors Point)
3-19	균압장치		
3-20	보조조가장치		빔하스팬션 가선방식에서 조가선에 보조조가선을 설치하는 개소
3-21	애자삽입		빔하스팬션에 삽입하는 경우 등
3-22	전차선접속 (무효 부분)		1. 장력장치, 인류장치 등의 무효 부분 2. 무효 부분에 조가선 사용시 선종 표시
3-23	전차선접속 (유효 부분)		필요시 접속 자재 표기
3-24	조가선접속		
3-25	곡선당김장치		T : 전차선만 당김 M : 조가선만 당김
3-26	건넘선장치		1. A형 또는 B형 기입 2. 필요한 경우 분기기 번호 기입

4. 급전선 기타

번호	명칭	도면기호	참고내용
4-1	급 전 선	—— —— ——	1. 조수를 기입할 경우는(··· ∥ ···) 등으로 표시 2. 필요에 따라 선종별을 기입
4-2	부급전선 (보호선)	—— - ——	1. 필요에 따라 선종을 표시
4-3	비절연보호선 (차폐선)	—— - - - ——	1. FPW(fault protection wire) 2. 필요에 따라 선종 표시
4-4	가공공동지선	—— - - ——	필요에 따라 선종 표시
4-5	매설지선	—— - - ——	
4-6	흡상선	NF / R	
4-7	보호선용접속선	FPW / R	AT 개소에서는 중성선
4-8	급전분기장치		
4-9	보 안 기	NF / PW / R	
4-10	흡상변압기	B	BT(Booster Transformer)
4-11	단권변압기	AT	AT(Auto-Transformer)
4-12	타이템퍼 보호금구		

5. 변전소 · 급전구분소 등

번호	명칭	도면기호	참고내용
5-1	변전소	SS	
5-2	전철용 교류변전소	⊗	
5-3	전철용 직류변전소 (일반)	○	
5-4	급전구분소	△SP	필요시 △내에 SP 표시 △SP
5-5	보조급전구분소	△S △SSP	1. 급전 Tie-post인 경우 표시 2. 필요시 △내에 SSP 표시 △SSP 3. ATP의 경우 ATP 표기
5-6	병렬급전구분소	△P △P	고속철도 급전계통에 사용
5-7	급전 사령실	⬭	1. 전철 급전사령실 2. 배전사령실의 경우 PCR로 표기

6. 경계 및 표지류

번호	명칭	도면기호	참고내용
6-1	지역본부 경계	⫸——⫷	필요에 따라 사용
6-2	신호기(일반)	⊗─┤	
6-3	완목식 신호기	▯─┤	필요한 경우 전구의 와트수 표기
6-4	가선종단표지		
6-5	가선절연구간표지 (교류용)		
6-6	가선절연구간표지 (교직용)		
6-8	절연구간예고표지		
6-9	구분표		

번호	명칭	도면기호	참고내용
6-10	역행표 (동력운전)	㉠	전기기관차용
		㊀	전기동차용
		◇고◇	고속철도용
6-11	타행표 (무동력운전)	⊘	
6-12	전용전화 box	TB	

7. 토목구조물 등 기타

번호	명칭	도면기호	참고내용
7-1	교량	⟩⟨)─(	
7-2	건널목	][─┼─	
7-3	터널	▭)─(	
7-4	승강장 및 화물하역장	▭	
7-5	개폐기 조작대	┬┬	
7-6	건널목주의표 (스팬선식)	○━○	
7-7	건널목주의표 (입찰식)	▯	
7-8	보호장치 (보호망)	▨ ▦	
7-9	과선교 (구름다리)	⊐	
7-10	가공전선로 (고배용)	─────	
7-11	지중케이블	╱╲╱╲╱╲	

번호	명칭	도면기호	참고내용
7-12	가공케이블	⟶〰〰〰⟶	
7-13	단로기		
7-14	교류차단기		
7-15	맨홀	M	
7-16	핸드홀	H	
7-17	접지단자함	E	
7-18	케이블 입상		

著者略歷

김양수(金陽洙)

- 고려대학교 대학원 졸업(공학박사)
- 前 한국교통대학교 교통대학원장/교수
- 前 한국전기철도기술사회 회장
- 前 한국전기철도기술협회 회장
- 現 동산엔지니어링(주) 연구소장

심규식(沈奎植)

- 연세대학교 대학원 졸업(공학석사)
- 前 우송대학교 초빙교수
- 現 한국전기철도기술협회 감사
- 現 (합) 부원전기 기술고문

핵심예상문제풀이
전기철도구조물공학 필기

발　　행	2024년 8월 5일
저　　자	김양수, 심규식
펴 낸 이	정 창 희
펴 낸 곳	동일출판사
주　　소	서울시 강서구 곰달래로31길7 (2층)
전　　화	(02) 2608-8250
팩　　스	(02) 2608-8265
등록번호	109-90-92166

ISBN 978-89-381-1651-2 13560
값 / 28,000원

이 책은 저작권법에 의해 저작권이 보호됩니다.
동일출판사 발행인의 승인자료 없이 무단 전재하거나 복제하는 행위는 저작권법 제136조에 의해 5년 이하의 징역 또는 5,000만원 이하의 벌금에 처하거나 이를 병과(倂科)할 수 있습니다.